Holger König

Wege zum Gesunden Bauen

Wohnphysiologie
Baustoffe
Baukonstruktionen
Normen & Preise
Ausgeführte Beispiele

Staufen bei Freiburg

Über Anregungen, Hinweise und
Kritik würde ich mich freuen.

Holger König
Wacholderweg 1
8038 Gröbenzell

Die Anwendungsempfehlungen und Konstruktionsbeispiele
in diesem Buch wurden nach bestem Wissen zusammengestellt. Für die praktische Umsetzung lassen sich daraus
jedoch keine Haftungsansprüche gegenüber Autor oder
Verlag ableiten.

CIP-Titelaufnahme der Deutschen Bibliothek

König, Holger:
Wege zum gesunden Bauen : Wohnphysiologie, Baustoffe,
Baukonstruktionen, Normen & Preise, ausgeführte Beispiele /
Holger König. - 3. überarb. u. erw. Aufl. - Staufen: ökobuch-
Verl. 1989

ISBN 3-922964-16-8

ISBN 3-922964-16-8

1. Auflage 1985
3. erweiterte Auflage 1989
5. unveränderte Auflage 1991

Druck: Rombach GmbH, Druck- und Verlagshaus,
        Freiburg

Inhaltsverzeichnis

Vorwort

Seit Erscheinen dieses Buches 1985 wird mir von einigen Baubiologen der Vorwurf gemacht, die Baustoff- und Konstruktionsauswahl sei zu vielfältig und die »reine« Lehre würde dadurch verwässert werden.

Bei der Lektüre des Buches werden Sie feststellen, daß sehr viele Materialien und Konstruktionen besprochen werden, ein eindeutiges Urteil, richtig - falsch, aber nur selten erteilt wird.

Dies wurde absichtlich vermieden und stattdessen versucht, Bewertungskriterien zu entwickeln, auf deren Grundlage die/der LeserIn eine individuelle und doch sichere Auswahl treffen kann.

Ein Haus und seine Baufamilie, das Grundstück und das Mikroklima sind immer einzigartig. Ein Bauen, das sich einer strengen Dogmatik unterwirft, läßt statt intelligenter, angepaßter Lösungen nur Schablonendenken zu, statt vielfältiger Variationen nur noch stereotype Wiederholung.

Es wäre auch nicht richtig, eine Baubiologie als die wahre Lehre neben die "normale" Baulehre zu stellen. Baubiologie und Bauökologie müssen als selbstverständliche Grundlagen der Ausbildung in Berufs- und Meisterschulen, in Fachhochschulen und Universitäten akzeptiert und als zeitgemäße Antwort auf die heutigen Probleme unserer Baukultur verstanden werden.

Planer und Handwerker verfügen heute über eine Technik, die von allen Materialzwängen befreit. In dieser Freiheit liegt aber die neue Verantwortung für die Umwelt, denn das Gebäude ist Teil einer lebendigen Landschaft. Seine Gestalt soll beeinflußt sein vom örtlichen Klima und von den umgebenden Gebäuden. Das ist Bauökologie.

Der Bauschaffende ist auch verantwortlich für die Gesundheit der Hausbewohner. Die Herstellung eines gesundheitsfördernden Mikroklimas ist eine Kunst, die bei jedem Gebäude neu geübt werden muß. Materialien, über die wir medizinische Langzeiterfahrung haben, weil sie uns seit Generationen vertraut sind, sollten nur nach strengster Prüfung durch moderne Baustoffe ersetzt werden. Das ist Baubiologie.

Gröbenzell, im Juni 1989   Holger König

Zum Verständnis des Buches

Die moderne Wissenschaft, die maßgeblich von dem Philosophen Descartes (1596-1650) und dem Naturwissenschaftler Newton (1642-1727) begründet wurde, unterscheidet bei Stoffbeschreibungen die *primären Qualitäten* - auch objektive Werte genannt - das sind meßbare Größen wie Gewicht, Geschwindigkeit etc., und die *sekundären Qualitäten* - auch subjektive Werte genannt - das sind von individuellen Empfindungen geprägte Erscheinungen wie Farbe, Ton, Oberflächenstruktur etc.. Das wiederholbare Experiment unter streng festgelegten Bedingungen und exakte Messung der primären Qualitäten ergaben die sogenannten "Naturgesetze".

Primäre Qualitäten	objektiv	z.B. Gewicht, Geschwindigkeit, Volumen
Sekundäre Qualitäten	subjektiv	z.B. Farbe, Geruch Ton, Oberflächenstruktur

Viele Irrtümer in der Baubiologie entstanden aus dem Glauben, daß sich "Gesundheit" nach naturwissenschaftlichen Kriterien beweisen ließe. Ursache hierfür ist der bis heute unentschiedene Kampf um die Vorherrschaft zwischen Naturwissenschaft und praktischer Verhaltenslehre. Für die Baubiologie muß deutlich werden, daß die Naturwissenschaften für das Bauen zwar unentbehrlich, aber dennoch nur ein Hilfsinstrument sind. Die Aufgabe der Baubiologie besteht darin, aus wohlbegründeter Erfahrung Empfehlungen abzuleiten. Bei der Erfahrung spielen die sekundären Qualitäten eine wichtige Rolle.

Ebenso mißverständlich war die Überzeugung, daß ein Haus aus "gesunden" Baustoffen und mit geringem Energieverbrauch zwangsläufig schön sei. Architekturarbeit steht im Spannungsfeld zwischen den Ingenieurwissenschaften (primäre Qualitäten: Statik, Baustoffkunde) und den schönen Künsten (sekundäre Qualitäten: Malerei, Plastik, Musik). In den Architekturepochen der vergangenen zwei Jahrhunderte erleben wir die Auseinandersetzung zwischen Ingenieur und Künstler, wobei die Vertreter beider Seiten oftmals vergaßen, daß die Architektur für den Menschen existiert. Baubiologie muß wieder den Menschen in den Mittelpunkt ihres Bemühens um ein gesundes Bauen stellen.

Als Beispiel für einen Denker, der gerade den "sekundären Qualitäten" große Bedeutung für die Erkenntnis des Lebendigen beimaß, soll hier der Arzt Paracelsus (1493-1541) angeführt werden, der die Lebensqualitäten in das "Gute" (die "Arcana") und das "Gift" (den "Tartarus") einteilte. Für ihn bestand in der Natur Ausgewogenheit zwischen beiden, wobei das "Gute" führte.
In diesem Sinne ist Gesundheit die Harmonie im Körper und Krankheit ist die Störung dieses Gleichgewichts durch ein Mindern des Guten und ein Mehren des Giftes. Mit dem Erkennen des Guten und des Giftes haben wir heute sehr große Schwierigkeiten, da uns abstrakte Zahlenwerte dort keinen Maßstab für Qualität abgeben, wo wir in den Bereich des Lebendigen kommen. Hier finden wir hochorganisierte und komplexe Systeme vor, die noch dazu dynamischen Veränderungen unterworfen sind, so daß wir mit

dem Handwerkszeug statischer Gesetze und Formeln sehr schnell an die Grenzen sinnvoller Aussagen stoßen.

Es ist unsere Aufgabe, die heute erkennbare Begrenzung der Naturwissenschaft durch eine neue Betrachtungsweise zu überwinden, um den komplexen Strukturen des Lebens gerecht zu werden. Goethe hat in seinen naturwissenschaftlichen Schriften, z.B. über die Farbenlehre, einen Weg aufgezeigt. Er ordnete die sichtbaren Phänomene dergestalt, daß sie sich selbst erklären. Deshalb ist seine Lehre von der Entstehung der Farben um so viel einfacher und realistischer als die Farbenlehre Newtons.

Aber so wie Goethe sich nicht mit dem Phänomen der Farbentstehung begnügt, sondern die sinnlich-sittliche Wirkung der Farben auf den Menschen untersucht, so hat er in seiner Metamorphosenlehre dem menschlichen Erkennen ein dynamisches Pflanzenbild erobert, das es erlaubt, die Pflanze als sinnlich-übersinnliches Wesen zu erfassen. Nur durch einen solchen Forschungsansatz können die vielfältigen Beziehungen zwischen der Stoffwelt und dem Menschen erklärt werden.

Diese Erweiterung muß auch für den Bereich der Architekturlehre geleistet werden, wobei das "Stoffbegreifen", wie es in diesem Buch versucht wird, ein wichtiger erster Schritt zu einer besseren Art des Bauens ist.

1. Physiologie und Raumklima

1.1 Wärme und Feuchtigkeit

Menschliches Leben ist nur in einer schmalen Bandbreite zwischen extremen Klimata erträglich. Diese Bandbreite läßt sich gut durch die Viererordnung des griechischen Philosophen Empedokles (490-430 v. Chr.) beschreiben, der qualitativ in das "Gute" und das "Gift" unterscheidet.

Das Haus hat die Aufgabe, den Menschen vor den Unbilden der Natur bzw. des Klimas mit zuviel Kälte oder Nässe im Winter und zuviel Hitze oder Dürre im Sommer zu schützen.

Qualitäten		Unqualitäten
warm	aber nicht	hitzig
trocken	aber nicht	dürr
feucht	aber nicht	nass
kühl	aber nicht	kalt

Der Mensch, ein Wärmewesen

- warm, aber nicht heiß - kühl, aber nicht kalt.

Es gehört zu den großen Wundern der Natur, daß eine Stoffzusammenballung von 50-80 kg Gewicht, wie sie unser Körper darstellt, dauernd eine über die Umgebungstemperatur hinausgehende Eigentemperatur erzeugen kann. Diese wird jahrzehntelang - gegen alle störenden Einflüsse der Umgebung - bis auf Zehntelgrade genau aufrechterhalten, wobei jedes Organ eine andere Temperatur hat: z.B. Nase und Ohren ca. 22°C, die Leber 40 - 41°C.

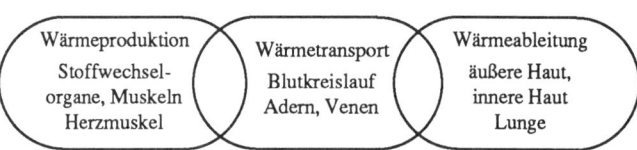

Die Wärmeerzeugung findet hauptsächlich in den Stoffwechselorganen und in den Muskeln statt, wobei hier immer die Gefahr eines Wärmestaus besteht. Der Blutkreislauf leitet die Wärme zur Peripherie des Körpers, zur Haut. Dort wird sie durch Abstrahlung, Ableitung und Transpiration - besonders durch den Atmungsstrom der Lunge - abgeleitet.

Eine Erhöhung der Körpertemperatur um nur 4°C auf 41°C ist für den Menschen schnell tödlich, da die Hitze austrocknende Wirkung hat und wir feuchte Lebewesen sind. Kälte

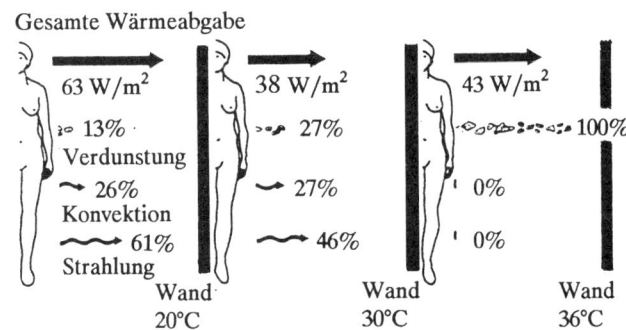

Abb. 1: Wärmeabgabe des ruhenden und unbekleideten Menschen über die Haut bei behaglicher Raumtemperatur, kühlerer und wärmerer Temperatur. Quelle: (28)

Art	P [kcal/h] ca	P [W] ca.	P/A [W/m2] ca.
1 Liegen	70	80	45
Sitzen, ruhig	90	105	60
Stehen, ruhig	105	120	70
An-und Entkleiden	115...150	135...175	75...100
Hausarbeiten	140...315	160...365	90...210
2 Büroarbeit, gewöhnlich	85...105	100...120	55...70
Maschinenschreiben, rasch	140	160	90
Kontoarbeit im Stehen	145	170	95
Lehrertätigkeit	140	160	90
Schuhmacherarbeit	120...215	140...250	80...145
Autoreperaturarbeiten	190...260	220...300	125...170
Schraubstockarbeit, leicht	210	245	140
3 Bedienung im Restaurant	245	285	165
Tanzen	210...385	245...445	140...255
Gymnastik	265...350	305...405	175...230

Tabelle 1
Energieumsatz verschiedener Körper-Aktivitäten   Quelle: (30)

dagegen lähmt die Organe in ihrer Aktivität und Unterkühlungen führen bei längerer Dauer zu Krankheit oder zum Erfrierungstod.

Die Wärmeabgabe des Körpers richtet sich nach der Körpertätigkeit und bewegt sich zwischen 60 und 255 W/m² (Tab. 1). Davon wird ca. 70% über Strahlung und etwa 30% über Konvektion und Atmung abgegeben. Dieses Verhältnis ändert sich allerdings in Abhängigkeit vom Umgebungsklima dynamisch, so daß bei schwerer körperlicher Arbeit 80% der Wärme über Schwitzen abgegeben wird und nur noch 20% über Strahlung.

Die Temperatur der Raumumschließungsflächen, mit denen es zum Strahlungsaustausch kommt, sind für die Wärmebilanz des Menschen bedeutsamer als die Raumlufttemperatur.

Die Wärmeabstrahlung erfolgt hauptsächlich über die Hautoberflächen von Kopf, Händen und Füßen (nämlich zu 80%), obwohl diese nur 13% der Gesamtkörperoberfläche ausmachen. An diesen Körperteilen reagieren wir besonders empfindlich auf Auskühlung oder Überhitzung. Schwitzen und Schüttelfrost sind die Antwort des Organismus auf eine verhinderte Entwärmung oder zu große Auskühlung.

Um solche Reaktionen möglichst schnell zu veranlassen, ist die Haut mit 280.000 Nervenenden ausgestattet, von denen 30.000 zur Wahrnehmung von Wärme, aber 250.000 zur Wahrnehmung von Kälte bestimmt sind.

Außer in den tropischen Gebieten im Umkreis des Äquators benötigt der Mensch in allen anderen Klimazonen der Erde Kleidung um zu überleben. Eine Behausung soll, wie eine zusätzliche Kleidung, noch besser gegen Witterungseinflüsse wie Kälte, Hitze, Dürre oder Nässe schützen. Bei allen Bemühungen um Kleidung und Behausung ist immer als Ziel zu erkennen, Stoffwechsel und Energieumsatz auf vergleichsweise niedrigem Niveau zu halten und über Leistungsreserven zu verfügen.

Es gibt drei Formen der Wärmeübertragung (Abb. 2):
- *Wärmeleitung* durch direkten Körperkontakt: jedem Stoff ist ein spezifisches Wärmeleitvermögen zu eigen, das im wesentlichen von den Stoffeigenschaften und der Dicke des Stoffes abhängt.
- *Wärmestrahlung*, die Gase durchdringt: die Wärme wird durch Strahlung (elektromagnetische Wellen) übertragen, die der wärmere Körper aussendet und der kältere Körper auffängt und absorbiert.
- *Wärmeströmung (Konvektion)*, im Hausbereich zumeist mit Luft als Wärmeträger: die Wärme wird durch sich bewegende, flüssige oder gasförmige Stoffteilchen an eine feststehende Wandung übertragen oder umgekehrt.

Strahlungswärme empfinden wir als sehr angenehme Form der Wärmeübertragung z.B. Sonnenstrahlung im 60°-Winkel schräg von oben, sie läßt die Luft kühl und erwärmt den Körper. Als besonders angenehm empfinden wir, wenn die Oberflächentemperatur der Raumwände so hoch ist, daß der Körper nicht über seine Wärmeproduktion hinaus entwärmt wird, d.h. keine Strahlungsverluste auftreten. In die-

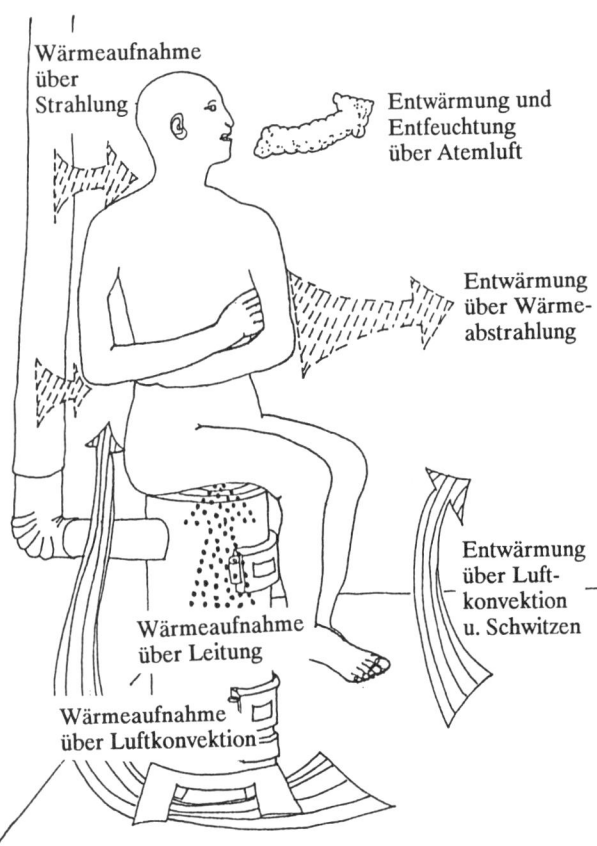

Abb. 2: Formen der Wärmeübertragung

Wärmeaufnahme über Strahlung

Entwärmung und Entfeuchtung über Atemluft

Entwärmung über Wärmeabstrahlung

Entwärmung über Luftkonvektion u. Schwitzen

Wärmeaufnahme über Leitung

Wärmeaufnahme über Luftkonvektion

können die Wände innen mit Materialien verkleidet werden, die einen geringen Wärmeeindringkoeffizienten b haben (siehe Tab. 25), also wenig wärmeleitend sind (z.B. Holz, Kork, Stoff etc.).

Empfindlich reagiert der Mensch auch auf Zug (= Konvektion): Luftgeschwindigkeiten von mehr als 0,2 m/s werden in Räumen meist als unangenehm empfunden (außer an sehr warmen Tagen), da sie zu einer verstärkten Wärmeabgabe der Hautoberflächen und ggf. zu Muskelentzündungen oder Erkältung führen. Behaglich sind Luftbewegungen mit Geschwindigkeiten von weniger als 0,1 m/s. In Räumen entstehen bereits Luftbewegungen, wenn die Differenz zwischen der Oberflächentemperatur der Wände und der Lufttemperatur höher als 2°C ist.

Über Tage, Wochen und Jahre hinweg führt ein gleichmässiges Innenraumklima zu körperlicher und geistiger Ermüdung. Da jeder lebendige Organismus zur Aufrechterhaltung seiner Beweglichkeit Übung braucht, wirken kleine Temperaturwechsel anregend. Ein Klimawechsel wie z.B. beim Verlassen vollklimatisierter Büroräume (19°C, 60%

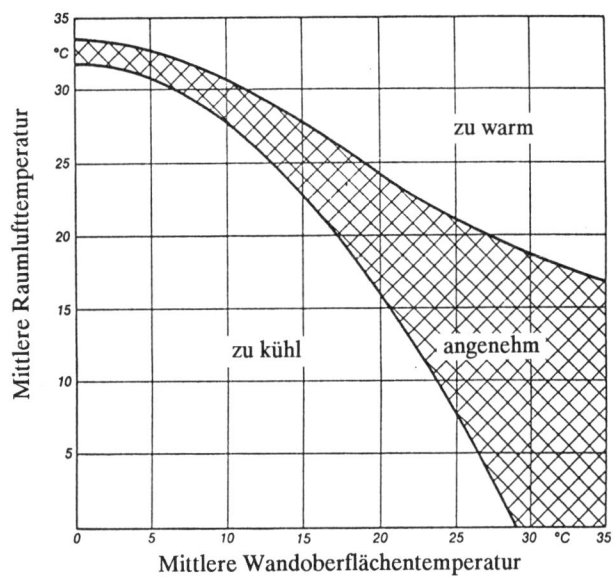

Abb. 3: Behaglichkeitsdiagramm   Quelle: (1)

sem Zustand wird auch eine niedrige Lufttemperatur nicht als störend empfunden, z.B. Körperoberflächentemperatur bei normaler Kleidung 21°C, Wandtemperatur 20°C, Lufttemperatur 17°C.

Bei niedrigen Wandoberflächentemperaturen, z.B. durch zu geringe Wandstärken, muß die Raumlufttemperatur erhöht werden, um Wärmeverluste des Körpers zu verhindern. Grundsätzlich sind *Strahlungsheizungen* wie Kachelofen, Flächenheizungen für Wände und großflächige Plattenheizkörper zur Raumbeheizung sinnvoll (siehe Kap. 3.9). Als Hilfe zur Erhöhung der Raumoberflächentemperaturen

Feuchte) in einen warmen Sommertag (28°C, 80% Feuchte) hat allerdings schockartige Reaktionen des Organismus zur Folge. Solche Stresssymptome können nur im Rahmen einer bewußten Therapie, wie vielleicht bei einer Kneippkur oder beim Saunagang gesundheitsfördernd wirken.

	absolute Wasserge-halt d. Luft	relative Luft-feuchte	Temp.	Beschreibung
1	2g / kg	50 %	0° C	schöner Wintertag
2	5g / kg	100 %	4° C	schöner Spätherbst
3	5g / kg	40 %	18° C	sehr gutes Raumklima
4	8g / kg	50 %	21° C	gutes Raumklima
5	10g / kg	70 %	20° C	zu feuchtes Raumklima
6	28g / kg	100 %	30° C	tropischer Regenwald

Tabelle 3: Verschiedene Zustände der Atemluftqualität Quelle: (2)

Der Mensch, ein Feuchtewesen

- trocken, aber nicht dürr - feucht, aber nicht naß.
Der Mensch ist eigentlich eine Wassersäule, denn er besteht zu 80% aus Flüssigkeit, was uns nur selten ins Bewußtsein kommt, da die Flüssigkeit in feinster Verteilung zwischen den festen Stoffen fließt. Über diese Flüssigkeiten werden alle Gifte aus dem Körper abgegeben. Täglich scheidet der Mensch etwa 1 l Wasser in Form von Wasserdampf über die äußere Haut und die Lungen aus. Gleichzeitig kann er damit sehr wirksam den Wärmehaushalt des Körpers regulieren. Wie leicht wir diese Feuchtigkeit abgeben können, hängt hauptsächlich von der Qualität der uns umgebenden Luft ab, besonders von der Luftfeuchtigkeit.

Wassergehalt der Luft g / kg	Eignung als Atemluft	Empfinden beim Atmen
0 - 5	sehr gut	leicht, frisch
5 - 8	gut	normal
8 - 10	befriedigend	noch erträglich
10 - 20	zunehmend schlecht	schwer, schwül
20 - 25	schon gefährlich	feuchtheiß
über 25	ungeeignet	unerträglich
41	Wassergehalt der Ausatmungsluft	100 % rel. Feuchte bei 37° C
über 41	Wasser kondensiert i. d. Lungenbläschen	

Tabelle 2: Qualität der Atemluft in Abhängigkeit von der absoluten Luftfeuchtigkeit

Luft enthält immer einen bestimmten Anteil an Wasserdampf. Die Höchstmenge an Wasserdampf, die von der Luft aufgenommen werden kann, ist von der Temperatur abhängig. Fällt mehr Feuchtigkeit an, als die Luft aufnehmen kann, ist also die Sättigung erreicht, so kondensiert die überschüssige Feuchtigkeit (Nebel, Dampfschwaden von Kühltürmen, Dampf beim heißen Duschen etc.). Die 30 - 60 l Wasserdampf, die eine vierköpfige Familie pro Woche mindestens an die Raumluft abgibt, werden mit dem Luftaustausch durch Türen und Fenstern abgeführt, aber auch von dampfdurchlässigen Wandflächen absorbiert und nach außen transportiert.

Unterschieden werden

- *die absolute Luftfeuchtigkeit*: sie gibt an, wieviel g Wasser sich momentan in 1 kg trockener Luft befinden;
- *die maximale Luftfeuchtigkeit*: sie gibt an, wieviel g Wasserdampf bei einer bestimmten Temperatur in 1 kg trockener Luft gelöst werden können (Sättigungsfeuchte), und
- *die relative Luftfeuchtigkeit*: sie gibt an, wieviel % der maximal löslichen Wasserdampfmenge die Luft enthält.

Grundsätzlich kann Luft um so mehr Wasserdampf aufnehmen, je wärmer sie ist. Je nach Temperatur hat sie aber bei gleicher Wassermenge (d.h. gleicher absoluter Luftfeuchte) eine andere relative Feuchte (Tab. 3).

Tab. 2 und 3 zeigen, wie die Qualität der Atemluft von der absoluten und relativen Feuchte abhängt. Unser Wohlbefinden ist bei Situation 2 und 3 trotz des Unterschiedes in

Abb. 4: Relative und absolute Luftfeuchte beim Atmungsvorgang

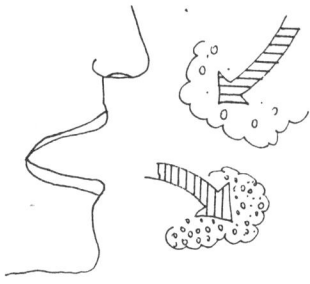

Raum	Raumtempe- ratur in ° C	relative Luftfeuchte
Wohnen	19 - 23	40 - 60 %
Schlafen	16 - 19	50 - 70 %
Küche, Hausarbeitsraum	18 - 20	50 - 70 %
Bad, Dusche	20 - 23	50 - 70 %
WC	15 - 19	40 - 50 %
Flur, Diele	18 - 19	40 - 60 %
Treppenräume, beheizt	16 - 18	50 %
Treppenräume, unbeheizt	10 - 15	60 %

Tabelle 4: Günstige Luftbedingungen für Wohnräume   Quelle: (3)

Einatmen bei:

18°C (kühles Raumklima)
40% rel. Feuchte
6 g/kg abs. Feuchte

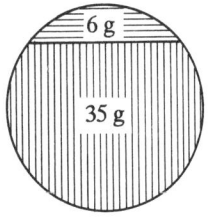

Einatmen bei:

30°C (tropische Luft)
80% rel. Feuchte
25 g/kg abs. Feuchte

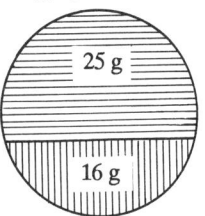

Ausatmen mit:

37°C (Körpertemperatur)
100% rel. Feuchte
41 g/kg abs. Feuchte

der relativen Luftfeuchte gleich gut. Unwohl fühlen wir uns erst in den Fällen 5 und 6.

Warum? Erinnern wir uns an die oben erwähnte Abgabe der Körperfeuchtigkeit über die Atemluft: wir atmen ein, die Luft wird auf ca. 37°C erwärmt und bis zu 100% relativer Feuchte mit Wasserdampf angereichert. Luft kann bei dieser Temperatur maximal 41 g Wasser/kg Luft aufnehmen. Wir fühlen uns wohl, wenn wir mit der ausgeatmeten Luft so viel Wasserdampf abgeben können, wie zur Kühlung und Entfeuchtung unseres Körpers nötig ist. Im Spätherbst sind dies ca. 35 g Wasser/kg Luft, an einem schwülen Sommertag mit 30°C und 80% r.F. (d.h. 25 g Dampf/kg Luft) jedoch nur 16 g Wasserdampf/kg Luft. Dann fällt das Atmen schwer, und der Körper muß seine Kühlung und Entfeuchtung über die Hautoberflächen durch Schwitzen bewerkstelligen. Die Gefahr, daß dabei der Körper eintrocknet, ist dann nicht gegeben, wenn der tägliche Wasserverlust (in unserem Klimabereich ca. 1,5 l/Tag) durch die entsprechende Menge an Flüssigkeitsaufnahme ersetzt wird. Luftbefeuchtung mit Verdunstungsgeräten ist deshalb eine völlig unsinnige Sache, da sie die Körperentfeuchtung unnötig behindert. Nur extrem trockenes Innenraumklima in Räumen mit hoher Luft- und Staubumwälzung bei falscher Beheizung kann dadurch verbessert werden.

Mensch und Atmung

Für das Wohlbefinden des Menschen sind nicht nur Lufttemperatur und -feuchtigkeit entscheidend, sondern ebenso die Zusammensetzung der Luft, die er einatmet.
Frischluft besteht aus ca. 21 % Sauerstoff (O_2), ca. 79 % Stickstoff (N_2) und ca. 0,03 % Kohlendioxid (CO_2). Nun wird beim Ausatmen die Luft nicht nur mit Feuchtigkeit angereichert, sondern auch Sauerstoff verbraucht und Kohlendioxid erzeugt. In Ruhestellung, z.B. beim Schlafen, atmet der erwachsene Mensch etwa 0,5 m³ Luft/h aus, die dann nur noch ca. 16 % Sauerstoff, aber bereits etwa 4 % Kohlendioxid enthält. Deshalb muß bei Aufenthalt in geschlossenen Räumen immer wieder Frischluft zugeführt werden, denn bereits bei einem Kohlendioxidgehalt der Luft von 0,07 % und einem Sauerstoffgehalt unter 15 % reagiert der Mensch mit Ermüdung, Leistungsminderung und Kopfschmerzen - bei einem Kohlendioxidgehalt von 5,4% in der Luft erstickt er!

Der Frischluftbedarf des Menschen beträgt pro Person und Stunde im Mittel etwa 32 m³. Die erforderliche Luftwechselzahl für einen Raum wird aus der Größe des Raumes, der Personenzahl im Raum, der Art ihrer Tätigkeit (Abb.5) und der Raumnutzung errechnet. Der notwendige Luftwechsel für Wohnräume liegt bei dem 0,4-0,8 fachen Rauminhalt pro Stunde und Person; personenbezogen ausgedrückt müssen in einem Schlafzimmer ca. 20 m³/h und pro Person ausgetauscht werden, bei leichter Hausarbeit ca. 30 m³/h und in Bädern ca. 60 m³/h. Da nicht alle Räume gleichzeitig benutzt werden, dürfen die erforderlichen Luftwechsel der einzelnen Räume nicht einfach zu einem Gesamtluftwechsel addiert werden; man geht zweckmäßigerweise von einem personenbezogenen Gesamtlüftungsbedarf aus.

Bei Fensterlüftung wird mit folgendem stündlichen Austausch des Raumluftvolumens gerechnet:

- Fenster und Türen geschlossen: 0,3 - 0,5 facher Luftwechsel pro Stunde (unkontrollierte Lüftung durch Fugen bei relativ dichtschließenden Fenstern und Türen)

- Fenster gekippt, Rolladen oder Klappläden geschlossen: 0,3 - 1,5 facher Luftwechsel pro Stunde

- Fenster gekippt, ohne Rolladen: 0,8 - 4 facher Luftwechsel pro Stunde

- Fenster halb geöffnet: 5 - 10 facher Luftwechsel pro Stunde

- Fenster ganz geöffnet: 9 - 15 facher Luftwechsel pro Stunde

- Durchzug zwischen Fenster und Tür: ca. 40 facher Luftwechsel pro Stunde

Die Stoßlüftung durch weites Öffnen von Fenster und Türen ist dabei gesünder und energiesparender als das ständig geöffnete Kippfenster.

Weitere Lüftungsarten sind:

- Die Zwangsbe- und -entlüftung. Hierbei wird z.B. durch einen Ventilator (ggf. mit Luftfilter und Schalldämmung) die Luft regelmäßig erneuert (bei innenliegenden Bädern und Toiletten, in Großraumbüros, Hochhäusern, Fabriken etc.)

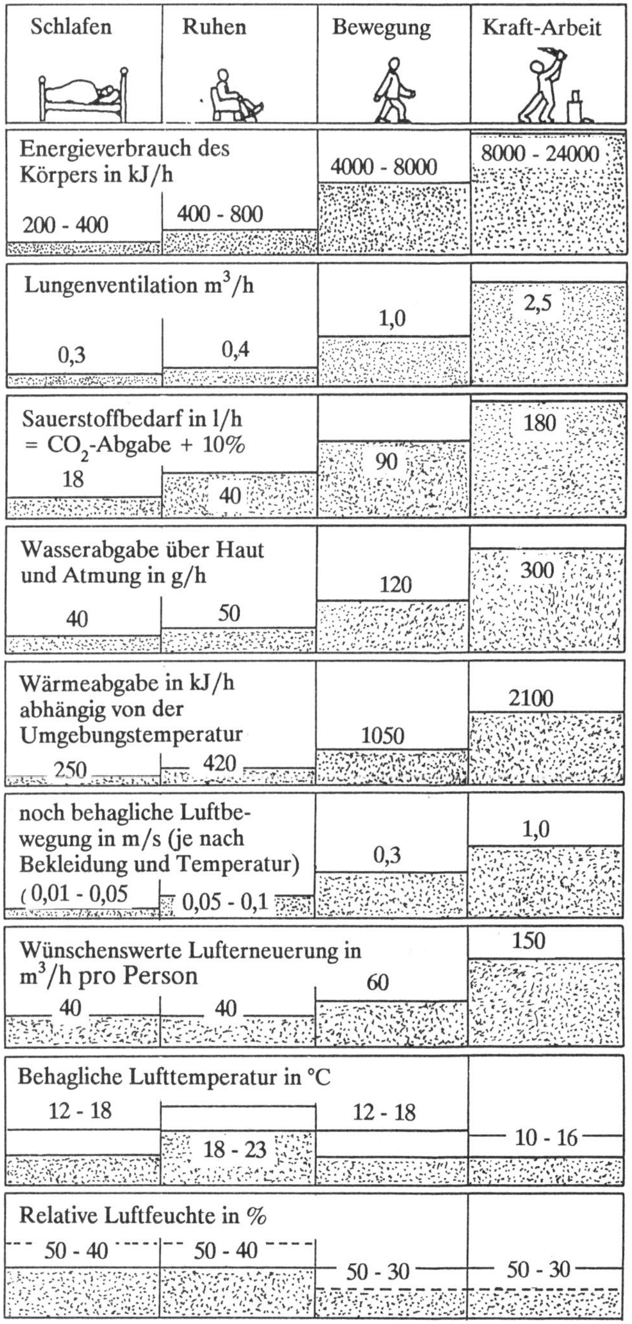

Schlafen	Ruhen	Bewegung	Kraft-Arbeit

	Schlafen	Ruhen	Bewegung	Kraft-Arbeit
Energieverbrauch des Körpers in kJ/h	200 - 400	400 - 800	4000 - 8000	8000 - 24000
Lungenventilation m³/h	0,3	0,4	1,0	2,5
Sauerstoffbedarf in l/h = CO_2-Abgabe + 10%	18	40	90	180
Wasserabgabe über Haut und Atmung in g/h	40	50	120	300
Wärmeabgabe in kJ/h abhängig von der Umgebungstemperatur	250	420	1050	2100
noch behagliche Luftbewegung in m/s (je nach Bekleidung und Temperatur)	0,01 - 0,05	0,05 - 0,1	0,3	1,0
Wünschenswerte Lufterneuerung in m³/h pro Person	40	40	60	150
Behagliche Lufttemperatur in °C	12 - 18	18 - 23	12 - 18	10 - 16
Relative Luftfeuchte in %	50 - 40	50 - 40	50 - 30	50 - 30

Abb. 5: Umsätze des Körpers und günstige Umweltbedingungen
für verschiedene Körperaktivitäten   Quelle: (4)

Stoff bzw. Stoffgruppe	Verhältnis der Konzentrationen Innen / Außen	Bemerkungen
Schwefeldioxid	~0,5	
Stickstoffdioxid	≤1	
	2 - 5	NO2-Quelle innen
Kohlendioxid	1 - 10	
Kohlenmonoxid	≤1	
	1 - 5	CO-Quelle innen
Schwebestaub	0,5 - 1	ohne Tabakrauch
	2 - 10	mit Tabakrauch
Formaldehyd	≤10	
höhere aliphat. Kohlenwasserstoffe	2 - 5	
aromat. Kohlenwasserstoffe	1 - 3	
leicht flüchtige Halogenkohlenwasserstoffe	10 - 50	
polychlorierte Biphenyle	5 - 10	
Radon	bis zu 5	Wohnräume
	bis zu 10	Kellerräume
N - Nitrosodimethylamin	≤1	ohne Tabakrauch
	>1	mit Tabakrauch

Tabelle 5
Konzentration von Luftinhaltsstoffen in Innenräumen im Vergleich
zur Außenluft in zufällig untersuchten Wohnungen   Quelle: (31)

- die Porenlüftung. Sie hat sich bei Stallbauten bewährt, da sie über die Poren luftdurchlässiger Bauteile einen flächigen, zugfreien Luftwechsel ohne Fremdenergiezufuhr ermöglicht.

Raumluft wird außer mit Kohlendioxid mit Gerüchen, Lösungsmitteln, Radongas und vielen weiteren gasförmigen Substanzen beladen, die über die Atemwege und dann über den Blutkreislauf der Lunge in den Körper eindringen können. Ein Sondergutachten des Rates für Umweltfragen hat für einzelne Schadstoffe (z.B. Formaldehyd) eine mehrfach höhere Schadstoffkonzentration in Innenräumen im Vergleich zum Außenbereich festgestellt (Tab. 5). Neben der Lüftung können Pflanzen im Haus zur Luftreinigung beitragen, ebenso wie die Oberflächen von sorptionsfähigen Baustoffen mit einer großen inneren Oberfläche wie Holz, Gips, Naturfasern usw.. Sie können Gase, Dampf und Staub teilweise binden und so die Raumluft verbessern (die innere Oberfläche von 1 g Holz beträgt beispielsweise 200 m^2). Der Feuchtigkeitsgehalt der Luft sollte bei 18°C Raumtemperatur nicht unter 30% relativer Feuchte (= 2 g Wasser/kg Luft absolut) liegen, da sonst die Staubbelästigung zu groß wird.

Mensch und Atmung

- Der notwendige Luftwechsel in Räumen liegt je nach Nutzung bei dem 0,4-08 fachen Rauminhalt pro Stunde und Person, bzw. personenbezogen ausgedrückt liegt der Frischluftbedarf zwischen 20 m^3 (Schlafraum) und 60 m^3 (Bad) pro Person und Stunde.
- Die Reinigung der Luft wird durch Pflanzen und sorptionsfähige Oberflächen von Raumwänden und Einrichtung unterstützt.
- Der Feuchtigkeitsgehalt der Luft sollte nicht unter 40% relative Luftfeuchte abfallen, da sonst die Staubbelästigung zu groß wird.
- Als behaglich wird eine Luftbewegung im Raum unter 0,2 m/s empfunden.

1.2 Mensch und Strahlung

Neben Wärme und Luft braucht der Mensch auch Licht, um zu leben. Nun ist das sichtbare Licht nur ein kleiner Teil des breiten Strahlungsspektrums, das auf den Menschen und seine Umwelt einwirkt und dessen Vorhandensein uns nur wenig bewußt wird. Dabei sollen hier neben der sogenannten "elektromagnetischen Strahlung" unter dem Begriff Strahlung auch andere Phänomene wie elektrische und magnetische Felder, Radioaktivität und "Erdstrahlen" näher betrachtet werden, welche die auf der Erde lebenden Organismen in ihren Regungen, Lebensgewohnheiten und Existenzmöglichkeiten beeinflussen und die daher bei der Schaffung und Auswahl von Wohnräumen Berücksichtigung finden sollten.

Die Erscheinungsformen von Strahlung sind ebenso vielfältig, wie dies schon in der Bandbreite der Frequenzen bzw. Wellenlängen zum Ausdruck kommt (Abb. 6). In den letzten zwei Jahrhunderten hat der Mensch einige Bereiche aus diesem Spektrum für Anwendungen nutzbar machen können, die heute unser tägliches Leben umfassend gestalten (Elektrizität, Radio, Fernsehen, Radar, Röntgenstrahlung, Kernenergie). Damit wurden der natürlichen Strahlung, die aus dem Weltraum und aus Umwandlungsprozessen auf und in der Erde stammt, neue, künstliche Quellen hinzugefügt, deren Intensität die natürliche Strahlung häufig um ein Vielfaches übertrifft. Angesichts der vielfältigen Anwendung der künstlichen elektromagnetischen Strahlung sind die Erkenntnisse und Erfahrungen über ihre Auswirkungen auf die komplexen elektrochemischen Vorgänge im menschlichen Körper eher bescheiden und vielfach umstritten, da meist nur sehr grobstoffliche Wirkungen untersucht werden. Der menschliche Körper wird von einem feinen und komplexen Netz von Nervenfasern durchzogen. Ihre Funktion ist mit sehr kleinen Stromstößen im Mikrovoltbereich ($1 \mu V = 10^{-6}$ Volt) verbunden, die bei den elektrochemischen Vorgängen im Körper selbst erzeugt werden. Ähnliche Vorgänge sind bei allen Zelltätigkeiten auch durch Messungen nachweisbar (z.B. Elektrokardiogramm EKG, Enzephalogramm EEG, u.ä.). Wegen dieser sehr niedrigen Spannungen (und Ströme) ist es leicht möglich, daß die physiologischen Vorgänge durch künstliche und natürliche Strahlungsfelder beeinflußt werden. Zu berücksichtigen ist dabei, daß kleine Strahlungsdosisleistungen über lange Zeiträume nachhaltigere und stärkere Reaktionen im Organismus hervorrufen als eine einmalige hohe Dosis.

Auch wenn bisher Erkenntnisse über die Gesamtheit der Wirkung von elektrischer bzw. elektromagnetischer Strahlung, Wellen und Felder auf den Menschen in naturwissenschaftlich abgesicherter Form kaum vorliegen, bin ich durch mehrfache persönliche Erfahrung von Krankheitsheilungen aufgrund von Strahlungsanalysen der Überzeugung, daß solche Phänomene insbesondere beim Bau von Häusern berücksichtigt werden müssen. Dabei können uns die phänomenologischen Beobachtungen und Erfahrungen von "Standortkrankheiten" ebenso helfen wie die Anschauungen und Erkenntnisse der als unwissenschaftlich geltenden "Radiästhesie".

Das gesamte Gebiet der Strahlungen und Felder ist für uns schwer zu verstehen, da unsere Sinne nur einen kleinen Teil, das sichtbare Licht und die Wärmestrahlung, empfinden. Die übrigen Strahlungen verschließen sich unserer Sinneswahrnehmung, sie sind "untersinnig"; wir können sie nur mit Hilfe von Meßinstrumenten im Experiment nachweisen. Im Gegensatz zum Menschen scheinen viele Tiere über einen Sinn für diese Kräfte zu verfügen; so gelten Hunde als "Strahlungsflüchter", Katzen, Bienen und andere Insekten als "Strahlungssucher".

Man kann die Vielfalt der Strahlungsphänomene klassizieren nach ihrer Herkunft:

- aus dem Kosmos
- aus der Atmosphäre,
- aus der Erde

oder auch nach der Entstehungsart:

- natürliche Felder und Strahlung
- künstliche (technische) Felder und Strahlung.

Für einen kurzen Überblick ist es jedoch günstiger, die für uns bedeutsamen Arten von Strahlung unabhängig von Herkunft und Entstehung zu behandeln und auf ihre Wirkung einzugehen:

- Sonnenstrahlung: Licht, UV- und IR-Strahlung
- radioaktive Strahlung aus dem Kosmos und der Erde
- Hochfrequenz- und Niederfrequenzstrahlung
- elektrische und magnetische Felder
- örtliche Variationen der irdischen Strahlungsfelder.

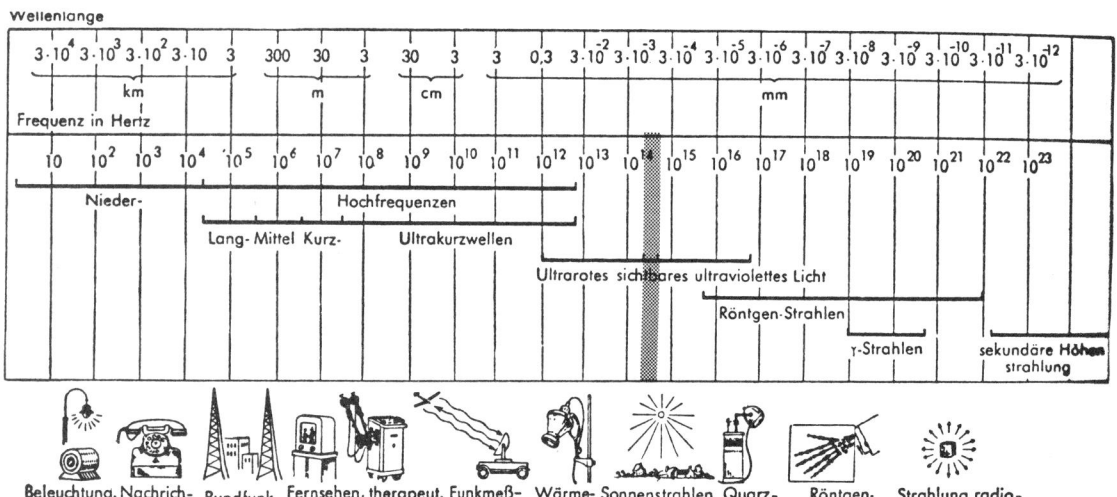

Abb. 6
Spektrum der elektromagnetischen Schwingungen
Quelle: (5)

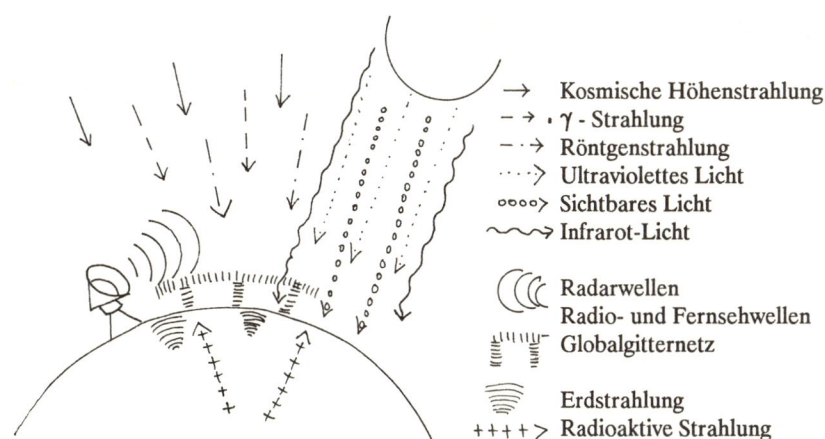

Abb. 7
Strahlungsphänomene
auf der Erde

Sonnenlicht und Sonnenstrahlung

Für das Leben auf der Erde ist das sichtbare und das unsichtbare Licht der Sonne das Wichtigste. Das sichtbare Licht läßt uns die Dinge der Welt sehen, und zwar nicht nur die Konturen, sondern auch die Farben. Außerdem wird mit dem Licht unser Lebensrhythmus durch den Tag/Nacht-Wechsel gesteuert.

Nicht sichtbar, aber spürbar sind die langwelligen Wärmestrahlen (Infrarot-Strahlen) der Sonne und die kurzwelligen ultravioletten Strahlen, die wichtige physiologische Vorgänge im Körper beeinflussen, z.B. die Bildung von Vitamin D, und die damit den Kalk- und Phosphorhaushalt im Organismus regeln. Besonders diese Strahlen wirken auch keimtötend.

Starke Sonneneinstrahlung ist für den Menschen wenig zuträglich, denn ein direkter Blick in die Sonne kann die Hornhaut verbrennen und zur Erblindung führen, und ein zu langer Aufenthalt in der Sonne begünstigt Sonnenstich, Hautverbrennungen und damit Hautkrebs.

Abb. 8 zeigt, wie sich die Strahlungsarten physikalisch verteilen. Für das physische und psychische Wohlbefinden des Menschen sind helle und besonnte Wohn- und Arbeitsräume notwendig. Der Anteil der Fensterfläche sollte deshalb 10% (bezogen auf die Raumfläche) nicht unterschreiten. Da gewöhnliches Fensterglas für ultraviolette Strahlung undurchlässig ist, empfiehlt es sich, einzelne Fensterflächen (am besten von südorientierten Räumen) mit UV-transparentem Glas (sog. Uviol- oder Quarzglas) auszustatten. Dann läßt sich der Raum als natürliches Solarium nutzen.

Bei Tageslicht erscheinen Farben meist ganz anders als bei künstlicher Beleuchtung (Abb. 9). Ursache hierfür ist die unterschiedliche Farbzusammensetzung des künstlichen Lichtes. Das natürliche Tageslicht hat einen hohen Blau-Grün-Anteil (ca. 43%) und einen geringeren Gelb-Orange-Anteil (ca. 24%). Als Kunstlicht bevorzugen die meisten Menschen ein "warmes" Licht, also ein Mischlicht mit hohem Gelb-Orange-Anteil (über 40%). Für Arbeiten, die Farbwirkungen bei Tageslicht zu berücksichtigen haben, gibt es Leuchtstoffröhren, deren Gasfüllung ein nahezu tageslichtidentisches Farbspektrum erreicht.

Ultraviolette Strahlung	3 %	280 - 380 μm
Sichtbares Licht	44 %	380 - 700 μm
Infrarote Strahlung	53 %	700 - 1200 μm

Abb. 8: Energieverteilung des Sonnenspektrums

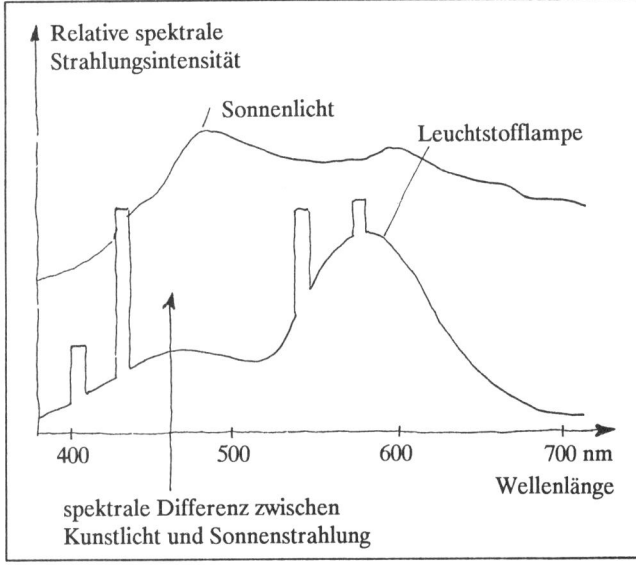

Abb. 9: Unterschiedliche spektrale Verteilung von Sonnenlicht
und Kunstlicht

Radioaktive Strahlung aus dem Kosmos und der Erde

Strahlung mit kürzeren Wellenlängen als beim sichtbaren Licht wird als ionisierende Strahlung oder auch radioaktive Strahlung bezeichnet. Je kürzer die Wellenlänge dieser Strahlung, umso höher ist ihr Engergiegehalt; mit zunehmendem Energiegehalt vermag die Strahlung den Aufbau der Atome und sogar der Atomkerne zu verändern. Daher kann sie auch je nach Dosierung die Erbsubstanzen von Zellen verändern oder Zellen zerstören. Mit der Aktivität eines radioaktiven Stoffes wird die Anzahl von Atomkernen angegeben, die sich in einer Sekunde umwandeln. Die Einheit der Aktivität ist das Becquerel. Um die Gefährdung oder Schädigung menschlicher Körperzellen durch ionisierende Strahlung bewerten zu können, ist eine quantitative Erfassung der biologischen Wirksamkeit erforderlich. Hierbei wird die unterschiedliche Ionisationsfähigkeit der verschiedenen Strahlungsarten (alpha, beta oder gamma-

Strahlen) berücksichtigt. Die Einheit der sogenannten Äquivalenzdosis ist das Sievert (früher gebräuchlich rem = ein Hundertstel Sievert).

In unserem Lebensraum sind wir der radioaktiven Strahlung aus verschiedenen Quellen ausgesetzt:

- Die kosmische Ultrastrahlung von der Sonne und aus dem Weltraum wird durch die oberen Schichten der Erdatmosphäre weitgehend zurückgehalten, d.h. abgebremst und umgewandelt; dabei entsteht eine ionisierende Sekundärstrahlung, die die Erdoberfläche erreicht (und sogar in die Erde eindringt) und mit ca. 0,3 mSv - 0,5 mSv jährlich (= 30 - 50 mrm/a) zur "natürlichen Strahlenbelastung" beiträgt.

Art des Baumaterials	Mittlere Aktivitätskonzentration in Bq / kg		
	^{40}K	^{226}Ra	^{232}Th
Bausand, Kies	260	15	15
Sandstein	190	19	19
Sonstige Natursteine	480	26	30
Kalksandstein, Gasbeton	220	19	19
Sonstige Kunststeine	370	33	30
Naturgips	70	<19	<19
Beton, Betonsteine	220	22	26
Verschiedene Zuschlagstoffe	220	22	15
Basalt	1400	41	52
Zement	150	52	52
Granit, Schiefer	1480	56	81
Ziegel, Klinker	630	67	63
Bimssteine	890	81	85
Schlackensteine	330	81	104
Chemiegips (Phosphorit)	70	520	<19
Lithoid-Tuff (ital.)	1480	130	120
Hochofenschlacke	520	120	130
Flugasche	700	210	130
Rotschlammziegel	330	280	230
Beton mit Alaunschiefer (Schweden)	850	1500	70

Tabelle 6: Mittelwert der Konzentrationen natürlicher radioaktiver
Stoffe in verschiedenen Baustoffgruppen   Quelle: (29)

- Die zweite Quelle der natürlichen Strahlenbelastung sind die in der Erde und damit auch in bestimmten Baumaterialien enthaltenen radioaktiven Substanzen, die überwiegend aus den Zerfallsreihen der Elemente Uran, Radium und Thorium stammen und insbesondere in alten kristallinen Gesteinen (und Erzen) vorkommen. Ihr Beitrag zur Strahlenbelastung schwankt je nach den örtlich vorkommenden Gesteinen und liegt im Mittel bei ca. 0,3 - 0,4 mSv jährlich (= 30 - 40 mrem/a). Werden in Gegenden mit erhöhter Radioaktivität lokale Gesteine als Baustoffe für den Hausbau verwendet, kann es beim Aufenthalt im Haus zu einer bedeutend höheren Strahlenbelastung kommen. Tab. 6 gibt einen Überblick, wie verschiedene Baumaterialien zur Erhöhung der Strahlenbelastung beitragen. Die Schwankungen sind je nach Herkunft der Baustoffe recht groß.

- Zwei weitere Quellen der Strahlenbelastung sind die Nahrung und die Luft, die wir in unseren Körper aufnehmen. Zu berücksichtigen ist hierbei das wesentlich höhere Wirkungspotential im Körper eingelagerter Teilchen im Vergleich zur ionisierenden Strahlung außerhalb des Körpers. Die Aufnahme über Nahrungsmittel beträgt im Mittel 0,3 mSv jährlich (= 30 mrem pro Jahr). Lokal können allerdings wesentlich höhere Werte erreicht werden, wie dies nach der Atomkatastrophe von Tschernobyl der Fall war.
Ebenso ist die Belastung über die Atemluft durch Radongas oder radioaktive Aerosole sehr unterschiedlich. Bei sinkendem Luftdruck (d.h. bei Durchzug eines Tiefdruckgebietes) entweichen aus der Erde und einigen Hartbaustoffen erhöhte Mengen Radongas. In schlecht gelüfteten Wohnräumen kann dadurch die Strahlenbelastung zeitweise 5-10 mal höher sein als in der Außenluft. Durch ausreichendes Lüften der Wohnräume kann die daraus resultierende Belastung für den Menschen jedoch niedrig gehalten werden.

Insgesamt beträgt die genetisch signifikante Strahlendosis (d.h. die, die Erbschäden auslösen kann) aus natürlichen Quellen im Freien ca. 1,0 mSv jährlich (= 110 mrem/a) und kann bei dauerndem Aufenthalt in Räumen in ungünstigen Fällen auf 2,0 mSv jährlich und darüber steigen. Mit

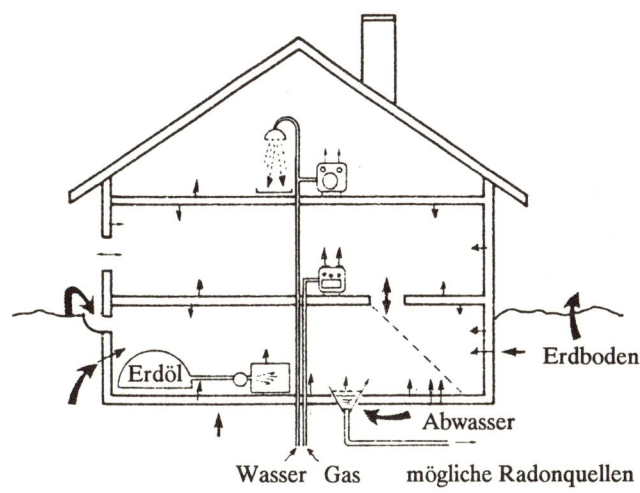

Abb. 10: Schema möglicher Quellen für die Radon-Konzentration in Häusern und ihre Eintrittswege   Quelle: (29)

Jahr	Dosis (in rem pro Jahr)
1902	2500 rem / a
1920	100 rem / a
	(1 / 25 von 1902)
1931	50 rem / a
1936	25 rem / a
1948	15 rem / a
1956	5 rem / a
	(1 / 500 von 1902)
1959	170 mrem / a
	(1 / 14750 von 1902)
1973	150 mrem / a

Zur Verläßlichkeit von Grenzwerten: Entwicklung der erlaubten Strahlenbelastung durch radioaktive Stoffe in den Jahren 1902 bis 1973   Quelle: (Rose: Elektrostreß, München 1987)

zunehmender Dosis steigt auch die Wahrscheinlichkeit, daß Erbschäden und andere Zellschäden auftreten; andererseits haben sich die Organismen und auch der Mensch im Laufe der Evolution an die vorhandene Strahlenbelastung gewöhnt und Reparaturmechanismen entwickelt, um kleinere Defekte auszugleichen und zu überleben. Das heißt aber nicht, daß durch die natürliche (und erst recht durch die künstliche) Radioaktivität keine Schäden auftreten, sondern nur, daß sie selten größere Auswirkungen haben und damit wenig signifikant sind. Die internationale Strahlenschutzkommission empfiehlt als Grenzwert zur Vermeidung genetischer Schäden eine maximale Dosis von 1,7 mSv jährlich oder 5 Zentisievert in 30 Jahren (= 5 rem). Bei sinnvoller Baustoffauswahl kann dieser Wert durchaus unterschritten werden.

Abgesehen von der natürlichen Strahlenbelastung hat sich der Mensch in den letzten Jahrzehnten zusätzliche Belastungen aus künstlichen Quellen geschaffen. So kann durch medizinische Diagnostik (Röntgen etc.) individuell noch bis zu 1,5 mSv (= 150 mrem/a) zur natürlichen Dosis jährlich hinzukommen. Die Belastung durch kerntechnische Anlagen (Kernkraftwerke, Wiederaufbereitungsanlagen, etc.) wird von offizieller Seite im allgemeinen niedrig eingeschätzt (0,02 mSv jährlich = 2 mrem/a), doch können lokal erheblich höhere Werte auftreten; zudem werden von diesen Anlagen auch solche radioaktive Stoffe abgegeben, die sich über Nahrungskreisläufe anreichern und den Menschen am Ende dieser Kette erheblich stärker belasten können, als dies der oben angegebene, offizielle Richtwert vermuten läßt.

Hochfrequenz- und Niederfrequenzstrahlung

Jenseits des Lichtes und der Infrarot-Strahlung zu größeren Wellenlängen hin liegt der Bereich der Hochfrequenz- und Niederfrequenzstrahlung. Hochfrequenzstrahlung mit Frequenzen über 100 MHz gelangt mit relativ geringen Intensitäten aus dem Weltraum auf die Erde, da die Atmosphäre für diese Strahlung durchlässig ist. Die Radio-Astronomen beobachten diese Strahlung mit aufwendigen Geräten, um mehr über die Sterne und den Weltraum zu erfahren. Es ist grundsätzlich nicht auszuschließen, daß diese Botschaften aus dem Kosmos Einfluß auf das Leben auf der Erde haben, wegen ihrer geringen Intensität wird eine direkte (schädliche) biologische Wirkung aber kaum für möglich gehalten. Dagegen erzeugen Radio- und Fernsehsender, Richtfunkstrecken, Radaranlagen und Hochfrequenzgeräte in der Industrie ein breites Strahlenspektrum mit zum Teil erheblicher Intensität, über deren biologische Wirkung im einzelnen wenig bekannt ist. Aufgrund ihrer Intensität können sie Strukturveränderungen der Moleküle (z.B. Wasser bei Wellenlängen unter 1m) anregen, die dann auch biologische Wirkungen zur Folge haben.
So wurden Fälle beobachtet, in denen beim Radarpersonal verstärkt Übelkeit auftrat. Dabei sind Wellen mit Längen von 2 bis 70 cm biologisch besonders wirksam, da die Körperzelle in demselben Bereich arbeitet. Satellitenfunk sendet in den Bereichen 2 - 8 cm, weiterhin Rundfunksender, Telefonnetze, der Richtfunk der Post und Mikrowellenherde. Letztere sind auf zwei Ebenen schädlich: Die von außen auf den Körper einwirkende sogenannte "Leckstrahlung" des Gerätes (5 Milliwatt/cm² sind in der BRD zulässig) und die inkorporierte Eigenschwingung des erhitzten Gargutes, die bis zu 2 Stunden nach dem Essen anhält.
Die Hochfrequenzstrahlung durchdringt normale Baustoffe (ausgenommen Metalle und Stahlbeton), wobei sie mit zunehmender Frequenz stärker abgeschwächt wird. Daher können wir ja auch im Innern der Häuser Radio- und Fernsehsender empfangen.
Die Wetterbewegungen in der Atmosphäre führen ständig irgendwo auf der Erde zu elektrischen Entladungen - starke Entladungen beobachten wir als Blitze -, die impulsförmig elektromagnetische Wellen aussenden; die sogenannte Wetter-Impulsstrahlung. Diese niederfrequenten Schwin-

gungen (10-100.000 Hz), die starken Schwankungen unterliegen, erreichen zeitweise so hohe Feldstärken, daß sie durch Zellreizung biologische Wirkungen auslösen, die sowohl anregend als auch lähmend (bei stärkerer Einwirkung) sind. Man geht davon aus, daß sie die Ursache für die häufig anzutreffende Wetterfühligkeit sind und wegen ihrer periodischen Schwankungen Einfluß auf den Tagesrhythmus des Menschen nehmen. Auch die Wetterimpulsstrahlung durchdringt alle gängigen Baustoffe, wird jedoch durch Metalle und die elektrisch leitende Armierung im Stahlbeton weitgehend abgeschirmt, was zu einem reizarmen und auf die Dauer ungesunden Klima in Stahlbetonbauten führt.

Daneben ist mit der Verteilung des elektrischen Wechselstroms (sowohl als 50 Hz Hausstrom sowie als 16 Hz Bahnstrom) die Ausbreitung von elektromagnetischen Wellen und Feldern verbunden. Gemessen an ihrem breiten Einsatz ist über die Wirkung auf den Menschen nur wenig bekannt, Forschungen auf diesem Gebiet sind wegen der möglichen Brisanz offiziell wohl auch nicht erwünscht. Beobachtungen haben jedoch gezeigt, daß diese niederfrequenten Felder auf Körperschwingungen (z.B. Gehirnströme) Einfluß nehmen und dabei als Streßfaktoren wirken können.
Zur Abschirmung dieser Felder in unserer nächsten Umgebung, vor allem am Schlafplatz, sollte die Elektroinstallation im Haus entweder mit abgeschirmten Kabeln ausgeführt oder der Strom in der Nacht abgestellt werden (Sicherung herausdrehen oder einen Netzfreischalter einbauen). Bei der Standortwahl des Hauses sollte man aus demselben Grund die Nähe von Hochspannungs- und Bahnstromleitungen meiden (100 m Abstand reichen aus).

Tabelle 7
Elektrische Aufladung von Baumaterialien im Haus   Quelle: (6)

Elektrische und magnetische Felder

Zwischen der Erdoberfläche und der Ionosphäre besteht ein annähernd statisches elektisches Feld, in dem sich an der Erdoberfläche überwiegend negative Ladungsträger und in den oberen Schichten der Atmosphäre überwiegend positive Ladungsträger (Ionen) sammeln. Dieses Feld wird durch die ständige Ionisation der Luft durch kosmische Strahlung, UV-Licht und die radioaktive Strahlung aus der Erde aufrecht erhalten und erneuert. Im Freien bei sauberer Luft findet man überwiegend negativ geladene Kleinionen (z.B. Sauerstoffionen); bei Rauch- und Staubbelastung (z.B. in Großstädten) lagern sich diese Kleinionen an solche Schwebstoffe in der Luft an, verlieren dadurch ihre Beweglichkeit und sinken zu Boden. Neben dieser im begrenzten Ausmaß luftreinigenden Wirkung sollen die Kleinionen auch die Sauerstoffaufnahme über die Lungenbläschen ins Blut fördern und damit positiv auf das körperliche Wohlbefinden wirken.
In Gebäuden liegt die Zahl der Kleinionen erheblich niedriger als im Freien, da die Hausbaustoffe abschirmend auf

Beispiele für gemessene Aufladungen an Baustoffen in	V / m
Eiche unbehandelt Parkett (Eiche)	0
• roh	- 200
• gewachst mit Bienenwachs	- 200
• mit DD-Lack-Versiegelung	- 20000
• mit DD-Lack nach 6 Jahren	- 1500
Spanplatte	
• unbehandelt	- 250
• beschichtet mit Melamin	+ 4000
PVC	- 34000
PVC mit Antistatika	- 1400
Polyäthylen	- 65000
Resopal	+ 30
Acetat-Folie	- 1100
Polystyrol	- 660
Teppich-Beläge (Kunstfaser)	- 20000
Kunstfaser-Möbelbezüge	- 20000
Vorhänge (Kunstfaser)	+ 20000

das elektrische Gleichfeld wirken. Ob und inwieweit der Baustoff Holz hier eine Sonderstellung einnimmt, wird sehr unterschiedlich beurteilt.

Oberflächen, die sich elektrisch aufladen, haben offensichtlich einen negativen Einfluß auf die Ionenkonzentration im Innenbereich. Deshalb sind bei der Raumgestaltung großflächige Kunststoffteile und -beschichtungen ebenso zu vermeiden wie Teppiche und Textilien aus synthetischen Fasern.

Die Wirkung von magnetischen Feldern auf lebende Organismen zeigt sich sehr deutlich bei den Vögeln und anderen Tieren, die sich in Magnetfeldern orientieren können und das Erdmagnetfeld für ihr Orientierung nutzen. In der medizinischen Therapie werden heute versuchsweise Magnetfelder eingesetzt, um die Wund- und Knochenheilung zu beschleunigen. Bei einer Schlafstellung in Nord-Süd-Richtung soll der Mensch die meisten roten Blutkörperchen (die das Element Eisen enthalten) bilden. Ferner zeigte sich, daß sich Wechselbeziehungen zwischen den täglichen Schwankungen des erdmagnetischen Feldes und den Stoffwechselvorgängen herstellen lassen. Die Mutungen (Ausschläge) der Wünschelrutengänger werden ebenfalls auf geringfügige örtliche Schwankungen des Magnetfeldes der Erde zurückgeführt.

Für den Bereich des Bauens kann man daraus folgern, daß die verwendeten Baustoffe das erdmagnetische Feld möglichst wenig beeinflussen sollten. Da nur die ferromagnetischen Baustoffe (Eisen, Stahl) die magnetischen Feldlinien verzerren, sollten diese so sparsam wie möglich eingesetzt werden.

Örtliche Variationen des irdischen Strahlungsfeldes

Ebenso wie die Intensität der Licht- und Wärmestrahlung örtlich sehr unterschiedlich sein kann, so zeigen auch die anderen besprochenen Strahlungsarten und Felder in ihrer Stärke und Wirkung örtliche Schwankungen. Dahingehende Untersuchungen haben gezeigt, daß Strukturen in der Erde mit den verschiedenen Strahlungsformen in Wechselwirkung treten und dadurch lokale Veränderungen der Felder hervorrufen, und zwar insbesondere durch:

- unterirdische Wasserläufe,
- geologische Brüche und Verwerfungen und
- Lagerstätten von bestimmten Gesteinen.

Gefunden wurden diese "geopathologischen Störzonen" zunächst von Wünschelrutengängern, doch konnte später durch physikalische Messungen bestätigt werden, daß z.B. die radioaktive Strahlung aus der Erde über Spalten, Verwerfungen und Wasseradern stärker ist als anderswo, und daß auch die Bodenleitfähigkeit und die Ionisation der Luft

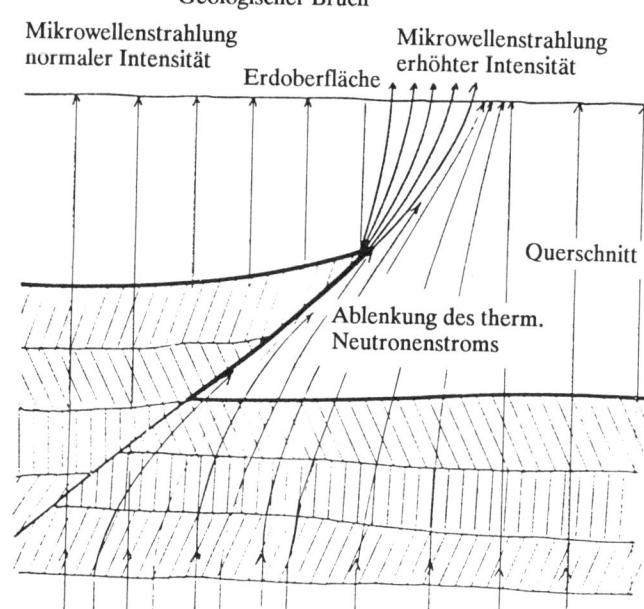

Abb. 11: Geopathische Störzone
Quelle: (7)

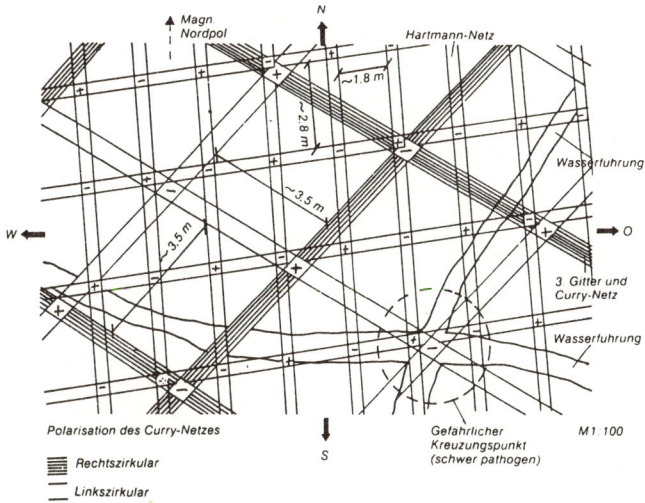

Abb. 12: Globalgitternetz (nach Hartmann) und Curry-Netz in der Zusammenschau
Quelle: (7)

korrespondierende Schwankungen zeigt. Somit sind auch nachprüfbare Hinweise für die häufig skeptisch beurteilten Ergebnisse der Rutengänger gegeben. Für die biologische Wirksamkeit der Strahlungsanomalien gibt es verschiedene Erklärungsmodelle.

Bei Experimenten mit Wünschelruten wurde dann neben den bereits erwähnten Störzonen eine Gitterstruktur der Erdoberfläche gefunden, die magnetisch orientiert von Nord nach Süd und von Ost nach West die ganze Erde überziehen soll. Die Existenz der Gitternetze sind nicht kosmischen Ursprungs, lt. Dr. P. Schweitzer. Sie sind als Folgeerscheinung der Anomalien des natürlichen Strahlungsfeldes bei Verwerfungen an das Strahlungsfeld der dominierenden Verwerfung gebunden. Den Beobachtungen der Rutengänger zufolge haben die Kreuzungspunkte dieses Gitters störende Wirkung auf Menschen und manche Tiere. Bei längerer Einwirkung (z.B. Schlafplatz auf einer solchen Störstelle) sind pathogene, d.h. krankmachende Wirkungen nicht ausgeschlossen, insbesondere wenn diese Kreuzungspunkte mit geologischen Störzonen (Wasseradern, etc.) zusammenfallen.

Neben diesem vom Geobiologen Hartmann beschriebenen Gitter hat Curry ein weiteres Gitter beschrieben, das diagonal dazu verläuft und einen Streifenabstand von 3,5 m hat. Wünschelrutengänger und Geobiologen haben nun versucht, eine Standortabhängigkeit von bestimmten Krankheiten (z.B. Krebs) nachzuweisen; sie führen als Beweis umfangreiche und interessante Statistiken an, deren Nachprüfung aber nur Eingeweihten möglich scheint.

Immerhin sind solche Wirkungszusammenhänge zwischen Störzonen und einer erhöhten Krankheitsanfälligkeit nicht von der Hand zu weisen; an Bäumen, die ja standortgebunden sind, lassen sich Standortkrankheiten wie Drehwuchs, Krebsgeschwulste u.ä. vielfach beobachten und auf Störzonen zurückführen.

Die etablierten Naturwissenschaften lehnen solche Aussagen wohl mangels eigener Erkenntnisse durchweg ab. Nun kann man der Geobiologie ein ernsthaftes Bemühen um die Erforschung und Erklärung von beobachteten Erscheinungen nicht abstreiten, auch wenn viele Erklärungen laienhaft oder unverständlich erscheinen; immerhin waren viele Aussagen von Rutengängern über günstige bzw. ungünstige Standorte für Brunnen, Häuser etc. im Einzelfall zutreffend.

Nicht zu unterschätzen ist die Wirkung von Drahtspiralen, metallischen Gegenständen und wassergefüllten Hohlkörpern z.B. Vasen. Sie wirken als Resonanzgebilde für Frequenzen im Mikrowellenbereich und verursachen ein Reizzonensystem, welches pathogen wirken kann. Entscheidend ist die Übereinstimmung von Wellenlänge und Größe des Gegenstandes. Besonders problematisch sind Wellenlängen von 2 bis 70 cm.

Neueste Forschungsergebnisse bestätigen die Verstärkung von Reizzonen in Häusern mit mehreren Stockwerken und

??

Die Phasen meteorologischer und geophysikalischer Prozesse im Tageslauf
gegenübergestellt den Rhythmen der inneren Prozesse des menschlichen Organismus. Quelle: (27)

Phase um 15 Uhr

Minimum des Luftdrucks
Wendestunde der Luftbewegung
„ „ Windvektoren
„ „ Variationen des Erdmagnetismus
Minimum der erdmagnetischen Oszillationen
„ des Potentialgefälles
(in unteren Schichten, Abb. 75)
Wendestunde der Variationen des Erdstroms
Minimum des radioaktiven Emanationsgehalts
der bodennahen Schicht

SEKRETION

Entleerung

Maximum der zentrifugalen, sekretorischen Phase

Phase um 15 Uhr:

Maximum der Ausscheidungstätigkeit der Leber und Nieren
„ der Glykogen-Mobilisation (Entleerung der Leber)
„ der Gallen-Produktion und Sekretion
„ der Diurese (auch auf Reisen nach Ortszeit)
Steigerung des Blutdrucks
„ des Blutkreislaufs
„ des Herzminutenvolumens
„ der Vitalkapazität der Lungen
„ des Sauerstoffverbrauchs und der Kohlensäureabgabe
Minimum der Glykogenablagerung in der Leber
„ der Fettresorption in der Darmwand

Phase um 21 Uhr

Maximum des Luftdrucks
Wendestunde der Luftbewegungen
Einsetzen der Bergwinde
(Abwärtsströmen)
Wendestunde der Variationen des Erdmagnetismus
Maximum der erdmagnetischen Oszillationen
Variationen des Erdstroms
Abendliche Zunahme des Potentialgefälles

Phase um 9 Uhr

Maximum des Luftdrucks
Wendestunde der Luftbewegungen und Windvektoren (Abb. 52)
Einsetzen der Talwinde
(Aufwärtsströmen)
Wendestunde der Variationen des Erdmagnetismus
Maximum der erdmagnetischen Oszillationen
Variationen des Erdstroms
Morgendliche Zunahme des Potentialgefälles (Abb. 75)

Phase um 3 Uhr

Minimum des Luftdrucks
(i. dopp. tägl. Welle Abb. 45)
„ der Luftbewegung (am Boden)
„ erdmagnetischer Oszillationen
„ des Potentialgefälles
Maximum der Leitfähigkeit
„ des vertikalen Leitungsstroms
(Abb. 75)
Wendestunde der Variationen des Erdstroms
Maximum des radioaktiven Emanationsgehalts der bodennahen Schicht

Nachmittagshöhe
der Körpertemperatur

Übergang zur
Anreicherung

Abebben der Nierentätigkeit
Akkumulierung von Glykogen in der Leber (s. Abb. 107)
Phase um 21 Uhr: Größte Häufigkeit des Beginns der Geburtswehen (Abb. 113)
Abendliches Maximum des Blutdrucks
Phase von 21 bis 24 Uhr: Maximum des venösen Rückflusses, nachher plötzlicher Umschwung im Blutkreislauf
Phase um 22 Uhr: steiler Abfall der Körpertemperatur

Morgendliche Flut

gesteigerte Leber- und Nierentätigkeit
gesteigerte Diurese (morgendliche Harnflut)
gesteigerte Abgabe von Dissimilationsprodukten
Zunahme der kreisenden Erythrozyten, Leukozyten, Thrombozyten
Zunahme der Gallenaussonderung (s. Abb. 107)
Zunahme des Blutzuckers
etwa 9 Uhr: 1. Maximum der Körpertemperatur (auch auf Reisen nach Ortszeit)
5 bis 6 Uhr: Nachtkrise, Häufung der Sterbefälle
(s. Abb. 113)

KONZENTRATION

Anreicherung, Retention

Maximum der zentripetalen, assimilatorischen Phase

Phase um 3 Uhr:

Maximum der Glykogenanreicherung in der Leber
„ der Fettresorption in der Darmwand
„ der Blutanreicherung in Lungen und Beinen
„ der Wasserretention im Blut
„ der Anreicherung von Melanophorenhormon
„ der Verengerung der Kapillargefäße
Minimum der Gallensekretion
„ der Diurese, Wasserausscheidung
„ der Herzfrequenz, Pulsfrequenz
„ des Blutdrucks
„ des Blutkreislaufs
„ des venösen Rückflusses
„ des Herzminutenvolumens
„ der Vitalkapazität der Lungen
„ des Sauerstoffverbrauchs und der Kohlensäureabgabe
„ des Stoffwechsels
„ der Körpertemperatur

Wohlbefinden und Gesundheit kennzeichnen einen ausgeglichenen Zustand der Organfunktionen im menschlichen Körper, z.B. Kreislauf, Körpertemperatur, Blutdruck, Stoffwechsel, Säure-Base-Haushalt. Alle diese Körperfunktionen werden autonom, d.h. unbewußt in Gang gehalten über das vegetative Nervensystem mit seinen beiden Hauptnervensträngen, dem aktiven Sympaticus und dem passiven Vagus.

Diese Organfunktionen weisen Schwankungen in Tag-Nacht-Rhythmus auf, die man auch als Zustände von Spannung und Entspannung deuten kann. Ursächlich verbunden mit diesem Rhythmus der vegetativen Vorgänge ist der rhythmische Wechsel vieler geophysikalischer Phänomene im Tageslauf der Erde.

Auf diese Weise betrachtet erscheint die Erde als ein ebenso belebter Organismus wie eine Pflanze oder der Mensch in inniger Verbindung mit ihr.

Betondecken. Als Ursache wird der im Beton enthaltene Quarz angegeben, der bekanntlich durch die elektrische Anregung sehr leicht zum Schwingen gebracht werden kann, daher auch sein Einsatz bei Quarzuhren und in der Nachrichtentechnik.

Für die Standortwahl von Häusern und die Einrichtung von Wohnungen (z.B. Festlegung der Schlafplätze) erscheint es daher sinnvoll, den Rat eines seriösen und kundigen Wünschelrutengängers einzuholen, wie dies in früheren Zeiten wohl allgemein üblich war. Durch geringfügige Veränderungen eines vorgesehenen Hausstandortes oder einfache Grundrißänderungen fällt es beim Neubau im allgemeinen nicht schwer, Schlafstellen und andere Plätze für den dauernden Aufenthalt frei von pathogenen Störzonen zu halten. Ist ein Ausweichen überhaupt nicht möglich aufgrund der engen Baugrenzen oder in innerstädtischen Bereichen, so wird unter der Bodenplatte eine 30 - 50 cm Kalkschotterschicht mit neutralisierender Wirkung empfohlen.

Die Wirkung von Strahlung auf den Menschen ist durch vielfältige Erscheinungen und Mechanismen geprägt, die nicht nur dem unvorbelasteten Leser manchmal schwer verständlich erscheinen werden. Eben wegen der Vielfalt der Einflüsse ist dieses Gebiet der exakten Naturwissenschaft bis heute weitgehend verschlossen geblieben, da das Zusammenwirken vieler verschiedener Faktoren sehr schwer zu untersuchen ist und eine ganzheitliche Betrachtung unter Einbeziehung des subjektiven Faktors "Mensch" erfordert. Ein Vergleich aus dem Bereich der akustischen Wellen, die physikalisch gesehen nicht ganz in das Kapitel Strahlung hereingehören, kann dies vielleicht ein wenig deutlicher machen: die Lautstärke eines Geräusches oder eines gesprochenen Wortes (d.h. die Intensität der Wellen) ist kein Maß für die Wirkung des Geräusches, z.B. die Botschaft der Worte, solange die Lautstärke nicht die Schmerzgrenze erreicht. Wir sprechen vom Lärm einer Maschine (störend), während wir das Rauschen der Blätter, eines Baches oder des Meeres, das Singen der Vögel oder das Heulen des Windes in der Regel als angenehm empfinden, da diese Geräusche uns Botschaften der Natur vermitteln. Ein Musikstück, gespielt von einem Virtuosen, wird eine andere Wirkung auf Zuhörer haben als das Spiel eines Anfängers, obwohl doch beide die gleichen Töne spielen.

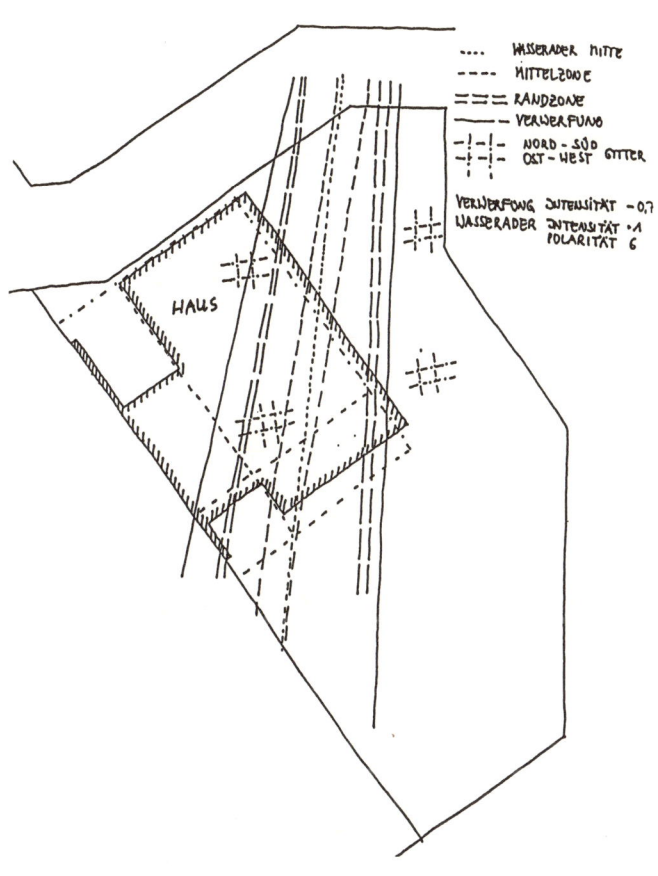

Abb. 13: Mutungsergebnis einer Bauplatzuntersuchung

Mensch und Strahlung

- Zur Belichtung der Wohnräume sind ausreichend große Fensterflächen vorzusehen, wobei es günstig ist, in bestimmten Räumen (Wohnzimmer, Schlafzimmer) Fensterscheiben einzusetzen, die für UV-Strahlung durchlässig sind.

- Stark radioaktiv strahlende Baumaterialien sind zu vermeiden; überdurchschnittliche Radonkonzentrationen können durch ausreichendes Lüften vermieden werden.

- Hausstandorte in der Nähe von starken Hochfrequenzsendern sind ungünstig und nach Möglichkeit zu vermeiden; ebenso sollte zu Hochspannungs- und Bahnstromleitungen ein Mindesabstand von 100 m eingehalten werden.

- Gegen elektromagnetische Störungen aus dem Hausnetz hilft entweder die Verlegung von abgeschirmten Leitungen (die Abschirmung muß geerdet sein) oder ein Abschalten der Stromkreise (z.B. durch einen Netzfreischalter) in der Nacht bei Nichtgebrauch.

- Ein hoher Gehalt an Kleinionen in Gebäuden wirkt positiv auf das Raumklima; durch Lüftung und UV-lichtdurchlässige Fensterscheiben kann die Ionenkonzentration positiv beeinflußt werden.

- Große Kunststoffoberflächen, die sich elektrostatisch aufladen, sind zu vermeiden.

- Das natürliche Magnetfeld der Erde sollte nicht gestört werden; daher ist die Verwendung von Eisen und Stahl auf ein Minimum zu beschränken.

- Plätze für den dauernden Aufenthalt (z.B. Schlafstellen) sollten nicht über Störzonen und Kreuzungspunkten des Globalgitternetzes liegen; daher empfiehlt sich eine Bau- bzw. Schlafplatzuntersuchung durch einen erfahrenen Rutengänger.

Exkurs:
Physikalische Werte - Menschliches Empfinden

Im Vorhergehenden wurde vorwiegend die physikalische Wirkung der Phänomene Wärme, Feuchte, Schall und Strahlung auf den Menschen dargestellt. Darüber hinaus stehen wir aber durch unsere Sinne in Beziehung mit der Welt der Töne, Farben und Formen, deren Wirkungen auf uns sich in Tabellen und Formeln allein nicht fassen lassen. Töne, Farben und Formen stellen Kräfte dar, die von außen auf uns Menschen einwirken und vor allem unser Empfinden, unsere Gefühlswelt beeinflussen. Die Farbe "rot" wirkt öffnend und belebend, die Farbe "blau" zurückziehend und beruhigend, eine konkave Rundung behütend und einhüllend, eine punktförmige Spitze hart und konzentriert. Das Wissen über die Wirkung von Farben und Formen auf das menschliche Wohlbefinden findet heute in speziellen Therapieformen (z.B. Farbtherapie, Plastizierkurse für Kranke, u.ä.) seine konkrete Anwendung. Die moderne Naturwissenschaft drängt diese Phänomene als "subjektive Faktoren" zur Seite und überläßt dieses Feld einer zweifelhaften Farbenpsychologie (z.B. bei Eignungstests). Erst das Verständnis vom Menschen als einem vielfältigen Wesen mit einem physischen Leib, einer empfindenden Seele und einem bewußten Geist kann uns Zugang zu dem Empfinden und Verhalten in der belebten Welt ermöglichen. Eine menschengemäße Wohnphysiologie sollte sich bemühen, die Wirkung der oben angesprochenen Kräfte auf den Menschen zu erforschen und diese Ergebnisse gleichberechtigt neben den physikalischen Anforderungen beim Bauen berücksichtigen.

2. Baustoffe

Das Haus - Hülle und Haut

Das Haus hat die Aufgabe einer Hülle. Es steht zwischen dem Menschen, der sich darin zurückzieht, Schutz sucht, und der Welt. Der Mensch darf aber durch das Haus nicht von den Wirksamkeiten und Qualitäten der äußeren Welt abgeschnitten werden. Wärme, Feuchte, Luft und Licht müssen ihn - in Maßen - auch im Haus erreichen. Die Haushülle sollte also durchlässig für das Gute sein und abwehrend für das Gift. Dieselben Funktionen erfüllt die menschliche Haut als Hüllorgan des Leibes. Darüber tragen wir die Kleidung als zweite Haut und das Haus ist gewissermaßen als dritte Haut zu betrachten. Natürlich ist jedes Material, das wir für Kleidung bzw. beim Bauen verwenden, im physischen Sinne tot, doch bestehen unter den Materialien sehr große Unterschiede bezüglich ihrer Fähigkeit zum Wärme- und Feuchtigkeitsausgleich, so daß es berechtigt ist, in analoger Form von Hautmaterialien zu sprechen.

Wir finden überall in der Welt Hautmaterialien:
- die Erdrinde enthält Ton/Lehm,
- die Bäume und Pflanzen bilden den Bast und die Holzfasern,
- Tiere bilden eine noch vitalere Haut, die wir als Wolle, Pelz und Leder nutzen.

Wie finden wir nun die richtigen Baumaterialien, die "Hautfunktionen" in unseren Bauwerken übernehmen können?

Hier ist die Einteilung der Baustoffe nach ihrer Herkunft hilfreich, die einen Überblick über die grundlegenden Eigenschaften bietet (Tab. 8):
- mineralische Baumaterialien
- vegetabile oder pflanzliche Baumaterialien
- animalische Baumaterialien

In diese Einteilung kann man auch Materialien aufnehmen, deren Ausgangsstoff pflanzlich-vegetabilen Ursprungs war, der aber in Jahrmillionen tiefgreifende Veränderungen und Verwandlungen erfahren hat wie Kohle, Erdöl und Erdgas. Diese Stoffe und daraus herstellbare Kunststoffe sind wie Holz meist leicht entflammbar, im Rohzustand aber hart und spröde und vom Charakter her eher mineralisch - eben Zwitterstoffe.

Exkurs:
Gift und Baustoffe

Über Gifte und Krankheit Auskunft zu geben, ist Sache der Medizin. Daher wenden wir uns wieder dem Mediziner Paracelsus zu und seiner Unterscheidung der Dinge in Gut und Gift. Er lehrte, daß in allen Dingen der Welt sowohl das gute, wahre Wesen als auch das schlechte, finstere Unwesen enthalten ist. Die Leistung jeder Kultur besteht darin, das Gift herauszutrennen und auszuscheiden, um die guten Eigenschaften einer Sache zu vermehren.

Am Anfang jeder Stoffeinteilung müssen die guten und giftigen Anteile jedes Stoffes erkannt werden. Radioaktive Strahlung aus dem Zerfallsprozeß der Materie wirkt z.B. zerstörend auf lebendes Gewebe. Das Element Blei kann nun vor radioaktiven Strahlen schützen, hat aber gleichzeitig auch Kräfte, die zur Verhärtung und Erstarrung des Organismus führen. Erst durch diese Art des Stoffbegreifens können wir weitere Aussagen über Anwendung und Wirkung von Baustoffen machen.

Der zweite Aspekt betrifft die Dosierung von Stoffen. Zuviel oder zuwenig eines Stoffes im Körper kann vergiftend wirken oder eine Krankheit verursachen. Schon Paracelsus hat dies in den Satz gefaßt: "Alle Dinge sind Gift und nicht ohn' Gift, allein die Dosis macht, daß ein Ding kein Gift ist." Die Schwierigkeit besteht häufig darin, die Grenze zu erkennen, bei der die Schädigung einsetzt. Andererseits lassen sich für viele Stoffe keine ungefährlichen Grenzwerte angeben, deshalb können z.B. die zulässigen maximalen Arbeitsplatzkonzentrationen (sog. MAK-Werte) nicht unbedingt als unschädlich gelten. Gift wirkt immer reizend und schädigt den davon Betroffenen. Es kann nur dann ausnahmsweise Gutes bewirken, wenn es so eingesetzt wird, daß es die guten Lebenskräfte zur Aktivität und Abwehr reizt und danach ohne Schadwirkung aus dem lebenden Organismus ausgeschieden wird. Nach dieser Auffassung heilt die Homöopathie.

Es gibt aber Vorgänge und Substanzen für die der Grundsatz der Dosis nicht gilt. Hierzu gehören die Röntgenstrahlen oder die vielen Medikamente und Stoffe, die auf rein chemischem Wege als künstlich synthetisierte Substanzen entstanden sind. Die völlig neue Molekülstruktur der Substanzen ist der Natur unbekannt, und die Stoffe sind kaum in den Naturkreislauf rückführbar. Bei diesen Stoffen gibt es keine absolut unschädlichen Mengen.

Der dritte Aspekt, der häufig Unklarheit über Gifte und ihre Wirkungen entstehen läßt, ist das Phänomen der Anpassung von Pflanzen, Tieren und Menschen an bestimmte Umweltbedingungen in Jahrtausenden der Evolution. Die Be- und Verarbeitung von natürlichen Materialien aus unserer Umwelt, wie sie der Mensch im Industriezeitalter in großem Maßstab schafft, verändern nun die "natürlichen" Umweltbedingungen rasch und in erheblichem Maße. Dabei können schon geringe Veränderungen der ursprünglichen Lebensbedingungen, z.B. die Erhöhung der radioaktiven Strahlungsbelastung des Menschen durch Atomkraftwerke, für Jahrhunderte Organschädigungen und Genveränderungen zur Folge haben, bis ein erneuter Anpassungsprozeß stattgefunden hat.

Besonders anschaulich finden wir diese Verhältnisse bei den Mineralien, vor allem bei den Metallen. Diese kommen selten in gediegener Form vor, sondern meist als Erz in Verbindung mit anderen Elementen, z.B. Blei als Schwefelverbindung (sog. Bleiglanz). Werden nun einzelne Bestandteile aus dem stabilen Gleichgewicht der natürlichen Stofforganisation herausgelöst, so können sie ungehindert ihre zerstörenden Giftwirkungen entwickeln. Das Schwermetall Thallium kommt in natürlicher Form in Schwefelkiesen oder in neutralisierter Form in Verbindung mit Feldspat vor. Bei der Erzeugung von Zement aus Kalkgestein und Tonerde unter großer Hitze löst sich dieses Schwermetall nun aus seiner Bindung und verseucht Pflanzen und Böden der Umgebung, wobei es eine ähnliche Giftwirkung wie Blei zeigt. Durch die Isolierung des Stoffes wurde seine Giftwirkung für Mensch und Tier erschlossen.

Bei der Kunststoffherstellung werden isolierte Stoffe durch energieaufwendige, hochtechnisierte Prozesse zu makromolekularen Verbindungen vernetzt. Die neuentstandenen, scheinbar ungiftigen Stoffe versuchen sich oftmals aus der Verbindung wieder zu lösen, was häufig die Ursache für die Versprödung von Kunststoffen ist. Die dabei freiwerdenden Stoffe sind z.T. hochgiftig und entfalten nun ihre Wirkung zum Schaden der Umwelt.

Nur wenige Baustoffe, die heute verwendet werden, kommen in ihrer ursprünglichen, natürlichen Stofforganisation zur Anwendung wie Lehm, Holz oder Stroh. Bei vielen dieser Stoffe, die den Bereich des Lebendig-Belebten erst kurze Zeit verlassen haben, sind Giftwirkungen weitgehend ausgeschlossen. Die erste Stoffveränderung durch den Menschen geschieht meist mit der Anwendung des Feuers, da dieses das auflösende Wasser aus dem Material entfernt und den Stoff dauerhafter macht, so bei der Herstellung des Ziegels durch das Brennen des Lehms. Das Feuer kann dabei Veränderungen

Tabelle 8: Eigenschaften und Einsatzbereiche von Baumaterialien verschiedener Herkunft

bewirken, die die Stoffqualität verbessern, z.B. bei Branntkalk, expandiertem Kork oder Standöl. Jedesmal verlieren diese Stoffe aber auch einen Teil ihrer positiven Eigenschaften, so der Ziegel die Formbarkeit des Lehms, der expandierte Kork die Hygroskopizität des Naturkorks und der Branntkalk die Festigkeit des Kalkgesteins. Die Steigerung dieser Prozesse durch Druck, Chemikalien usw. führte zur Herstellung von dauerhaften Stoffen für hochspezialisierte Anwendungen, wie Zement, Metall und Kunststoffe, die für Tier, Pflanze und Mensch oftmals ungesund, schädlich und giftig sind.

	Mineralische Baustoffe	Pflanzlich-vegetabile Baustoffe	Animalische Baustoffe
Eigenschaften	hohes Gewicht große Härte und Dichte geringer Feuchtigkeitsgehalt hohe Resistenz gegen Auflösung keine Regenerierung	mittleres Gewicht mittlere Härte Elastizität mittlere Grundfeuchte Anfälligkeit für tierische Schädlinge mittlere Resistenz gegen Auflösung -Schutz notwendig Regenerierung meist innerhalb eines Menschenalters	niedriges Gewicht Weichheit hohe Elastizität hohe Feuchtigkeitsschwankungen möglich ohne Konservierung nicht haltbar hohe Anfälligkeit für tierische Schädlinge jährliche Erneuerung
Anwendungsbereiche			
Wand- und Deckenbaustoffe	natürliche Steine künstliche Steine Mörtel und Putz	Holz, Äste, Blätter	Leder, Wolle
Kleidung		Baumwolle, Ramin, Leinen Kunststoffaser	Wolle, Seide, Leder
Isolierung	Metallfolie	Kautschuk, Gummi Teer, Bitumen, Kunststoffolie	
Dämmstoffe	Mineralfaser expandierter Ton Perlit	Kokosfaser, Kork Schilfrohr Schaumkunststoff	Wolle, Roßhaar
Anstriche	Silikate, Erdfarben Metallpigmente,	Naturharze, Terpentin Gummi, Pflanzenfarbe Kunstharze	
technische Installation	Metall, Ton	Kunststoffrohre und Kabel	
Klebstoff		Pflanzenleime Kunstharze	Knochenleime

Beurteilungskriterien für Baustoffe

Die folgenden, aus einer Vielzahl möglicher Kriterien ausgewählten Gesichtspunkte zur Beurteilung eines Baustoffes ermöglichen es, einen Baustoff nicht nur in bezug auf seine materiellen, physikalischen und statischen Eigenschaften zu beschreiben und zu bewerten, sondern auch die ideellen und dynamischen Aspekte ins Bewußtsein zu bringen.

- Die **Geschichte des Baustoffes** muß mit einbezogen werden, allerdings weniger der historische Hintergrund, sondern vor allem der Herstellungsprozeß.

- Der **ökologische Aspekt** kann gefaßt werden durch Faktoren wie Primärenergie- und Rohstoffbedarf, Schadstoffentstehung bei der Herstellung, Wiederverwertbarkeit, Regenerierbarkeit, usw..

- **Bauphysikalische Daten**: Will man die Qualität eines Baustoffes beurteilen, so werden selbstverständlich zuerst die Angaben über seine Bestandteile und Zusammensetzung (sog. chemische Stoffanalyse) herangezogen. Darüber hinaus ist aber das technologische und physikalische Verhalten eines Baustoffes von entscheidender Bedeutung für seine Anwendung, z.B. die Wärmedämmfähigkeit, das Feuchteausgleichsverhalten und seine Sprödigkeit oder Elastizität. Diese Werte geben oftmals den Ausschlag für die Qualitätsbeurteilung eines Baustoffes, da Baustoffe mit ähnlicher chemischer Stoffzusammensetzung ein sehr unterschiedliches Verhalten aufweisen können (z.B. Kalk und Zement).
Die bauphysikalischen Daten einiger Materialien sind in den Stoffwerttabellen angegeben.

- Die **gesundheitliche Unbedenklichkeit** von Einzelmaterialien und Materialkombinationen muß bei Herstellung, Weiterverarbeitung und Gebrauch sichergestellt sein.
Interessanterweise ist dieses Kriterium sogar im Bauaufsichtsrecht als Gebot verankert: von baulichen Anlagen dürfen keine gesundheitsschädigenden Strahlen, Gase oder Stäube ausgehen. Dieser Passus ist zwar im Hinblick auf Industrieanlagen und deren Umweltbelastung formuliert worden, es scheint aber gerechtfertigt, ihn auch auf Baustoffe, mit denen der Mensch im dauernden Kontakt steht, anzuwenden. Im Gegensatz zu den bauphysikalischen Daten, für die die Literatur eine Fülle von Material bietet, muß für die gesundheitliche Unbedenklichkeit von Baustoffen und Baustoffkombinationen eine Kriterienliste erst einmal erarbeitet werden.
Drei Aspekte verdienen in diesem Zusammenhang besondere Bedeutung:

1. Radioaktivität

Um die radioaktive Belastung durch Baumaterialien in tragbaren Grenzen zu halten, sollte die Radioaktivität der wichtigsten Elemente (Kalium, Thorium und Radium) einen festgesetzten Richtwert nicht überschreiten. Dieser Richtwert ist jedoch nicht als amtlicher

---

Eine Idee von natur-Leser
Willi Kindel, Düsseldorf

Die bön-Zahl

bön steht für bundesökologische Norm. Eine dreistellige Kennzahl auf der Verpackung soll dem Käufer die Umweltverträglichkeit des Produktes angeben. Die erste Ziffer steht für den Belastungsgrad des Bodens, die zweite für Wasser und die dritte für Luft. Die bön-Zahl 419 sagt dem Käufer also, daß die Bodenbelastung noch mäßig (= 4), die Gewässerbelastung minimal (= 1), die Luftbelastung dagegen extrem (= 9 – höchster Wert) ist. Der findige Kindel vergleicht seine bön-Zahl mit der DIN-Zahl. Ein Institut solle gegründet werden, das Zahlen für jedes Produkt ermittelt und verteilt. Das bön-Institut müsse vom Staat überwacht werden.
Ein Einfall, der nicht schlechter wird, weil er Fragen offen läßt.

Aus: »Natur«
Nov. 1984

Grenzwert vorgeschrieben, so daß auch Baustoffe mit höheren Aktivitäten im Handel sein können. Durch allzu perfektes Abdichten von Türen und Fenstern kann die Belastung durch Radongas bedenkliche Werte annehmen, wenn die Wohnräume nicht ausreichend gelüftet werden.

2. Gasabspaltung

Vor allem von den Kunststoffen, die zunehmend beim Hausbau Verwendung gefunden haben, werden zum Teil Gase abgespalten, die schon in sehr geringen Konzentrationen gesundheitsschädlich sein können. Als Beispiel wären hier zu nennen:

Pentachlorphenol (PCP) in Holzschutzmitteln (inzwischen in der Bundesrepublik für Anwendungen in Innenbereich verboten),

Vinylchlorid (VC) in Fußbodenbelägen aus PVC, Textilien, Spielzeug, Rolläden, Installationsrohren etc.,

Formaldehyd als Kleberanteil in Spanplatten und Dämmaterialien, aber auch in Desinfektionsmitteln, Lacken und Leimen,

organische Lösungsmittel wie Toluol und Xylol in Reinigungsmittel, Klebstoff und Kunstharzlacken,

Polychlorierte Biphenyle (PCB) als Weichmacher in Kunststoffen etc..

Hier gibt es bislang vom Gesetzgeber nur Vorschriften für den Arbeitsplatz mit sog. MAK-Werten (maximale Arbeitsplatzkonzentrationen). Von einer maximalen Innenraumkonzentration ist noch nichts bekannt.

3. Feinstaubabgabe

Infolge Alterung oder Abrieb geben einzelne Baustoffe Staubpartikel ab, die so fein sind, daß sie in die Lunge gelangen können. Die Staublunge war ein Berufsrisiko des Steinhauers und Bergmannes. In neuerer Zeit kann Asbest für die Zunahme von Lungenkrebs mitverantwortlich gemacht werden. In Verdacht geraten sind Mineralwolleerzeugnisse aus Stein und Glas, die auch einen hohen Anteil an Feinstaub besitzen. Ein Zusammenhang von Mineralfaserbelastung und Krebshäufigkeit läßt sich bis heute jedoch nicht nachweisen.

Durch die Festsetzung von Grenzwerten versucht der Gesetzgeber, gesundheitliche Schäden durch die genannten Belastungen zu vermeiden. Aber zum einen kann heute keiner sagen, welcher Grenzwert gesundheitlich unbedenklich ist, und zum anderen spielen wirtschaftliche Interessen bei der Festlegung von Grenzwerten eine nicht zu unterschätzende Rolle. Die Tragödie der Vergiftung durch Holzschutzmittel, vornehmlich durch Pentachlorphenol (PCP) bzw. die Verunreinigungen darin, hat deutlich gemacht, daß die Betroffenen eine individuelle genetische Veranlagung für diesen Stoff aufweisen, so daß sie mit extremen und zum Teil irreversiblen Krankheitsbildern darauf reagieren. Zu den schwer zu beurteilenden und besonders gefährdeten Bevölkerungsgruppen gehören vor allem Kinder (Organaufbau), Kranke (geschwächtes Immunsystem) und alte Menschen. Aus dieser Sicht wird die Festlegung von MAK-Werten immer fragwürdiger.

Wir müssen bedenken, daß in den letzten Jahren eine Vielzahl neuartiger Baustoffe auf den Markt gekommen und verbaut worden sind, die jahrzehntelang in Benutzung bleiben, und über deren Wirkung auf Mensch und Umwelt oft wenig bekannt ist. Dies sollte uns zur äußersten Sorgfalt bei der Auswahl der verwendeten Baustoffe veranlassen.

- **Stoffsinnlichkeit:** Über die physisch-materiellen Eigenschaften hinaus hat jedes Material einen Einfluß auf unsere Empfindungen, so daß die verwendeten Materialien zu einem wesentlichen Teil den Eindruck eines Gebäudes bestimmen. Dabei sind über den visuellen Aspekt hinaus auch unsere anderen Sinne (Tast- und Geruchsinn) am Erfassen eines Bauwerkes beteiligt.

Die menschlichen Sinne brauchen fortwährend *feine* Anregungen zur Betätigung. Ein scharfer Geruch wirkt ätzend auf die Geruchsnerven und ein sehr lautes Geräusch zerstört unser Gehör. Harte, glatte und dichte Oberflächen lassen sich durch den Tastsinn nicht mehr unterscheiden. Das Fehlen von Reizen und zu grobe Reize lassen die menschlichen Nerven verkümmern oder können sie gar zerstören. Die Eigenschaften des jeweiligen Baumaterials sollten deshalb für Auge, Ohr, Geruch, Geschmack und Tastsinn möglichst angenehm und unverfälscht zugänglich sein, was besonders bei der Oberflächenbehandlung von Materialien zu berücksichtigen ist.

Stoff	Gesundheitliche Wirkung	Vorkommen in
Bitumen	Krebsverdacht	Anstriche, Bitumenpappe und -papier Wellplatten, Asphaltestrich, bit. Faserplatten
Formaldehyd MAK-Wert: 0,1 ppm	Reizung der Schleimhaut, chron. Atemwegs- und Bindehautentzündungen, krebsverd.	Leime, Lacke, Desinfektionsmittel, Spanplatten, PU-Schaum
Lindan	Übelkeit, Kopfschmerzen, Krämpfe, Atemlähmung	Imprägniermittel (Insektizid)
Pentachlorphenol (PCP) MAK-Wert: 0,05 ppm	akut ähnlich Lindan: Leberzirrhose, Knochenmarkschwund, Nierenschäden	Imprägniermittel (Fungizid)
Phenol	Kopfschmerzen, Schwindel, hautätzend, Nieren- und Kreislaufstörungen, narkotisierend, Leberschäden	P-Hartschaumstoffe, Kunstharze, Farbstoffe, Leime, Imprägnier- und Desinfektionsmittel, Teerpappe, Teer und Pech
Phosphorsäureester (E 605, DDVP, u.ä.)	Nervengift, fermenthemmend Schwindel, Sehstörungen Leberschäden, Leucozytose	Weichmacher, Flammschutzmittel, Kampfstoff, Schädlingsbekämpfungsmittel
Polychlorierte Biphenyle (PCB) MAK-Wert: 0,1-0,05 ppm	Verdacht auf krebserregende Wirkung, Leber- und Nierenschäden	Weichmacher in Plastik- und Papierprodukten, Elektroinstallation
Styrol	Narkotikum, Kopfschmerzen Müdigkeit, Depressionen, Verhaltensstörungen, Sehstörungen, Reizungen der Atemwege und Bindehaut	als Polystyrol zur Herstellung von Plastik, synthetischem Gummi und Kleber, zur Wärmedämmung, Lebensmittelverpackung
Teer	krebserregend	Teerpappe, Bautenschutz, Estrich
Toluol	Betäubungsmittel, Schleimhautreizung, Störung des Nervensystems, Schädigung von Leber, Nieren und Gehirn	Lösungsmittel in vielen Haushaltsprodukten vorkommend, besonders Reinigunsmittel
Trichloretylen	krebsverdächtig	Öl- und Wachslösungsmittel in Reinigungsmitteln
Vinylchlorid (VC)	krebserregend (Lebertumor) Bindegewebsveränderungen in Lunge, Leber und Blutgefäßen	Fußbodenbeläge (PVC), Textilien, Spielzeug, Installationsrohre, Rolladen
Xylol	Narkotikum, Bei hohen Konzentrationen Erkrankungen von Herz, Leber, Nieren und Nerven	Lösungsmittel für Kleber, Lacke, usw., Bleichungsmittel

Tabelle 9:
Vorkommen und
Wirkung einiger
Schadstoffe in
Wohnräumen
Quelle: (8)

Exkurs:
Baustoffe - Energieaufwand - Wiederverwendung

Der Primärenergieaufwand für die Herstellung von Baustoffen setzt sich aus vielen Einzelkomponenten zusammen. Zu nennen sind hier der Abbau und die Bereitstellung der Rohstoffe, der Herstellungsprozeß und der Transport. Der Ersatz örtlich verfügbarer und noch vor hundert Jahren allgemein gebräuchlicher Baustoffe wie Holz, Lehm und Stroh durch industriell gefertigte Baustoffe aus hochspezialisierten Materialien hat besonders den Energiefaktor Transport sowohl bei der Rohstoffbeschaffung, als auch beim Transport zur Baustelle enorm anwachsen lassen (Abb. 14).

Der Energieaufwand steigt zwangsläufig mit dem Grad der Rohstoffveränderung aus seinem ursprünglichen Stoffzusammenhang, z.B. Lehm - Ziegel - Ziegelsplittbeton (Abb. 15).

Je mehr Energie zur Herstellung eines Baustoffes benötigt wird, desto höher ist auch seine Schadstoffemission, da die Verbrennung fossiler Energieträger die Umwelt mit Kohlenmonoxid, Schwefeldioxid usw. belastet.

So entstehen viele Schadstoffe aus den immer aufwendigeren und oftmals sehr giftigen Produktionsprozessen, z.B. bei Kunststoffen und Metallen.

Wenn man bedenkt, daß zur Herstellung eines Kunstharzmaterials teilweise bis zu 15 energieintensive Einzelsynthesen notwendig sind und innerhalb eines Syntheseschrittes eine Stoffausbeute von 50% als hervorragend gilt, so daß am Schluß der Synthesekette aus 100% Ausgangsmaterial nur 0,002% der Stoffe im Produkt verwertet werden und der Rest (zum Teil nützlicher) Abfall bedeutet, wird der enorme Produktionsaufwand deutlich.

Dagegen wirkt die Harzherstellung in der Natur wie ein Zauberstreich. Ohne Abfallprodukte, mit geringstem Energieaufwand, entstehen durch die pflanzliche Photosynthese Materialien, die dann in der Weiterverarbeitung zu Naturharzanstrichen durch den Menschen nur noch geringen Energieaufwand erfordern. Das Anzapfen der Kiefern zur Gewinnung der Balsamterpentinöle, das manchmal als Raubbau an der Natur bezeichnet wird, ist eine sehr schonende Behandlung, ähnlich wie das Schälen der Korkeichen, bei dem die Bäume ein hohes Alter erreichen.

Erstaunlich ist, daß der Energieverbrauch und die Preisgestaltung selten in Relation zueinander stehen. Dies hat vielfältige Ursachen. So kann der Preis für Rohstoffe, besonders aus Entwicklungsländern, von den Industriestaaten mit verschiedenen Methoden niedrig gehalten werden. Außerdem gestattet der großtechnologische Produktionsprozeß scheinbar günstige Kalkulationen.

Weitaus wichtiger ist aber die Tatsache, daß der Hersteller nur sehr selten für die umwelt- und menschenbelastenden Schad-

---

Beurteilungskriterien für Baustoffe

1. *Baustoffgeschichte*
   Entstehungsprozeß
   Herstellungsprozeß

2. *Humanökologische Kriterien*
   Energieaufwand
   Wiederverwendbarkeit
   Regenerierbarkeit

3. *Physikalisch-chemische Kriterien*
   Gewicht
   Wärmeverhalten
   Feuchteverhalten
   Sorptionseigenschaften
   Statisches Verhalten
   Elektrisches Verhalten

4. *Humanbiologische Kriterien*
   Radioaktivität
   Giftige Gasabspaltung
   Feinstaubabgabe
   Giftigkeit

5. *Kriterien der Sinneshygiene*
   Oberfläche
   Farbe
   Geruch
   Ton
   Geschmack

Rohstoffabbau	Transporte	Baustoff- und Bauteilherstellung	Transporte	Baustelle

Entfernung	0 km	500	1000	2000	3000	4000
Holz						
Sand, Kies						
Kalk						
Zement		Entfernung von Baustofftransporten in km (einschließlich Transport von Rohstoffen)				
künstl. Steine						
Glas						
Kunststoffe						
Metalle						

Baustoff	Primärenergiebedarf verschiedener Baustoffe in kWh/to				
	10	100	1.000	10.000	100.000
Hochlochziegel			450		
Leichtziegel			500		
Dachziegel und Klinker			550		
Kalksandstein			250		
Bimsbeton			300 - 350		
Gasbeton			750		
Zement			1000		
Kalk			1200		
Sand	5				
Normalbeton			250 - 300		
Stahlbeton und -fertigteile			450 - 500		
Eisen				3.500	
Stahl				8.000	
Aluminium					72.500
Kupfer				15.000	
Zink				12.000	
Blei				10.000	
Zinn				6.500	
Hochdruck-Polyäthylen (PE)				8.200	
Niederdruck-Polyäthylen				13.700	
Polypropylen (PP)				8.200	
Polyvinylchlorid (PVC)				9.500	
Polystyrol (PS)				18.900	

stoffe, die bei der Produktion und Verarbeitung der Produkte entstehen, aufzukommen hat. Diese sogenannten "social costs" d.h. die sozialen Kosten der Produktion, hat der Staat, also der einzelne Bürger, zu tragen, z.B. Luftverschmutzung, Gewässerverunreinigungen, Krankenkosten und Berufsunfähigkeitsrenten. Deshalb bietet der Preis der Produkte nur ein sehr verzerrtes Bild von den tatsächlichen Kosten eines scheinbar billigen Baustoffes.
Der Raubbau an Rohstoffen und der hohe Baustoffverbrauch (ca. 600 Mio. m³/Jahr) kann nur dadurch eingeschränkt werden, daß dem Gesichtspunkt der Regenerierbarkeit von Rohstoffen und der Wiederverwendbarkeit von Baustoffen größeres Gewicht beigemessen wird. Im Moment erscheint dies noch utopisch, da die Lohnkosten und nicht die Materialkosten heute im Baugewerbe der bestimmende Faktor sind. Trotzdem soll hier bei der Besprechung der einzelnen Baustoffe auf diese Aspekte hingewiesen werden.

In den folgenden Kapiteln werden der Reihe nach die mineralischen, vegetabil/pflanzlichen und animalischen Baustoffe und ihre Eigenschaften behandelt; es folgen dann Baustoffe wie Metalle und Glas sowie die Baustoffgruppen Sperrstoffe, Dämmstoffe und Anstriche.

Abb. 14: Transportwege von Baustoffen   Quelle: (4)

Abb. 15
Primärenergiebedarf einiger Baustoffe in kWh/to. Die Energieskala ist im logarithmischen Maßstab dargestellt, d.h. von Teilstrich zu Teilstrich verzehnfacht sich der Energieeinsatz.   Quelle: (4)

2.1 Mineralische Baumaterialien

In den Gebirgen treten die harten Gesteine, sozusagen das Skelett der Erdrinde, zu Tage. Die Verwitterung der harten Gesteine erzeugt in der Reihenfolge Schotter, Kies, Sand, Ton und in der Mischung von Ton und Sand den Lehm. Aus diesen Materialien bildet der Mensch seine harten steinernen Haushüllen. In der ursprünglichen Form waren dies natürliche Höhlen im Felsen oder in der weichen Erde, wie sie in Italien und der Türkei heute noch existieren. Auf einer höheren Kulturstufe finden wir dann Bauten aus gefügtem Stein in Ägypten (Pyramiden), aus luftgetrockneten Lehmrohlingen in Sumer, Mesopotamien und Bauten aus gebrannten und glasierten Tonziegeln in Babylon (z.B. das Ishtartor). Die weitere Geschichte zeigt eine immer intensivere Formgebung dieser Materialien durch den Menschen, denken wir an die harmonisch gestalteten Tempel und Statuen Griechenlands. Von den Griechen wissen wir auch, daß sie bereits Putz und Mörtel mit Kalk als Bindemittel kannten, und die Römer verfeinerten die Putztechnik zur höchsten Vollkommenheit. Der Backsteinbau kam durch die Römer in den Norden Europas. Die großen gotischen Dome der Mittelalters sind sowohl in Stein als auch in Ziegel errichtet worden. Im 19. Jahrhundert wurde die Herstellung von Ziegelsteinen durch Strangpressen und Ringtunnelöfen zum Brennen verbessert. Verglichen mit dieser langen Geschichte ist Zement ein junger Baustoff. Zwar konnten bereits die Römer wasserdichte, betonähnliche Bauteile fertigen, aber erst 1824 stellte der Engländer Aspdin aus Ton und Kalkstein ein Bindemittel her, das auch unter Wasser erhärtete. Ebenfalls ein neuer Baustoff ist die Verbundkonstruktion aus Beton und Eisen, der sogenannte Stahlbeton, der ab 1855 verwendet wurde. Dieses Material hat sich innerhalb von 100 Jahren überall auf der Erde schnell durchgesetzt.

2.1.1 Natürliche Gesteine

Die natürlichen Gesteine werden nach ihrem Entstehungsprozeß unterschieden. Eine erste große Gruppe bilden die Erstarrungsgesteine oder Magmatite, von denen ein Teil

Tiefengesteine	Erstarrungsgesteine Ganggesteine	Ergußgesteine		Ablagerungs-gesteine	Umwandlungs-gesteine
Granit	Granitporphyr	Liparit	Porphyr	Sandstein	Gneis
Syenit	Syenitporphyr	Trachyt	Porphyrit	Grauwacke	Glimmerschiefer
Diorit	Dioritporphyr	Basalt	Diabas	Tonschiefer	Quarzit
Gabbro	Gabbroporphyr	Andesit	Quarzporphyr	Gips, Kalk	Marmor
					Dachschiefer

Tabelle 10: Einteilung der natürlichen Gesteine

(die Tiefengesteine) Plutonite, nach Pluto, dem Gott der Unterwelt, genannt wird. Das bekannteste Tiefengestein ist Granit. Aufgrund des in der Tiefe verlangsamten Abkühlungsprozesses sind die am Aufbau beteiligten Mineralbestandteile auskristallisiert.

Die zweite Gruppe bilden die Ablagerungsgesteine oder Sedimente. Aus der Verwitterung anderer Gesteine werden in Jahrmillionen neue Gesteine gebildet. Die bekannteste Formation ist der Sandstein. Aber auch die mineralischen Bestandteile von abgestorbenen Meerestieren können an Gebirgsentstehungen beteiligt sein. Hierzu zählen vor allem die von Korallen aufgebauten Massenkalke der Dolomiten. Die dritte Gruppe der Gesteine hat einen anderen Umwandlungsprozeß hinter sich. Das Gestein wurde tief in der Erde unter hohem Druck und hoher Temperatur umgewandelt und metamorphosiert. Daher kommt der Name Umwandlungsgestein oder Metamorphite. Zu jeder der vorhergehenden Gesteinsarten gibt es ein entsprechendes metamorphoses Gestein, z.B. zu Granit den Gneis oder die vielen Schieferformationen. In den Gesteinen haben wir Zeugen uralter Vorgänge auf der Erde, die auch heute nicht vollendet sind. Die Art der Gesteinsentstehung z.B. der dabei auftretende Druck und die Temperatur, hat das Material in der physikalischen Struktur und im Erscheinungsbild geprägt. Granit mit seiner hohen Dichte und Härte wirkt auf uns immer fest, schwer und erhaben. Die Statuen eines Michelangelo kann man sich aus diesem Material nur schwer vorstellen. Sandstein dagegen hat eine viel weichere Oberfläche und läßt sich leicht zu geschmeidigen

Formen gestalten, wobei er allerdings durch die fehlende Kristallstruktur dem Licht abgewandter erscheint. Der deutlich kristalline Marmor kann dagegen fast schwerelos erscheinen.

Tabelle 11:

Übersicht über die mineralischen Baumaterialien

Natürliche Bausteine		Künstliche Bausteine
Erstarrungsgesteine:	Granit Porphyr Basalt	Lehm und Ton Ziegel
Sedimentgesteine:	Sandstein Nagelfluh Tuff	Kalksandstein Gipsdielen und -platten
Umwandlungsgesteine:	Gneis Serpentin	Betonsteine
Der Pfeil weist die Richtung des zunehmendenEnergieauf- wands bei der Herstellung des Baustoffes innerhalb einer Baustoffgruppe		

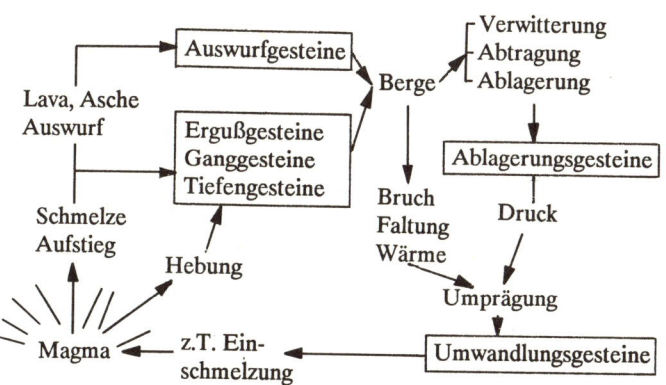

Stoffbeschreibung

Der Naturstein wird heute noch so gewonnen und verarbeitet wie vor Jahrtausenden, nur daß Maschinen inzwischen die schwere körperliche Arbeit übernommen haben. Die Herstellung erfordert einen geringen Primärenergiebedarf, da nur die Gewinnung im Tagebau anfällt. Der Baustoff ist wiederverwendbar, bei der Verarbeitung entsteht als Schadstoff im wesentlichen Staub. Natursteine werden je nach örtlichem Vorkommen als Baumaterial eingesetzt, so z.B. im Bayrischen Wald bevorzugt Granit, in den Alpen Kalk- und in Hessen Sandstein.

Alle natürlichen Gesteine haben hohe Rohdichten zwischen 2500 kg/m³ - 3000 kg/m³ (eine Ausnahme bilden nur vulkanische Gesteine wie Bims und Tuff). Damit sind diese Steine gute Wärmespeicher, aber auch gute Wärmeleiter. Natursteine erwärmen sich sehr langsam und haben daher meist eine kalte Oberfläche. Ihre Dichtigkeit gegenüber Wasser und Wasserdampf ist unterschiedlich, so sind Granit und Marmor sehr dicht, während Sandstein Wasser durch kapillare Leitung aufnimmt und dadurch frostgefährdet ist. Durch die innige Verbindung der Mineralien können Natursteine hohe Lasten und Drücke aufnehmen, ihre Härte prädestiniert sie für den Einsatz bei großen Beanspruchungen, z.B. als Stützen, Fassadenverkleidung oder als Fußbodenbelag.

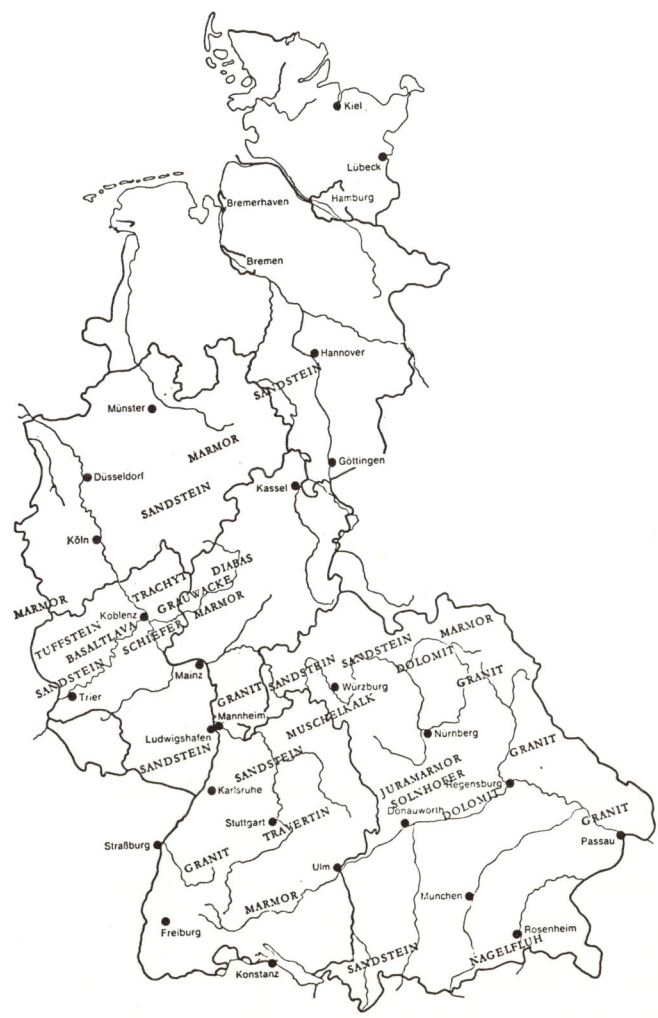

Abb. 17: Heimische Natur-Werkstein-Vorkommen   Quelle: (10)

Gegen die Verwitterung von Naturstein im Außenbereich gibt es keinen wirksamen Schutz. Es ist wichtig, die Natursteine ab und zu von Staub und Schmutz zu reinigen, und z.B. Natursteinsockel so gut es geht von Wasser, Tausalz und Humus fernzuhalten. Natursteine erhalten heute zum Schutz gegen aggressive Luft- bzw. Regensubstanzen (z.B. Schwefel) vor allem bei denkmalsgeschützten Bauten eine Imprägnierung mit farblosen Silikonharzen. Dringt dann durch Versprödung und Rissbildung Wasser in das Material, entstehen durch Auffrieren gewöhnlich noch erheblich größere Zerstörungen (siehe Kap. 3.3.2 Wetterschichten). Auf keinen Fall sollten Natursteine verputzt werden und auch nicht mit Ölfarben, Teer oder anderen oberflächensperrenden Mitteln behandelt werden.

Durch die Dichte des Materials ist die Schallübertragung in Natursteinen sehr gut, ihr Gewicht verhindert aber eine Schallübertragung durch Eigenschwingung. Elektrostatisch sind Natursteine neutral und laden sich nicht auf. Sie sind nicht brennbar und zählen damit zur Brandstoffklasse A, Granit kann aber bei hohen Temperaturen explosionsartig zerspringen. Gesundheitlich bedenklich ist in Einzelfällen nur die Radioaktivität, die z.B. bei Granit erhöht sein kann; bei Sand- und Kalkstein ist sie jedoch recht niedrig. Da heute Natursteine nur noch vereinzelt und in kleinen Mengen am Bau eingesetzt werden, trägt ihre Radioaktivität kaum zur Gesamtbelastung durch radioaktive Strahlung bei.

Natursteine schaffen selten Nähe und Wärme im Bauwerk; man spürt, daß das anorganische Material dem Menschen fremd bleibt. Seine große Dauerhaftigkeit läßt kaum die Möglichkeit, dem Material etwas einzuprägen. Die Abgeschlossenheit des Stoffes kann nur der Bildhauer mit Willen und Geduld überwinden, dann aber fügt sich das Gestein und bewahrt die Form über Jahrhunderte (bei der heutigen Umweltbelastung wohl nicht mehr so lange). Im Bauwerk soll Naturstein sparsam zur Anwendung kommen, im Außenbereich z.B. als Fassadenverkleidung, Treppen oder als Gehwegplatten, im Innenbereich als Fußbodenbelag und Wandverkleidung, vielleicht auch als Fensterbank oder Kaminabdeckung und als Arbeitsplatte in Küchen. Die faszinierende Farbigkeit der Gesteine läßt der Gestaltung für jeden Einsatzzweck einen großen Spielraum.

Verarbeitungshinweise und Preise:

Natursteine sollten möglichst aus lokalen Steinbrüchen bezogen werden, da der Transport sehr teuer ist. Trotzdem ist bei uns italienischer Marmor wegen seines massenhaften Vorkommens im Ursprungsland oftmals billiger als einheimische Steine. Grundsätzlich gilt: je härter der Stein, desto teurer. Kostenintensiv sind auch die Oberflächenbehandlungen (bruchrauh bis feinpoliert). Da Steine für Außenmauerwerk nur noch selten verwendet werden, hat sich der Handel auf den Innenbereich spezialisiert (Ausnahme Straßenbau). Im Handel sind Polygonplatten oder zugeschnittene Platten erhältlich, Sonderwünsche können meist ohne große Verteuerung erfüllt werden. Die Verlegung erfolgt beim Boden zumeist im Mörtelbett, dünne Platten für den Innenbereich werden heute vielfach geklebt, was wegen der Kunststoffvergütung in den Dünnbettmörteln nur bedingt empfehlenswert erscheint. Fassadenplatten werden mit nichtrostenden Ankern an der Wand befestigt. Bei Verwendung im Außenbereich ist auf die Frostbeständigkeit des Materials zu achten.

Die Kosten für Plattenware betragen je nach Material und Bearbeitung 30 - 150 DM/m² und darüber.

Natürliche Bausteine

- hohes Raumgewicht
- hohe Dichte (2500 kg/m³ - 3000 kg/m³)
- kalte Oberfläche (guter Wärmeleiter)
- guter Wärmespeicher
- schlechtes Feuchteverhalten

Ausnahme: vulkanisches poriges Gestein (Bims u. Tuff)

- Herstellung und Verarbeitung unbedenklich
- wiederverwendbar
- einzelne Gesteine haben eine erhöhte Radioaktivität

Anwendung: im Außenbereich als Plattenbelag oder Fassadenverkleidung, im Innenbereich als Fußboden, Fensterbänke, Treppenstufen, Wandverkleidungen

Aus dem bisher Gelesenen können wir bereits wichtige Anregungen für die Materialbetrachtung gewinnen. Je größer die physischen Bildekräfte wie Feuer, Hitze und Druck sind, die auf einen Baustoff bei seiner Entstehung einwirkten, desto abgeschlossener stellt er sich dar; die Vitalität eines Stoffes, d.h. sein Verlangen nach Kontakt mit der Umwelt und seine Einflußnahme auf die Umgebung nimmt ab und nur die Zeit und die atmosphärischen Kräfte wie Wind, Regen, Sonne und Kälte können formend wirken. Wir werden später sehen, daß vitalere Baustoffe, die in ihrem Entstehungsprozeß niemals solchen Bildekräften ausgesetzt waren wie die eben besprochenen Gesteine, sich auch weniger abgeschlossen zeigen, sondern sich den Formkräften der Natur, des Kosmos und der Menschen öffnen.

Dieses "sich öffnen" bedeutet aber auch, daß die Tendenz zur Auflösung ungleich größer ist. Bei Lehm wirkt bereits dauernde Feuchtigkeit auflösend, Holz kann von Pilzen befallen und von Käfern zerstört werden.

Der Mensch versucht nun, diese Auflösung oder Zerstörung zu verhindern. Er ahmt die starken Bildekräfte der Natur und des Kosmos nach, und setzt Feuer, Druck, Wasserdampf und verschiedene Chemikalien in einfachen und komplizierten Prozessen ein, damit ein neuer, ein künstlicher Stoff entsteht. Auch hier gilt: je mehr das Ausgangsmaterial verändert wird, desto abgeschlossener ist es gegenüber Umwelteinflüssen. Auch vitale Ausgangsstoffe können durch den Verarbeitungsprozeß in ihren lebensqualifizierenden Eigenschaften schwer geschädigt werden. So wird z.B. Kalkgestein bei niedriger Temperatur (950°C) zu gutem Baukalk gebrannt; aber mit Tonerde bei einer Temperatur von 1450°C gebrannt, wird ihm das Kristallwasser entzogen und es entsteht ein harter, spröder, wassergieriger Zement.

Gerade bei der Stoffumwandlung durch den Menschen sollten die positiven Eigenschaften der Ausgangsmaterialien erhalten bleiben und nicht einseitigen Verbesserungen, wie z.B. der Haltbarkeit, geopfert werden.

Abb. 18: Leichtlehmausführung (nach W. Fauth)

1. Stroh und andere Faserstoffe werden auf 10 - 15 cm zerkleinert;
2. Flüssiger Lehm wird über jede Faserstoffschicht gegossen und
3. mit Misthaken gut durchgemischt;
4. Einbringen des Leichtlehms in die Gleitschalung und
5. Einstampfen der Masse;
6. Stakeinlagen dienen der Wandversteifung.

2.1.2 Künstliche Baustoffe

Ausgangsmaterialien sind Sand, Ton, Kalk- und Gipsstein. Aus diesen Substanzen werden bis heute unter Anwendung von Feuer, Druck, Wasserdampf und durch Beimischung verschiedener Chemikalien alle künstlichen Baustoffe hergestellt.

Ton und Lehm

Die oberste Erdschicht besteht aus Ton oder dem Ton-Sand-Gemisch Lehm. Ton selbst ist verwitterter Feldspat. Eine besondere Eigenschaft des Tons ist seine Formbarkeit durch Wasserzugabe. Da sich die Tonkristalle nicht vollständig auflösen, bleibt die Mischung kolloid. Das Urmaterial Lehm wird allgemein von den Völkern der Erde als Heilerde und als erstes Baumaterial benutzt. Die einfachste

Anwendung des Lehms beim Hausbau ist der Stampflehm- und Lehmquaderbau. In Nordafrikas trockenem Klima finden wir Lehmbauten bis zu 6 Stockwerke hoch.

Die große Bildsamkeit des Tons, dieses "dienende" Verhalten, sich allen Formen anzupassen, ist die Ursache dafür, daß wir in der Keramik die frühesten Zeugnisse menschlichen Kulturschaffens finden, lange bevor andere Materialien über den Gebrauchswert hinaus gestaltet wurden. So kann der Baustoff Lehm auch bei der Gestaltung eines Gebäudes große Freiheit geben, wie es erst wieder in ähnlicher Form bei Betonbauten möglich ist, wobei das bauphysikalische Verhalten von Beton in wichtigen Punkten allerdings weitaus schlechter ist.

Bei uns gibt es Lehm überall im Boden, so daß durch die einfache Gewinnung im Tagebau für seine Aufbereitung als Baustoff nur wenig Energie nötig ist. Zum Vergleich: liegt das Lehmvorkommen in der Nähe der Baustelle, so braucht man für die Herstellung (Transport, Mischen und Verdichten) von 1 m³ Lehm weniger als 5 kWh; für die Herstellung von 1 m³ Kalksandstein werden dagegen ca. 350 kWh, für 1 m³ Hochlochziegel ca. 550 kWh, für 1 m³ Zementbeton 400-800 kWh und für 1 m³ Vollziegel sogar 1100 kWh benötigt.

Bei der Aufbereitung von Lehm entstehen keine Schadstoffe und das Material ist immer wieder verwendbar. Die Qualitätsunterschiede des Materials, seine Verarbeitung auf der Baustelle und der naturnahe, weiche Charakter des fertigen Baustoffes haben die Anwendung des Lehmbaus - abgesehen von einer kurzen Renaissance nach dem Kriege - stark zurückgedrängt. Dabei hat Lehm außerordentlich günstige Eigenschaften. Durch die Beimischung von Stroh lassen sich sein Raumgewicht von 1800 bis auf 400 kg/m³ und damit auch alle anderen Werte wie Wärme-, Feuchtigkeits- und Schallverhalten variieren. Leichtlehm (400 kg/m³ - 1000 kg/m³) erreicht beispielsweise in bezug auf Wärmedämmung und Wärmespeicherung bessere Werte als ein vergleichbarer Ziegelstein.

Leichtlehm kann allerdings nur wenig Lasten aufnehmen und wird daher nur für nichttragende Bauteile eingesetzt, z.B. zur Ausfachung eines Holzständerwerks. Lehm reagiert kritisch auf Durchfeuchtung, vor Schlagregen sollten Lehmwände deshalb durch Dachüberstände, Verputz oder Holzverschalungen geschützt werden. Lehm wirkt bei nicht übermäßiger Feuchtebelastung gut ausgleichend und erzeugt ein angenehmes Raumklima. Sein elektrostatisches Verhalten ist neutral. Lehm ist nicht brennbar (Klasse A), Leichtlehm mit Strohbeimengung gilt als schwer entflammbar (B1), da die brennbaren Fasern mit Lehm umhüllt sind. Mit Lehm und Leichtlehm können Außen- und Innenmauern, Fußböden und Deckenfüllungen gefertigt werden.

Aufgrund seiner hervorragenden Eigenschaften erlebt Lehm als Baumaterial in jüngster Zeit wieder eine Renaissance. Da bislang zeitgemäße Verarbeitungstechniken und spezielle Maschinen fehlen, die einen rationellen und damit kalkulierbaren Lehmbau ermöglichen, beschränkt sich die Anwendung auf einzelne engagierte Bauherren.

Bezug und Preise

Lehm fällt beim Baugrubenaushub an oder ist bei Ziegeleien erhältlich. Der Rohstoff ist sehr billig (ca. 15,- bis 20,- DM/m³), der Transport jedoch teuer (z.B. bei einer Anfahrt von 30 km kostet die 10 t - Fuhre ca 80,- bis 100,- DM). Stroh ist in Ballen beim Bauern erhältlich (50 kg ca. 5,- bis 10,- DM). Eine Qualitätsnorm für die Rohstoffe gibt es bisher nicht.

Ton und Lehm

- breites Angebot an verschiedenen Rohdichten von 400 kg/m³ - 1800 kg/m³
- Wärmedämmung und Wärmespeicherung abhängig von der Rohdichte
- sehr gute Formbarkeit
- bei fachgerechter Anwendung sehr gutes Raumklima
- heute Schwierigkeiten bei der Verarbeitung da arbeitsintensiv
- Herstellung und Verarbeitung unbedenklich
- wiederverwendbar
- massenhaftes Vorkommen der Rohstoffe

Anwendung: für Außen- und Innenwände, als Fußboden und Deckenfüllungen

---

Ziegel

Durch Brennen bei 900-1100°C wird aus Lehm der Ziegel, ein Hartbaustoff mit lebensqualifizierenden Eigenschaften. Wird die Brenntemperatur auf ca. 1300°C erhöht, so entsteht der Klinker, dessen Oberfläche im Vergleich zum niedriger gebrannten Ziegel kaum noch kapillar, sehr dicht und fest und daher weitgehend säurebeständig ist.

Verwendung und Form eines Ziegelsteines werden außerdem durch seine Lochung bestimmt.

Unterschieden werden:

- *Vollziegel.* Sie sind ungelocht, d.h. zur Gewichtseinsparung sind Lochanteile bis 15% der Lagerfläche zulässig (Lochung senkrecht zur Lagerfläche).

- *Hochlochziegel.* Sie sind senkrecht zur Lagerfläche gelocht und haben einen Lochanteil über 15%.

- *Langlochziegel.* Sie sind parallel zur Lagerfläche gelocht.

- *Großblockziegel* aus porosiertem Material.

Die Vorzugsformate für Mauerziegel und Klinker zeigt Abb. 20.

Am Bau kommen folgende Ziegel zum Einsatz:

- *Vormauerziegel und Klinker*, die frostbeständig und besonders druckfest sind und für Sichtmauerwerk verwendet werden. Sie werden in Dünnformat, Normalformat und 2 DF angeboten und haben eine Rohdichte von 1200 bis 2200 kg/m³.

- *Mauerziegel* in Formaten von 2 DF bis 24 DF und Rohdichten von 1000 - 1400 kg/m³ für verputztes und verblendetes Mauerwerk

- *Leicht- oder Porenziegel*, die eine einheitliche Höhe von 238 mm haben, Längen von 240, 365 und 490 mm und Breiten, je nach erforderlicher Wanddicke bis zu 365 mm. Sie haben geringe Rohdichten (ca. 800 kg/m³), die durch Beifügung von zusätzlichen Porosierungsmaterialien (Sägespäne, Polystrolkügelchen) erreicht werden. Die Porosierungsmaterialien vergasen beim Brennen, wodurch sich der Porenanteil des Ziegels vergrößert. Die Leicht- und Porensteine sind mit Griffhilfen versehen und werden wegen ihrer schneller Vermauerung (geringer Fugenanteil) und ihres guten

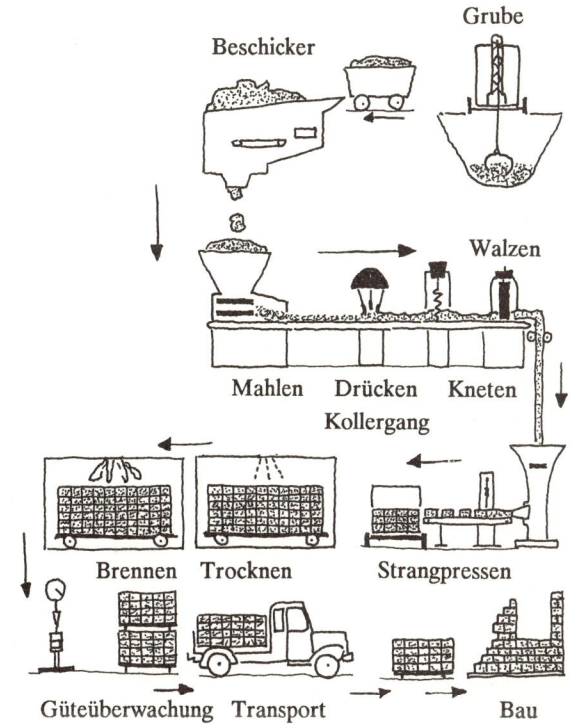

Abb. 19: Herstellung der Mauerziegel

Wärmedämmvermögens heute gern eingesetzt. Bevorzugt sollten am Bau Leichtziegel zum Einsatz kommen, die ihre Porenstruktur durch (nicht mit Holzschutzmitteln behandelte) Sägespäne erhalten haben, damit die kapillare Wirksamkeit der Mikroporen erhalten bleibt.

- *Tonhohlplatten* (Hourdis) als Deckenziegel, die vorzugsweise als tragende Zwischenbauteile in Stahlträger und Holzbalkendecken eingesetzt werden. Sie werden in Längen von 50 - 110 cm angeboten, sind bis zu 25 cm breit und haben Höhen von 6 bis 10 cm.

Der Einsatzbereich von Ziegel wird wohl nur noch von Holz übertroffen - er umfaßt alle Bauteile. Außer dem

Mauerziegel gibt es eine Vielzahl an Sonderformaten z.B. Ziegelstürze für Fenster- und Türöffnungen, Hohlziegel für Entlüftungen, U-Schalen für Ringanker, Rolladenkästen usw., so daß heute eine Außenwand ohne Materialwechsel rein aus Ziegel hergestellt werden kann. Weiterhin gibt es Steinzeugrohre für die Entwässerung, Platten für Fußböden und Wandverkleidungen und Dachziegel in zahlreichen Formen und Güten.

Für alle Ziegelprodukte gilt, daß sie gut feuchtigkeitsregulierend sind, wobei mit zunehmender Dichte diese Fähigkeit abnimmt. Sie erzeugen keine elektrostatischen Felder und sind auch für die kosmische Strahlung durchlässig. Sie sind ausgewogen isolierend und wärmespeichernd. Ziegelsteine sind nicht brennbar und bei ihrer Herstellung und Verarbeitung entstehen keine gesundheitsschädlichen Stoffe.

Eine Sonderform ist der glasierte Ziegel, der als Spaltklinker für die Fassadenverkleidung oder als Kachel für Feuchträume eingesetzt wird. Seine Glasur dichtet gegen Wasser und Wasserdampf: dichte Materialien sollten nur sparsam am Haus verwendet werden.

Eine Ziegelfassade in Sichtmauerwerk sieht trotz der Wiederholung des immer gleichen Elementes durch die natürliche Unterschiedlichkeit der Rottöne lebendig aus und bietet durch verschiedene Mauerverbände vielfältige Gestaltungsmöglichkeiten. Sie wirkt dabei durch den logischen Aufbau aber auch beruhigend, sicher und solide. Und was für die Wand gilt, das trifft ebenso auch für Ziegeldächer und Fußbodenbeläge aus Ziegelplatten zu.

Der Primärenergieverbrauch bei der Ziegelherstellung ist im Vergleich zum Baustoff Lehm durch das Brennen erheblich höher.

Ziegel sind bei Abbruch wiederverwendbar, und Ziegelsplitt kann als gutes Auffüllmaterial ohne Bedenken eingesetzt werden.

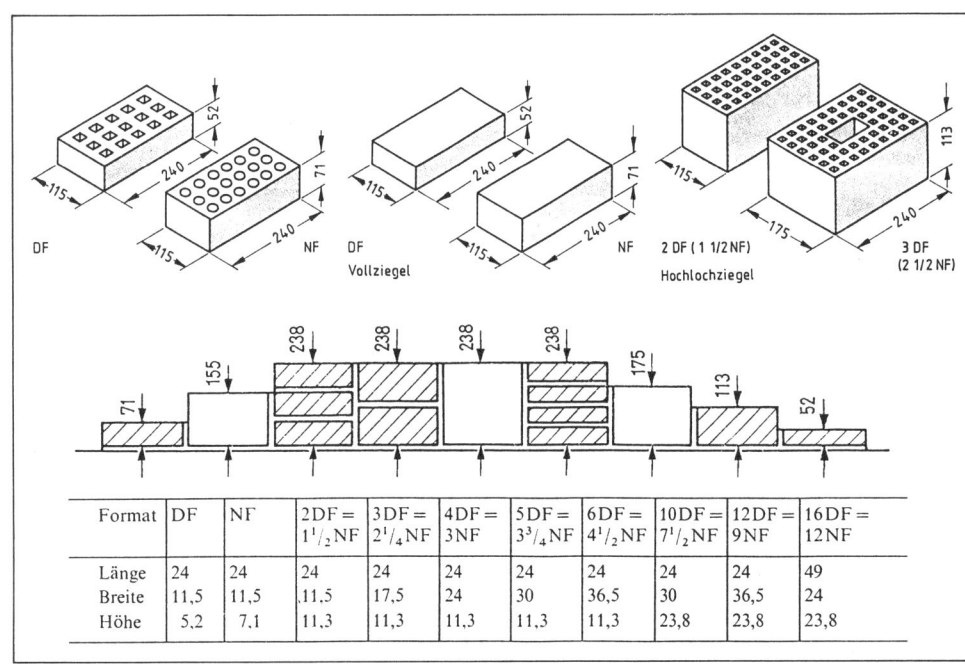

Format	DF	NF	2DF = 1$^1/_2$NF	3DF = 2$^1/_4$NF	4DF = 3NF	5DF = 3$^3/_4$NF	6DF = 4$^1/_2$NF	10DF = 7$^1/_2$NF	12DF = 9NF	16DF = 12NF
Länge	24	24	24	24	24	24	24	24	24	49
Breite	11,5	11,5	11,5	17,5	24	30	36,5	30	36,5	24
Höhe	5,2	7,1	11,3	11,3	11,3	11,3	11,3	23,8	23,8	23,8

Abb. 20
Formate und Vorzugsgrößen
bei Mauerziegeln und Klinkern

Bezug und Preise

Lokale Ziegeleien liefern kostengünstig meist alle Formate und Gewichtsklassen. Langlochziegel sind in Deutschland kaum noch auf dem Markt, weil der Hochlochziegel dem Langlochziegel in bezug auf Festigkeit und Wärmedämmfähigkeit überlegen ist. Bevorzugt werden sollten Ziegelsteine mit einer Rohdichte nicht unter 800 kg/m³, da sonst die Wärmespeicherung bzw. die Schalldämmung zu schlecht wird. Für Außenmauerwerk wird wegen seiner guten Wärmedämmeigenschaft heute meist der Leichtziegel (800 - 1000 kg/m³) verwendet, im Innenbereich der Hochlochziegel (1200-1400 kg/m³) mit seiner besseren Wärmespeicherfähigkeit und Schalldämmung. Der Materialpreis für Ziegel liegt bei etwa 110,- bis 150,- DM/m³.

Für Fußbodenbeläge gibt es dichtgebrannte unglasierte Tonplatten oder Klinkersteine. Tonplatten sind meist zwischen 1,5 - 3,0 cm stark, die Klinkerplatten 5,0 - 7,0 cm und kosten zwischen 25,- und 80,- DM/m², je nach Machart. Ziegelplatten als glasierte Keramik für Wand- und Fußbodenbeläge sind in Mosaikstein oder als Großplatte in verschiedenen Stärken und Formen auf dem Markt.

Ziegel

- breites Angebot an Formaten mit Rohdichten zwischen 700 kg/m³ - 2200 kg/m³
- gute Wärmedämmung bzw. gute Wärmespeicherung je nach Rohdichte
- sehr gutes Raumklima
- Herstellung und Verarbeitung unbedenklich
- massenhaftes Vorkommen der Rohstoffe

Anwendung: für Außen- und Innenwände, Spezialziegel für Decken und Dacheindeckungen, Fußbodenbeläge etc.

Exkurs:
Material und Feuchtigkeit

Das Sprichwort "Steter Tropfen höhlt den Stein" weist darauf hin, daß Wasser auf alles Feste auflösende Wirkung hat und daß schon geringe Mengen an der falschen Stelle große Folgen haben können. Deshalb ist der Schutz vor dem Wasser eine wesentliche Aufgabe beim Bauen. Der Umgang mit Wasser lehrt schnell, daß es einfacher ist, Wasser umzuleiten als es aufzuhalten. So ist es beispielsweise viel schwerer, ein Flachdach gegen das darauf stehende Wasser über Jahrzehnte völlig dicht zu halten als ein geneigtes Dach mit Ziegeldeckung (trotz der vielen Einzelfugen), bei dem das Wasser so schnell wie möglich abgeleitet wird. Was für die Konstruktionstechnik gilt, muß auch bei den Baustoffen selbst berücksichtigt werden.

Materialien, die gegen Feuchtigkeit einigermaßen beständig sind, sie aufnehmen und leicht wieder abgeben, können lange Jahre problemlos und schadensfrei ihre Aufgabe versehen, im Gegensatz zu feuchtigkeitsgefährdeten Materialien, die durch aufwendige Maßnahmen geschützt werden müssen, dadurch aber schadensanfälliger sind und meist eine geringere Lebensdauer haben.

Um das Feuchteverhalten von Baustoffen einschätzen zu können, müssen jene Baustoffeigenschaften betrachtet werden, die im Anhang ausführlicher besprochen sind:

- *Wasserdampfdiffusion: der Transport von Wasserdampf durch den Baustoff*

- *kapillare Leitfähigkeit: der Transport von Flüssigkeit (Wasser) durch den Baustoff*

- *Hygroskopizität: die Fähigkeit eines Baustoffes, Wasser aufzunehmen und zu binden.*

Da vor allem in den Außenbauteilen von Gebäuden alle drei Formen der Wasserbewegung gleichzeitig auftreten können, und Durchfeuchtung und Austrocknung einem ständigen Wechsel unterliegen, können die physikalischen Baustoffdaten die tatsächlichen Vorgänge nur ansatzweise beschreiben. Insofern ist das Feuchteverhalten von Außenbauteilen weitaus komplexer, als dies in Taupunktberechnungen zum Ausdruck kommt.

Baustoffe mit einem günstigen Feuchteverhalten wie z.B. Ziegel oder Holz können vielfältig und ohne größere Probleme für

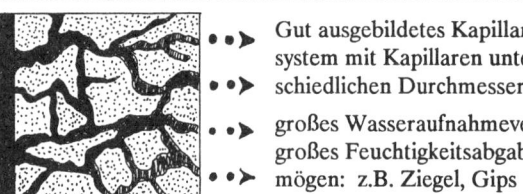 Gut ausgebildetes Kapillarsystem mit Kapillaren unterschiedlichen Durchmessers:

großes Wasseraufnahmevermögen, großes Feuchtigkeitsabgabevermögen: z.B. Ziegel, Gips

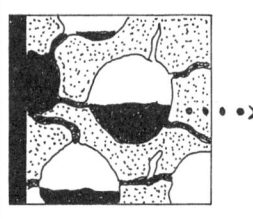 Geschlossenzellige Struktur mit wenigen Kapillaren zwischen den Zellen:

großes Wasseraufnahmevermögen, geringes Feuchtigkeitsabgabevermögen: z.B. Gasbeton

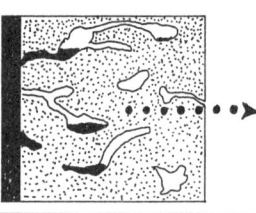 Struktur mit kleinen, abgeschlossenen Poren und Kapillaren:

geringes Wasseraufnahmevermögen, geringes Feuchtigkeitsabgabevermögen: z.B. Schwerbeton, Blähton-Beton

Abb. 21
Feuchteverhalten verschiedener Wandbaustoffe   Quelle: (10)

Tabelle 12: Austrocknung von Mauerwerk (nach Cadiergues)

Wandbau-Stoff	Baustoff-Kenngröße S	Austrocknungsdauer (s • d) in Tagen bei Wanddicke d in cm			Erreichbare Gleichgewichtsfeuchte in Vol. %
		24	30	36,5	
Ziegel	0,28	160	250	370	0,5 - 2,0
Kalksandstein	1,2	690	1080	1600	4,5 - 5,0
Porenbeton	1,2	690	1080	1600	4,0
Bimsbeton	1,4	805	1260	1860	3,0 - 4,0

verschiedene Bauteile des Hauses eingesetzt werden (Wände, Decken, Fußböden, Dachdeckung), während die Anwendung von so spezialisierten Baustoffen wie beispielsweise den Dämmstoffen stets sorgfältig geplante Maßnahmen zum Schutz von Durchfeuchtung erfordern.

Baustoffe nehmen sowohl durch Wasserdampfdiffusion (wenn der Taupunkt unterschritten wird) als auch durch kapillare Leitfähigkeit (z.B. durch Schlagregen, aufsteigende Bodenfeuchtigkeit) Wasser auf. Durch konstruktive Maßnahmen wie ausreichende Wärmedämmung, richtigen Wandaufbau, Schlagregenschutz, horizontale Feuchtesperren ist beim Bauen dafür zu sorgen, daß die Bauteile des Hauses möglichst trocken bleiben, um ein gesundes Raumklima zu gewährleisten. Trotzdem läßt sich eine kurzzeitige Aufnahme von Feuchtigkeit vielfach nicht vermeiden (z.B. durch Schlagregen auf der Außenseite, durch erhöhten Wasserdampfanfall beim Baden, Kochen etc.), ja, sie ist zum Ausgleich des Raumklimas häufig sogar erwünscht. Deshalb ist von guten Baustoffen zu fordern, daß sie schadlos Feuchtigkeit aufnehmen können und über dieselben, oben genannten Mechanismen auch schnell wieder abgeben. Ein Maßstab für die Fähigkeit zum Feuchteausgleich kann die sogenannte Trocknungsdauer von Baustoffen sein (Tab. 12). Welche Bedeutung besonders die kapillare Leitfähigkeit für die Austrocknung hat, zeigen eingehende Versuche (Abb. 22). Zwar nehmen die kapillar nicht oder wenig leitfähigen Stoffe wie Beton und Schaumdämmstoffe verhältnismäßig wenig Wasser auf, andererseits dauert ihre Austrocknung aber wesentlich länger als bei den Baustoffen mit ausgeprägter Kapillarstruktur. Kapillar nicht leitende Materialien können nur über die Wasserdampfdiffusion austrocknen. Damit solche Baustoffe ihren Feuchtehaushalt ausgleichen können, muß die Diffusionsfähigkeit möglichst gut sein. Gerade dies ist aber z.B. bei den Schaumdämmstoffen aus Polystyrol nicht der Fall, so daß diese in ungünstigen Fällen "ersaufen" können.

In bezug auf ihre Fähigkeit, Feuchtigkeit aus der Luft aufzunehmen und damit kurzzeitige Schwankungen der Luftfeuchte auszugleichen, bestehen große Unterschiede zwischen den mineralischen und pflanzlich-vegetabilen Baustoffen, wie eine Betrachtung der Gleichgewichtsfeuchte (Abb. A 11 im Anhang) zeigt. Die pflanzlich-vegetabilen Materialien können in der Regel (bezogen auf ihr Gewicht) erheblich mehr Wasser

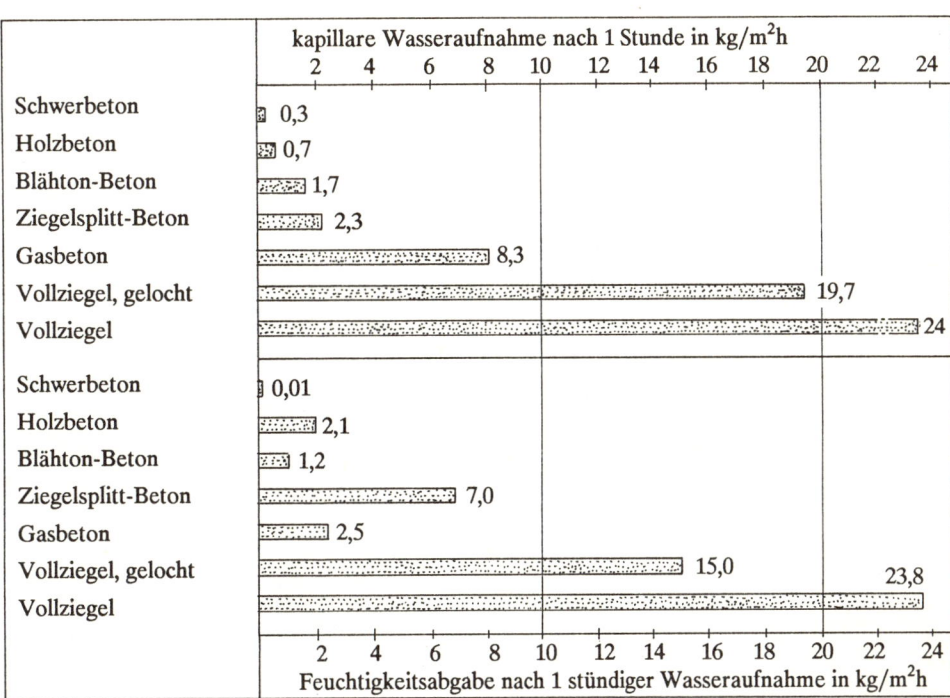

	kapillare Wasseraufnahme nach 1 Stunde in kg/m²h	
Schwerbeton		0,3
Holzbeton		0,7
Blähton-Beton		1,7
Ziegelsplitt-Beton		2,3
Gasbeton		8,3
Vollziegel, gelocht		19,7
Vollziegel		24
Schwerbeton		0,01
Holzbeton		2,1
Blähton-Beton		1,2
Ziegelsplitt-Beton		7,0
Gasbeton		2,5
Vollziegel, gelocht		15,0
Vollziegel		23,8

Feuchtigkeitsabgabe nach 1 stündiger Wasseraufnahme in kg/m²h

Abb. 22
Kapillare Wasseraufnahme
und Feuchtigkeitsabgabe
verschiedener Baustoffe
Quelle: (10)

aufnehmen und speichern als die mineralischen Baustoffe. Das deutet darauf hin, daß Materialien, die noch wenig mineralisiert und verfestigt sind und ihre von Sonnenlicht und Wasser geprägte Entwicklung erst vor kurzem abgeschlossen haben, oft noch eine starke Bindung an das Wasser zeigen. Ihre positiven Eigenschaften müssen dadurch nicht unbedingt geschmälert werden, denn z.B. ihre Dämmfähigkeit wird durch einen höheren Wassergehalt nur wenig beeinträchtigt.

Heute sind alle angebotenen Hartbaustoffe für Innen- und Außenwände weitgehend widerstandsfähig gegenüber vorübergehendem Auftreten von Feuchtigkeit. Ziegel und Holz haben besonders günstige physikalische Eigenschaften und sind deshalb als raumumschließende Baustoffe zu empfehlen. Dämmstoffe müssen vor direkter Durchnässung geschützt werden, da ihre Wirkung auf vielen luftgefüllten Hohlräumen beruht. Füllen sich diese mit Wasser, so wird die Dämmwirkung drastisch verringert, da Wasser und Wasserdampf die

Wärme erheblich besser leiten als Luft. Die Dämmstoffe mit sehr geringer Gleichgewichtsfeuchte (Glasfaser, Polystyrolschaum) reagieren in dieser Beziehung besonders empfindlich schon auf geringfügige Durchfeuchtung. Um Schäden zu vermeiden, sind daher bei diesen Baustoffen sorgfältig angebrachte Dampfbremsen eher nötig als bei den Dämmstoffen mit höherer Gleichgewichtsfeuchte wie Kokos, Stroh, Kork oder Zellulosedämmstoff. Da durch Dampfbremsen und -sperren die Bauteilflächen für einen lebendigen Feuchtigkeitsaustausch weitgehend verloren gehen, gilt auch hier der Satz: "Ableiten ist besser als Sperren."

Kalksandstein

Kalksandstein ist ein weißer Mauerstein mit unterschiedlichen Formen, Formaten und Rohdichten. Er wurde erstmals um 1900 industriell gefertigt und besteht aus Kalk und

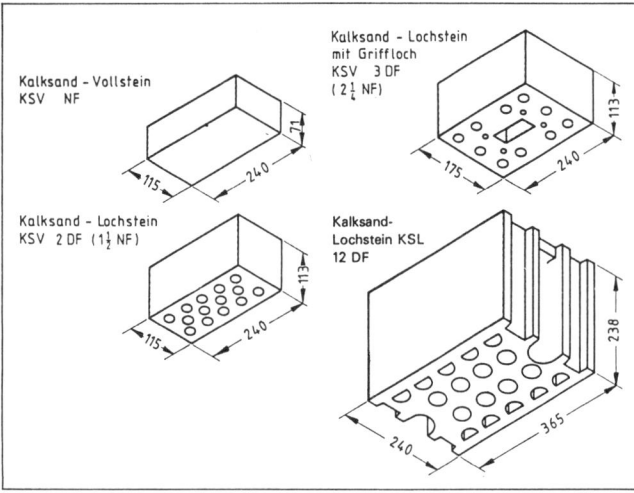

Kalksand - Vollstein
KSV NF

Kalksand - Lochstein
mit Griffloch
KSV 3 DF
(2¼ NF)

Kalksand - Lochstein
KSV 2 DF (1½ NF)

Kalksand-
Lochstein KSL
12 DF

Abb. 23: Formen und Abmessungen einiger Kalksand-Steine

Quarzsand, die zusammen mit Wasser, unter hohem Druck bei 200°C - 300°C zusammengebacken werden. Die Rohdichte liegt bei 1400 bis 1800 kg/m³; die sehr maßhaltigen Steine haben deshalb schlechtere Wärmedämmeigenschaften als z.B. Leichtziegel, sind aber gute Wärmespeicher. Ihre Dichte und die Art des Herstellungsprozesses macht sie wenig durchlässig für Wasserdampf, ihre Austrocknungszeit ist entsprechend lang. Der Feuchtigkeitsgehalt liegt bei 5% (nach DIN 52612), zum Vergleich bei Ziegel nur bei 2%.

Das elektrostatische Verhalten ist neutral, der Stein ist nicht brennbar und bei seiner Herstellung und Verarbeitung entstehen keine schädlichen Nebenwirkungen. Unterschieden werden:

- *Kalksand-Vollsteine* mit einer Rohdichte von 1800 kg/m³, deren Querschnitt durch Lochung senkrecht zur Lagerfläche bis 25% gemindert sein darf,
- *Kalksandstein-Lochsteine* mit einer Rohdichte von 1400 kg/m³. Sie sind fünfseitig geschlossene Mauersteine (abgesehen von durchgehenden Grifföffnungen) mit Lochungen senkrecht zur Lagerfläche.

- *Vormauer-Kalksandsteine* mit einer Rohdichte von 1400 kg/m³ als frostbeständige Mauersteine, die als Sicht- und Verblendungsmauerwerk verwendet werden.

Die Steinformate sind genormt und entsprechen denen von Ziegelsteinen. Das Erscheinungsbild des weißen, scharfkantigen, exakten Steines ist etwas steril und langweilig. Der billige Stein wird hauptsächlich für Haustrennwände, Innen- und Kellerwände eingesetzt. Da er sich beim Trocknen anders verhält als Ziegelsteine, dürfen sie nicht miteinander vermauert werden. An den Verbindungsstellen zwischen unterschiedlichem Mauerwerk sind Rißüberbrückungen vorzusehen.

Kalksandsteine können mit Rohdichten unter 1,0 kg/dm³ nicht hergestellt werden. Um das Wärmeverhalten der schlecht entfeuchtenden Außenwand zu verbessern, wird gern als äußere Wärmedämmung eine Thermohaut mit Putzschicht oder eine Kerndämmung mit feuchtigkeitsbeständigen Gesteinskügelchen (Hyperlite) angebracht. Beide Konstruktionen beeinträchtigen die Wandentfeuchtung zusätzlich, die Kerndämmung führt darüber hinaus zu einem Wärmestau in der Außenschale mit entsprechenden Rißproblemen. Von diesen Konstruktionen ist abzuraten.

Kalksandstein

- hohes Raumgewicht
- gute Wärmespeicherung
- kalte Oberfläche
- lange Austrocknungszeit
- Herstellung und Verarbeitung unbedenklich
- wiederverwendbar
- massenhaftes Vorkommen der Rohstoffe

Anwendung: Außenwände mit Außendämmung, zwei schaliges Mauerwerk mit Kerndämmung, Innenwände, Kellerwände

Bezugsquellen und Preise

Die Lieferung erfolgt am besten über den örtlichen Baustoffhandel, der Materialpreis für 1 m³ Kalksandstein liegt bei 90,- bis 120,- DM.

Gipsdielen und Gipsplatten

Durch die Vorfertigung in der Fabrik und den dadurch möglichen "trockenen" Innenausbau sind in den letzten Jahren diese Baumaterialien vermehrt in Gebrauch gekommen, wobei sich die Gipsbauplatte vor allem gegenüber der Holzwolleleichtbauplatte durchgesetzt hat, die noch verputzt werden muß. 1 cm Gips entspricht in der Wärme- und Schalldämmung ca. 3 cm Ziegelmauerwerk. Durch sein gutes Wasseraufnahmevermögen reguliert Gips die Raumfeuchte. Statisch ist Gips wenig belastbar, gegen Feuer ist er hoch widerstandsfähig, weshalb Holz- und Stahlbauteile gern mit Gipsplatten geschützt werden.

Wenn bei der Herstellung von Platten und Dielen ausschließlich Naturgips verwendet wurde, können sie als Bauelemente mit guten Eigenschaften unbedenklich am Bau eingesetzt werden. Der Handel bietet jedoch auch Platten aus Industriegips an, der z.B. bei der Rauchgasreinigung von Kraftwerksabgasen entsteht, sog. REA-Gips. Nicht jeder sogenannte Industriegips ist schadstoffbelastet, aber für den Laien ist kaum zu überprüfen, ob der Baugips radioaktiv oder mit Rückständen aus organochemischen Prozessen belastet ist. Eine Volldeklaration seitens des Herstellers ist hier notwendig. Zu unterscheiden sind:

- *Gipsdielen*: Mit Gipsdielen in unterschiedlichen Stärken können 5 - 12 cm starke Innenwände schnell errichtet werden.

- *Gipskartonplatten*: Die 1,0 - 1,5 cm starken Platten werden durch beidseitige Kartonbeschichtung stabil gehalten. Feuchtraum- und Brandschutzplatten benötigen eine Kunstharzimprägnierung bzw. ein Glasfasergewebe zur Stabilisierung.

- *Gipsfaserplatten*: Der Gipsbrei wird hierbei mit Altpapierzellulose durchmischt, so daß die 1,0 - 1,5 cm starken Platten ohne zusätzliche Beschichtung stabil sind. Bei 50% höherem Gewicht läßt sich die Platte wie eine Holzwerkstoffplatte verarbeiten und benötigt auch für Feuchträume und als Brandschutzplatte keine Zusatzausrüstung.

Verarbeitungshinweise und Preise

Gipsdielen mit Nut und Feder werden mit Gips aufeinandergemörtelt und anschließend verspachtelt. Gipsbauplatten werden an eine Unterkonstruktion geschraubt oder an eine Wand gemörtelt. Die Platten können mit den üblichen Holzbearbeitungswerkzeugen bearbeitet werden (bohren, sägen etc.). Der Zuschnitt erfolgt am besten folgendermaßen: Die Kartonseite der Platte wird mit einem scharfen Messer geschnitten, dann wird die Platte so auf einen Tisch gelegt, daß der abzutrennende Teil über den Rand hinausragt und - wie bei Glas - mit einem Schlag abgebrochen werden kann. Die zugeschnittenen Gipskartonplatten werden längs der Kante schräg gehobelt, so daß die Fugen später sorgfältig mit Gips zugespachtelt werden können (Glasvliesstreifen zur Bewehrung einlegen). Bei größeren Wandflächen werden die Querfugen versetzt angeordnet.

Gipsplatten sind in unterschiedlicher Ausführung im Handel, als kartonummantelte Gipsplatten (Markennamen z.B. Rigips, Knauf u.a.) oder als Gipsplatten ohne Kartonummantelung, versetzt mit feinverteilten Zellulosefasern (Markenname: Fermacell). Die letztere Platte ist schwerer und härter.

Zumeist sind die Platten 1,25 m breit und 2,0 m lang, bei Stärken von 9,5 - 15 mm. Neuerdings sind auch "Ein-Mann-Platten" im Handel (0,90 m x 2,50 m).

Der Preis für einen m² Gipskartonplatte liegt zwischen 6,- und 12,- DM, für Gipsfaserplatten zwischen 8,- und 15,- DM/m². Gipsdielen für selbsttragende Zwischenwände sind in Stärken von 6 bis 10 cm erhältlich, sie sind mit Nut und Feder versehen und etwa 0,3 m² groß. Der Preis liegt bei 25,- bis 40,- DM/m².

Betonsteine

Aus Zement und Sand können durch Beimengung verschiedener Zuschlagstoffe Steine mit unterschiedlichen Eigenschaften hergestellt werden. Der zu ihrer Herstellung benötigte Primärenergiebedarf ist niedriger als beim Ziegelstein. Da Beton (Kies und Zement) wegen seiner hohen Dichte keine guten Wärmedämmeigenschaften hat, versucht man bei der Steinherstellung durch Beigabe geeigneter Zuschlagstoffe die Rohdichte zu verringern und die Dämmfähigkeit zu verbessern. Je nach Zuschlagsstoff kann sich auch das schlechte Feuchteverhalten von Beton verbessern - doch bleibt es immer schlechter als beim Ziegel, da der "wasserdurstige" Zement das Bindemittel zwischen den Steinen bildet.

Bei Betonsteinen werden unterschieden:

- *Hüttensteine.* Sie werden aus Hüttensand (gekörnte Hochofenschlacke), Wasser und hydraulischen Bindemitteln hergestellt und sind als Hütten-Vollsteine (Rohdichte 1800 - 2200 kg/m³), Hütten-Lochsteine (Rohdichte 1400 - 1600 kg/m³) oder als Hütten-Hohlblocksteine (Rohdichte unter 1800 kg/m³) erhältlich.

- *Beton-Hohlblocksteine.* Sie sind in Normalform oder auch als T-Hohlsteine im Handel, haben schlechte Wärmedämmwerte und ein schlechtes Feuchteverhalten und sollten deshalb nicht im Wohnungsbau eingesetzt werden (Ausnahme: z.B. Keller- und Garagenwände).

- *Leichtbeton-Steine und -Wandbauplatten.* Die Leichtbeton-Steine gibt es als Vollsteine, Lochsteine und Hohlblocksteine. Als Bindemittel werden Normenzemente oder andere hydraulische Bindemittel verwendet, als porige Zuschläge werden u.a. Ziegelsplitt, Blähton, Naturbims, Hüttenbims, Tuff, Korkschrot und Holzmehl zugesetzt. Mit Blähton erhält man einen recht gut wärmedämmenden Stein, dessen Feuchteverhalten gegenüber den vorgenannten Steinen zwar verbessert ist, der jedoch nicht die kapillare Leitfähigkeit für Feuchtigkeit von Ziegelsteinen hat. Rohdichte der Leichtbetonsteine: 500-1200 kg/m³.

- *Gasbeton-Blocksteine und Bauplatten.* Gasbeton-Blocksteine werden als Vollsteine in Quaderform für Wanddicken bis 30 cm hergestellt. Gasbeton ist ein silikathaltiger, massiver Baustoff, der aus Sand, Kalk, Zement und Wasser hergestellt wird. Durch die Zugabe von Aluminiumpulver als Treibmittel wird das Material auf-

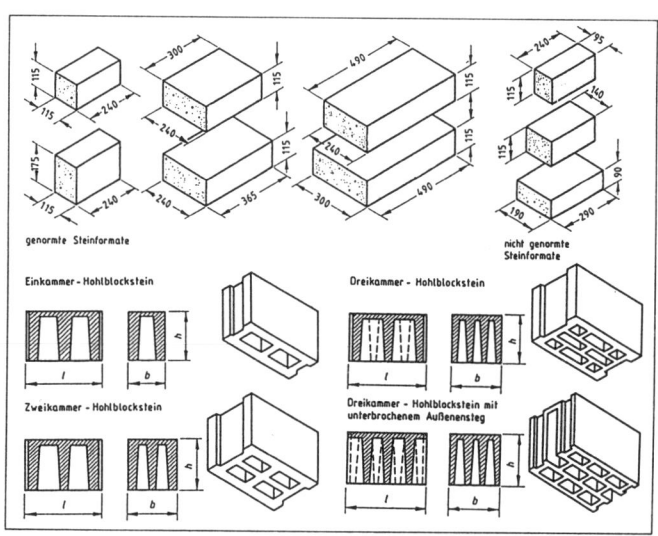

geschäumt, so daß sich ein feines Porengerüst bildet. Die porige Struktur des sehr leichten, hochwärmedämmenden Steins ist nicht kapillar wie beim Ziegel, daher ist sein Feuchteausgleichsverhalten schlechter. Gasbetonsteine haben bei hoher Festigkeit ein geringes Gewicht und sehr gute Wärmedämmeigenschaften, allerdings sind sie unverputzt nicht frostbeständig. Sie lassen sich leicht mit Holzbearbeitungswerkzeugen sägen, bohren etc. und sehr schnell vermauern bzw. verkleben, da kunstharzmodifizierter Zementkleber verwendet wird, um die hohen Ausdehnungsbewegungen sicher aufzunehmen. Die Rohdichte von Gasbeton-Blocksteinen liegt bei 400 - 800 kg/m^3.

Schalungssteine mit Verfüllbeton. Die verwendeten Materialien können aus weichen Stoffen wie z.B. Styropor oder Holzwolleleichtbauplatten oder steinartigen Materialien wie Leichtbeton, Bims, Blähton usw. bestehen. Nach dem Versetzen werden die Bauteile abschnittsweise mit Beton verfüllt. Das Austrocknen der Wand kann nur über Dampfdiffusion erfolgen, da ein kapillarer Wassertransport im Wandquerschnitt nicht möglich ist. Die Dampfdiffusion wird durch den Betonkern mit hohem Wasserdampfdiffusionswiderstand behindert. Fazit: hohe Kernfeuchte. Von dieser Konstruktion ist abzuraten.

Alle Betonsteine sind selbstverständlich nicht brennbar. Leichtbetonsteine aus Hochofenzement und mit Zuschlagstoffen wie Bims, Tuff oder Hochofenschlacke haben eine erhöhte radioaktive Strahlung, die gesundheitlich bedenklich sein kann.

Die Schadstoffbelastung bei der Steinherstellung selbst ist nur gering, bei der Zementherstellung allerdings erheblich. Das Erscheinungsbild der Mauersteine ist gleichförmig und langweilig, so daß sie nicht sichtbar vermauert, sondern stets verputzt werden.

Abb. 24: Bimsbeton- und Leichtbeton-Hohlblocksteine

Bezug und Preise

Betonsteine sind über den örtlichen Baustoffhandel zu beziehen. Je nach Hersteller unterscheiden sich Formen, Herstellungsart und physikalische Werte stark. Sehr bekannt sind Gasbetonsteine (Markennamen z.B. Ytong), Blähtonsteine (Markennamen z.B. Liapor) und Bimsbetonsteine (Markennamen z.B. Isobims). 1 m^3 Gasbetonsteine kosten ca. 150,- DM und 1 m^3 Bimsbeton- oder Blähtonsteine etwa 140,- DM.

Betonsteine

- Reduzierung der hohen Rohdichte des Betons durch leichte Zuschlagstoffe o. porosierende Chemikalien
- Wärmedämmung je nach Rohdichte sehr unterschiedlich
- mäßiges Feuchteverhalten
- lange Austrocknungszeiten
- Herstellung energieaufwendig
- Verarbeitung unbedenklich
- wiederverwendbar
- Bimsbeton erhöht radioaktiv
- Betondachstein strahlungsabweisend

Anwendung: Außen- und Innenwände mit Vorbehalt, Dachdeckung mit Vorbehalt, im Außenbereich als Pflaster.

2.1.3 Mörtel - Putz - Beton

Mörtel und Putz

Beim Mauern wird Mörtel als Verbindung zwischen den einzelnen Steinen und als Wandverputz benötigt. Mörtel und Putz bestehen aus Sand in unterschiedlicher Körnung und einem Bindemittel, meist Kalk, Gips oder Zement. Die

Bestandteile werden mit Wasser gemischt und verarbeitet. Je nach Anwendungsart ist das Mischungsverhältnis unterschiedlich.

Früher wurden die Rohstoffe in Säcken auf die Baustelle geliefert und der Maurer stellte mit Sand die jeweilige Mischung zusammen. Heute setzen sich mehr und mehr die Fertigbinder durch: bereits im Werk wird die Mischung je nach Verwendungszweck hergestellt und in Säcken oder Containern auf die Baustelle geliefert. Diese Fertigmischungen sind oft mit weiteren Stoffen, auch Kunststoffen, versetzt, die die Eigenschaften des Materials bezüglich Haftung, Rissebildung und Erhärtungsdauer verbessern sollen. Die ursprünglichen Qualitäten der Rohstoffe werden dabei jedoch meist gemindert und es können bisher wenig bekannte Nebenwirkungen (z.B. Gasabspaltung) auftreten. Entscheidend für die Qualität des Mörtels und des Putzes ist die Art des Bindemittels. Unterschieden werden *lufthärtende* und *hydraulische*, d.h. unter Wasser nicht erweichende *Bindemittel*.

Lufthärtende Bindemittel	Lehm und Ton Gips Kalk
Hydraulische Kalke	Kalk + Trass + Thyrament + Flugasche
Zement	hochgebrannter Kalk + Ton
Beton	Mischung von Sand + hydraul. Bindemittel (meist Zement)

Abb. 25: Mineralische Bindemittel
Der Pfeil weist in Richtung des steigenden Energieaufwandes bei der Herstellung.

Lufthärtende Bindemittel

Die einfachsten Bindemittel sind *Ton* und *Lehm*. Beide können in wassersattem Zustand plastisch geformt werden. Durch Verdunstung des Wassers verkleben die mineralischen Plättchen miteinander und das Material wird hart. Dieses Bindemittel wird nur noch im Lehmquaderbau eingesetzt.

Schamottemehl entsteht aus Ton, der bei sehr hoher Temperatur gebrannt und dann zermahlen wurde. Durch den Brennprozeß wird die Stoffstruktur so verändert, daß das Mehl hohe Temperaturen ohne Schaden aushält. Deshalb wird im Ofenbau Schamottmehl als Bindemittel eingesetzt.

Gips ($CaSO_4 \cdot \frac{1}{2} H_2O$) entsteht durch das Brennen des Gipssteines. Die Brenntemperatur beträgt nur ca. 200°C, damit das Kristallwasser nicht vollständig entzogen wird und ein totgebranntes Material entstehen würde. Gips erhärtet, indem aus dem Anmachwasser wieder Kristallwas-

ser aufgenommen wird. Gips reagiert empfindlich auf Feuchtigkeit, deshalb sollte er in Naßbereichen oder z.B. für die Fugenabdichtung in Außenmauerwerk nicht verwendet werden. Bei Nichtbeachtung ist die "Gipspest" die Folge, wobei das Material großflächig abgesprengt wird, da sich das Volumen durch Feuchtigkeitsaufnahme vergrößert. Gips kann Schadstoffe aus der Raumluft aufnehmen. Seine Oberfläche wird bei Berührung als warm empfunden. Industriegips, der bei der Schadstoffilterung in Kraftwerken entsteht, sollte wegen seines Gehalts an radioaktiven Stoffen nicht verwendet werden.

Je nach Herstellungsart und Brenntemperatur hat Gips eine Verarbeitungszeit von 7 bis 60 Minuten. Er wird hauptsächlich zu Verputz und Stuck verarbeitet, manchmal auch als Bindemittel in Estrich verwendet.

Kalk ist ein gutes Bindemittel für einen gesundheitlich unbedenklichen Putz oder Mörtel. Er wird aus Kalkstein ($CaCO_3$) gewonnen, der bei etwa 1000°C, also unter der Sintergrenze gebrannt wird. Dabei wird Kohlensäure frei und entweicht in die Luft. Der entstehende Stückkalk oder gemahlene Branntkalk (CaO) muß gelöscht werden, d.h. der wassergierige Kalk wird mit Wasser versetzt, bis er eine teigige Konsistenz hat. Diese Masse soll nun längere Zeit abgedeckt stehen, am besten in einer Kalkgrube. Kalkteig aus Stückkalk sollte mindestens 8 Wochen eingesumpft werden, besser 12 bis 24 Monate und Branntkalk mindestens 12 Stunden. Bereits abgelöschter Kalk, sog. Kalkhydrat ($Ca(OH)_2$), kann in Säcken gekauft und sofort verarbeitet werden. Ein Kalkmörtel, -Verputz oder -Anstrich ist elastisch, kann Schadstoffe aus der Luft binden und hat desinifizierende Eigenschaften (deshalb kalkt der Bauer seine Ställe).

Das Erhärten des Kalkmörtels oder Verputzes erfolgt durch Aufnahme von Kohlensäure aus der Luft. Der Aushärtungsprozeß dauert bis zu 3 Jahren, weshalb Kalkputze nicht dauernd durchnäßt werden dürfen (z.B. im Sockelbereich). Der entstehende Putz ist elastisch, wasserdampfdurchlässig, kapillar leitend und adsorptionsfähig. Die Fähigkeit, Kondensationskerne zu bilden, begründet die guten Entfeuchtungseigenschaften des Materials und seine Anwendung als Außenwandputz, da vom feuchten Untergrund immer wieder Feuchtigkeit angefordert, zur Außenseite transportiert und dort verdunstet wird. Diese hervorragenden Eigenschaften verbessern als dünner, großflächiger Verputz auch minderwertiges Mauerwerk.

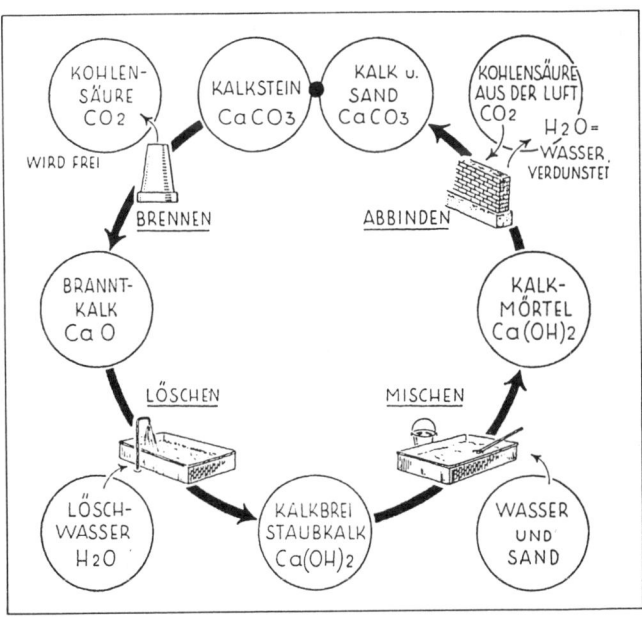

Abb. 26: Der Kreislauf des Kalkmörtels   Quelle: (11)

Hydraulische Bindemittel

Zu den hydraulischen Bindemitteln gehören Kalk und Zement.

Kalk kann bei Bauteilen, die dauernder Durchfeuchtung ausgesetzt sind, nur dann verwendet werden, wenn ihm sogenannte Hydraulefaktoren (10-20 %) zugesetzt werden. Dies sind z.B. *Puzzolane*, fein gemahlene vulkanische Gesteine wie Trass, die Aluminiumoxid, Eisenoxid und Siliciumoxid enthalten.

Puzzolane haben selbst keine Bindefähigkeit, aber in Verbindung mit Kalk und Wasser ergeben sie eine beständige und wasserunlösliche Verbindung. Die Erhärtung erfolgt durch die chemische Verbindung von Kieselsäure mit gebranntem Kalk zu Kalziumsilikat sowie wasserunlöslichen Aluminaten und Ferriten. Die Kieselsäure verleiht dem Produkt eine mineralische, harte und starre Qualität, die Geschmeidigkeit des reinen Kalks geht dabei z.T. verloren, die sonstigen guten Eigenschaften des Kalks bleiben aber erhalten.

Zement entsteht aus 75% Kalk und 25% Ton sowie Mineralien, die bei einer Brenntemperatur bis zu 1500°C miteinander verschmolzen werden. Danach wird die entstehende »Schlacke«, der Zementklinker, wieder gemahlen (Portland-Zement). Bei der hohen Temperatur hat sich das Kristallwasser der Grundstoffe verflüchtigt und der geordnete Feinbau kristalliner Art ist zerstört. Das entstandene Material saugt nun gierig Wasser auf und erhärtet mit Zuschlagsstoffen zu einem sog. »Kristallfilz«, denn nach der Wasserzugabe wächst das Zementkorn und bildet neue Kristallisationsformen. Der Zement behält aus dieser Herstellung zwei Eigenschaften bei: Er ist ständig bestrebt, Feuchtigkeit aufzunehmen und will gleichzeitig diese Feuchtigkeit möglichst lange behalten. Durch die Feuchtigkeitsaufnahme quillt Beton und dichtet zusätzlich sein Gefüge ab.

Zement und Kalk sind aggressiv, sie zerfressen die Haut bei häufiger Berührung. Zementmörtel ist sehr hart, unelastisch, wasserunlöslich und wenig adsorbierend. Als Innenputz ist er ungeeignet, als Außenputz höchstens im Spritzwasserbereich einsetzbar. Die meisten Fertigputze sind mit Zement versetzt (Mörtelgruppe II), auf Betonflächen, z.B. im Kellerbereich ist reiner Zementputz (Mörtelgruppe III) vorgeschrieben.

Bei der Verwendung von Kalkgestein als Zuschlagstoff bei der Verhüttung von Eisen im Hochofen entsteht *Hochofenzement*. Der Stein hat bei der Eisenerzeugung die Fremdstoffe, das "Gift", aus dem reduzierten Eisen aufzunehmen. Dieser Hochofenzement weist eine erhöhte Radioaktivität auf. Da er widerstandsfähiger gegen aggressive Wässer ist und beim Abbinden wenig Wärme entwickelt, wird er vorzugsweise für massige Betonkonstruktionen und im Wasserbau eingesetzt.

Bei den hohen Brenntemperaturen des Zementes werden verschiedene Stoffe aus ihrer Bindung gelöst, so z.B. das giftige Schwermetall Thallium, das nur schwer aus der Abluft gefiltert werden kann und die Böden der Umgebung vergiftet.

Je nach Verwendungszweck werden Mauer-, Putz- und Estrichmörtel unterschieden:

Mauermörtel:
Die Unebenheiten der vermauerten Steine müssen ausgeglichen werden, damit zum einen eine gleichmäßige Lastübertragung erfolgen kann und zum anderen die Mauersteine zu einem einheitlichen Baukörper fest miteinander verbunden werden. Die Festigkeit eines Mauerwerks hängt vorrangig von der Festigkeit des Mörtels ab, wobei sich die Festigkeit des Mörtels wiederum hauptsächlich aus der Art des Bindemittels, dem Kornaufbau der Zuschläge und dem

Mauermörtel DIN 1053			Mischungsverhältnis in Raumteilen							
Mörtel-gruppe	Mörtel-art	Druck-festig-keit MN/m²	Baukalke DIN 1060 Luft-/Wasserkalk				Putz- + Mauer-binder DIN 4211	Zement DIN 1164	Sand (Mineral.)	Verwendung
			Kalk-teig	Kalk hydrat	Hydraul. Kalk	Hoch-Hydraul. Kalk				
MG I	Kalk-mörtel	Keine Anfor-derung	1						4	Nicht zul. für Gewölbe und bewehrtes Mauerwerk. Zulässig bis max. 2 Vollge-schosse, Wände min. 24 cm dick
				1					3	
					1				3	
							1		4,5	
MG II	Kalk-Zement mörtel	min. 2,5	1,5					1	8	Nicht zulässig für Gewölbe + bewehrtes Mauerwerk. MG II + MG II a dürfen nicht zusammen auf einer Baustelle verwendet werden
				2				1	8	
						1			3	
MG II A		min 5,0		1				1	6	
							2	1	8	
MG III	Zement	min 10,0						1	4	Keine Beschränkung nicht für für Außenschale von 2-schaligem Mauerwerk
MG III a	Mörtel	min 20,0						1	4	

| Putzmörtel DIN 18550E T. 2 | | | Mischungsverhältnis in Raumteilen | | | | | | | | | |

Mörtel-gruppe	Mörtel-art	Druck-festig-keit MN/m²	Baukalke DIN 1060 Luft-/Wasserkalk Kalk-teig	Kalk hydrat	Hydraul. Kalk	Hoch-Hydraul. Kalk	Putz- + Mauer-binder DIN 4211	Zement DIN 1164	Baugiose DIN 1168 ohne werks. Zusätze Stuck-gips	Putz-gips	Anhydrid-binder DIN 4208	Sand (Mineral.)
P I a	Luftkalk-Wasser-kalk-Mörtel	Keine Anfor-derung	1.,0									3,5 - 4,5
				1,0								3,0 - 4,0
b	Hydraul. Kalk-M.				1,0							3,0 - 4,0
P II a	Hochhyd. Kalk-M	min. 2,5				1,0						3,0 - 4,0
	P + M-Mörtel						1,0					3,0 - 4,0
b	Kalk-Ze-ment-M.		1,5-2,0	(1,5-2,0)				1,0				9,0 - 11,0
P III a	Zement-M. m. Luftk.	min. 10,0		min 0,5				2,0				6,0 - 8,0
b	Zement-mörtel							1,0				3,0 - 4,0
P IV a	Gips-mörtel	min. 2,5								1,0		--
b	Gipssand-mörtel									1,0		1,0 - 3,0
c	Gipskalk-mörtel			1,0					0,5 - 1,0 oder 1,0 - 2,0			3,0 - 4,0
d	Kalk-mörtel	keine Anford.		1,0					0,5 - 1,0 oder 1,0 - 2,0			3,0 - 4,0
P V a	Anhydrit mörtel	min. 2,5									1,0	min. 2,5
b	Anhydrit-Kalk-M.			1,0 oder 1,5							3,0	12,0

Tabelle 13b: **Mischungsverhältnis von Putzmörtel nach DIN 18550**   Quelle: (32) ▲

◀ Tabelle 13a: **Mischungsverhältnis von Mauermörtel nach DIN 1053**   Quelle: (32)

Mischungsverhältnis ergibt. In der DIN 1053 werden im wesentlichen 3 Mörtelgruppen für Mauermörtel unterschieden.

Empfehlung für einen gesundheitlich unbedenklichen Mauermörtel:

Gruppe I (unbelastete Wände): 1 Raumteil Kalk (Weiß-, Dolomiten- oder Wasserkalk), 3 Raumteile Sand (Korngröße bis 3 mm).

Gruppe II (belastete Wände): 1 Teil hochhydraulischer Kalk, 3 Teile Sand (Korngröße bis 3 mm).

Putzmörtel:

Putzmörtel wird im Innern des Hauses als Wand- und Deckenputz und an den Außenflächen als Außenwandputz verwendet. Der Mörtel muß geschmeidig sein, damit er sich gut verarbeiten läßt, und so elastisch, daß er Mauerwerkserschütterungen und Spannungen durch Temperaturschwankungen aufnehmen kann, ohne zu reißen oder sich vom Putzgrund abzulösen. Gleichzeitig muß er so fest sein, daß er mechanischen Belastungen standhält, außerdem muß er für Wasserdampf durchlässig und als Außenwandputz zudem witterungsbeständig sein.

Der Außenputz auf kapillar wirkendem Mauerwerk sollte ebenfalls diese Eigenschaft haben, um die Entfeuchtung nicht zu behindern und ein schnelles Austrocknen der Wand zu ermöglichen. Der Außenputz wird dreilagig als reiner Kalkputz hergestellt. Er ist von innen nach außen weicher und damit elastischer aufzubauen.

Der Innenputz wird heute als einlagiger Kalk-Gipsputz aufgebracht, der durch ein schnelles Abbinden und Rißfreiheit kostengünstig und risikolos herzustellen ist. Auch reine Gipsputze sind möglich, allerdings ist hier in Räumen mit hoher Wasserdampfbelastung Vorsicht geboten. Näheres siehe Kap. 3.3 Wetterschichten und 3.5 Innenwände.

Sanierputze zur Verbesserung durchfeuchteter Wände sind Spezialputze. Nachdem die betroffene Wand trockengelegt wurde, der Altputz bis in die Fugen hinein vollständig entfernt und die verbliebenen Salze neutralsiert sind, wird nach einer Trockenzeit von 3 - 6 Monaten der Sanierputz

Mörtel-gruppe	Eigenschaften und Verwendung für Putzarbeiten
I	Geschmeidig und gut zu verarbeiten, fest und elastisch, sehr gute Wasserdampfdurchlässigkeit; erhärtet nur an trockenen Stellen und ist dort beständig: Innenwand- und Deckenputz in Räumen üblicher Luftfeuchtigkeit einschließlich häusl. Bädern und Küchen
II	Durchlässig für Wasserdampf, elastisch und stoßfest, haftet gut an wenig saugendem Putzgrund, erhärtet an trockenen u. feuchten Stellen und bleibt dort beständig: Außenputz, beanspruchter Innenputz, Putz auf Untergrund aus Beton oder Holzwolle-Leichtbauplatten
III	Dichter Putz, kaum wasserdampfdurchlässig, durch Zugabe von Dichtungsmitteln wird der Putz wassersperrend: Außenwandputz, Sockelputz, Außenwandputz unter der Erdoberfläche, Dichtungsputz, Spritzputz
IV	Weicher, stark wasseraufnehmender Putz für Räume, die nicht dauernder Feuchtigkeit ausgesetzt sind. Sehr glatte Oberfläche, schnelles abbinden: Innenputz an Wand und Decke, Stuckarbeiten
V	wie IV

Tabelle 14: Anwendungsbereiche der einzelnen Mörtelgruppen für Putzarbeiten   Quelle: (12)

mehrlagig aufgetragen. Die Wirkungsweise beruht darauf, daß die grobkristallinen Salze in der Putzschicht zurückgehalten werden, das Wasser dem Dampfdruck folgend an die Putzoberfläche dringt. Hier bringt die Wärmedämmeigenschaft der obersten Putzschicht das Wasser zum Verdampfen und der Wasserdampf kann ungehindert an die Raumluft abgegeben werden. Der Raum ist ständig gut zu lüften. Alle anderen Verfahren, die das Wasser in der Wand zurückhalten wollen (z.B. dichte Zementputze) haben nur eine geringe Lebensdauer - Details siehe Kap. 3.3.

Estrichmörtel:
Bodenmörtelbeläge werden als Estrich bezeichnet. Sie müssen hohe Festigkeit und Widerstandsfähigkeit gegen Abnutzung aufweisen. Gebräuchlich sind Zementmörtel mit einem erhöhten Bindemittelanteil. Zement kann hier durch hochhydr. Kalk ersetzt werden.

Lufthärtende Bindemittel

- Gutes Raumklima
- elastisch und weich
- Herstellung und Verarbeitung unbedenklich
- Fertigmörtel oder Fertigputze können bedenkliche Beimengungen (z.B. Kunstharz) enthalten

Anwendung: Mörtel zum Mauern, Verputz für Mauerwerk, Spachtel

Hydraulische Kalke

- Eigenschaften siehe lufth. Bindemittel
- Feuchteaufnahme eingeschränkt

Anwendung: für Mauerwerk, das der Feuchtigkeit ausgesetzt ist

Zement

- schlechtes Feuchteverhalten
- hart und unelastisch
- Herstellung energieintensiv
- Verarbeitung unbedenklich
- Hochofenzement erhöht radioaktiv

Anwendung: Als Spritzbewurf beim Verputzen, als Keller- und Sockelputz mit Vorbehalt anzuwenden. Hauptbindemittel bei Beton.

Bezug und Preise

Ton und Lehm bekommt man in Ziegeleien. Kalk wird ungelöscht und als Kalkhydrat in Säcken mit 40 kg gehandelt (ca. 8,- bis 10,- DM/Sack); eingesumpfter Kalk ist in Fässern von Kalkbrennereien zu beziehen. Gips kann ebenfalls in Säcken vom Baustoffhandel bezogen werden (40 kg-Sack ca. 11,- bis 14,- DM). Auch Fertigmörtel und Fertigputze werden für verschiedene Einsatzbereiche angeboten. Zumeist sind es Kalk-Zement oder Kalk-Gips-Mischungen (Verputz z.B. Knauf MP 75, Quick-Mix MP1; Mörtelbinder z.B. PM-Binder der Fa. Märker oder Rygol), der Preis für einen 40-kg-Sack liegt zwischen 11,- und 15,- DM.
Hydraulische Kalke werden unter der Bezeichnung Romankalk (40-kg-Sack ca. 8,- bis 11,- DM) oder Trasskalk (Sack ca. 10,- bis 15,- DM) gehandelt.
Zement wird in 50-kg-Säcken unter der Bezeichnung Portlandzement (PZ) gehandelt, wobei die nachfolgenden Ziffern die erreichbaren Festigkeitswerte angeben (35, 45, 55). Der Sack kostet 10,- bis 13,- DM. Außerdem gibt es noch Spezialzement wie Hochofenzement (HOZ, siehe Text) und Eisenportlandzement (EPZ) mit besonderen Eigenschaften.

Beton

Beton ist eine Mischung aus Bindemittel, Zuschlagstoffen (meist Sand und Kies) und Wasser, die durch chemisch-physikalische Prozesse zu einem steinartigen, homogenen Stoff erstarrt. Als Bindemittel wird heute fast ausschließlich Zement eingesetzt, der dem Beton seine charakteristische Härte und Abgeschlossenheit für alle lebensqualifizierenden Prozesse gibt.
Zementherstellung - und damit auch die Betonherstellung - ist energieintensiv. Beton ist sehr schwer und dicht, seine Rohdichte beträgt ca. 2000 kg/m³. Beton hat schlechte Wärmedämmeigenschaften, eine kalte Oberfläche, ein gutes Wärmespeichervermögen, jedoch eine schlechte Dampfdiffusionsfähigkeit. Einmal aufgenommenes Wasser wird nur sehr langsam abgegeben, was lange Austrocknungszeiten des Bauteils zur Folge hat. Der Wassergehalt erhöht die Wärmeleitfähigkeit des Materials. Beim Erhärten des Betons, Hydratation genannt, wird ein Teil des

Anmachwassers chemisch gebunden (ca. 25 - 35%). Bis heute ist nicht geklärt, ob die Festigkeit des Betons auf einer Vernetzung des nadelförmigen, kristallisierten Zementkorns beruht oder auf einem Aneinanderhaften des gelierten Zementkorns (Kolloidtheorie, vgl. Ausführungen im Exkurs: Baustoffe - Stoffwechsel - Mensch). Durch ein neues, mechanisches Aufbereitungsverfahren (der sog. Kolloidationstechnik) kann ein betonähnlicher Stoff hergestellt werden, dessen Härte erheblich über gebräuchlichen Betonqualitäten liegt, bei gleichzeitiger Steigerung der Elastizität. Außerdem hat dieser Stoff besonders gute Eigenschaften, so daß er ohne Schalung direkt auf ein Armierungsgeflecht aus Eisen- oder Drahtgitter aufgespritzt werden kann, was bei komplizierten Gestaltungsformen zu einer erheblichen Einsparung der aufwendigen Schalungsarbeiten führt.

Beton ist für viele Strahlen undurchdringlich. Das elektrostatische Feld wird von allen Materialien abgeschirmt, das elektromagnetische Wechselfeld vor allem von stahlbewehrten Betonbauten. Gleichzeitig werden allerdings auch die störenden künstlichen Felder abgeschirmt. Es wird vermutet, daß die Reduzierung kosmischer Mikrowellenstrahlung durch Betondecken bei dauerndem Aufenthalt bei empfindlichen Menschen eine gesundheitliche Gefährdung darstellt.

Beton ist nicht brennbar, allerdings sind Betonbauten nach Feuereinwirkung durch das Ausglühen der Stahlarmierung einsturzgefährdet und müssen abgerissen werden.

Beton ist scheinbar unbegrenzt haltbar, aber bereits nach 20 - 30 Jahren sind viele Betonbauten heute sanierungsbedürftig. Grund dafür sind die veränderten Umweltbedingungen, d.h. der hohe Kohlendioxidanteil der Atmosphäre. In Verbindung mit Feuchtigkeit wandelt Kohlendioxid die alkalischen Eigenschaften (pH-Wert 12) um in Richtung pH 7, dem Neutralpunkt. Bereits bei pH 9,5 fängt aber das Eisen im Beton zu rosten an. Der beim Kalk gewünschte Karbonatisierungsprozeß führt hier zur Konstruktionszerstörung, die durch den schwefelhaltigen Regen noch beschleunigt wird.

Es gibt viele Versuche, die Nachteile von Beton zu verbessern. So werden als Zuschlagstoffe Ziegelsplitt, geblähter Ton, Naturbims, Hochofenschlacke oder gasbildende Zusätze wie Aluminiumpulver verwendet, um Beton leichter und poröser zu machen und dadurch ein verbessertes Wärmedämmvermögen zu erzielen. In allen Fällen aber entsteht dieser monotone, graue, leblose Stoff, der immer kalt und trist wirkt, entsprechend dem Mineralisierungsprozeß des Materials. Eine Belebung desselben geschieht noch am besten durch eine werksteinmäßige Bearbeitung.

Die Faszination des Materials liegt in der Möglichkeit zur plastischen Formgebung, da es in frisch angemischtem Zustand in beliebige Formen gegossen werden kann, um dann darin zu erhärten. Dem Baumeister stehen damit Formmöglichkeiten zur Verfügung wie bei keinem anderen Material, außer dem Lehm. Der Lehm kennzeichnete den Beginn der kulturellen Entwicklung, der Beton ist *das* Baumaterial unserer Zeit, da seine mineralische Härte den Bedürfnissen einer statisch-materialistischen Weltgestaltung in der Architektur entspricht. Heute muß versucht werden, den toten, schlackenartigen Stoff durch die Formgebung zu beleben und ihm die kalte Schwere zu nehmen. Dies wird sicherlich nicht durch die geometrisch-kubischen Formen des heutigen Zweckbaus erreicht, vielmehr müssen die Formen das Tragen der Lasten, d.h. die dynamischen Bildekräfte der Architektur zum Ausdruck bringen.

Unter "Biobeton" sind solche Betonbaustoffe zu verstehen, die statt Zement hydraulischen Kalk als Bindemittel verwenden und damit versuchen, ähnliche Festigkeits- und Haltbarkeitsresultate zu erzielen. Es gibt auch Versuche, die Stahlarmierung von bewehrtem Beton durch strahlungsneutrale Materialien (z.B. Bambus) zu ersetzen und auch weitere organische Stoffe wie Korkschrot und Holzmehl als Zuschlagstoffe zu verwenden.

Da Beton im Vergleich zu Lehm und Ziegel ein sehr junger Baustoff ist, bleibt zu hoffen, daß durch entsprechende Neuentwicklungen die negativen Eigenschaften des Betons verbessert werden können.

Bezug und Preise

Beton kann entweder an der Baustelle gemischt, oder bei größeren Mengen als Transportbeton geliefert werden (110 - 130,- DM pro m³). Als Transportbeton können auch Leichtbetone mit Blähton oder Bims als Zuschlagstoff bezogen werden. Ziegelsplittbeton kann nur selbst hergestellt werden, indem Ziegelsplitt von Ziegeleien bezogen wird (ca. 45,- bis 55,- DM/m^3) und statt Kies der Betonmischung als Zuschlagstoff beigemengt wird.

Beton

- hohes Raumgewicht
- gute Wärmespeicherung
- schlechte Wärmedämmung - kalte Oberfläche Verbesserungen durch Zugabe von entsprechenden Zuschlagstoffen möglich)
- schlechtes Raumklima
- Herstellung energieintensiv durch hohen Zementanteil
- Betonflächen stauben
- Abbruch sehr schwierig
- keine Wiederverwendung

Anwendung: als Kellerwände und Massivdecke mit Vorbehalt, für Fundamente als Stampfbeton ohne Stahleinlage

---

2.1.4 Asbest

Asbest, griechisch »unvergänglich«, ist ein Magnesiumsilikat und besteht aus spinnbaren Fasern, die unbrennbar und hitzebeständig sind. Der Stoff hat eine hohe Alkalienbeständigkeit, hohe Elastizität, eine geringe elektrische Leitfähigkeit und ist gut zu verarbeiten (sägen, bohren etc.). Aus diesen Gründen kam Asbest in den vergangenen Jahren sehr häufig zur Anwendung. Der größte Teil der Produktion wurde als Zuschlagstoff mit anorganischen Bindemitteln verarbeitet, dem sogenannten Asbestzement mit ca. 15% Asbestfaseranteil. Asbest ist aber auch als Verstärkungsmaterial in Gips- und Zementputzen zu finden. Eine häufige Anwendungsform ist der Einsatz des Materials zur Füllung und Verstärkung in Kunststoffen und Kautschuk, bei Fußbodenbelägen oder für Asphalte und bituminöse Dachabdeckungen.

Heute weiß man sicher, daß bei langjähriger Asbestexposition Asbestose, d.h. Lungenkrebs die Folge ist.

Die karzinogene Wirkung ist nach medizinischen Untersuchungen auf lungengängigen Feinstaub zurückzuführen, der in der Größenordnung von 0,5 - 3 μm Durchmesser und 3 μ Länge liegt. In einem Gramm des Stoffes sind 16 Milliarden kritische Fasern der oben angegebenen Größenordnung enthalten. Aus diesem Grund ist vom Einsatz dieses Baustoffes, auch in Kombination mit anderen Materialien, abzuraten, da bei der Herstellung, Verarbeitung und bei Alterung dieser Feinstaub abgegeben wird.

Die Industrie bemüht sich seit längerem, eine Vielzahl von Ersatzstoffen für Asbest zu entwickeln, um einem Produktionsverbot zuvorzukommen.

Asbest

- nicht brennbar
- unverrottbar
- Herstellung und Verarbeitung gesundheitsschädlich
- Feinstaubabgabe durch Abnutzung krebserzeugend

Anwendung: abzuraten, Ersatzstoffe vorhanden

Exkurs: Baustoffe - Stoffwechsel - Mensch

Die Problematik bei der Beurteilung eines Baustoffes hinsichtlich seiner Eignung für bewohnte Räume liegt darin, daß nur wirklich tote Stoffe sich mit physikalisch-mathematischen Werten vollständig erfassen lassen. Nun sind Baustoffe natürlich keine Lebewesen, doch zeigen manche in vielen experimentell nachweisbaren Situationen ein derart dynamisches

Verhalten, daß die Vermutung eines intensiven Austausches mit der Umgebung, ein inniges Verbundensein mit der Erde naheliegt.

In dieser Hinsicht aufschlußreich sind die Experimente mit der Steigbildmethode nach Kollisko. Hier kann deutlich nachgewiesen werden, daß z.B. Heilpflanzen bei gleicher chemischer Analyse, aber unterschiedlicher lokaler Herkunft, andere optisch auswertbare Steigbilder erzeugen und dies auch in der therapeutischen Wirksamkeit zum Ausdruck kommt.

Wollen wir mehr über die Lebendigkeit von scheinbar toten Stoffen erfahren, so müssen wir uns mit dem Wasser und dem Verhältnis Baustoff-Wasser beschäftigen. Wasser ist Träger von Leben und spielt bei allen Stoffwechselvorgängen eine entscheidende Rolle. Um seine Aufgabe erfüllen zu können, muß Wasser einen ganz bestimmten Zustand haben. Der Wasserhygieniker kennt als Qualitätskriterium nur die Keimfreiheit, insofern ist für ihn Quellwasser, aufbereitetes Trinkwasser und destilliertes Wasser (für den Menschen giftig) gleich. Aus dem Kriterium der Keimfreiheit läßt sich die Qualität für lebenserhaltendes Wasser also nicht ableiten. Um neue Qualitätskriterien aufstellen zu können, müssen wir uns damit vertraut machen, daß alle Lebensvorgänge auf zwei Tätigkeiten beruhen, die an Aufbau und Abbau, an Stoffbildung und Stoffgestaltung gebunden sind. Jedes pflanzliche, tierische und menschliche Leben ist sowohl von Wachstums- als auch von Gestaltungskräften geprägt. Die lebenserhaltenden Stoffwechselvorgänge stellen nur zu einem kleinen Teil den Austausch von materiellen Stoffen dar, sie sind vor allem durch den Austausch von Kräften geprägt, und zwar sowohl von Wachstums- als auch von Gestaltungskräften. Als Beispiel sei hier der menschliche Verdauungsprozeß erwähnt, bei dem sich an der Darmwand, die die körperfremde Nahrung vom körpereigenen Blutkreislauf trennt, das Phänomen der Stoffumwandlung und des Kraftaustausches abspielt.

Chemisch aufbereitetes oder verunreinigtes Wasser ist in seiner Ionisation und in seinem Diffusionsverhalten schwer gestört, so daß es diese Aufgabe nur sehr schlecht oder gar nicht mehr erfüllen kann.

Neueste Forschungen haben ergeben, daß Wasser, welches in besonders geformten Behältern in gezielte Wirbelbewegungen versetzt wurde, einen "hochkolloidalen" Zustand erreicht. "Kolloidal" bezeichnet in der Chemie eine Sonderzustand der Dispersion, bei dem z.B. Feststoffe in einer Größe von 1-1,5 μm in einer Flüssigkeit gemischt sind. Das wesentliche Kennzeichen des kolloidalen Zustandes von Materie ist dabei ihre aggregatfreie Zustandsform ohne jede elektrische Ladung. So behandeltes Wasser wird wieder als Gestaltungskraftträger wirksam. Diese Technik der Stoffbehandlung kann auch auf andere Materialien angewendet werden.

An den Stoffen Lehm, Kalk und Beton sei dies exemplarisch erläutert: Kalk erhärtet durch einen chemischen Prozeß, durch Wasserverlust und Kohlendioxidaufnahme aus der Umgebungsluft. Das Aushärten von Lehm dagegen ist ein Stoffwechselvorgang, d.h. eine Zustandswandlung des Ausgangsstoffes, hier äußerlich durch den Wasserverlust veranlaßt. Bei der Betonhärtung sind normalerweise beide Prozesse beteiligt. Wird nun Beton bei der Herstellung dem Kolloidationsverfahren unterzogen, so entsteht nach dem Verfestigen (der Koagulation) ein betonähnlicher Stoff mit einem völlig veränderten physikalischen, elektrochemischen Verhalten, der z.B. eine mehrfach höhere Festigkeit aufweist, als aus den Ausgangssubstanzen zu erwarten war. Dies bestätigen entsprechende Versuche, die auch schon zu ersten praktischen Anwendungen führten. Ähnliche Ergebnisse ergaben Versuche mit Lehm. Anscheinend wird der chemische Erhärtungsprozeß zugunsten des Stoffwechselprozesses mit Hilfe der Kolloidationstechnik zurückgedrängt. Ähnliche Phänomene haben sich bei vielen anderen Stoffen und auch z.B. bei der Wasseraufbereitung bzw. Abwasserklärung gezeigt, so daß sich in vielen Bereichen des Bauens Möglichkeiten einer Stoffanwendung bzw. Verfahrenstechnik auftun, die den Absichten des Gesunden Bauens entgegenkommen.

2.2 Pflanzlich-vegetabile Baumaterialien

Bilden die Mineralien das Skelett der Erde, dann sind die Pflanzen und Bäume das Kleid. Die Pflanzen wachsen aus der Erde, von der sie mit Hilfe der Wurzeln auch die Nährstoffe und Wasser aufnehmen. Durch Sonnenlicht und -wärme werden die Erdstoffe in die für das Wachsen und Gedeihen notwendigen Nährstoffe umgewandelt. Das

Pflanzenfasern	Pflanzensäfte	Holz	Holzwerkstoffe
Flachs Baumwollw Jute Sisal Kokos Seegras Stroh Kork Rindenschrot Holzwolle Torf Schilfrohr	Leinöl Harze Terpentin Alkohole	einh. Nadelhölzer: Fichte Kiefer Tanne Lärche einh. Laubhölzer Eiche Birke Ulme Nußbaum Esche Kirsche Buche Exotenhölzer: Kambala Teak Mahagoni Sipo	Tischlerplatte Sperrholz Holzfaserplatten (weich und hart) Spanplatte Brettschichtholz Leimbinder

Tabelle 15:
Übersicht über die pflanzlich-
vegetabilen Baumaterialien

Wachsen eines Minerals ist für den Menschen nicht wahrnehmbar, erst in den Pflanzen ist ein Wachstum und eine Umwandlung, eine Metamorphose, erfahrbar. Die Umwandlung vollzieht sich in Abhängigkeit vom Jahreszeitenrhythmus, der in der Blattbildung, der Blüte, der Frucht und dem Verwelken sinnlich wahrnehmbar ist.

Dieses Leben der Pflanze erhält sich bis in den verarbeiteten Baustoff hinein und hat einige hervorragende Eigenschaften zur Folge, die sowohl durch die menschlichen Sinne erfahrbar sind (z.B. beim Klang eines Holzes), sich aber auch mit technischen Zahlen nachweisen lassen. Alle pflanzlichen Stoffe regenerieren sich vollständig in einem Zeitraum von einem Jahr (z.B. Leinfaser) bis zu einem Menschenalter (z.B. Bäume). Noch heute ist das pflanzlich-vegetabile Material bei den Naturvölkern der wichtigste Baustoff, und zwar nicht in der Form von großen, schweren Holzstämmen, sondern in Form von Blättern, Fasern, Rinden und Zweigen. Bestimmend dafür ist die nomadische Lebensweise, die geringes Gewicht und schnelle Verfügbarkeit am höchsten schätzt. Erst der seßhafte Bauer legt Wert auf Dauerhaftigkeit, die einen höheren Arbeitsaufwand für einen stabilen Holzbau rechtfertigt. Auch alle Hochkulturen haben den Holzbau gepflegt; so war der Vorläufer des griechischen Tempels aus Holz. Da das Material nicht so dauerhaft ist wie Stein, sind uns heute nur noch wenige Zeugnisse der alten Holzbaukultur zugänglich, aber in den 1000 Jahre alten Stabkirchen von Norwegen können wir würdige Beispiele finden.

Pflanzenfasern, Pflanzensäfte

Aus dem Bereich der Kleidung sind uns Pflanzenfasern wie z.B. Leinen (aus Flachs) und Baumwolle viel vertrauter als die pflanzlichen Fasern, die wir im Baugewerbe finden. Hauptsächlich im Ausstattungsbereich werden aus Jute, Sisal und Kokos strapazierfähige Teppiche und einfache, dekorative Vorhangs- und Bespannungsstoffe gefertigt. Hanf ist wegen seiner Quellfähigkeit im Installationsgewerbe in Gebrauch. Kork, Kokos, Torf, Holzwolle, Seegras, Rindenschrot, Stroh und Schilfrohr waren lange Zeit gängige Dämmaterialien, die erst in den vergangenen dreißig Jahren ihre Bedeutung verloren haben. Stroh ist auch heute im Norden noch ein beliebtes Dachdeckungsmaterial.

Naturfasern passen sich sehr gut den Luftfeuchten an und wirken klimaausgleichend, da sie große Speicherfähigkeiten für Feuchte haben, ohne dabei ihr Wärmedämmvermögen wesentlich einzubüßen. Im Vergleich zu anderen Materialien zeichnen sie sich durch eine sehr geringe statische Aufladung aus. Weitere Eigenschaften sind eine gute Schallisolation und ein geringer Pflegeaufwand. Die meisten dieser Stoffe (Kokos, Stroh, Holzwolle usw.) sind allerdings leicht entflammbar (Brandklasse B3), so daß sie mit feuerhemmenden Zusätzen (z.B. Wasserglas) ausgerüstet werden müssen, damit sie im Hausbau eingesetzt werden können.

Die Pflanzensäfte, speziell der Bäume, liefern wertvolle Rohstoffe für Baumaterialien. Der Bodenbelag Linoleum z.B. wird mit Leinöl gefertigt, das zudem ein Grundstoff für viele Anstrichmaterialien ist, genauso wie Terpentin und Baumharz.

Pflanzenfasern

- gut wärmedämmend
- gute Feuchtigkeitsregulierung
- geringe statische Aufladung
- Pflanzensäfte für Anstriche verwendbar
- Herstellung und Verarbeitung weitgehend unbedenklich
- Fasern wiederverwendbar

Anwendung: Pflanzenfasern als Isoliermaterial und im Innenausbau als Teppiche und Vorhänge; Pflanzensäfte als Grundstoff für Anstrichmaterialien

---

Holz

Bäume sind die größten und eindrucksvollsten Vertreter des Pflanzenreiches. Im Winter z.B. sind die Laubbäume nur in ihrer verholzten Struktur des Stammes und der Äste zu sehen, in der übrigen Zeit des Jahres erhalten sie ihre Form und ihr Erscheinungsbild durch das Blätterkleid. Der Wurzelstock hat das gleiche Volumen wie seine Gestalt an der Oberfläche. Der Wachstumsprozeß findet nur in einer sehr dünnen Schicht, dem Kambium, statt (Abb. 27).

Aus der Kambiumschicht, die unter der Rinde sitzt, baut sich der Baum zum Kern hin mit Holzzellen und nach außen mit Rindenzellen auf. Durch den zellularen Aufbau ist Holz ein poriger Körper mit ausgezeichneten bauphysikalischen Eigenschaften. In trockenem Zustand hat es ein geringes Raumgewicht (Nadelholz z.B. 600 kg/m^3) und eine niedrige Wärmeleitzahl (Nadelholz 0,14 W/m^{2}K). Daraus resultieren eine relativ gute Wärmedämmfähigkeit und angenehme Holzoberflächentemperaturen. Im Verhältnis zu seinem geringen Gewicht hat Holz außerdem eine gute Wärmespeicherfähigkeit (c = 2,0 kJ/kgK), also doppelt so hoch wie mineralische Baustoffe (c = 1,0 kJ/kgK). Diese Eigenschaft besitzen nur pflanzlich-vegetabile Materialien, gleichsam eine Erinnerung an sonnenernährte Wachstumszeiten. Der Wasserdampfdiffusionswiderstandswert μ wird in der Literatur mit μ = 40 angegeben. Holz aber hat - ein weiteres Phänomen pflanzlicher Baustoffe - anders als mineralische Materialien die Fähigkeit, den μ -Wert dynamisch den Feuchtebedingungen anzupassen (μ variabel von 15 - 40), so daß eine Entfeuchtung schneller stattfinden kann. Eine Massivholzwand reagiert auf eine Veränderung der Raumluftfeuchte relativ träge, aber langfristig können große Mengen Feuchtigkeit und aufgrund der großen inneren Oberfläche auch vielerlei Luftschadstoffe absorbiert werden. Holz ist für kosmische Strahlen durchlässig und lädt sich elektrostatisch kaum auf, eine richtige Oberflächenbehandlung vorausgesetzt.

Holz hat sehr gute statische Eigenschaften. Seine Druckfestigkeit in Faserrichtung ist so hoch wie bei Stahlbeton (600 kp/cm^2). Holz ist jedoch nicht spröde, sondern sehr elastisch, so daß ein Holzbauteil auch nach hoher Belastung wieder seine ursprüngliche Form annimmt. Seine Zugfestigkeit in Faserrichtung wird nur von Stahl übertroffen.

Holz ist zwar normal entflammbar (Klasse B2), wegen seiner geringen Wärmeleitfähigkeit und der Bildung einer oberflächlichen Holzkohlenschicht, die isolierend wirkt, geht der Verbrennungsprozeß langsam vor sich. Dies hat zur Folge, daß Holzkonstruktionen Einwirkungen von Feuer länger widerstehen als Metallkonstruktionen, die vor Erreichen des Schmelzpunktes schlagartig und ohne Vorwarnung zusammenbrechen. Holz ist im chemischen Gleichgewicht mit seiner Umgebung und wird in einem sehr breiten pH-Bereich, von pH 2-4 (sauer) bis pH 11 (basisch), nicht chemisch abgebaut. Das bedeutet, daß sich Holz auch dort noch bewährt, wo Stahl und Beton bereits angegriffen werden.

Holz zählt zu den wenigen Baustoffen, die sich in einem Menschenalter regenerieren. Durch seine Produktion in Wäldern wird das Klima verbessert (Sauerstoff-Zunahme, Abnahme von Kohlendioxid, Erhöhung der Luftfeuchte und Filterung der Luft). Die kleintechnische Verarbeitung (Fällen, Entrinden, Trocknen, Sägen, Hobeln, Schleifen etc.) ist im Vergleich zu anderen Baustoffen energiesparsam und frei von schädlichen Emissionen. Holz ist außerdem wieder verwendbar und der Abfall kann verbrannt oder kompostiert werden. Holz ist ein vielseitiges Material und könnte - mit wenigen Ausnahmen - am Bau alle anderen Materialien ersetzen.

Die Haltbarkeit des Holzes wird durch den Zeitpunkt des Fällens, die anschließende Lagerung, die Trocknung, den Einschnitt und die materialgerechte Konstruktion beeinflußt. Früher wurde Holz vor dem Safttrieb im Winter geschlagen. Dies ist bei der modernen ganzjährigen Holzwirtschaft nicht mehr üblich. Das Flößen trug früher zum Auslaugen und nachfolgenden schnelleren Trocknen bei. Der Gefahr des Pilzbefalls bei frischgeschlagenem Holz wird heute vor allem durch chemischen Holzschutz vorgebeugt.

Für die Haltbarkeit der Konstruktion ist der Schutz vor Feuchtigkeit entscheidend. An gefährdeten Stellen, z.B. bei Sparrenhölzern zwischen der Dämmung, sollte Holz darüberhinaus vor Pilzen oder holzzerstörenden Insekten durch einen Anstrich geschützt werden (siehe Anhang DIN 68800 Holzschutz und Kap. 2.9, Anstriche für den Außenbereich).

Nicht zuletzt durch das Waldsterben und den damit verbundenen erhöhten Holzanfall wird gefälltes und eingeschnittenes Holz heute vielfach sowohl im Wald als auch auf dem Lagerplatz mit Fungiziden gespritzt, um Holzverluste zu vermeiden. Deshalb sollte die Baufamilie nur mit Holzlieferanten zusammenarbeiten, die ungespritztes Holz aus nachprüfbaren Quellen liefern können. Auch Halbfertigerzeugnisse wie Nut- und Federbretter sollte man im Sägewerk anfertigen lassen, da die industriell gefertigten vor dem Einschweißen in Folie oftmals gegen Schimmel und holzverfärbende Pilze behandelt werden.

Holz wirkt durch seine Farbgebung und Maserung immer lebendig. Je nach Holzart lassen sich bewegte, helle und leichte Eindrücke erzielen, aber auch erhabene, noble und ruhige.

Auf der Welt gibt es rund 40.000 Holzarten, davon sind etwa 600 im Handel eingeführt; die Furnierindustrie als Hauptverarbeiter exotischer Hölzer hat z.Zt. etwa 200 Arten im Programm. Wegen der Raubbauprobleme und des hohen Energieaufwandes für Transport sollten exotische Hölzer nicht verwendet werden. Im Baubereich werden vorwiegend die europäischen Nadelhölzer Fichte, Tanne, Kiefer und Lärche eingesetzt, außerdem die Laubhölzer Eiche und Rotbuche (Tab. 16).

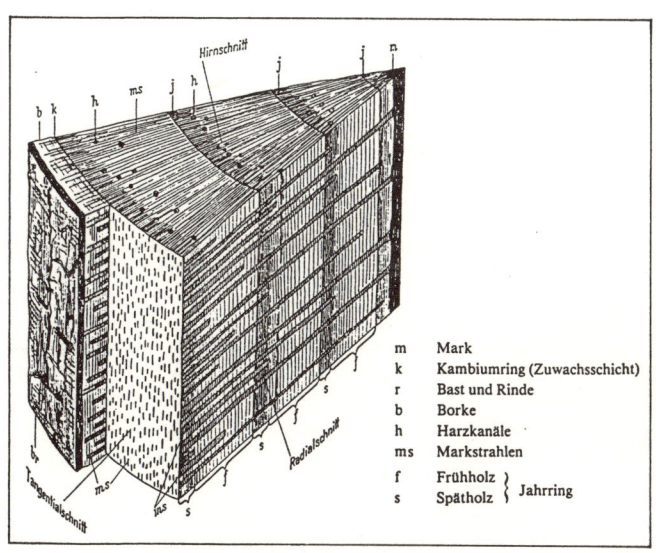

m	Mark
k	Kambiumring (Zuwachsschicht)
r	Bast und Rinde
b	Borke
h	Harzkanäle
ms	Markstrahlen
f	Frühholz } Jahrring
s	Spätholz }

Abb. 27: Schnitt durch eine 4-jährige Kiefer   Quelle: (13)

	Name	Eigenschaften	Verwendung	Preis DM / m^3
Nadelhölzer	Fichte/ Tanne	Im Holzhandel wird gewöhnlich nicht zwischen Fichten- und Tannenholz unterschieden. Fichten/Tannen zählen zu den Weichhölzern. Sie sind leicht zu verarbeiten, jedoch wenig widerstandsfähig gegen Witterungseinflüsse, Pilze und Insekten. Fichtenholz kann Harzgallen enthalten.	Bauholz, Dachstühle usw., Verkleidungen, Fußböden Tischlerplattenmittellagen, Brettschichtholz	500 - 800
	Kiefer	Weichholz, etwas härter als Fichte/Tanne: der Splint ist bläueanfällig; recht dauerhaftes Holz, besonders der Kern; gut zu verarbeiten; da harzreich, muß das Holz vor dem Beizen oder einer anderen Oberflächenbehandlung entharzt werden.	Bauholz, Fußboden, Möbel, Vertäfelungen, Fenster, Innen- und Außentüren	600 - 1000
	Lärche	Weichholz, härter als Kiefer: oft sehr harzreich (daher schlecht zu beizen), recht dauerhaft; schlechter zu verarbeiten als Kiefer, da es schwierig zu hobeln ist und leicht splittert.	Bauholz, Fußboden, Möbel Fenster, Innen- und Außentüren	600 - 1000
Laubhölzer	Eiche	Schweres Hartholz, Wetter-, Pilz- und Insektenbeständigkeit gut; nur den Kern verwenden; amerikanische Roteichen wachsen schnell und sind nicht so beständig gegen Umwelteinflüsse , daher für den Außenbereich wenig geeignet.	Möbelholz, Furnierholz, Parkettböden, wurde früher als Konstruktionsholz (Fachwerk) und zur Herstellung von Fenstern und Türen eingesetzt.	1800 - 3500
	Rotbuche	Hartholz, arbeitet stark, für den Außenbereich wenig geeignet.	Möbel, Parkett, Treppenstufen	600 - 1100
	Esche	Hartes, elastisches Holz, ersetzt wegen des hellen freundlichen Charakters zunehmend Eichenholz.	Fußböden, Möbel	1800 - 2500
	sonstige europäische Laubhölzer		entweder nur als Möbelhölzer (Obstbaumholz) oder für Spezialanwendungen	
Außereurop. Laub- u. Nadelhölzer	Douglasie	Weichholz, gut zu verarbeiten, arbeitet wenig	Bauholz, Innenausbau, Fußböden, Möbel	1300
	Longleaf Pine	Weichholz, witterungsfest, bläueanfällig Pitch - Pine = Kernholz, Red - Pine = Splintholz	Vertäfelung, Treppen, Fußböden, Türen, Fenster	1700
	Thuja Red Cedar	Leicht, witterungsfest, sehr beständig gegen Pilze und Schädlinge, leicht zu verarbeiten, greift Eisen an	Bauholz, Fassadenverkleidung, Jalousien, Schindeln	1700
	Tropische Laubhölzer mit hoher Resistenz	sehr witterungsbeständige Hölzer, die gewöhnlich wenig arbeiten; durch ihre Holzinhaltsstoffe ist eine Oberflächenbehandlung oft schwierig; diese Holzinhaltsstoffe und auch der Schleifstaub sind manchmal giftig bzw. allergen	Fenster, Außentüren	z.B. Red Dark Meranti 1300
	Tropische dekorative Laubhölzer	Durch interessante Maserung oder Farbe dekorativ; ihre Holzinhaltsstoffe erschweren manchmal eine Oberflächenbehandlung und sind u. U. giftig		z.B. Teak 5000

Tabelle 16: Gebräuchliche Holzarten   Quelle: (14)

Die Preise sind nur Anhaltspunkte; sie hängen von der Holzqualität und Einschnittform ab und beziehen sich auf sägerauhes, nicht gehobeltes Holz. Aus ökologischen Gründen sollte auf den Einsatz außereuropäischer Hölzer verzichtet werden.

Bezug und Preise

Die örtlichen Holzhändler, Sägewerke, Zimmereien und Schreinereien sind günstige Bezugsquellen für Holz. Unterschieden wird zwischen Balken (über 20 cm Kantenlänge), Kanthölzern (6 bis 20 cm Kantenlänge) sowie Brettern und Bohlen. Rohholz wird nach EG-Norm in die Güteklassen A (fehlerfreies Holz) bis D (minderwertiges Holz) eingeteilt, analog dazu gelten für Schnittware die Klassen 0 bis III. Der Preis für Bauholz (Balken und Kanthölzer) liegt bei 500,- bis 700,- DM pro m³, für unbesäumte Fichtenbretter muß mit 500,- bis 800,- DM/m³ (Klasse I) gerechnet werden. Gehobelte Bretter kommen meist als Halbfertigerzeugnisse oder als Profilbretter in den Handel. Hier variieren die Preise sehr stark.

Holz

- gute Wärmedämmmung
- mittlere Wärmespeicherung
- warme Oberfläche
- sehr gutes Raumklima
- Herstellung und Verarbeitung unbedenklich und Energieeinsatz gering
- Rohstoff regenerierbar
- wiederverwendbar
- leichte Verarbeitbarkeit

Anwendung: im Außenbereich als Zaun, Pergola, Hangbefestigung und Spielgeräte, Außen- und Innenwände in Massiv- oder Skelettbauweise, Fußböden, Decken, Dachstühle und Dacheindeckung, Möbelbau, Geschirr.

Brettschichtholz und Holzwerkstoffe

Brettschichtholz besteht aus aufeinander geleimten, gehobelten Brettern. Im Vergleich zu einem massiven Balken gleicher Dimension ist es dadurch wesentlich belastbarer und formbeständiger (kein Reißen), außerdem können durch eine Keilzinkenverbindung der einzelnen Bretter Träger mit großer Länge und großem Querschnitt hergestellt werden.

Als Holzwerkstoffe werden plattenförmige Werkstoffe bezeichnet, die aus mechanisch zerkleinertem Holz bestehen (Späne, Furniere, Fasern und Stäbe), das mit Hilfe von Bindemitteln wieder zusammengefügt wurde. Ziel ist es, große, flächige, leicht zu verarbeitende Platten herzustellen, die auf Feuchtigkeitsschwankungen mit nur geringen Größenänderungen reagieren. Verschiedene Platten sind auf dem Holzmarkt erhältlich:

Dreischichtplatte: Dünne, 4 - 10 mm starke und 8 cm breite Bretter aus Fichte, Kiefer, Eiche oder Erle werden in drei oder 5 Schichten kreuzweise übereinander geleimt, so daß äußerlich das Bild einer Massivholzplatte entsteht. Stärke 12 - 30 mm.

Tischlerplatte: Eine Mittellage aus Fichte- oder Pappelstäbchen wird beidseitig mit einem Furnier, meist aus Gabun, beschichtet. Stärke 12 - 30 mm.

Sperrholz: Mehrere Furnierlagen werden miteinander verleimt. Im Kern werden minderwertige Hölzer, z.B. Pappel, verwendet, als Deckfurnier Edelhölzer.

Spanplatte, kunstharzgebunden: Dünne Baumstämme werden zu kleinen Spänen zerraspelt und der Spankuchen mit Leim benetzt und verpreßt. Stärke der Platten 6 - 50 mm, verschiedene Härten und Oberflächenbeschichtungen aus Furnieren oder Kunstharz sind erhältlich.

Spanplatte, mineralisch gebunden: Als Alternative zur kunstharzbeschichteten Spanplatte gibt es magnesit- oder zementgebundene Platten, die sogar feuerhemmend sind. Bei zementgebundenen Spanplatten muß allerdings berücksichtigt werden, daß sie sog. Holzneutralisierungsstoffe enthalten, da die organischen Bestandteile des Holzes eine Zementbindung nicht zulassen würden. Die zementgebundenen Platten sind extrem alkalisch (ph-Wert = 14), so daß die Stäube bei der Verarbeitung stark schleimhautreizend wirken. Magnesitgebundene Platten sind zur Zeit auf dem deutschen Markt nicht erhältlich.

Holzweichfaser- und Hartfaserplatten: Aus Sägewerksresthölzern werden im Defibrator die Holzfasern herausgelöst

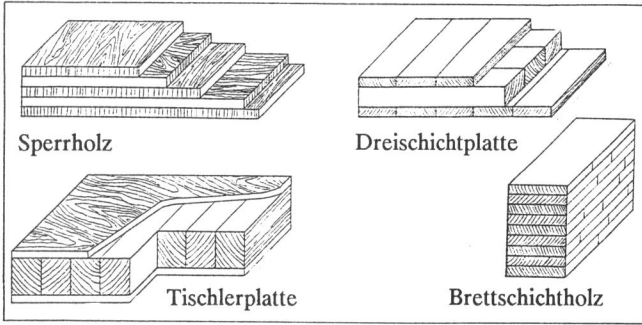

Sperrholz	Dreischichtplatte
Tischlerplatte	Brettschichtholz

Abb. 28: Holzwerkstoffe

und mit dem holzeigenen Harz zu lockeren Faserplatten verklebt. Für Hartfaserplatten wird dasselbe Material hoch verdichtet. Stärke 3 - 8 und 8 - 20 mm.

Sowohl bei Brettschichtholz als auch bei den Holzwerkstoffen besteht das Problem, daß als Leim, bzw. als Bindemittel chemische Verbindungen benutzt werden, die auch noch nach dem Abbinden giftige Dämpfe abgeben können. Hier sind vor allem die Chemikalien Formaldehyd und Phenol zu nennen, beides Bestandteile häufig verwendeter Holzleime. Formaldehyd reizt die Schleimhaut, wirkt mutagen und steht im Verdacht, krebserregend zu sein.
Die Leimanteile sind allerdings bei Massivholzplatten und Holzwerkstoffen sehr unterschiedlich. Für die Verleimung sind für eine 20 mm - Platte pro m² folgende Leimmengen notwendig:

- Holzweichfaserplatte 0 - 5 g
- Massivholzplatte 80 g
- Dreischichtplatte 200 g
- Tischlerplatte 400 g
- Sperrholzplatte 5-lagig 800 g
- Spanplatte 2000 g.

Entsprechend hoch können auch die Emissionen ausfallen, je nach verwendetem Leim. Der Gesetzgeber hat nach langem Zögern auf diesen untragbaren Zustand reagiert und in einer Verordnung festgelegt, daß für den Innenausbau nur noch Spanplatten mit geringem Formaldehydgehalt

(sog. E1-Platten) verwendet werden dürfen. Platten der Emissionklassen E2 und E3 dürfen aber weiterhin auch dann eingesetzt werden, wenn die Formaldehydabgabe durch Beschichtung (z.B. Resopal) gesenkt wird. Dadurch wird die Abgabe jedoch nicht verringert, sondern nur über einen längeren Zeitraum verteilt.
Nach dem Formaldehydskandal im Okt. 1984 reagierte die Industrie flexibel wie immer auf das neue Käuferbewußtsein. Man tauschte die Kleber aus, statt Formaldehyd klebt nun Isocyanat, ebenso giftig, wenn nicht gefährlicher bei der Herstellung, und schon haben wir formaldehydfreie Spanplatten. Vorteilhaft ist nur, daß Isocyanat keine Gasphase besitzt wie z.B. formaldehydhaltiger Harnstoffleim (siehe auch Kap. 2.2 Leime und Kleber).
Grundsätzlich sollte man bei allen Holzwerkstoffen Vorsicht walten lassen, vor allem, wenn sie in großen Mengen eingebaut werden.

Bezug und Preise

Platten aller Art liefert der örtliche Holzhandel, im Zuschnitt auch die Hobbymärkte zu erheblich höherem Preis. Die Größe der Platten und die Stärken differieren sehr stark, ebenso die Preise.
Die Holzwerkstoffe sind je nach Verwendungszweck in verschiedene Verleimklassen eingeteilt, und zwar in die Klassen V20, V100 und V100G. V100-Platten sind mit feuchtigkeitsunempfindlicheren Leimen (die in der Regel auch giftiger sind) verleimt als V20-Platten. V100G-Platten enthalten darüberhinaus noch Zusätze von hochgiftigen, pilzwirksamen Mitteln.
Als Anhaltspunkt einige Preise: Sperrholz (Gabundeckfurnier), 12 mm, 14,- DM/m²; Tischlerplatte (Gabundeckfurnier), 19 mm, 25,- DM/m²; Sperrholzplatte, wasserfest verleimt (sog. Betoplanplatte), 19 mm, 40,- DM/m²; Bauspanplatte, kunstharzverleimt, V20, 19 mm, 11,- DM/m²; Bauspanplatte, kunstharzverleimt, V100, 19 mm, 14,- DM/m²; Bauspanplatte, kunstharzverleimt, V100G, 19 mm, 17,- DM pro m²; zementgebundene Platte, entspricht V100G, 19 mm, 25,- DM/m²; Weichfaserplatte, 20 mm, 8,- DM/m² und Hartfaserplatte, 4 mm, 5,- DM/m²; Dreischichtplatte 12 mm 40,- DM/m², 22 mm 48 DM/m².

Leime und Kleber

Die Qualität der Holzwerkstoffe wird vornehmlich von der Art und Menge der Bindemittel bestimmt, mit der die Holzspäne und -fasern oder Furniere verbunden werden. Leime enthalten als Lösungsmittel meist Wasser, Kleber dagegen Lösungsmittel aus organischen Stoffen.

Natürliche Leime werden aus den Eiweißbestandteilen von tierischen Häuten, Knochen oder aus Magermilch (z.B. Glutin- oder Kaseinleime) und neuerdings auch aus Naturharzkautschukverbindungen hergestellt. All diese Leime sind nicht wasserfest und bei dauernder Durchfeuchtung auch schimmelanfällig. Die Leimfuge ist fest, hart und spröde. Die neueren Naturharzleime erfüllen allerdings noch nicht die für dauerhafte Verbindungen notwendigen Festigkeitswerte. Bei der Verarbeitung und Aushärtung gibt es bei allen natürlichen Leimen keine gesundheitlichen Belastungen. Diese Leime finden heute in der professionellen Verarbeitung leider kaum noch eine Anwendung, da

Haut- und Knochenleime bereits bei 20°C Temperatur schnell abbinden und nur in Heißfurnierpressen gut eingesetzt werden können. Kaseinleime müssen jeden Tag neu angesetzt werden, da sie nur 8 Stunden lang verarbeitet werden können.

Synthetische Leime bestehen aus unterschiedlichen Kunstharzen, die mit Füll-, Streck-, Alterungsschutz- und Verdünnungsmitteln vermischt sind. Polyvinylacetatharzleim (PVAC-Leim) wird als einziger Kunstharzleim nicht mit Formaldehyd versetzt. Dies ist der übliche Weißleim, der verwendet wird, wenn keine gehobenen Ansprüche an die Klebkraft gestellt werden. Zur Erhöhung der Klebkraft bzw. bei geforderter Wasserfestigkeit kommen die formaldehydhaltigen Leime zum Einsatz. Bei Harnstoffformaldehydharz löst sich unter Wasserdampfbelastung das Formaldehyd aus seiner Molekülbindung und belastet im dampfförmigen Zustand die Raumluft. Die Ausdünstung ist im Prinzip so lange vorhanden, wie die Spanplatte noch nicht zerfallen ist. Bei Phenolformaldehydharz ist die Gasphase vermindert. Die Formaldehydbelastung kann gesundheitliche Folgen haben, vor allem wenn große Mengen dieser Leime, z.B. bei Spanplatten, zur Anwendung kommen.

Tabelle 17: Leime und Klebstoffe - Übersicht

Leime	
natürliche Leime:	Glutinleim, Kaseinleim
synthetische Leime:	Polyvinylacetatleim
Kondensationsleime:	(vorkondensiert) Phenol-Formaldehydharzleim, Harnstoff-Formaldehydharzleim, Melamin-Formaldehydharzleim
Kleber:	Epoxidharzkleber, Polychloroprenkleber, Polyacrylsäureesterkleber, Polyurethankleber, Polyamidschmelzkleber

Kleber werden als Ein- oder Zweikomponentenkleber hergestellt. Einkomponentenkleber (Polychloroprenkleber, Neopren- oder Kontaktkleber) enthalten ein Lösungsmittel und kleben nach dem Verflüchtigen dieses Mittels. Diese Lösungsmittel sind gesundheitsschädlich. Die Zweikomponentenkleber enthalten im allgemeinen keine oder nur wenig Lösungsmittel, sondern erhärten durch chemische Reaktion der beiden Komponenten, dem Kunstharz und dem Härter (z.B. Epoxidharz-Kleber, Polyurethankleber). Auch hier wird der Aushärtungsprozeß von gesundheitsschädlichen Emissionen begleitet.

Natürliche Leime

- gute Klebkraft mit Ausnahme der Naturharzleime
- keine gesundheitsschädigende Emission bei der Aushärtung
- nicht feuchtigkeitsbeständig
- anfällig für Bakterien
- Herstellung von Knochen- und Hautleimen umweltbelastend

Anwendung: für alle Leimarbeiten im Möbelbau und Innenausbau geeignet und bewährt.

Synthetische Leime

- hohe bis sehr hohe Klebkraft
- zum Teil wasserfest
- bakterienresistent
- Herstellungsprozeß umweltschädigend
- Schadstoffemission bei Aushärtung (Ausnahme: PVAC-Leime)

Anwendung: für schwierige Verklebungen im Feuchte- oder Naßbereich, sonst nach Möglichkeit vermeiden.

2.3 Animalisches Baumaterial

Lederzelte sind von Nomaden in aller Welt gebaut und bewohnt worden. Die Beduinen in Nordafrika benutzen noch heute Schaf- oder Ziegenhaare zur Herstellung ihres typischen schwarzen Zeltes in der Wüste. Zum Hausbau wird in unseren Breiten animalisches Baumaterial so gut wie nicht mehr verwendet, der Vollständigkeit wegen soll hier dennoch auf diesen äußerst vitalen Stoff eingegangen werden. Nicht ohne Grund besteht die Kleidung, unsere zweite Haut, auch heute noch zu großen Teilen aus tierischen Eiweißfasern wie Wolle, Leder, Pelze, Haare, Seide und Federn. Die Hautfunktionseigenschaften der tierischen Stoffe sind noch intensiver ausgebildet als bei der pflanzlichen Haut. Sie werden jedoch gleichzeitig auch leichter durch Fäulnis oder Ungeziefer zerstört. Der Mensch lernte daher schon früh, durch Verarbeitung oder Umwandlung der Ausgangsstoffe ein höherwertiges Hautmaterial zu erzeugen.

Leder

Die tierische Haut wird erst durch Gerbung brauchbar und haltbar. Allerdings muß man sehr genau unterscheiden zwischen den alten Gerbverfahren (Sämischgerbung, Lohgerbung, Alaun- und Mineralgerbung), die jahrhundertelang atmungsfähiges, lebensfreundliches Leder gewährleisteten, und den modernen Synthetikgerbungen mit hochgiftigen Phenolen und Färbungen mit giftigen Teeranilinfarben, die das Leder vergiften und ersticken. Leder hat einen sehr starken Ausdruck von Kraft, Robustheit und Schutz, dabei sind die Verarbeitungsmethoden aber so vielfältig, daß auch schmiegsamstes Chamoisleder hergestellt werden kann.

Wolle - Haare - Seide

Wolle, Haare, Seide und Federn werden schon durch einfache Verarbeitung brauchbar. Wichtig ist auch hier, daß die Art der Verarbeitung den Ausgangsstoff verbessern soll. So führt z.B. die maschinelle Verarbeitung der Schafwolle dazu, daß das wichtige Wollfett mit Chemikalien vollständig

Leder	tierische Eiweißfaser
Sämischgerbung Lohgerbung Alaun-Mineralgerbung Chromgerbung	Wolle Seide Haare Federn

Abb. 29: Animalische Baumaterialien

Leder

- sehr vitaler Baustoff
- sehr gute Feuchtigkeitsregulierung
- Herstellung gewässerbelastend, besonders durch den Einsatz von Chemikalien
- Verarbeitung unbedenklich (abgesehen von den eingesetzten Klebstoffen)
- wiederverwendbar

Anwendung: als Innendekoration, Möbelbezug, Kleidung

Wolle, Haare, Federn

- gute Wärmedämmeigenschaften
- Fähigkeit zur Anlagerung von Giftstoffen
- Herstellung und Verarbeitung unbedenklich
- Rohstoffe regenerierbar und wiederverwendbar
- chemische Ausrüstung z.T. gesundheitsschädlich

Anwendung: Teppiche, Möbelstoffe, Wandbespannung, Kleidung

entfernt wird, damit die empfindlichen Maschinen nicht verharzen. Vor dem Spinnen muß dann die Wolle mit Paraffin wieder gleitfähig gemacht werden. Das fertige Wollprodukt wird meist weiter mit Giften ausgerüstet, um bestimmte Eigenschaften zu garantieren, z.B. kein Einlaufen, Knitterfreiheit oder Insektenschutz (z.B. Ausrüstung mit dem Haftinsektizid Eulan bei Wollteppichen). Wolle hat eine große Fähigkeit, "Gifte" (Geruchsstoffe, Schweiß) zu binden und beim Lüften wieder abzugeben. Decken aus Haar von Kaschmirziegen, Kamelen oder Lamas erstaunen immer wieder durch ihre Leichtigkeit, Haltbarkeit und Wärmehaltung.

All diese animalischen Materialien können auch die inneren Oberflächen des Hauses beleben und veredeln z.B. als Ledermöbel, Wandbehänge oder Stoffgardinen. Sie können Giftstoffe binden und die Luftfeuchte regeln. Durch ihre Oberflächenstruktur und die natürliche Farbgebung wirken sie im Raum zudem sehr angenehm.

Die nun folgenden Materialgruppen könnten auch in die vorhergehenden Gruppen der mineralischen, pflanzlichen oder tierischen Baustoffe geordnet werden. Da sie aber Sonderfälle hinsichtlich des Ausgangsmaterials, der Verarbeitung und der Anwendung darstellen, wurden unter diesen Gesichtspunkten neue Baustoffgruppen zusammengestellt.

2.4 Metalle

Metall ist eine "feste Flüssigkeit" mit vielen winzigen Kristallen. In der Natur kommen die Metalle selten in ihrer reinen Form vor, sondern als Sauerstoff- oder Schwefelverbindung. In dieser natürlichen Form sind Metalle elektrotechnisch gesehen Halbleiter, d.h. erst durch Energiezufuhr werden Elektronen frei, die den Strom leiten können. So hat sich der Mensch durch Umwandlung der Ausgangsmaterialien die "Nur-Metalle" geschaffen, die Volleiter.

Metall und Planet

Statt einer historischen Betrachtung der Metallherstellung soll hier eine Betrachtung der Metalle aufgezeigt werden, die unseren Vorfahren gebräuchlich war, nämlich die Beziehung der sieben Urmetalle zu den Planeten und deren Wirkung auf das menschliche Fühlen.
Gold war das edle Sonnenmetall; *Silber* das kühle Mondmetall; *Kupfer*, warm und anschmiegsam, das Metall der Venus; *Quecksilber*, schnell, lebendig, nicht greifbar, das Metall des sonnennächsten Planeten Merkur; *Eisen*, aggressiv, hart und kantig, das Metall des Kriegsgottes Mars; *Zinn*, grausilbrig und stärker lebensqualifizierend für Tafelgeschirr als Kupfer, das Metall des Jupiter; *Blei*, schwer, grau und stumpf, das Metall des Saturns.
In der Neuzeit erweiterte sich die Palette um Zink, Aluminium, Magnesium und andere. Seit den ältesten Zeiten dienen die Metalle dem Menschen u.a. dazu, seine künstlerischen Fähigkeiten darzustellen. Profane und kultische Gegenstände legen davon Zeugnis ab. Die Gestaltung überwindet die abweisende Kälte und Härte dieser Stoffe.

Baumetalle

Die Metalle im Baubereich in der Reihenfolge der häufigsten Anwendung sind: Eisen, Kupfer, Aluminium, Zink und Blei.
Alle Metalle haben ein hohes Rohgewicht, zwischen 2500 kg/m³ (Leichtmetall) und 8900 kg/m³ (Kupfer). Die hohe Dichte macht die Metalle zu sehr guten Wärmeleitern und Wärmespeichern, wobei Kupfer noch zehnmal besser leitet als Eisen. Alle Metalle sind dampfdicht und auch für Gase nicht durchlässig. Aufgrund ihrer elektrischen Leitfähigkeit haben sie einen großen Einfluß auf alle magnetischen und elektrischen Vorgänge. Gut geeignet für die Stromübertragung, erzeugt z.B. das Kupferkabel bei Stromfluß eigenständige elektromagnetische Felder. Ebenso vermindert die Stahlbewehrung das terrestrische Magnetfeld um 30 % bis 60 %.
Die Gewinnung und Verarbeitung der Metalle ist energieaufwendig und umweltbelastend. Alle Metalle mit einer höheren Dichte als 5 g/cm³ (zum Vergleich: Wasser 1 g/cm³) sind sogenannte Schwermetalle. Die wichtigsten sind Eisen, Zink, Kupfer, Blei, Zinn, Chrom, Quecksilber, Cadmium , Mangan. Einerseits sind für den Organismus viele Metalle als sogenannte Spurenelemente in geringsten Mengen lebensnotwendig, deshalb sprechen wir auch vom Eisenspiegel, dem Kupferspiegel usw.. Andererseits führt eine Überdosis zu Vergiftungen bzw. chronischen Erkrankungen: Beim Hausbau sind wir nicht nur mit Metall in massiver Form in Kontakt, vor allem bei der Hausinstallation, sondern viele Metalle sind als Stabilisatoren, Korrosionsschutz oder wegen der Farbwirkung Bestandteil von Farben oder Kunststoffen:

- Kupfersalze aus Blechen, Röhren und Drähten bewirken in höherer Konzentration beim Menschen Brechdurchfall, sie sind in gelöster Form stark gewässerschädigend.
- Manganstaub ist ein Legierungsbestandteil und führt zu Atembeschwerden, bei dauernder Einwirkung zur Schädigung der Lunge, zu Sprach- und Bewegungsstörungen.
- Chrom, ein Legierungsbestandteil, verursacht in Form des Zinkchromats allergische und asthmatische Reaktionen und gilt als krebserzeugend.
- Cadmium, ein rotes und gelbes Farbpigment bei Kunststoffen und Stabilisator in PVC und Batterien, führt bei andauernder Belastung zu Schäden an Lunge und Nieren bzw. zu Knochenveränderungen.

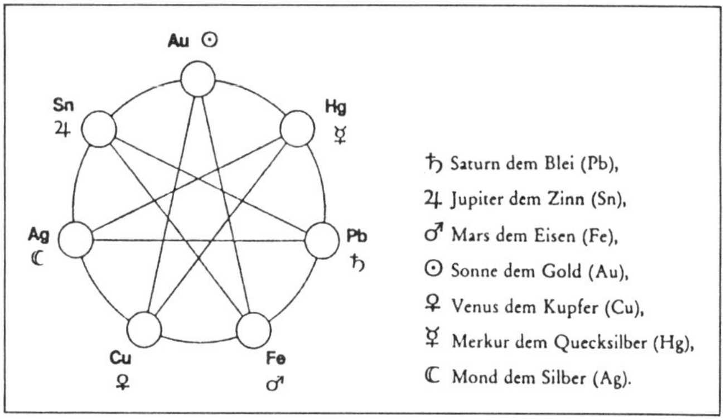

Au ☉
Sn ♃
Hg ☿
Ag ☾
Pb ♄
Cu ♀
Fe ♂
♄ Saturn dem Blei (Pb),
♃ Jupiter dem Zinn (Sn),
♂ Mars dem Eisen (Fe),
☉ Sonne dem Gold (Au),
♀ Venus dem Kupfer (Cu),
☿ Merkur dem Quecksilber (Hg),
☾ Mond dem Silber (Ag).

Abb. 30: Die Beziehung der Metalle zu den Planeten Quelle: (15)

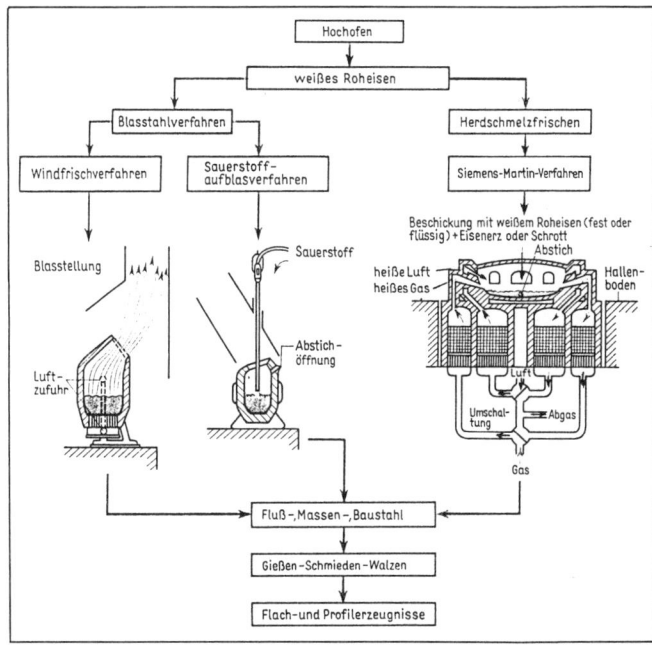

Abb. 31: Erzeugung von Eisen und Stahl   Quelle: (9)

Der hohe Preis von Metall führt dazu, daß auch heute die Materialverwendung im Hausbau verglichen mit anderen Baustoffen gering ist. Anwendung finden sie vor allem als statisch wirksame Elemente, Verbindungsmittel, bei technischen Installationen wie Heizung, Wasser und Elektroinstallationen, aber auch bei der Dachdeckung und Wasserableitung. Ersatzstoffe sind nur in geringem Maße aus dem Kunststoffbereich gegeben.

Grundsätzlich sollten alle Hausaußenwände frei von Metall sein und alle technischen Installationen in Form von kurzen Stichleitungen vom Kern des Hauses aus verteilt werden (siehe Kapitel 3.9).

Bezug

Metalle sind über den örtlichen Metallhandel, Schlossereien (Profileisen), Spenglereien (Bleche) oder Hobbyhandlungen (Buntmetall) zu beziehen. Das Material wird nach Meter, Quadratmeter oder nach Gewicht berechnet. Der Preis kann durch Weltmarktspekulationen stark beeinflußt werden (s. z.B. Kupfer aus Chile).

- Blei in Tuben, Kunststoffen und als Rostschutzkomponente in Farben beeinträchtigt bei dauernder Aufnahme kleiner Mengen die Blutbildung (Anämie).
- Zink, in Rostschutz von Eisen und Stahl enthalten, kann als Zinkstaub die Atemwege reizen.
- Zinn, als Legierungsbestandteil und in Holzschutzmitteln eingesetzt, ist gering giftig.
- Quecksilber, in Batterien, Thermometern und Leuchtstoffröhren gebräuchlich, kann das Nervensystem schädigen und Verhaltensstörungen verursachen.

Metall ist nicht brennbar, bei der Verwendung als Tragekonstruktion (Stahlbau) muß diese jedoch vor Feuereinwirkung durch Ummantelung geschützt werden (durch Gipskartonplatten, Ummauerung, Verputz o.ä.), da der Schmelzpunkt von Stahl sehr schnell erreicht wird und Stützen und Träger ohne Vorwarnung abknicken.

Metalle

- hohes Raumgewicht von 2500 - 8900 kg/m³ (Baumetalle)
- guter Wärmespeicher
- kalte Oberfläche, da sehr guter Wärmeleiter
- elektrischer Leiter
- dampfdicht
- sehr hoher Energieaufwand bei Herstellung und Verarbeitung
- hohe Strahlungsabsorption (besonders bei Blei)
- wiederverwendbar
- Rohstoffe begrenzt

Anwendung: so sparsam wie möglich

Anwendungsbereiche: technische Installation (Sanitär, Heizung, Elektro)

2.5 Glas

Glas ist - ebenso wie Metall - eine "erstarrte" Flüssigkeit, allerdings noch ohne Kristallbildung und daher durchsichtig. Glas ist undurchlässig für Flüssigkeiten und Gase. Es ist wie Metall ein abgeschlossener Baustoff, kalt und hart.

Obwohl Glas im Vergleich zu massiven Außenbauteilen eine geringere Wärmedämmfähigkeit hat, und der Heizenergiebedarf eines Hauses in starkem Maße von der Größe, Art und Anordnung der Fenster abhängt, ist es nur bedingt richtig, verglaste Bauteile als "Schwachstellen des Hauses" zu bezeichnen. Denn Glas unterscheidet sich von anderen Baustoffen dadurch, daß es für Sonnenstrahlung zum größten Teil durchlässig ist und damit Licht und Wärme in das Haus bringt. Das Sonnenlicht wird von den raumumschließenden Bauteilen und Einrichtungsgegenständen in Wärme umgewandelt, die in Form langwelliger Wärmestrahlung und durch Konvektion dem Raum zugute kommt.

Damit können Fenster, besonders an der Südseite des Hauses, durch sog. passive Energiegewinnung die Energiebilanz eines Gebäudes günstig beeinflussen, vorausgesetzt, sie werden nachts z.B. durch dichtschließende Fensterläden gut wärmegedämmt. Entsprechend der verminderten Einstrahlung wird man im Interesse der passiven Energienutzung an den Ost- und Westseiten des Hauses weniger Fensterflächen anordnen und an der Nordseite - hier ist kein Energiegewinn durch Sonneneinstrahlung möglich - weitgehend auf verglaste Bauteile verzichten.

Fenster sind aber auch für das körperliche und seelische Wohlbefinden des Menschen von großer Bedeutung. So stellen Fenster die Verbindung zwischen Innenraum und Außenwelt her und sorgen für Tageslicht. Die UV-Strahlen des Tageslichtes haben eine positive Wirkung auf den menschlichen Organismus (Vitamin D-Bildung, desinfizierende Wirkung). Da normales Fensterglas nur etwa 20 % der UV-Strahlung, Quarz- oder Uviolglas aber bis zu 80 % durchläßt, erscheint es wünschenswert, einzelne (Süd-) Fenster des Hauses mit UV-durchlässigem Glas auszustatten, am besten in Verbindung mit Normalglas als Kastenfenster (UV-Strahlen wirken bleichend auf viele natürliche und künstliche Farbpigmente), um das UV-Licht nur nach Bedarf ins Haus lassen zu können.

Einfachverglasung

Neben dem normalen Bauglas, das in verschiedenen Dikken und nahezu beliebigen Abmessungen erhältlich ist, werden für den Gartenbau sogenanntes "Gartenklar-" und "Gartenblankglas" in Standardabmessungen preisgünstig angeboten. Beim Bau von Wintergärten und Gewächshäusern bietet es sich an, diese Standardabmessungen zu berücksichtigen.

Die Lichtdurchlässigkeit einer Einfachverglasung bei senkrechtem Strahleneinfall liegt bei 89 - 92%, je nach Eisengehalt des Glases. Einfachverglasungen (k-Wert 6,6 W/m^2K) sind im Wohnungsbau nur noch für untergeordnete Räume zugelassen oder für Bauwerke, für die keine Vorschriften hinsichtlich Wärmedämmung besteht.

Isolier- und Doppelverglasung:

Isolierglas (z.B. Thermopane, Cudo, Isolar) besteht aus 2 Glasscheiben, die im Abstand von 6 - 12 mm, je nach Fabrikat, luftdicht miteinander verschweißt oder verklebt sind. Durch die zweite Scheibe ist die Lichtdurchlässigkeit gegenüber Einfachglas um 5-15% geringer. Der Wärmedurchgangswert wird dadurch allerdings ebenfalls erheblich reduziert (Einfachverglasung k = 6,6 W/m^2K, Isolierverglasung k zwischen 3,0 und 3,3 W/m^2, je nach Luftzwischenraum).

Bei Doppelverglasung (Kastenfenster) werden Einzelscheiben mit einem Luftzwischenraum hintereinander montiert. Die Wärmedurchlässigkeit einer Doppelverglasung entspricht in etwa der von Isolierverglasung, wenn nicht durch konvektive Luftströme im (undichten) Luftzwischenraum der Scheiben das Wärmedämmvermögen beeinträchtigt wird.

Im Bemühen um weitere Einsparung von Heizenergie ist die Isolierverglasung inzwischen weiterentwickelt worden: während sich die Dreifach-Verglasung nicht recht durchsetzen konnte (die schweren Scheiben erfordern entsprechend stabile und breite Fensterrahmen), wird dem sogenannten "Wärmeschutzglas" in Zukunft größere Bedeutung zukommen. Durch Bedampfung einer Scheibenoberfläche mit einer hauchdünnen Schicht aus Gold und Silber wird die Durchlässigkeit der Verglasung für Wärmestrahlung merk-

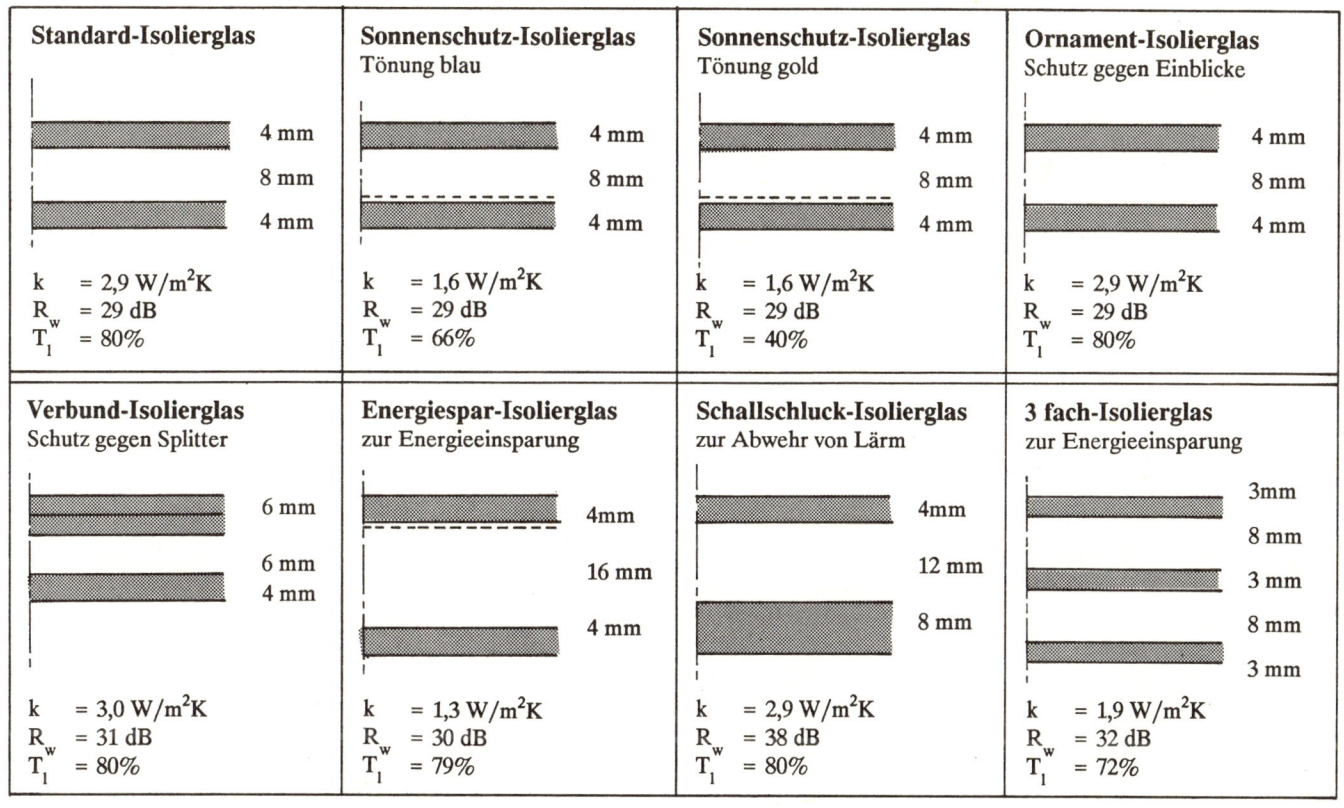

Standard-Isolierglas	Sonnenschutz-Isolierglas Tönung blau	Sonnenschutz-Isolierglas Tönung gold	Ornament-Isolierglas Schutz gegen Einblicke
4 mm 8 mm 4 mm	4 mm 8 mm 4 mm	4 mm 8 mm 4 mm	4 mm 8 mm 4 mm
$k = 2,9\ W/m^2K$ $R_w = 29\ dB$ $T_l = 80\%$	$k = 1,6\ W/m^2K$ $R_w = 29\ dB$ $T_l = 66\%$	$k = 1,6\ W/m^2K$ $R_w = 29\ dB$ $T_l = 40\%$	$k = 2,9\ W/m^2K$ $R_w = 29\ dB$ $T_l = 80\%$
Verbund-Isolierglas Schutz gegen Splitter	Energiespar-Isolierglas zur Energieeinsparung	Schallschluck-Isolierglas zur Abwehr von Lärm	3 fach-Isolierglas zur Energieeinsparung
6 mm 6 mm 4 mm	4mm 16 mm 4 mm	4mm 12 mm 8 mm	3mm 8 mm 3 mm 8 mm 3 mm
$k = 3,0\ W/m^2K$ $R_w = 31\ dB$ $T_l = 80\%$	$k = 1,3\ W/m^2K$ $R_w = 30\ dB$ $T_l = 79\%$	$k = 2,9\ W/m^2K$ $R_w = 38\ dB$ $T_l = 80\%$	$k = 1,9\ W/m^2K$ $R_w = 32\ dB$ $T_l = 72\%$

Abb. 32: Aufbau und Eigenschaften von Isolierglasscheiben
Quelle: Velux-Informationen

Die *Wärmedurchgangszahl* k einer Isolierscheibe gibt an, wieviel Energie durch die Scheibenfläche verloren geht. Je niedriger dieser Wert, desto weniger Wärme geht verloren. Der k-Wert von konventionellen Isolierscheiben ist im wesentlichen abhängig vom Scheibenzwischenraum und dem im Zwischenraum enthaltenen Medium (Luft oder Edelgas). Bei Sonnenschutz-Isolierscheiben wird die Verbesserung des k-Wertes hauptsächlich durch die aufgedampften Edelmetallschichten erreicht.

Das *bewertete Schalldämmaß* R_w gibt an, um wieviel die Schallwellen beim Durchgang durch die Isolierscheiben geschwächt werden, d.h. die Differenz der Schallpegel vor und hinter den Scheiben.

Die *Lichtdurchlässigkeit* T_l gibt an, wieviel % des Lichtes durch die Scheibe hindurchgeht.

lich gemindert, ohne daß die Lichtdurchlässigkeit allzusehr eingeschränkt wird (Lichtdurchlässigkeit 64%). Dadurch können bei der Verglasung heute Wärmedurchlaßwerte von $k = 1,3$ bis $1,6$ W/m^2K erreicht werden, die einem 24 er Mauerwerk (ohne zusätzliche Wärmedämmung) entsprechen. Dies erlaubt eine großzügige Verwendung von Glas bei der Gestaltung von Wohnräumen.

Zu berücksichtigen ist bei Beschichtungen der Gläser mit Metalloxiden inwieweit Veränderungen des natürlichen Farbenspektrums des Sonnenlichtes verursacht werden. Über die Langzeitbeständigkeit der Beschichtungen (Korrosionsbeständigkeit) kann noch nichts ausgesagt werden.

Bezug und Preise

Der örtliche Glaser ist bei kleinen Mengen der richtige Ansprechpartner. Bei größerem Bedarf kann der Glasgroßhandel meist viel preisgünstiger liefern (hier spielt auch der Qualitätsunterschied - 1. oder 2. Wahl - eine Rolle). Bauglas wird in verschiedenen Stärken gehandelt, der Preis liegt zwischen 25,- und 45,- DM/m². Isolierverglasung kostet etwa 100,- DM/m², Wärmeschutzglas etwa 180,- bis 200 DM/m², Quarzglas (z.B. Sanalux) ca. 220,- DM/m² (bei einer Stärke von 4 mm). Gewächshausglas (Gartenblank- und Gartenklarglas) ist ab etwa 13,- DM/m² erhältlich.

Glas

- lichtdurchlässig
- normales Fensterglas kaum UV-Licht-durchlässig
- schlechte Wärmedämmung, daher kalte Oberflächen
- Herstellung energieintensiv
- Verarbeitung unbedenklich
- bedingt wiederverwendbar

Anwendung: Fensterflächen sinnvoll planen unter Berücksichtigung der passiven Sonnenenergienutzung (Wärmegewinne an der Südseite), evtl. teilweise UV-durchlässiges Glas

---

Exkurs:
Dichten und Sperren

Um bestimmte Bauteile vor zu starker Durchlüftung oder Durchfeuchtung zu schützen, kann es notwendig sein, winddichtende und feuchtigkeitssperrende Materialien einzubauen. Weil Isolierungen immer in den natürlichen (normalen) Austausch von Wärme, Feuchtigkeit, Luft und Strahlung eingreifen und damit die Beziehung zwischen Innen- und Außenraum unterbrechen und die Selbstregulierung der Materialien stören, sollte sehr sorgfältig überlegt werden, gegen welche Einflüsse gedichtet oder gesperrt werden soll und in welchem Umfang. Grundsätzlich sollte immer nach einer Konstruktion oder einem Material gesucht werden, das einer Isolierung nicht bedarf.

Eine Konstruktion muß winddicht sein, da schon eine Öffnung von der Größe eines 5,-Mark-Stückes in der Außenhaut zur empfindlichen Auskühlung eines Raumes führt. Bei Mauerwerkskonstruktionen ist Winddichtigkeit bei richtiger Ausführung des Außen- und Innenputzes kein Problem. Die Fenster- und Türöffnungen müssen sorgfältig an den Anschlüssen mit Holzwollezopf oder Jutestrick abgedichtet werden, bevor angeputzt wird. Leichtbaukonstruktionen wie der Holzständerbau oder das ausgebaute Dach sind dagegen für Durchlüftung besonders anfällig. Die Dämmschichten sind deshalb durch eine Windsperre aus fester Pappe mit oder ohne Imprägnierung, je nach zu erwartender Feuchtigkeitsbeanspruchung sorgfältig abzudichten. Diese Windsperre sitzt selbstverständlich immer an der Außenseite der Konstruktion und soll der Wasserdampfdiffusion keinen Widerstand bieten.

Luft ist zwar ein dünneres Medium als Wasser, besitzt aber nicht dessen auflösende Wirkung. Feuchtigkeitssperren oder Wasserdichtungen sind deshalb aufwendiger durchzuführen. Hier können nur wasserresistente Materialien zum Einsatz kommen wie Teer, Bitumen, Gummi, Kunstharze oder mineralisch-chemisch dichtende Schlämmen. Um die Sperrmaßnahmen richtig auszuführen, muß klar sein, gegen welche Art von Feuchtigkeit isoliert werden soll. Unterschieden werden

a. stehendes, kapillar aufsteigendes und nicht drückendes Wasser,

b. drückendes Wasser sowie

c. Wasserdampf.

a. Um das Aufsteigen von Feuchtigkeit in den Kapillaren der Wandbaustoffe zu verhindern, sind waagerechte Sperrschichten notwendig. Ebenso sind Kelleraußenwände im erdberührten Bereich gegen seitlich einwirkende Feuchtigket durch senkrechte Sperrschichten zu schützen. Besonders feuchtebelastet ist auch der Sockelbereich von Gebäuden durch Spritzwasser bis zu einer Höhe von 30 cm. Waagerechte Sperrschichten werden meist aus zwei Lagen 500er Bitumenpappe gebildet, die zwischen zwei Steinlagen eingemauert werden. Auch wird der gesamte Kellerboden auf diese Weise isoliert. Die Boden- und Wandbahnen müssen miteinander heiß verklebt werden, ebenfalls alle Stöße der Bahnen untereinander. Die senkrechten Außenflächen werden durch einen dreifachen Bitumenanstrich geschützt oder durch sogenannte Bitumenschweißbahnen. Hier können auch mineralische Dichtschlämme eingesetzt werden. Die Isolierung wird entweder bis über die spritzwassergefährdete Sockelzone hochgezogen, was das Gebäude jedoch optisch unschön über dem Erdboden abschneidet, oder der Kalkaußenputz wird in diesem Bereich durch hydraulischen Trasskalk wasserresistent gemacht.

Mit stehender Feuchtigkeit haben wir auch bei den häuslichen Naßräumen wie Bad, Dusche, Waschküche und evtl. Küche zu tun. Es ist ein weitverbreiteter Irrtum, zu glauben, daß der Fliesenbelag an Wand und Fußboden dicht sei. Die verfugten Stöße der Fliesen sind von vielen Bruchadern durchsetzt und leisten dem Wasser keinen Widerstand. Diese Feuchtigkeit muß also unterhalb des Fliesenbelages aufgehalten und abgeleitet werden, bevor sie die weiteren Konstruktionsteile wie Trittschalldämmung oder Holzbalkendecke durchfeuchten kann. Oberhalb der Trittschalldämmung wird deshalb eine 500er Bitumenpappe, wegen der Reißfestigkeit am besten mit Juteeinlage, verlegt, die auch wieder an allen Stößen heiß verschweißt, und an den Rändern allseitig so hochgeklappt ist, daß der obere Rand über der Fliesenhöhe endet. Auch hier können ersatzweise Dichtungsschlämme zum Einsatz kommen.

b. Abdichtungen gegen drückendes Wasser sind sehr schwierig und kostenaufwendig herzustellen. Beispielsweise muß die gesamte Kellerkonstruktion als wasserdichte Wanne ausgeführt werden und alle Arbeitsfugen müssen mit Fugenbändern gegen Undichtigkeiten gesichert werden. Bei solchen Fällen sollte unbedingt ein Fachmann mit der Ausführung der Arbeiten betraut werden.

c. Holzkonstruktionen, die mit leichten Dämmaterialien ausgefacht werden, müssen nach der DIN 4108 mit einer Dampfsperre (besser: Dampfbremse) vor zu starker Durchfeuchtung geschützt werden. Echte Dampfsperren (Metallfolien) sind an dieser Stelle nicht erforderlich (sie werden nur beim Kühlraumbau benötigt) und wären auch fehl am Platz. Als Dampfbremsen können statt Metall- oder Plastikfolien feuchteresistente Pappen verwendet werden, die durch eine Gittereinlage reißfest sind. Die Bahnen müssen untereinander und an den Anschlüssen zu anderen Bauteilen dicht miteinander verklebt werden. Die Ausführung sollte unbedingt fugen- und löcherlos erfolgen, da kleinere Undichtigkeiten einen Sogeffekt auslösen und dann an diesen Stellen Bauschäden vorprogrammiert sind. Dampfbremsen müssen immer an der wärmeren Seite des Bauteils angeordnet werden.

2.6 Sperrstoffe

Mit Sperrstoffen wird ein Bauteil oder ein Bauwerk gegen das Eindringen von Wasser, Wasserdampf und Luft geschützt, denn feuchte oder nicht winddichte Wände, Decken und Böden schaffen ein ungesundes Raumklima und mindern den Wert eines Gebäudes erheblich.
Sperrmaßnahmen beeinflussen jedoch auch immer den natürlichen Austausch zwischen Innen- und Außenraum in bezug auf Wärme, Feuchte, Luft und Strahlung. Deshalb sollte die Anwendung von Sperr- und Dichtstoffen auf ein sinnvolles Minimum begrenzt werden.

Teer-Bitumen-Metall-Kunststoff

Der älteste Sperrstoff ist Pech aus Baumharz, das im Schiffsbau benötigt wurde. Heute ist dieser Stoff abgelöst durch eine Vielzahl von Destillationsprodukten aus Steinkohle und Erdöl wie Teer, künstliche Peche, Bitumen und Asphalt. Diese Stoffe sind beständig und dicht gegen Wasser, nicht gegen heißen Wasserdampf. Als bewährte Materialkombination kann teer- oder bitumengetränkte Pappe angesehen werden, der man den Vorzug vor jedwelchen Kunststoffolien geben sollte. Sowohl bei der Herstellung der teergetränkten Pappen als auch bei der Verarbeitung (Erwärmung) treten Dämpfe auf, die gesundheitsschädlich sind.

Vor allem im Kellerbereich als Schutz gegen Bodenfeuchtigkeit sind Anstrichmittel aus Teer oder Bitumen als wassergebundene Emulsionen oder bituminöse Spachtelmassen mit Mineral- oder Asbestfasern als Füllstoffe üblich. Bei erhöhter Bodenfeuchtigkeit sind Bitumendichtungsbahnen oder Schweißbahnen vorgeschrieben. Asphaltmastix besitzt als Füllstoff Quarzsand und Kalksteinpulver.

Neben den bituminösen Stoffen werden zunehmend auch Kunststoffe als Anstrich oder Folie verwendet. Diese können sowohl wasser- und dampfdicht als auch dampfdurchlässig hergestellt werden. Auch hier ist die Herstellung und Verarbeitung umweltbelastend.

Der Einsatz von Metallfolien sollte wegen des negativen Einflusses auf das Elektroklima vermieden werden.

Teer-Bitumen-Metall-Kunststoff

- wasserdicht
- dampfbremsend bis dampfdicht
- Herstellung energieintensiv
- Verarbeitung z.T. gesundheitsschädlich
- bei Erwärmung von Teerprodukten intensive Geruchsabgabe
- elektrostatische Abschirmung durch großflächige Anwendung von Metallfolien (Faraday'scher Käfig)
- begrenzte Rohstoffe

Anwendung: Kaltbitumenlösung zur Kellerisolierung, Bitumen- oder Teerpappen zur horizontalen Feuchtigkeitssperrung und zur Dacheindeckung von Nebengebäuden; Metall- und Kunststoffolien sollten im Haus, wenn möglich, nicht eingesetzt werden.

Bezug und Preise

Diese Sperrstoffe sind über den örtlichen Baustoffhandel zu beziehen: Teer und Bitumen als streichbare Massen (z.B. Inertol 1 kg/5 m^3 ca. 6,- bis 8,- DM), Kunststoffe als Folien (je nach Beanspruchung 0,30 bis 5,- DM/m^2).

Papiere und Pappen

In vielen Fällen können Papiere und Pappen die problematischen Sperrstoffe ersetzen. Es ist darauf zu achten, daß das Material auch bei professioneller Verarbeitung reißfest ist, da Abdeckungen und Winddichtungen ihre Funktion nur erfüllen können, wenn sie ohne Löcher verlegt sind und auch bei dauernder atmosphärischer Belastung formstabil bleiben. Viele Biopapiere haben sich nach der Erfahrung des Autors hier nicht bewährt.

Rieselschutzpapier: Ein besonders reißfestes Kreppapier (200 g/m^2), sog. Elefantenkrepp, wird unter losen Schüttungen als Rieselschutz oder als Windsperre ohne Feuchtebelastungen verwendet.

Estrichabdeckpapier: Ölpapiere können als Abdeckung der Trittschalldämmung vor dem Aufbringen des Naßestrichs eingesetzt werden. Die Stöße müssen überlappt werden, um ein Durchlaufen des Estrichs in die Dämmung zu verhindern (Schallbrücke, Wasserverlust).

Windsperre: Ein strapazierfähiges Papier besteht aus zwei Lagen feuchteimprägniertes Spezialpapier und einer Lage Glasseidegewebe, die miteinander verklebt sind. Das Gewicht beträgt 180 g/m^2, der $\mu \cdot$s-Wert 0,10 m, damit ist das Material wasserabweisend bei gleichzeitiger guter Wasserdampfdurchlässigkeit. Für Holzständerbauten hinter der Außenverschalung oder als Unterdachspannbahn ist das Papier gut einsetzbar.

Dampfbremse: Eine metallfreie Dampfbremse (Gewicht 235 g/m^2, $\mu \cdot$s-Wert 10 m) besteht z.B. aus einer dünn ausgewalzten Bitumenschicht zwischen zwei durch eingelegte Sisalfasern reißfesten Lagen Natronkraftpapier. Die Stöße und Anschlußfugen an andere Bauteile können mit einem Butylkautschukband dicht und alterungsbeständig verklebt werden (übliche Paketklebebänder versprüden innerhalb von 2 - 4 Jahren). Ein anderes Produkt besteht aus einer Wollfilzpappe, die mit einer Kunstkautschukschicht beschichtet wurde. Die Reißfestigkeit ist hier nicht gewährleistet.

Bezug und Preise

Die Papiere und Pappen sind meist nur im baubiologisch orientierten Fachhandel erhältlich, Kreppapier, Wellpappe sowie Trenn- oder Abdeckpapier sind auch im Papierfachhandel zu bekommen.
Elefantenkreppapier 1,10 DM/m²; Ölpapier 1,20 DM/m²; Windsperre wasserabweisend und faserverstärkt ca 2,40 DM/m² (Markenname Sisalkraft 234); Windsperre gewachst 1,90 DM/m² (Markenname Savalis, Quega, Moll); Windsperre gewachst und faserverstärkt 4,00 DM/m² (Markenname Moll); Dampfbremse faserverstärkt 2,20 DM/m² (Markenname Sisalkraft 510); Dampfbremse mit Synthetikkautschuk 2,40 DM/m² (Markenname "N"); Dichtungsband Butylkautschuk 1,00 DM/lfm.

Papiere und Pappen
- winddicht
- bei entsprechender Imprägnierung und durch Kunststoffbeschichtung als Dampfbremse verwendbar
- Verarbeitung unbedenklich, Herstellung z.B. gewässerbelastend
- Verwendung von Recyclingpapier

Anwendung: Poren- und Fugenverschluß, Dachunterspannbahn, Dampfbremse bei Leichtbauten und Innendämmung

---

Putze	Anstriche	Papiere und Folien im Feucht bereich	im Naß- bereich
Sperrputze auf mineralischer Basis	natürliche Peche, Kohlenteer, Bitumen, Asphalte	Ölpapier Wollfilzpapier getr. oder kasch. Kunststoff-folien*, Aluminium-folien*	Dachpappe Heißklebemassen a. Bitumen & Teer Kaltklebemassen a. Bitumen & Teer

*=nicht empfehlenswert

Abb. 33: Sperrstoffe

Mineralischer Sperrputz

Der mineralische Sperrputz ermöglicht auf kalk- und zementhaltigem Untergrund eine Dichtung gegen Wasser ohne Kunststoffzusatz durch Verkieselung (Markenname z.B. Vandex). Als Verkieselungsmittel kommen Natrium- oder Kaliumsilikonate zum Einsatz, bzw. auch Silikonharze mit Toluol bzw. Xylol als Lösemittel. Der Kalk des Putzes und die Siliziumverbindung bewirken dabei die feuchtigkeitssperrende Eigenschaft. Die Dichtigkeit der Putzschicht ist allerdings durch Rißbildung des Materials gefährdet, da dieses relativ unelastisch ist. Deshalb ist der Sperrputz auf Betonuntergrund ungünstig, auf Mauerwerk möglich, vor allem im Kellerbereich.
Benötigt werden ca. 4 kg/m², die zwischen 8,- und 10,- DM kosten.

Fugendichtung

Fugen, die am Bau überall auftreten, werden heute meist mit Kunststoffen gedichtet, z.B. mit Silikon oder UF-Schaum aus der Dose. Alle industriellen Dichtungsmittel sind problematisch, denn als Inhaltsstoffe sind enthalten:

- Vernetzer, meist Amine, die zu Hautreizungen und Verbrennungen führen können,

- Weichmacher, meist Phthalsäureester, der sich als krebserregend erwiesen hat.
- Fungizide (in einigen Produkten), da sich auf den organischen Kunststoffoberflächen im Feuchtebereich gern Bakterien und Schimmelpilze ansiedeln.

Silikonkautschuk ist in dieser Gruppe das am wenigsten toxisch wirkende Produkt. Über Vergiftungen ist nichts bekannt.

Besonders bei den UF-Schäumen besteht neben der Möglichkeit der unsachgemäßen Ausführung (z.B. nachträgliches Quellen, Lockerung durch Erschütterung) auch die Gefahr einer gesundheitlichen Belastung durch Formaldehydemissionen. Mittlerweile bietet ein Farbenhersteller eine Fugendichtungsmasse auf Naturharzbasis an.
Die alten Dichtungsmaterialien wie Kokoswolle, Teerstrick aus Hanf, Holzwollezopf sind völlig in Vergessenheit geraten, da der Arbeitsauwand recht groß ist. Hier kann der Selbstbauer durch Eigenleistung, z.B. Ausstopfen der Fenster, helfen, die problematischen Kunststoffe zu vermeiden.

Bezug und Preise

Holzwollezopf im Verpackungsgroßhandel d = 2 cm, 0,40 DM/lfm (vor dem Einbau mit Borsalz tränken).
Kokoswolle z.B. 20 mm stark 11,00 DM/m².

Erdöl, Erdgas und Kohle gewonnen werden. Beim Herstellungsprozeß werden diese Monomere zu Molekülketten, den Polymeren, verbunden. Je nach Verlauf der chemischen Reaktion bleibt manchmal ein Teil der Monomeren unverkettet oder löst sich später durch Zersetzung aus dem Molekülverband heraus, so daß man bei Kunststoffprodukten fast immer mit der Freisetzung von Monomeren rechnen muß.
Eine Reihe der für die Kunststoffherstellung verwendeten Monomere stehen im Verdacht, zu den krebsauslösenden bzw. -fördernden Stoffen zu gehören. Die alten Ausgangsstoffe Formaldehyd und Phenol sind obendrein hochgiftig und auch deren Austauschstoff Anilin ist als krebserregend eingestuft.
Zur Herstellung von Kunststoff werden erhebliche Mengen an Energie gebraucht. Bei der Behandlung der Metalle wurde deren energieintensive Produktionsweise ja bereits erwähnt; der Energieaufwand für die Herstellung von Kunststoffen ist - bezogen auf das Gewicht - mit den Metallen durchaus vergleichbar, da die Ausgangsstoffe einschneidenden chemischen Reaktionen unterzogen werden, die meist nur mit sehr aggressiven Laugen und Säuren oder unter hohem Druck und hoher Temperatur ablaufen. Nur so kann ein Kunststoff entstehen, der sich am Ende als »kontaktarmer« Stoff darstellt, pflegeleicht und mit perfekter Oberfläche, aber dem Benutzer immer fremd bleibend. Abnutzung macht Kunststoffe nur unschön und nie edler, wie es z.B. bei altem Leder oder Holz der Fall ist.

2.7   Kunststoffe

Der Chemiker A. Bayer erkannte 1872, daß im sauren Milieu bei der Einwirkung von Phenol auf Formaldehyd harzähnliche Stoffe entstehen. Das war die Geburtsstunde der Kunstharze und allgemein der Kunststoffe bzw. des Plastiks.
Kunststoffe sind makromolekulare, organische Kohlenstoffverbindungen mit Hunderten bis Hunderttausenden von Atomen in einem Molekül. Als Ausgangsbasis für die Synthese der Kunststoffe dienen einfache Kohlenstoffverbindungen, sogenannte Monomere, die zum großen Teil aus

Stoffbeschreibung

Die Eigenschaften von Kunststoffen können sehr unterschiedlich sein. Gemeinsame Merkmale sind eine geringe Rohdichte, eine niedrige Wärmeleitfähigkeit, ein großer Wärmeausdehnungskoeffizient (bis zu 20 mal so groß wie bei Beton oder Stahl), eine hohe Zugfestigkeit, große Bruchdehnung, ein gutes elektrisches Isoliervermögen und eine gute Beständigkeit gegen Wasser und aggressive Stoffe. Bei höheren Temperaturen (je nach Kunststoffart i.a. zwischen 60 und 200°C) werden sie weich (Thermoplaste) und/oder zersetzen sich. Die meisten Kunststoffe sind in

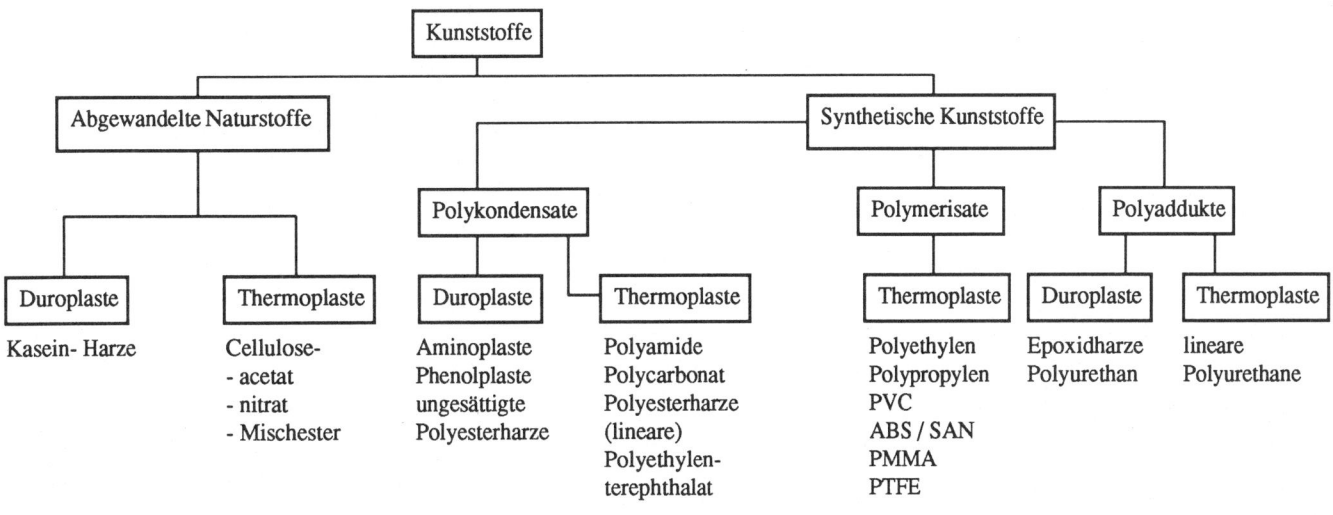

Tabelle 18: Gebräuchliche Kunststoffe   Quelle: (17)

Das Sortiment der heute verfügbaren Kunststoffe umfaßt etwa zwei Dutzend Thermoplaste und ein Dutzend Duroplaste. Die in der Übersicht aufgeführten Sorten sind zur Zeit die wichtigsten. Von jeder Sorte gibt es wiederum 20 - 40 unterschiedliche Typen, von denen jeder seine besonderen Eigenschaften und Anwendungsbereiche hat. Diese werden unter Hunderten von Handelsnamen am Markt angeboten, wobei den größten Marktanteil (ca. 70%) die Massenkunststoffe PE, PVC und PS (Thermoplaste) halten.

reiner Form brennbar, durch geeignete Zusätze kann in vielen Fällen allerdings die Baustoffklasse »schwerentflammbar« erreicht werden.

In der Bundesrepublik werden jährlich mehr als 6 Millionen Tonnen Kunststoffe hergestellt, wovon etwa 25% im Bauwesen Verwendung finden. Das Sortiment der gängigen Kunststoffe umfaßt etwa 2 Dutzend Thermoplaste und ein Dutzend Duroplaste, von denen es wiederum 20 bis 40 unterschiedliche Typen mit verschiedenen Eigenschaften gibt. Die in der Übersicht (Tab. 18) aufgeführten Kunststoffsorten sind die derzeit gebräuchlichsten, wobei die Thermoplaste Polyethylen (PE), Polyvinylchlorid (PVC) und Polystyrol (PS) einen Anteil von ca. 70% erreichen. Kunststoffe werden am Markt nicht nur unter ihrer chemischen Bezeichnung, sondern auch unter Hunderten von Handelsnamen angeboten.

Kunststoffe haben im »modernen« Haus überall Verwendung gefunden (Tab. 19), wobei sie für viele Materialeinsätze überqualifiziert sind. Eine Dachunterspannbahn aus Kunststoff muß z.B. mit einer Mikrolochung versehen werden, da sie sonst zu dampfdicht wäre und der Wasserdampf an der Dachinnenseite kondensieren würde. Kunstharzanstriche müssen mit großem Aufwand elastisch und dampfdurchlässig gemacht werden, damit der Anstrich nicht sofort abplatzt.

Bei der Herstellung von Kunststoffen wird wegen des hohen Energieeinsatzes und einer Reihe chemischer Reaktionen nicht nur die Luft mit giftigen Gasen, Dämpfen und Schwebstoffen verunreinigt, sondern häufig auch Grund- und Oberflächenwasser belastet. Im Brandfall können obendrein noch giftige Gase freigesetzt werden. So wird z.B. bei der Verbrennung von PVC Chlorgas freigesetzt, das sich mit dem Löschwasser zu Salzsäure verbindet; beim Verschwelen von Polyurethanschaum entsteht z.B. Blausäuregas.

Weichmacher, die Kunststoffen zugesetzt werden, um deren Flexibilität, Weichheit und Dehnbarkeit zu erhöhen, haben die Eigenschaft, sich aus ihrem Molekülverband zu lösen und als gasförmige Substanzen die Raumluft zu belasten. Einige Weichmacher sind gesundheitsschädlich, so wird z.B. bei Phtalsäureester (Weltproduktion 1975 313.700 t), dem Weichmacher mit dem größten Marktanteil, eine krebserzeugende Wirkung vermutet.

Vor allem die Schadstoffemissionen (wobei deren Wirkungen auf Mensch und Natur z.T. noch nicht übersehbar sind) und der hohe Energie- und Rohstoffbedarf sollten Grund

Tabelle 19: Übersichtstabelle Kunststoffe

Bezeichnung	Chemische Bestandteile	Einsatzgebiete und Anwendungsbeispiele
Polyolefine Polyethylen (PE)	C, H	Fußbodenheizungsrohre, Hausanschlußrohre, Abflußrohre, Wärmetauscher, Haushaltsartikel, Verpackungsfolien, Plastikbeutel und -säcke, Abdichtungsfolie, Flaschen, Spielzeug, Kabelisolierungen, elektrotechnische Teile, Flaschenkästen, Transportbehälter
Polypropylen (PP)	C, H	u. a. Fußbodenheizungsrohre, Kalt- und Warmwasserrohre, Fittings, Abflußrohre, Behälter, Heizkörper Haushaltsartikel, Teile für Fahrzeuge
Polyvinyl-chlorid (PVC)	C, H, C$_1$	Fassadenverkleidungen, Rohre, Dachschindeln, Türen, Rolläden, Fensterbänke, Dach- und Regenrinnen beschichtete Platten, Fußbodenbeläge, Klebefolien, Leiterisolation, Kunstleder, Tischtücher, Wäscheleinen, Schläuche, Schuhmaterialien, Polsterbezüge, Innenauskleidungen für KFZ, Metallbeschichtungen, Schallplatten
Polystyrol (PS)	C, H	Massenartikel für Werbung, Verpackung, Büro- und Zeichenbedarf, Telefonapparate, Plattenspieler, Radiogehäuse, Fotoapparate, geschäumt als Kühlschrankauskleidung, Wärmedämmung, Möbelteile
Aminoplaste	C, H, O, N	Leime, Textilhilfsmittel, Elektrozubehör, Campinggeschirr, kratzfeste Tischbeläge, Küchenmaschinengehäuse
Phenolharze	C, H, O	Technische und elektrische Kleinteile, Schaltgeräte, Beschläge, Gehäuse, Schreibwaren, Farbbanddosen, Tasten, Hartpapier, Preßschichtholz, Lacke, Leime, Raumfahrttechnik
Polyurethane (PU)	C, H, O, N	Kupplungen, Dichtungen, Schuhsohlen, Absätze, Isolierungen, Lacke, Möbelteile, Schaumstoffe, Schwämme, Polstermöbel, Folien
Acrylharze	C, H, O	Lacke, Brillengläser, optische Linsen, Lichtkuppeln, Bedachungen, Uhrgläser, Sanitärkörper
Ungesättigte Polyesterharze	C, H, O	Lacke, Kitte, Knöpfe, mit Glasfasern zu Lichttafeln, Behälter- und Bootsbau, Balkonverkleidungen, Fahrzeugaufbauten, Spültische, Badewannen, Wasserski, Angelruten
Polyamide	C, H, O, N	Behälter, Fasern, Teile für Feinwerktechnik, Optik, Elektronik, Maschinenbau
Polycarbonate (PC)	C, H, O	Schüsseln, Teller, Tassen, Bestecke, Elektrotechnik, Optik, Elektroisolierungen, Behälter
Epoxidharze	C, H, O	Klebstoffe, Vergußmassen in Elektroindustrie, Flugzeugbau, Lacke, Klebverbindungen von Metallen
Thiokol	C, H, S	Chemikalienbeständige Auskleidungen, Kabelumhüllungen, Öl- und Benzinleitungen, Dichtungen

genug sein, auf Kunststoffe am Bau (auch in Materialkombinationen!) zu verzichten. Diese Stoffe werden vernünftigerweise nur bei Konstruktionen eingesetzt, die auf hohe Dichtigkeit, extreme Härte und äußerste Klebkraft nicht verzichten können.

Kunststoffe

- Kunststoffe sind mit sehr unterschiedlichen Materialeigenschaften auf vielfältige Anwendungsbereiche optimiert
- Herstellung energieintensiv, vielfach umweltbelastend und gesundheitsschädlich
- teilweise wenig alterungsbeständig
- zumeist nicht wiederverwendbar
- begrenzte Rohstoffe
- z.T. Emissionen gesundheitsschädlicher Stoffe

Anwendung: so sparsam wie möglich, da Kunststoffe meist Ersatzstoffe sind, kann anderes Material zum Einsatz kommen.

Exkurs: Wärmedämmung

Deutschland liegt in einem Klimabereich, wo im Winter für längere Zeit Temperaturen unter dem Gefrierpunkt die Regel sind. Unsere Häuser sollten daher so gebaut sein, daß sie vor Kälte schützen, ohne daß der Aufwand zur Beheizung zu groß wird. Um dieses Ziel zu erreichen, muß ein Haus eine gute Wärmedämmung haben. Schließlich sind Luftverschmutzung und Beeinflussung des Klimas sichtbare und ernstzunehmende Folgen unseres gigantischen Energieverbrauchs, zu dem die Heizung unserer Häuser in erheblichem Maße beiträgt. Insofern ist der Wärmeschutz auch ein dringendes Anliegen der Baubiologie.

Bis zur Mitte dieses Jahrhunderts war die schwere, gut wärmespeichernde Außenwand, meist aus Hochlochziegel mit einem Rohgewicht von 1.200 - 1.400 kg/m³ und 36,5 bzw 49 cm

Stärke allgemein üblich. Der damit erzielte Wärmedämmwert ist - aus heutiger Sicht - verhältnismäßig schlecht, doch blieb der Energieeinsatz für die Raumheizung damals individuell wie gesellschaftlich im Rahmen des Vertretbaren. Denn die Wohnungen waren - im Verhältnis zur Zahl der Bewohner - klein und nur wenige Räume wurden voll beheizt. Aufgrund der niedrigen Raumtemperaturen und des geringen Heizenergieverbrauchs spielten die Wärmegewinne durch strahlungserwärmte Außenwände eine größere Rolle als dies heute der Fall ist.

In den fünfziger Jahren mauerte man aus Materialknappheit vielfach nur noch 24 cm starke Außenwände, häufig sogar aus Betonsteinen, die ja den statischen Anforderungen genügten. Diese Bauweise, die durch die damals sehr niedrigen Heizölpreise begünstigt wurde, hatte jedoch einen sehr hohen Heizenergieverbrauch derartiger Häuser zur Folge. Seitdem in den 70er Jahren die Energiepreise um ein Vielfaches stiegen und die Begrenztheit der Ressourcen Öl, Gas und Kohle augenfällig wurde, wird bei Alt- und Neubauten durch Wärmedämmmaßnahmen und neue Heiztechniken versucht, den hohen Energieverbrauch von 20 - 30 l Heizöl pro m² beheizte Fläche im Jahr zu senken. Um hier allgemeinverbindliche Richtlinien vorzugeben, erließ der Staat 1982 eine Wärmeschutzverordnung (Novellierung 1984), die Mindestwerte für den Wärmeschutz vorschreibt. Eine Wärmedämmung der Außenhülle des Hauses ist seitdem unerläßlich. Sie wird mit Wand-, Decken- und Dachkonstruktionen erreicht, die in porösen Steinen, Holzporen, watteartigen Dämmaterialien, u.ä. ruhende Luftpolster einschließen. Häuser, die nach den Vorgaben der Wärmeschutzverordnung errichtet oder umgebaut werden, sollten mit einem jährlichen Heizenergieverbrauch von 12 - 16 l Öl pro m² Wohnfläche auskommen.

Nun sind die staatlichen Vorgaben für den maximal zulässigen k-Wert der einzelnen Außenbauteile zum Teil heftig kritisiert worden, weil sie Klima-Faktoren wie Sonneneinstrahlung, Orientierung des Hauses und Speicherfähigkeit des Baumaterials nach Meinung mancher Architekten nicht hinreichend berücksichtigen. So haben Wiechmann und Varsek 1986 durch Messungen festgestellt, daß schwere Außenwände nicht nur maximal 6% der Heizungswärme aus Solarstrahlung gewinnen können, wie von den k-Wert-Experten behauptet wird, sondern im Extremfall annähernd 40%. Paul Bossert legte überdies eine Dokumentation von Wärmeverbrauchszahlen

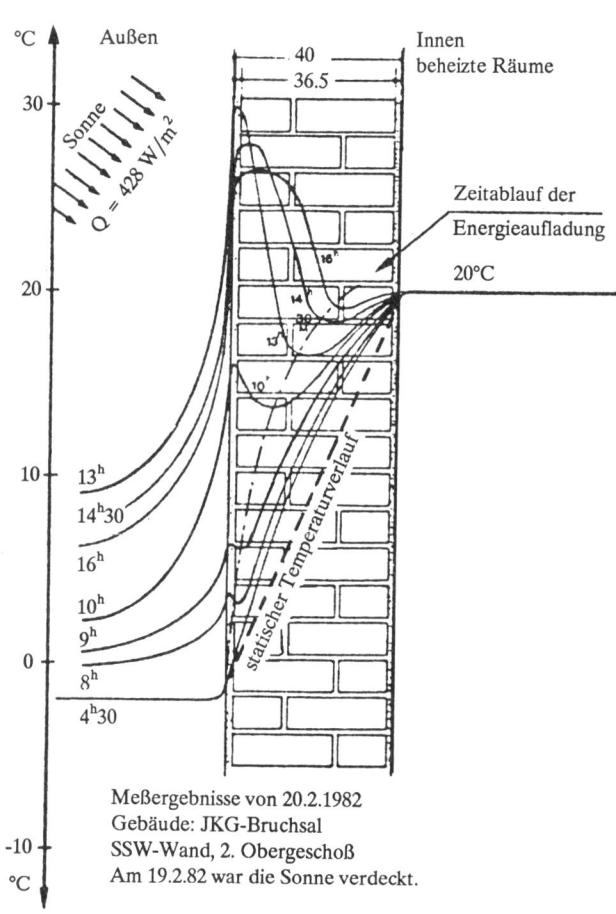

°C Außen
30
20
10
0
-10
°C

Innen
beheizte Räume

40
36.5

Sonne
Q = 428 W/m²

Zeitablauf der
Energieaufladung

20°C

16ʰ
14
13'
18'
10'

statischer Temperaturverlauf

13ʰ
14ʰ30
16ʰ
10ʰ
9ʰ
8ʰ
4ʰ30

Meßergebnisse von 20.2.1982
Gebäude: JKG-Bruchsal
SSW-Wand, 2. Obergeschoß
Am 19.2.82 war die Sonne verdeckt.

Abb. 34: Energieaufnahme einer Südwand an einem sonnigen Win-
tertag   Quelle: Der Sachverständige IX, Heft12, 297

für nicht gedämmte Altbauten vor, nach der manche Häuser im Jahr mit 6 - 10 l Öl pro m² beheizte Wohnfläche auskommen, die nach der k-Wert-Rechnung eigentlich 20 l Öl pro m² im Jahr und mehr verbrauchen müßten.

Doch beweisen diese Untersuchungen und Beispiele weder, daß die bauphysikalischen Rechenverfahren grundlegend falsch sind, noch können sie die Notwendigkeit von Wärmedämmaßnahmen grundsätzlich in Frage stellen.

Denn einerseits beweisen langjährige und detaillierte Untersuchungen in Schweden ganz eindeutig, daß man bei konstruktiv richtiger Ausführung Häuser mit sehr guter Wärmedämmung und einem jährlichen Heizenergieverbrauch von 3 - 7 l Öl pro m² beheizte Fläche bauen kann. Und bei der dort üblichen leichten Bauweise (Holz und Wärmedämmaterial) stimmen die gemessenen Verbrauchswerte durchaus mit dem nach der k-Wert-Methode errechneten Verbräuchen überein.

Andererseits dürfen wir nicht übersehen, daß der überwiegende Teil des bundesdeutschen Althausbestandes heute immer noch mehr als 15 - 20 l Heizöl pro m² beheizte Fläche im Jahr benötigt. Und nach den Vorgaben der WSVO (Wärmeschutzverordnung) errichtete Neubauten liegen mit einem Verbrauch von 12 - 16 l/m² auch noch deutlich über den Verbrauchswerten, die in einem Land wie Schweden längst die Norm sind.

Bei Neubauten beginnt das energiesparende Bauen bereits mit der Stellung des Gebäudes im Gelände und der Wohnraumorientierung zur Sonnenseite. Innerhalb des Gebäudes sind die Räume im Sinne einer Temperaturhierarchie anzuordnen und zu beheizen. Zur Erwärmung des Gebäudes sind bei schwerer Bauweise träge Heizsysteme, bei leichter Bauweise flinke Systeme mit Nachtabsenkung, in jedem Fall aber Heizungen mit hohem Strahlungswärmeanteil vorzusehen. Fensterflächen sind mit hochwertiger Wärmeschutzverglasung auszustatten. Leichtbauteile, ob Dach, Wand oder Decke sind mit wirksamen Dämmschichten (12 cm oder mehr) herzustellen. Schwere Außenwände ohne oder nur mit geringer Sonneneinstrahlung sollten eine zusätzliche Außendämmung erhalten.

Bei Altbauten ist vor einer Sanierung eine genaue Bestandsaufnahme der Außenkonstruktion (Wand, Decke und Dach) mit k-Wert-Ermittlung notwendig. Mit diesen Werten läßt sich der theoretische Energieverbrauch berechnen und mit dem realen Verbrauch verschiedener Jahre vergleichen. Die Effizienz der Brenneranlage (Heizenergieverbrauch, Betriebsstunden) ist festzustellen und die Anlage ggf. teilweise oder vollständig zu erneuern. Leichte Bauteile (Dach) und nicht sonnenbestrahlte Bauteile der Außenhülle (Kellerdecke und obere Geschoßdecke) sollten mindestens entsprechend den Vorgaben der Wärmedämmverordnung gedämmt werden. Der häufig notwendige Fensteraustausch ohne gleichzeitige zusätzliche Dämmung der Außenwände birgt das Risiko in sich, daß der erhöhte Wasserdampfgehalt im Rauminnern infolge gesteigerter Dichtigkeit zu Schimmelproblemen an den Wänden (Raumecken, Fensterleibungen usw.) führt. Kasten- oder Verbundfenster sollten, wenn reparierbar, erhalten bleiben und nicht ausgetauscht werden. Grundsätzlich ist bei größeren Sanierungen eine Musterwohnung zu sanieren. Für Außenwandisolierungen sollten möglichst nur kapillaraktive Dämmstoffe mit unproblematischem Feuchteverhalten zum Einsatz kommen.

Einschalige Wandkonstruktionen, die gute Wärmedämmwerte erreichen (0,5-0,8 W/m²K), sind mehrschichtigen Konstruktionen vorzuziehen, da sie in der Bauausführung wesentlich einfacher und langfristig für Bauschäden weniger anfällig sind. Hochwärmedämmende Bauteile können mit einschaligem Mauerwerk allerdings nicht erreicht werden, da Wandstärken von 60 cm und mehr nicht zu vertreten sind. Daher lassen sich extrem gute Verbrauchswerte, wie die in Schweden erreichten, mit der einschaligen, schweren Bauweise wohl kaum erzielen. Mehrschichtige Wandaufbauten mit entsprechenden Dämmstoffdicken ermöglichen zwar sehr gute k-Werte und auch speicherfähiges Mauerwerk auf der Raumseite. Bei der Bauausführung ist jedoch an den Anschlußstellen zu anderen Bauteilen ganz besondere Sorgfalt auf die Vermeidung von Wärmebrücken zu verwenden. Denn hier hat sich in den letzten Jahren gezeigt, daß das Problem der Wärmebrücken von Planern und Handwerkern erheblich unterschätzt wird und der bessere k-Wert in der Wandfläche nicht immer auch zu einem niedrigeren Heizenergieverbrauch führt.

Bei allen Dämmaßnahmen an einer massiven Wand muß berücksichtigt werden, daß die Erwärmung der Außenwand über Solareinstrahlung behindert oder beseitigt wird; die Entfeuchtung der Wand muß trotzdem unter allen Umständen sichergestellt werden.

Leichte Baukonstruktionen wie z.B. ein gedämmtes Dach haben bei richtiger Dämmschichtdicke (> 14 cm) weniger Schwierigkeiten mit der Auskühlung im Winter als mit der Überhitzung im Sommer, da hier speichernde Bauteile in der Regel fast völlig fehlen. Schwere Giebelmauern, massive Kamine oder schwere Fußbodenkonstruktionen sind hier vorteilhaft.

Die Wärmespeicherfähigkeit von massiven Bauteilen ist nicht nur wichtig für ein günstiges Raumklima, sie kann auch helfen, Heizenergie zu sparen, wenn sie wohlbedacht mit südorientierten Fenstern kombiniert wird, entsprechend den Prinzipien der »passiven Sonnenenergienutzung«; durch große Südfenster kann sogar im Winter, vor allem aber im Frühjahr Sonnenenergie ins Haus geholt werden. Diese steht für die Beheizung am Abend und in der Nacht zur Verfügung, wenn sie in massiven Bauteilen (Wände, Fußböden, Decken) gespeichert werden. Allerdings ergibt sich die erhoffte Energieeinsparung nur, wenn mindestens dreifach verglaste Fenster bzw. Wärmeschutzverglasung verwendet werden und keine Verschattung vorhanden ist. Die Mehrkosten für die Verglasung können durch die Einsparung nicht erwirtschaftet werden.

Um Wärmeverluste in der Nacht durch die Fensterflächen zu vermeiden, ist der Einsatz von Fensterläden, Rolläden o.ä. sinnvoll. Da nordorientierte Fensterflächen keine oder nur geringe Wärmegewinne ermöglichen, sollten auf der Nordseite eines Hauses Fensteröffnungen nur in dem Maße vorgesehen werden, wie sie zur Belichtung der Räume erforderlich sind. Eine Überhitzung der südorientierten Räume im Sommer kann durch Beschattungselemente, ausreichende Dachüberstände und Belüftung vermieden werden. Wegen des stark schwankenden Sonnenenergieangebots sollten Maßnahmen zur passiven Sonnenenergienutzung immer auch im Zusammenhang mit dem Heizungssystem geplant werden.

2.8 Wärmedämmstoffe

Unter der Bezeichnung Dämmstoffe werden Materialien zusammengefaßt, die aus sehr verschiedenen Rohstoffen hergestellt werden, aber eines gemeinsam haben: großes Volumen bei geringem Gewicht aufgrund vieler kleiner Hohlräume.

Da ruhende Luft im Vergleich zu festen Körpern ein sehr schlechter Wärmeleiter ist, bewirkt vornehmlich die in den Hohlräumen eingeschlossene Luft die wärmedämmenden

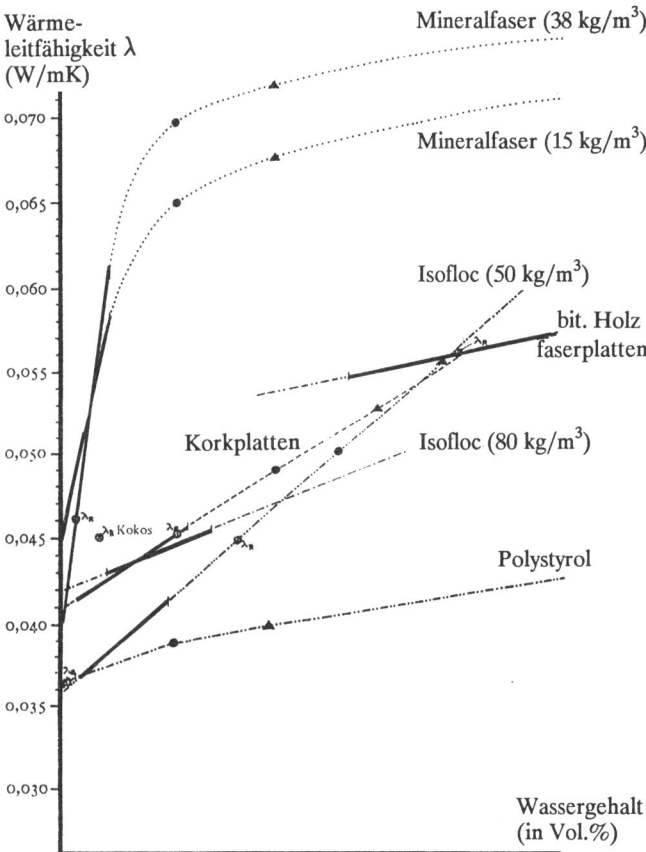

Wärme-
leitfähigkeit λ
(W/mK)

Mineralfaser (38 kg/m³)

Mineralfaser (15 kg/m³)

0,070

0,065

Isofloc (50 kg/m³)

0,060

bit. Holz
faserplatten

0,055

Korkplatten

Isofloc (80 kg/m³)

0,050

Polystyrol

0,045

Kokos

0,040

0,035

0,030

Wassergehalt
(in Vol.%)

▲ bei Tauwassermasse 1 kg/m²a ⎱ Erhöhung der Dämmstoff-
⎰ feuchte gegenüber Wert
● bei Tauwassermasse 0,5 kg/m²a ⎰ bei λ_R ungünstigster Fall

⊙ λ_R prakt. Feuchtegehalt (Rechenwert nach DIN 4108
bzw. DIN 52612)

⊢—⊣ Bereich bauüblicher Feuchtegehalte (ohne Bauschäden)

Abb. 35: Wärmeleitfähigkeit und Dämmstoffeuchtigkeit

(Nach Untersuchungen von Cammerer, Krischer, Schüle und verschiedene Staatl. Materialprüfungsanstalten. Graphik: R. Borsch-
Laaks, Energie- & Umweltzentrum am Deister, Springe)

Eigenschaften dieser Baustoffe. Die Wärmeleitfähigkeit
wird durch einen materialabhängigen Zahlenwert, die spezifische Wärmeleitfähigkeit λ, beschrieben. Dieser gibt die
Wärmemenge (in Watt) an, die pro m² Oberfläche durch
1 m eines Werkstoffes bei einem Temperaturgefälle von
1 Grad Kelvin (1 K) hindurchströmt. Als Dämmstoffe
gelten alle Materialien, deren λ-Wert unter 0,1 W/m K
liegt. Die Holzwolleleichtbauplatte mit einer Wärmeleitfähigkeit von 0,093 W/mK zählt daher noch zu den Dämmstoffen, Holz mit 0,14 W/mK dagegen nicht.

Die Wärmeleitfähigkeit gilt heute als das wichtigste Kriterium für die Auswahl von Dämmstoffen. Dieser Wert wird
für völlig trockene Baustoffe im Labor ermittelt. Die
Durchfeuchtung eines Dämmstoffes kann aber seine
Dämmfähigkeit stark herabsetzen, z.B. können 2% mehr
Volumenfeuchtigkeit die Dämmwirkung von Mineralwoll-
dämmstoffen (siehe Abb. 34) um 25% und mehr ver-
schlechtern. Da je nach Wetterlage, Einbausituation und
Nutzung im Bauwerk immer einmal Feuchtigkeit anfallen
kann, ist es vor allen Dingen wichtig, daß der Dämmstoff
die in der Konstruktion eindringende Feuchtigkeit schnell
wieder abgeben kann. Dies ist bei fast allen naturnahen
Dämmaterialien der Fall, während vor allem die künstlichen Schaumdämmstoffe zum Teil nur schlecht austrocknen.

Naturnahe Dämmstoffe

Die einfachste und billigste Form der Wärmedämmung ist
eine stehende Luftschicht. So entspricht z.B. eine 5 cm
dicke Luftschicht zwischen 2 Pappen der Dämmung einer
1 cm dicken Weichfaserplatte.

Als Wärmedämmstoffe wurden bis in die 40er Jahre haupt-
sächlich leichte Naturstoffe eingesetzt: Stroh, Seegras,
Ried, Holzwolle, Sägemehl, Rindenschrot, Kokosfaser und
Kork. Sie wurden durch verarbeitete Naturstoffe ergänzt:
Holzweichfaserplatte, Holzwolleleichtbauplatte, geblähter
Ton und in neuerer Zeit Zellulosedämmstoff.

Die Wärmedämmfähigkeit dieser naturnahen Stoffe ist
meist nicht ganz so gut wie die der künstlichen Dämmstoffe.

Im allgemeinen sind die naturnahen Dämmstoffe in Herstellung, Verarbeitung und Gebrauch gesundheitlich unbedenklich. Die Umweltbelastung ist nicht zuletzt wegen des niedrigen Energieaufwands für die Herstellung gering. Außerdem werden keine radioaktive Strahlungen, keine schädlichen Gase und keine gefährlichen Feinstäube freigesetzt. Allerdings sind die Preise für das Material und die Verarbeitung meist höher als bei künstlichen Dämmstoffen. Die Ursachen für die erheblichen Preisunterschiede (bis zu 300% bezogen auf gleiche Dämmwirkung) liegen zum einen in den Transportkosten, die für die voluminösen Dämmstoffe sehr hoch sind: so werden die Schaumkunststoffe dezentral in über 30 Werken in Deutschland produziert, während Kork oder Kokoswolle bereits in voluminösem Zustand nach Deutschland importiert werden. Zum anderen werden künstliche Dämmstoffe verarbeitungsgerecht konfektioniert, bei naturnahen Dämmstoffen muß die Konstruktion nach dem Dämmaterial ausgerichtet sein, damit möglichst wenig Arbeitszeit aufgewendet werden muß und materialsparend gearbeitet werden kann.

Die Forderung des Brandschutzes, daß nur noch Stoffe der Brandschutzklasse B2 eingebaut werden dürfen, machte viele naturnahe Dämmstoffe ungeeignet für den offenen Einbau z.B. in Dachschrägen. Erst durch Imprägnierungen, z.B. auf Wasserglasbasis, erreichen diese Stoffe den erforderlichen Brandschutz.

Im Baubereich werden heute eingesetzt:

Geblähter Ton
Blähton, hauptsächlich als Substrat für Hydrokulturen bekannt, ist ein mineralischer Schüttdämmstoff, der nicht brennbar (Brandklasse A) und ungeziefersicher ist. Er besteht aus Tonkügelchen, die bei einer Brenntemperatur von 1.200°C expandiert werden, an der Oberfläche versintern und damit wasserabweisende Eigenschaften erhalten. Durch die großen Poren hat das Material ein recht gutes Wärmedämmvermögen, das aber mit einem k–Wert von 0,12 W/m K nicht besser als das von Holz ist. Blähton kann eingeblasen oder geschüttet werden. Beim Einsatz großer Blasgeräte ist die Staubentwicklung allerdings enorm.

Holzweichfaserplatten
Die Weichfaserplatten aus Sägemehl und feinen Sägespänen sind mit dem holzeigenen Bindemittel Lignin gebunden. Zur besseren Feuchtigkeitsbeständigkeit der Platten wird den äußeren Schichten beim Pressen meist noch 10 bis 15% Bitumen oder Bitumenemulsion zugesetzt. Da Weichfaserplatten als Dämmstoff recht teuer sind, werden sie hauptsächlich als Konstruktionselement in Verbindung mit anderen Dämmstoffen, meist Schüttdämmstoffen, eingesetzt. Durch den angefrästen Keilnut (Hersteller Gutex) lassen sich mit solchen Platten hohe Winddichtigkeiten erreichen; Platten mit Nut und Fremdfeder (Hersteller Pavatex) können sogar eine Dachverschalung ersetzen.

Holzwolleleichtbauplatten
Sie bestehen aus Holzspänen, die durch Magnesit oder Zement gebunden sind. Die zementgebundene Platte ist durch das Bindemittel wassersaugend und schlecht austrocknend, daher sind magnesitgebundene Platten zu bevorzugen. Die Platten sind relativ bruchfest, elastisch, unverrottbar und schwer entflammbar (B 1). Ihre Wärme-

Naturnahe Dämmstoffe	Künstliche Dämmstoffe
Holzwolle-Leichtbauplatten	Polystyrol-Hartschaumplatten
Kork	Polystyrol-Extruderplatten
Koksfasererzeugnisse	Polyurethan-Schaumstoffe
Holz-Weichfaserplatten	Phenolharzschaum
Torfplatten	Schaumglas
Blähton	Mineralfaserplatten und
Holzspäne	-matten mit synthetischen
Rindenschrot	Bindemitteln z. T. aus
Stroh	Rückstandsmaterialien der
Riedrohr	Erzgewinnung (Schlacken)
Seegras	
Cellulose	
Wellpapier	

Tabelle 20: Übersicht Dämmstoffe

dämmfähigkeit ist im Vergleich zu Dämmstoffen aus Kokos und Kork schlechter (λ = 0,09 W/mK), dafür sind sie aber standfest genug, um als Innenwände gesetzt und verputzt zu werden. Holzwolleleichtbauplatten erzielen außerdem eine gute Schalldämmung und besitzen ein recht gutes Wärmespeichervermögen.

Kokosfaser

Die elastischen, hohlen Fasern der Kokosnußhüllen weisen durch die eingeschlossene Luft einen sehr guten Dämmwert auf, sind allerdings unbehandelt leicht entflammbar. Erst durch Behandlung mit Ammoniumsulfat erreichen die Kokosfaserdämmstoffe (λ = 0,045 W/mK) die Brandschutzklasse B2. Die ansonsten naturbelassenen, feuchtigkeitsbeständigen und gekräuselten Fasern werden ohne weitere Zusätze zu einem gleichmäßigen und widerstandsfähigen Vlies verdichtet. Bei der Verarbeitung stört das Ammoniumsulfat, das in der Landwirtschaft als Kunstdünger Verwendung findet, da es die Schleimhäute reizt.

Kork

Aus der Rinde der Korkeiche, die alle neun Jahre geschält werden kann, wird Korkgranulat gewonnen, das auch in der naturbelassenen Form (nicht expandiert) bereits gute Dämmeigenschaften besitzt. Durch Behandlung mit überhitztem Wasserdampf kann das Granulat bei Temperaturen von 300 - 400°C expandiert und unter Ausnutzung der natürlichen Harze ohne fremde Bindemittel zu »niedrig-rein-expandierten« Blöcken zusammengebacken werden.

Kork ist alterungsbeständig, stoß- und schalldämmend, verrottungsfest, fäulnisresistent und in seiner Struktur leicht und elastisch. Er ist gut wärmedämmend (λ = 0,045 W/mK), normalentflammbar (B2) und als Platte (expandiert) oder Schüttgut (naturbelassen oder expandiert) erhältlich. Expandierter Kork hat gewöhnlich einen - für empfindliche Nasen - recht starken Eigengeruch und sollte vor der Verarbeitung ablüften können.

Beim Kauf von expandiertem Kork sollte in jedem Fall darauf geachtet werden, daß er »niedrig rein« expandiert wurde, d.h. bei niedrigen Temperaturen und ohne fremde Bindemittel (Kleber). Zuweilen wird Kork angeboten (als Platten und Schüttgut), der in großen Pfannen über offenem Feuer bei großer Hitze expandiert wurde. Dieser

hochexpandierte Kork riecht sehr stark und kann das umweltschädliche Benzpyren ausdünsten.

Perlite

Aus vulkanischem Gestein (spezielle Lavagesteine) wird durch Expandieren dieses leichte, körnige Dämmaterial als Schüttgut hergestellt; es ist nicht brennbar (Klasse A1), ungeziefersicher und kann durch eine Beschichtung auch feuchtigkeitunempfindlich (hydrophob) gemacht werden.

Schilfrohr

Es wird zu 2 und 5 cm starken Platten verpreßt und mit Drähten verbunden. Schilfrohrplatten haben ein gutes Dämmvermögen (λ = 0,55 W/mK), sind formstabil und durch den hohen Kieselanteil in der organischen Substanz normal entflammbar. Diese Platten sind gleichzeitig ideale Putzträger. Verputzt erreichen die Konstruktionen die Brandschutzklasse schwerentflammbar.

Stroh

Strohplatten sind nur stark verpreßt im Handel mit relativ schlechtem Dämmwert (λ = 0,1 W/mK), allerdings sind sie dann über zwei Meter freitragend gut belastbar.

Zellulosedämmstoff

Durch ein mechanisches Zerkleinerungsverfahren wird aus Altpapier eine watteartige Zellulosedämmwolle hergestellt. Als Brand- und Fäulnisschutz werden mineralische Salze (Borax u.ä.) zugesetzt. Das einfache und billige Herstellungsverfahren und sein guter Dämmwert (λ = 0,045 W/mK) machen diesen Stoff zur interessantesten Neuentwicklung beim Altpapierrecycling seit der Erfindung des Umweltschutzpapiers. Zur Zeit ist Zellulosedämmstoff nur als Schüttgut erhältlich (sehr gut geeignet für die Hohlraumdämmung). Er kann mit großen und kleinen Einblasgeräten schnell und sauber verarbeitet werden, wenn entsprechende Hohlräume vorhanden sind (Markenname Isofloc).

Bezug und Preise

Naturnahe Dämmstoffe sind in der Regel in den »Bio-Baustoffläden« erhältlich, die es inzwischen in vielen Städten Deutschlands gibt. Bei größeren Abnahmemengen können die Dämmstoffe auch frei Haus/Baustelle bezogen werden.

Schilfrohrplatten sind im Baustoffhandel erhältlich, meist aber nur in der dünnen Form als Putzträger (ca. 1 cm stark). Als Dämmplatten sind sie 2 bis 5 cm dick, bei einer Länge von 200 cm und einer Breite von 50 bis 125 cm. Ihre Verarbeitung ist einfach, alle Platten können als Wärmedämmung oder als Putzträger verwendet werden. Eine 5 cm starke Platte kostet z.B. ca. 12,- DM/m² (= 240 DM/m³).

Dämmkorkplatten (Raumgewicht ca. 110 kg/m³) sind im Format 100 x 50 cm und in Stärken von 10 bis 100 mm erhältlich. Die expandierten Platten kosten je nach Stärke zwischen 300 und 350 DM/m³.
Die Verarbeitung ist sehr staubig und durch das oftmals notwendige Schneiden auch zeitaufwendig.

Korkschrot-Schüttmaterial (Raumgewicht je nach Körnung 70-160 kg/m³) wird sackweise (1/8 bis 1/2 m³) geliefert und kostet als Naturkorkschrot z.B. für waagerechte Schüttungen oder für Dachschrägen ca. 240 DM/m³.

Kokosfaserprodukte sind als Dämmfilze, Wandplatten, als druckfeste Estrichplatten zur Trittschalldämmung und als naturbelassene Filze zur Polsterung und Matratzenherstellung erhältlich. Kokosrollfilze kosten bei einer Dicke von 20 bis 34 mm zwischen 7 und 11 DM/m² (= 350 DM/m³); Kokoswandplatten, Format 60 x 125 cm, kosten bei einer Dicke von 20 mm ca. 12 DM/m² (= 600 DM/m³), und der Preis für Estrichdämmplatten bei einer Nenndicke von 17,5 mm liegt bei etwa 14 DM/m².
Bei der Verarbeitung von Kokosrollfilzen ist das Schneiden etwas schwierig, außerdem kann die Staubbelastung störend sein.

Zellulosedämmstoff (Markenbezeichnung Isofloc) kostet als 12,5 kg-Sack ca. 35,- DM (= 140 -170 DM/m³). Ein Sack reicht für 0,2-0,25 m³ Dämmung incl. 20% Verdichtung zur Verhinderung von Materialsetzung.

Das Material kann direkt aus den Säcken ausgeschüttet werden, bzw. wird in die vorbereiteten Hohlräume eingeblasen.

Holzweichfaserplatten (Stärken 10 bis 20 mm) sind im Format 125 x 250 cm für 4 - 12 DM/m² (= 600 DM/m³) erhältlich. Die Platten sind als Trittschall-, Wand- und Dachdämmung einsetzbar. Vorzugsweise sollten nichtbituminierte Platten (erkennbar an der hellbraunen Farbe) verwendet werden. *Holzweichfaserdämmplatten* (Stärke 40 und 60 mm) werden im Format 60 x 120 cm mit glatten Kanten oder mit Nut und Feder hergestellt und kosten ca. 380,- DM/m³.

Holzwolleleichtbauplatten (magnesitgebunden, Markennamen z.B. Heraklith) gibt es in Stärken von 10 bis 100 mm. Bei Normalmaß (200 x 50 cm) kosten die Platten, je nach Stärke, zwischen 10,- und 35,- DM/m² (= 350 DM/m³).
Die Platten sind schwer zu schneiden (Kreissäge mit Hartmetallblatt).

Blähton wird unter dem Namen Leca oder Liapor angeboten und kann als Sachware (ca. 100 l) bezogen werden. Die Verarbeitung als Schüttdämmstoff ist unproblematisch. Der Sack mit 100 l Inhalt kostet ca 18,- DM (= 180 DM/m³).

Perlite wird auch unter dem Handelsnamen Superlite usw. in ca 100 l Säcken in unterschiedlichen Korngrößen gehandelt. Der Sack kostet ca 35,- DM (= 350 DM/m³). Dieser Schüttdämmstoff ist ebenfalls problemlos zu verarbeiten. Bituperl sollte wegen seines Bitumegehaltes nicht verbaut werden.

Strohplatten werden in Platten in einer Größe von 1 x 2,5 m oder beliebige Längen gehandelt, Stärke 5 bis 10 cm. Der Preis für einen m³ liegt bei ca. 300,- DM.

Alle oben genannten Preise sollen nur als Anhaltswert verstanden werden. Je nach Abnahmemenge, Transportweg und Anzahl der Zwischenhändler können die Preise stark differieren.

Künstliche Dämmstoffe

In den letzten Jahren wurden die naturnahen Dämmstoffe fast restlos durch künstliche Dämmstoffe verdrängt. Zwei große Gruppen sind hier zu nennen: die *organischen Schaumdämmstoffe* aus Polystyrol, Polyurethan und Harnstoff-Formaldehyd und die *mineralischen Faserdämmstoffe* aus Glas oder Stein. Die Ausgangsmaterialien haben selbstverständlich auch einen natürlichen Ursprung, bei Mineralfasern sind es Silikate oder Naturgestein, bei Schaumkunststoffen Erdöl. Diese Stoffe werden nun in technisch aufwendigen Verfahren zu Dämmstoffen verarbeitet, wobei ihre Ausgangsstoffe z.T. völlig verändert werden.

Die Wärmeleitwerte dieser Materialien sind meist sehr gut (0,030 - 0,040 W/mK), d.h. ihr Wärmedämmvermögen ist hoch. Ihre Durchlässigkeit für Wasser oder Wasserdampf variiert von völlig durchlässig (Mineralfaser) bis dampfdicht (Schaumglas). Alle Herstellungsverfahren sind energieintensiv, ob nun Glas oder Stein geschmolzen und versponnen wird, oder ob Kunststoffe als Polymerverbindung von Basischemikalien aus der Erdölverarbeitung eingesetzt werden. Kein Rohstoff dieser Dämmaterialien ist regenerierbar. Gesundheitsschädliche Gasabspaltungen von Styrol oder Formaldehyd sind bei den Schaumkunststoffen möglich, außerdem laden sie sich unter ungünstigen Bedingungen elektrostatisch auf. Die Wasserdampfdiffusion ist bei Phenolharz- und Polystyrolprodukten eingeschränkt ($\mu = 30$-370). Die dampfbremsende Wirkung der Materialien ist bei ihrer Verwendung als Dämmstoff häufig unerwünscht, da die Platten durch kondensierenden Wasserdampf durchfeuchtet werden können, was ihr Wärmedämmvermögen vermindert. Bei den mineralischen Faserdämmstoffen wird eine krebserregende Feinstaubabgabe vermutet, bei kunstharzgebundenen Matten besteht zusätzlich die Möglichkeit der Gasabspaltung. Ungünstiges Herstellungsmaterial (z.B. Schlackengestein) kann im Innenraum die radioaktive Strahlenbelastung erhöhen. Der Vorteil der Mineralfaserplatten liegt in ihrer Nichtbrennbarkeit (Brandklasse A), womit sie den Brandanforderungen bei größeren Gebäuden (Versammlungsstätten, Schulen, Mehrfamilienhäuser usw.) entsprechen.

Zur Herstellung von Platten, Bahnen und Filzen aus Glas- und Steinwolle werden die Fasern durch Kunststoffkleber auf der Basis von Phenol-, Melamin- oder Harnstoff-Formaldehyd verbunden. Durch diesen Kleber kann es auch noch nach dem Einbau der Dämmstoffe zu einer gesundheitsschädlichen Gasabspaltung kommen.

Aus all diesen Gründen sollte der Einsatz von organischen Schaumdämmstoffen und von mineralischen Faserdämmstoffen soweit möglich vermieden werden. All dies hindert die Branche nicht, ihre Produkte neuerdings unter dem Schlagwort »Wärmedämmung ist Umweltschutz« zu vermarkten.

Mineralfaser

Für die Mineralfaser werden Silikate oder Diabasgestein (bei Glaswolle auch ca. 50% Altglas) unter hoher Hitze verflüssigt und durch Düsen gepreßt. Die entstehenden Gespinstwollen werden zu Matten oder Platten gelegt und mit Kunstharzen (meist Melaminformaldehydharzen, Markenname Bakelit) verfestigt. Je nach Bindemittelanteil sind sie normal entflammbar (B 2) oder nicht brennbar (A 1). Die Ausrüstung mit Kunstharzen kann je nach Produkt 1 bis 10% des Rohgewichtes erreichen, das bedeutet immerhin 5 bis 10 kg/m^2.

Die Problematik dieser Platten liegt einmal in der Faserstärke, aber auch in ihren Kunstharzausdünstungen. Im Zusammenhang mit den Untersuchungen über die Entstehung von Lungenkrebs durch lungengängigen Feinstaub von Asbestfasern wurden auch die Materialien Glas- und Steinwolle untersucht, da diese wie Asbest einen großen Anteil an feinen Fasern mit Durchmessern von 0,5 bis 3 μm besitzen. Dies ist natürlich auch bei dem zur Wärmedämmung eingesetzten Material der Fall, da gerade die abnehmende Faserstärke bei gleicher Rohdichte zu einer abnehmenden Wärmeleitzahl führt (Reduzierung der Luftkonvektion). Die Anzahl an Fasern in einem Durchmesserbereich unter 1,0 μm, also im kritschen lungengängigen Bereich, liegt bei Steinwolle bei 4,6% und bei Glaswolle bei 11,5% aller Fasern. Dies bedeutet ca. 20.000 Faserstäube bei Steinwolle und 100.000 Feinstfasern bei Glasfaser pro m³ Dämmstoff.

Schaumglas
Schaumglas besteht aus aufgeschäumten Silikaten. Die geschlossenen Glaszellen sind vollständig dampfdicht, fäulnis- und bei völlig glattem Auflager druckfest (50 - 120 t/m²). Allerdings zerbröselt das Material bei Punktbelastung zu Sand. Durch Austreten des Schwefelwasserstoffgases beim Verarbeiten entsteht ein fauliger Geruch.

Schaumkunststoffe
Sie werden aus Kunststoffzwischenprodukten gefertigt. Jeder Stoff hat dabei seine ökologischen Probleme: Monostyrol ist hochgiftig und erst in der Polymerisation als Polystyrol unbedenklich. Allein bei der Polymerisation belasten ca. 3.000 bis 6.000 Tonnen emittiertes Styrol die Atmosphäre. Die Gesamtproduktion von Styrol für Schaumdämmstoffe liegt bei ca. 18.000 Tonnen/Jahr. Die aus Polystyroldämmplatten austretenden Styrolmengen nach der Fertigung sind extrem gering. Bei Innendämmungen ohne Dampfbremse lag der Monostyrolgehalt nach der Anbringung unter ein Tausendstel des gültigen MAK-Wertes, nach 99 Tagen unter der Nachweisgrenze. Andererseits wird von ernstzunehmenden Medizinern betont, daß bereits ein Molekül Styrol krebserregend wirken kann, und 0,29 mg in 1 m³ Raumluft bedeuten 1700 Milliarden Moleküle Styrol. Extrudierte Polystyrolplatten und Polyurethan-Hartschaum werden mit dem ozonschichtzerstörenden Fluorchlorkohlenwasserstoff geschäumt. Das Schrumpfen der Platten nach der Herstellung geht auf Ausdünstungen dieses Gases zurück. Die extreme Wasserresistenz der Schaumkunststoffe ist ihr großer Vorteil, so daß sie sogar als geschlossenzellige Extruderschaumplatten unter Wasser ihre Dämmeigenschaften nicht verlieren. Hat sich eine normale Polystyrolplatte allerdings mit Wasser oder Wasserdampfkondensat einmal vollgesogen, so kann sie dies wegen des hohen Wasserdampfdiffusionswiderstandswertes von 35 bis 370 μ nicht mehr loswerden. Organische Schaumkunststoffe sind unbehandelt

Fasertype		Glaswolle	Gesteinswolle	Gesteinswolle	JM 100
Codebezeichnung in [9]		B	E	F	-
Minimaler Faserdurchmesser nach [9]	μm	0,18	0,30	0,30	k.A.
Fasern mit Faserdurchmesser d<0,50 μm Anteil nach Anzahl	%	2,6	0,28	0,23	60...85
Massenanteil	%	0,01	0,0010	0,0015	43
Fasern mit Faserdurchmesser d<1,0 μm Anzahl		100000		20000	
Anteil nach Anzahl	%	11,5	4,0	4,6	>90
Massenanteil	%	0,15	0,05	0,11	85
k.A. = keine Angabe					

Tabelle 21:
Vergleich der Durchmesser-Verteilung bei Faserdämmstoffen und den im Tierversuch eingesetzten Experimentalfasern »JM 100«.

Die Daten nach [9] beziehen sich auf den Batelle-Bericht »UBA-Materialien 10/78«. Zu beachten ist der starke Unterschied des Anteils feiner Fasern nach dem Massenanteil.   Quelle: (33)

leicht entflammbar (B 3). Erst die Ausrüstung mit flamm-hemmenden Mitteln macht sie normal oder schwer entflammbar und für den Baubereich einsetzbar. Als Flammschutzmittel werden z.B. bromierte Kohlenwasserstoffe (z.B. "Diphenylether") verwendet, die sich im Brandfall in eine Reihe von Dioxinen und Furane verwandeln, eine Abart jener hochtoxischen Stoffe, die die Seveso-Katastrophe auslösten.

Vermiculit
Vermiculit ist ein körniges Granulat aus geschäumter, expandierter Mineralwolle. Das nichtbrennbare Material ist verrottungsfest, fäulnisbeständig und sicher gegen Nagetiere und Insekten. Es kann als Schüttdämmstoff eingesetzt werden (λ = 0,07 W/mK).

Bezug und Preise

Die künstlichen Dämmmaterialien sind problemlos über den örtlichen Baustoffhandel zu beziehen.

Mineralfasererzeugnisse (Glasfaser oder Steinwolle, Markenbezeichnung z.B. Isover, Rockwool) gibt es je nach Dämmeinsatz als Platten (50 x 100 cm, Stärke 4 - 10 cm) oder als Bahnen (Breite 50 - 120 cm, Stärke 8 - 16 cm, Bahnlänge 4 bis 7,5 m). Die Platten kosten z.B. bei einer Stärke von 5 cm ca 9,- DM/m^2, die Bahnen (Stärke 10 cm) kosten 6,- bis 10,- DM/m^2. Die Verarbeitung ist wegen des langandauernden Haftens der Faserteilchen auf der Haut sehr lästig (wenn überhaupt, dann nur mit Atemschutz arbeiten!). Estrichdämmplatten kosten bei einer Stärke von 25 mm ca. 9,- DM/m^2.

Polystyrol- oder Polyurethanplatten (Styropor, PUR-Schaum, Styrodur, Exporit etc.) sog. Hartschäume, werden offen- oder geschlossenzellig in Plattenform verkauft. Das Format der Platten kann sehr unterschiedlich sein, üblich sind 125 x 60 cm in Stärken von 2 bis 12 cm. Der Preis richtet sich nach Dämmgruppe, Materialdichte und Einsatzbereich, z.B. kosten Estrichdämmplatten (Stärke 23 mm) ca. 3,- DM/m^2,

Dämmplatten (50 mm) offenzellig ca. 7,- DM/m^2 und Kellerdämmplatten (50 mm) geschlossenzellig, ca. 25,- DM/m^2. Die Verarbeitung der Platten durch Dübeln oder Kleben (gesundheitsschädlich) ist einfach.

Schaumglas: Handelsname Foamglas, als Platten oder Boards in Dicken von 25 - 180 mm, Größe 30 x 45 cm, 60 x 45 cm oder 120 x 60 cm, auch als Halbschalensegmente für Rohre erhältlich.

Künstliche Dämmstoffe

- sehr gute Wärmedämmung (z.T. höher als bei den naturnahen Dämmstoffen)
- schlechter Feuchtigkeitsaustausch bei Schaumkunststoffen
- Herstellung energieintensiv
- Produktion und Entsorgung umweltbelastend (bei Schaumkunststoffen schädliche Feinstaubabgabe und Gasemissionen möglich)
- zum Teil wiederverwertbar

Anwendung: für spezielle Dämmsituationen, z.B. im Naßbereich oder bei geforderter Dampfdichtigkeit, sonstige Dämmeinsätze mit Vorbehalt

---

2.9 Anstriche

Wie schon erwähnt, läßt sich das Haus als 3. Haut bezeichnen. Die Oberfläche der Bauteile bilden dann sinngemäß die oberste Hautschicht. Auf diese Schicht ist nun große Aufmerksamkeit zu richten, denn sie kann schlechtes Baumaterial verbessern aber auch gutes Material in seinen positiven Wirkungen beeinträchtigen. Ein natürlicher Fettfilm schützt die menschliche Haut an der Oberfläche gegen zahlreiche negative Einflüsse von außen. Ebenso müssen alle Materialien einen möglichst "lebendigen" Oberflächenschutz erhalten, falls sie diesen nicht selbst bilden (wie z.B. das Kupfer den Grünspan als Oxydschicht). "Lebendig" bedeutet auch hier eine möglichst große Offenheit für den Austausch mit der Umwelt (Luftaustausch, Feuchtigkeitsaufnahme und -abgabe). Vor einer Beschichtung muß die erforderliche Schutzwirkung des Anstrichs genau bestimmt werden, um bei mehreren Möglichkeiten immer die weniger dichte und harte Oberflächenbehandlung zu wählen, also z.B. Lasur statt Lack, Kalkanstrich statt Dispersion.

Die althergebrachten Anstrichmaterialien aus Naturharzen sind fast völlig abgelöst worden von synthetisch erzeugten Farben und Anstrichstoffen als Folge des Siegeszuges der industriellen Chemie. Diese belasten aber die Luft in unvorstellbarem Ausmaß mit den verschiedensten Schadstoffen.

Alle Anstrichmaterialien setzen sich aus Binde- und Lösemittel, Pigmenten und Zusatzstoffen zusammen, wobei die Binde- und Lösemittel dabei (Anteil bis zu 95 %) die Hauptsubstanz eines Anstriches bilden.

Naturfarben brennen nicht mehr und nicht weniger als Kunstharzfarben. Eine besondere Gefahr kann bei Unachtsamkeit z.B. von leinölfirnisgetränkten Lappen ausgehen, da das Leinöl mit der Luft oxidiert und sich ein Wärmestau bildet, wenn die dabei entstehende Wärme im Innern nicht schnell genug abgeführt wird. Dieser Wärmestau kann zur Selbstentzündung des Lappens führen. Die gleiche Gefahr besteht bei feucht gepacktem Heu, weswegen man Heu dennoch nicht als "hochgefährliche Chemikalie" bezeichnet. Aus diesem Grund sollten naturharzöl- oder leinölfirnisgetränkte Putzlappen in einem dicht schließenden Blechgefäß aufbewahrt werden, oder im Freien auslüften können.

Problematisch sind auch Schellacke, die allerdings von Heimwerkern nur selten verarbeitet werden, da hier die Alkoholverdünnung mit dem sehr niedrigen Flammpunkt von 12°C das Material in die Gefahrenklasse B leicht entzündlich einstuft. Diese Gefahrenklasse haben sie allerdings mit den reaktionsschnellen künstlich-organischen Lö-

semittel auf der Basis von Nitrozellulose vieler Kunstharzfarben gemeinsam. Hier muß der Verarbeiter jede offene Flamme vermeiden.

Bindemittel

Bindemittel bestimmen die Oberflächeneigenschaften eines Anstrichs und verbinden die Farbe (Pigmente) mit dem Untergrund. Natürliche Bindemittel sind z.B. Baumharze, Wachse, Pflanzenschleime und -gummis. Synthetische Bindemittel werden meist aus Erdöl hergestellt und Kunstharze genannt. Diese künstlichen Bindemittel sind wie alle Kunststoffe elektrische Nichtleiter und als Folge davon laden sie sich durch Reibung stark elektrostatisch auf. Weiterhin sind Anstriche mit künstlichen Bindemittel wenig wasserdampfdurchlässig und heben die Diffusionsfähigkeit und Sorptionsfähigkeit der darunterliegenden Materialien praktisch auf. Durch kleine Risse eingedrungenes Wasser (Spritzwasser, Schlagregen) kann dann nicht mehr hinausdiffundieren, was im Winter durch Gefrieren und im Sommer durch hohen Wasserdampfdruck zum Abplatzen des Anstrichs an Fenstern und Außenwänden führt. Naturnahe Bindemittel haben dagegen gewissermaßen "angeborene" positive Eigenschaften. Sie sind zum Teil halbleitend, d.h. sie können sogar schlechte Oberflächen antistatisch ausrüsten. Die Diffusionsfähigkeit der Naturharzdispersionsfarbe erreicht 95% der einer ungestrichenen Wand. Resorption und Hygroskopizität werden auch bei Leinölbeschichtungen nicht aufgehoben. Die Anstriche können

Tabelle 22: Bestandteile von Anstrichstoffen
Der Pfeil weist in Richtung eines zunehmenden Verarbeitungsaufwandes.

Bindemittel	Lösemittel	Pigmente
Pflanzenleime	Wasser	Erdfarben
Tierleime	Terpentinöl	Tier- und
Naturöle	Alkohole	Pflanzenfarben
Naturharze	Benzole	Mineralfarben
Kunstharze	Ester	Teerfarben
	Ketone	

auf die durch die Anwendung geforderte Wasserdichtigkeit eingestellt werden, von offenporiger Lasur bis zur hochglänzenden, dichten Lackschicht. Die Rohstoffe der naturnahen Bindemittel sind seit Jahrhunderten ohne giftigen Nebenwirkungen in Gebrauch und auch die Umweltverträglichkeit der Herstellung ist gewahrt, da die Rohstoffe ohne großen Energieverbrauch und ohne Schadstoffabgaben verarbeitet werden können.

Die Nachteile der Anstriche mit naturnahen Bindemitteln sind ihre langsame Trocknung, und ihre geringere Festigkeit im Vergleich zu Anstrichen mit Kunstharzbindemitteln. Für die meisten Anwendungen dürfte die Härte der Anstriche mit naturnahen Bindemitteln jedoch ausreichend sein.

Lösemittel

Die künstlichen Lösemittel sind alle gesundheitsschädlich, denn sie enthalten u.a. Benzol, Toluol, Xylol, Ester, Äther, Ketone, Azeton und aromatische Kohlenwasserstoffe. Durch das Verdampfen der Lösemittel in den Anstrichen werden nicht nur die Verarbeiter gesundheitlichen Gefahren und Schäden ausgesetzt (hauptsächlich greifen die Lösemittel die Leber und das zentrale Nervensystem an), sondern die Stoffe gelangen in sehr großen Mengen in die Umwelt. Nitrozelluloselacke enthalten z.B. ca. 75 % Lösemittel und nur 25 % reine Lackkörper.

Die chemisch aushärtenden Lacke enthalten zusätzlich zu den Lösemitteln noch giftige Härter.

Aufgrund des Bewußtseinwandels der letzten Jahre ist die Farbindustrie dazu übergegangen, Lösemittel durch Wasser zu ersetzen, was bei Acryllacken (sog. "Wasserlacke") möglich ist. Es verbleibt aber auch in diesem Fall die umweltbelastende Herstellung des Lackkörpers und seiner Pigmente. Die notwendigen Emulgatoren, die das Kunstharz zur Wasserlöslichkeit zwingen, werden mittlerweile verdächtigt, Erbgutschädigungen zu verursachen.

Die Naturfarbenhersteller setzen als Lösemittel Testbenzin, Isoaliphate und ätherische Öle ein. Nach Abwägung aller Vor- und Nachteile ist wohl den ätherischen Ölen der Vorzug zu geben, da hier nachwachsende Rohstoffe verwendet werden und sie als alte Kulturstoffe seit Jahrtausenden dem Menschen vertraut sind. Da die Dämpfe dieser Öle genau wie die der anderen Lösemittel negativ auf das zentrale Nervensystem wirken können, sollte bei der Verarbeitung auf gute Lüftung geachtet werden. Das im Zusammenhang mit den ätherischen Ölen immer wieder zitierte Δ^3 - Caren, das als Urheber der Malerkrätze gilt, ist in allen ätherischen Ölen in unterschiedlichen Mengen anzutreffen. Balsamterpentinöl südeuropäischer Herkunft weist geringe Konzentrationen auf und bei Verwendung frischer Ware können Oxidationsprodukte, als vermuteter Auslöser der Krätze, gar nicht erst auftauchen.

Dies alles kann nicht verhindern, daß im Zuge des geschwächten Immunsystems vieler Menschen durch die zunehmende Chemisierung unserer Umwelt gelegentlich allergische Reaktionen auf natürliche ätherische Öle vorkommen. Der Terpen-Allergiker muß hier immer die Probe aufs Exempel machen.

Pigmente

Die farbigen Anstrichstoffe enthalten Pigmente als farbgebende Bestandteile. Besonders bei den Kunstharzlacken werden je nach Farbton sehr unterschiedliche Metallverbindungen, wie z.B. Blei und Chrom eingesetzt, aber auch Anilinfarben aus der Teeröldestillation. All diese Stoffe sind bei der Herstellung, ebenso wie nach der Verarbeitung, sehr umweltbelastend. Eine Alternative hierzu stellen die ungiftigen Erd- und Pflanzenfarben dar.

Anilinfarben wirken wie reine Spektralfarben sehr intensiv und häufig monoton. Anstriche mit Farbpigmenten aus Erden, Pflanzen und von Tieren sind dagegen weniger leuchtend und enthüllen auch immer etwas von ihrer Komplementärfarbe, was für das Auge sehr angenehm ist.

Anstriche für den Außenbereich

Der *Wandputz* im Außenbereich muß vor allzu starker Durchnässung, besonders an der Westseite, geschützt werden. Wichtig ist, daß der Anstrichträger, in diesem Fall der mineralische Putz, nicht in seinem Feuchteausgleich behindert wird. Kunststoffdispersionsfarben erzeugen einen relativ dichten Anstrichfilm im Gegensatz zu Kalk- oder Silikatfarben, die sich durch Verkieselung innig mit dem mineralischen Putz verbinden ohne die kapillare Leitfähigkeit oder Wasserdampfdiffusion zu behindern.

Reine Kalkanstriche mit 18 - 24 Monate altem Sumpfkalk können mit max. 10% Eisenoxidpigmenten abgetönt werden. Der Untergrund ist immer gut vorzunässen. Problematisch für den Kalkanstrich ist der saure Regen, da er hierdurch in seiner Festigkeit abnimmt und ausgewaschen wird. Als Alternative bieten sich Silikatfarben an, die allerdings wesentlich teurer sind. Zu beachten ist, daß nur reine Silikatfarben verwendet werden, die nicht - wie viele gebrauchsfertige Mischungen, sog. Einkomponentenfarben - Kunststoffzusätze enthalten. Dabei wird das Silikatpulver kurz vor der Verarbeitung mit Wasserglas vermengt, einem Gemisch verschiedener Natrium- und Kaliumsilikonate. Es wird durch Schmelzen von Quarzsand mit Soda oder Pottasche hergestellt. Die fertig angesetzte Mischung muß innerhalb eines Tages verarbeitet werden.

Die offenporigen Anstriche mit wasserabweisenden Deckschichten zu versehen, z.B. aus Silikon, um Mauerdurchfeuchtungen zu vermeiden, ist bei richtigem Putzaufbau unnötig bzw. sogar schädlich. Der «Oberflächenschutz» versprödet wie alle Kunststoffe und nach dem Eindringen von Wasser quillt der Riß zu. Das Wasser kann nur noch langsam durch Diffusion entweichen. Dies führt zu einer längeren Durchfeuchtung des Mauerwerks und kann im Winter Putzauffrierungen zur Folge haben.

Der Kalkfarbenanstrich verdankt sein gutes Aussehen der Lasurwirkung mehrerer dünn aufgetragener transparenter Anstrichschichten. Dieser Leuchtkrafteffekt läßt sich z.B. mit Dispersionsfarben nicht erzielen. Durch die Lichtreflektion haben Kalkfarbenanstriche eine lebendige Wirkung, weiße Dispersionsfarbenanstriche sehen dagegen immer tot und stumpf aus.

Nicht maßhaltige Holzaußenflächen bedürfen bei konstruktiv richtigem Einbau in der Regel keiner Schutzimprägnierung. Die natürliche Verwitterung läßt das Holz nach einiger Zeit vergrauen. Für Nebengebäude und Zäune ist dies eine sparsame Lösung, die zudem keinen Pflegeaufwand verursacht. Bei Wohnhäusern empfiehlt sich eine Natur-

Anstrichfolge		Lösungs-mittel	Harze	Öle
Grundierung	mager	50 %	20 %	30 %
Zwischenanstrich	halbfett	30 %	30 %	40 %
Schlußanstrich	fett	20 %	35 %	45 %

Tabelle 23: Aufbau und Zusammensetzung von Holzanstrichen

harzölimprägnierung und offenporige Lasur. Kalkfarbe haftet auf Holz nicht, auch nicht auf geglätteten Oberflächen.

Bei *maßhaltigen Holzbauteilen* wie z.B. Fensterrahmen und Türen, aber auch bei einzelnen anderen Holzbauteilen ist ein offenporiger Anstrich notwendig, eine Lasur, die in drei Schichten aufgebaut wird: Grundierung, Zwischenanstrich und Schlußanstrich (Tab. 23). Alle Schichten bestehen aus denselben Substanzen, unterscheiden sich aber in deren prozentualer Zusammensetzung. Eine Lasur schützt das Holz so, daß eingedrungenes Wasser ohne Zerstörung des Anstrichfilmes wieder ausdiffundieren kann.

Um das Vergrauen und die Zerstörung des Holzes durch die UV-Strahlen der Sonne zu verhindern, muß der Anstrich im Außenbereich farblich pigmentiert werden. Dazu wird der Zwischen- und Endanstrich mit 8% bis max. 20% Farbpigmenten versetzt, bzw. abgetönt.

Ein sehr preiswerter, aber nicht besonders haltbarer Anstrich für einfache Holzbauteile, die nicht der freien Bewitterung ausgesetzt sind, ist immer noch Leinölfirnis, wobei eine Gelbfärbung des Holzes und längere Trocknungszeiten in Kauf genommen werden müssen. Leinöl ist wegen seines Eiweißgehaltes sehr anfällig für Bläuepilze.

Eisen im Außenbereich sollte vor Rost durch Verzinken vor dem Einbau geschützt werden. Nach dem Altern der Zinkschicht kann ein Anstrich mit Naturharzlack in Volltonfarben erfolgen.

Holzschutz: Holz als pflanzlich-vegetabiler Baustoff kann von Schädlingen wie Insekten und Pilzen befallen werden. Deshalb gibt es in Deutschland eine Industrienorm für den Holzschutz (DIN 68800, siehe auch Anhang). Eine DIN-Norm ist eine Empfehlung und keine Vorschrift. Erst durch die Einführung als Technische Baubestimmung (TB) wird sie Vorschrift. Die DIN 68800 ist nicht in allen Bundesländern als TB eingeführt. Der Bauherr und der Architekt haben also einen Handlungsspielraum, der vertraglich fixiert werden sollte.

Die wichtigste Maßnahme ist der Schutz des Holzes vor zuviel Feuchtigkeit, d.h.

- alle liegenden Flächen werden abgeschrägt
- Hirnholz wird mit Brettern abgedeckt (z.B. Pfettenbretter)

Anwendung	Material	Anstrich
Außenbereich	Stein, Sand	Kalkfarbe Silikatfarbe, rein mineralisch
	Holz	Boraximprägnierung Naturharzölimprägnierung und Naturharzöl-Lasur Leinölfirnis Naturharzlack
	Eisen	Rostschutzgrundierung Naturharzgrundierung Naturharzdeckanstrich
Innenbereich	Stein	Naturharzölimprägnierung und Bienenwachse
	Sand	Kalkfarbe Binderfarbe, Leimfarbe Naturholzdispersionsfarbe Caseinfarbe und Pflanzenfarbenlasur
	Holz	Beizen auf Wasser- oder Alkoholbasis Holzlasur auf Leinölbasis Naturharzölimprägnierung und Bienenwachse Naturharzlacke
	Kork	Naturharzölimprägnierung Bienenwachse
	Metall	Rostschutzgrundierung Naturharzlack

- offene Sacklöcher und Schlitze werden verschlossen
- dauernde Berührung mit feuchter Erde ist zu vermeiden
- gute Belüftung aller Konstruktionsteile sollte gewährleistet sein.

Durch diese Maßnahmen soll erreicht werden, daß Holzbauteile auch bei Bewitterung nicht mehr als 15% Feuchte enthalten.

Im Entwurf der neuen DIN 68800 (Februar 1987) wird eine Gefahr für Pilzbefall erst ab 20% Feuchte gesehen. Aus diesem Grunde braucht trockenes Holz im Innenraum, wenn es dreiseitig offen angeordnet ist und kontrollierbar bleibt, nicht geschützt werden.

Beim ausgebauten Dachgeschoß ist eine vorbeugende Holzbehandlung (z.B. mit einem Borsalzpräparat) angebracht, wenn die Balken in der Dämmschicht liegen, da dann Tauwasser am Holz auftreten kann.

Außenbauteile wie Balkon, Fenster oder Verschalung trocknen nach Regenperioden gewöhnlich schnell wieder aus und brauchen nicht behandelt zu werden. Bei starker Bewitterung und Durchfeuchtung sind sie allerdings anfällig sowohl für Pilz- als auch für Insektenbefall. Hier können z.B. C-K-Salze (Chromathaltige Salze) eingesetzt werden, die allerdings schwermetallhaltig sind und erst nach etwa 4 Wochen im Holz fixiert sind, d.h. so lange dürfen die Holzteile nicht der Bewitterung ausgesetzt werden.

Sollte z.B. ein Befall durch Insekten bereits vorliegen, so kann alles getan werden, was nicht gegen die Giftverordnungen der Länder verstößt. Auch hier gilt wieder die maßvolle Steigerung: Vom Auswechseln einzelner befallener Bauteile, über das wohldosierte Spritzen befallener Hölzer bis zur Heißluftbehandlung ganzer Dachstühle.

Hölzer mit dauerndem Erdkontakt sind gut mit Holzpech zu schützen, das bei der Verschwelung von Buchenholz bei niedrigen Temperaturen (250 - 300°C) gewonnen wird. Im Gegensatz zu Produkten aus der Steinkohlenteerdestillation sind hier 1000fach weniger krebsverdächtige polyzyklische aromatische Kohlenwasserstoffe enthalten.

Tabelle 24
Eignung von Anstrichstoffen für verschiedene Untergründe

Grundsätzlich ist der Einsatz öliger oder lösemittelhaltiger Holzgifte mit Inhaltsstoffen wie Lindan, Furmecyclox, Permethrin, aromatischen Kohlenwasserstoffen usw. überflüssig und wegen der gesundheitlichen Problematik unbedingt zu vermeiden.

Ist mit funziziden Mitteln gestrichen worden und wird durch eine Messung PCP- bzw. Dioxin in der Raumluft oder im Körper der Bewohner festgestellt, so ist eine aufwendige Sanierung der Räume nicht zu umgehen: Als ein erster Schritt werden alle Materialien entfernt, die Wasserdampf (und damit das Gift) aufnehmen können. Dies bedeutet, Tapeten, Möbel, Holztüren, Trockenbauplatten und Innenputz herauszureißen und als Sondermüll zu entsorgen. Selbstverständlich muß beim Arbeiten ein Atemschutzgerät getragen werden. Wäsche und Teppiche bzw. Innendekorationsstoffe werden mehrfach chemisch gereinigt und dürfen erst wieder nach der Sanierung in die Räume gebracht werden. Konstruktionshölzer müssen nach statischer Kontrolle 3 bis 4 mm abgehobelt werden, da Messungen ergaben, daß die Lösemittel das Gift maximal 4 mm in das Holz tragen.

Ist das Gebäude bis auf den Rohbauzustand entkernt worden, beginnt der neue Ausbau. Da viele Holzschutzmittelgeschädigte aufgrund der Belastungen hochsensibel auf Materialien reagieren, sind Materialtests dringend zu empfehlen. Dazu werden Proben der möglichen Ausbaumaterialien, ob Holz, Stoff, oder Anstrich, 2 bis 5 Tage auf den Nachttisch gelegt. Stellen sich keine Beschwerden ein, wird der Stoff anscheinend vertragen. Grundsätzlich ist reinen Naturstoffen der Vorzug zu geben, aber auch hier bestehen bei den Geschädigten oftmals Allergien z.B. gegen Schafwolle, Kork, Pflanzenbalsamterpentin usw..

Nähere Auskunft erteilt die Interessensgemeinschaft der Holzschutzmittelgeschädigten IHG Unterstaat 14, 5250 Engelskirchen.

Anstriche für den Innenbereich

Innenputze werden wesentlich weniger durch Temperaturwechsel und Feuchtigkeit beansprucht als Putze im Außenbereich. Hier können neben Kalk- und Silikatfarben auch Binder- und Naturharzdispersionsfarben eingesetzt werden. Einen sehr schönen farbigen Anstrich erhält man durch die Lasurtechnik, bei der auf eine Naturkaseinfarbe zwei oder drei Lasurfarbschichten aufgebracht werden, wobei wolkige, durchscheinende Farbwirkungen entstehen, die der Wand oder Decke eine unerwartete Lebendigkeit verleihen.

Da vor allem frische Putze durch den Kalk- oder Zementanteil eine alkalische Wirkung haben, ist bei einer Oberflächenbehandlung mit Naturharzdispersionsfarben Vorsicht geboten. Die Alkalien können den Anstrich verseifen, so daß er wasserlöslich wird und seine Funktion nicht mehr erfüllt.

Grundsätzlich sollte bei einem frischen Putz mindestens 4 Wochen mit dem Streichen gewartet werden, damit der pH-Wert auf ca. 8 - 6 sinkt. Drängt die Zeit, kann mit einer Alaunlösung neutralisiert werden, wobei sich Fleckenbildung und Farbveränderungen nicht ganz vermeiden lassen. Naturharzdispersionen sind wesentlich weniger dampfdicht als Kunstharzdispersionen, lassen sich aber ebenso leicht abtönen und verarbeiten.

Ein Gipsputz wirft durch seine starke Saugfähigkeit besondere Probleme auf. Ein Kalkfarbenanstrich ist deshalb nicht möglich, aber auch jeder andere wasserhaltige Anstrich erfordert einen wassersatten Voranstrich mit Alaunlösung oder einem stark verdünnten Bindemittel.

Bei Holzflächen im Innenbereich ist je nach Anforderung ein mehr oder weniger dichter Oberflächenschutz sinnvoll. So werden wenig beanspruchte Flächen nur mit einem Naturharzölimprägniergrund eingelassen. Um einen seidenmatten Glanz zu erhalten, kann mit Bienenwachsstreichbalsam nachgearbeitet und poliert werden. Ein guter, aber etwas fetter Oberflächenschutz wird auch mit Leinöl- oder Kräuterfirnis erreicht, wobei nur so viel davon aufgetragen werden sollte, wie das Holz aufnehmen kann (den Überstand mit einem Lappen entfernen).

Fußböden aus Holz, Kork oder Ziegel werden mit Naturharzölimprägniergrund "naß in naß" eingelassen, der Überstand wird nach 15 Minuten entfernt. Nach 24 Stunden kann die Oberfläche mit Fußbodenhartwachs auf der Basis von Carnaubawachs, das aus Palmen gewonnen wird, heiß gewachst und nach weiteren 12 - 24 Stunden poliert werden. Bei größeren Flächen wird zweckmäßigerweise eine Bohnermaschine mit Heißwachsgerät eingesetzt. Abgetretene Stellen können problemlos nachgewachst werden. Stark wasserbeanspruchte Holzflächen werden vorteilhaft durch eine offenporige Lasur geschützt, die auch im Außenbereich zur Anwendung kommt. Eine farbliche Gestaltung der Holzoberflächen ist im Innenbereich durch Beizen auf Wasser- oder Alkoholbasis leicht möglich, da hier eine Ausbleichung durch das Sonnenlicht weitgehend entfällt. Soll Holz lackiert werden, ist zu bedenken, daß dadurch seine hygroskopische Wirkung weitgehend aufgehoben wird. Je glänzender der Lack ist, desto dichter verschließt er auch die Oberfläche.

Für *Möbel* gilt das zuvor Gesagte, geeignet ist eine Imprägnierung mit Naturharzöl und anschließend wird ein Bienenwachsstreichbalsam aufgetragen, das auspoliert wird. Im Feuchtbereich von Dusche und Badewanne oder bei stark beanspruchten Türen empfiehlt sich eine Naturharzöllasur, auch eine farblose oder farbige Naturharzlackierung mit entsprechender Grundierung ist möglich.

Für besonders wertvolle Möbel bietet sich Schellack zur Oberflächenbehandlung an, der sich am gleichmäßigsten mit der Spritzpistole auftragen läßt. Er ist sehr wasserempfindlich. Für die Innenflächen von Kleiderschränken ist mottenabweisender Arvenschellack geeignet.

Die Pflege von gewachsten Oberflächen läßt manchen an knierutschende Putzfrauen oder -männer denken. Flecken oder Verschmutzungen können mit einer in Wasser verdünnten Pflegeemulsion entfernt werden, die gleichzeitig nachwachst. Bei stärkeren Verschmutzungen wird die Oberfläche mit einem Wachsbalsamreiniger behandelt und nach dem Abtrocknen mit Fußbodenwachs neu aufpoliert.

In der Schreinerei und dem Fußbodenverlegebetrieb des Autors und seiner Kollegen werden seit 4 Jahren professionell und ausschließlich Grundierung, Wachse, Lasuren und Kleber eines führenden Naturfarbenherstellers mit sehr guten Ergebnissen verarbeitet.

Auch im Innenbereich sind *Eisenteile* durch die Luftfeuchtigkeit der Korrosion ausgesetzt und müssen durch einen Anstrich geschützt werden. Eine Grundierung und ein Schlußanstrich mit Naturharzlack (für Heizkörper hochwärmebeständigen Lack verwenden!) in vollen Farbtönen oder abgemischt ist problemlos auszuführen.

Bezug:

Naturnahe Anstrichstoffe werden von verschiedenen deutschen und ausländischen Firmen hergestellt. Die bekanntesten sind die Fa. AURO in Braunschweig, Fa. Biofa in Boll, Fa. Aglaia in Stuttgart, die Fa. Livos in Bodenteich. Daneben gibt es auch noch einige kleinere Hersteller wie Naturhaus in Rosenheim, Leinos Volvox in Lübeck, Holzweg in Luckau, Agathos in Ritterhude. Da jeder Hersteller seine eigenen Rezepte hat, versucht die Arbeitsgemeinschaft der Naturfarbenhersteller (AGN) durch die Verpflichtung zur Volldeklaration Transparenz in das Chaos der verwendeten Inhaltsstoffe zu bringen. Damit ist die Arbeitsgemeinschaft wegweisend für die gesamte Farbenbranche geworden. (Adresse: AGN Bauzentrum München, Radlkoferstr. 16, 8000 München 16).

Naturnahe Anstriche
- dampfdurchlässig
- keine elektrostatische Aufladung
- Herstellung und Verarbeitung weitgehend unbedenklich
- vielfach längere Trocknungszeiten

Anwendung: überall am Bau einsetzbar

Synthetische Anstriche
- zumeist dampfdichter als die naturnahen Anstriche
- Versprödung durch Alterung
- elektrostatische Aufladung
- Herstellung energieintensiv und vielfach umweltbelastend
- teilweise Emission gesundheitsschädlicher Stoffe

Anwendung: im Haus ersetzbar; nur in Sonderfällen sinnvoll (z.B. Autolackierung)

Exkurs: Bauen - Baustoff - Gestaltung

Vom Menschen bewußt gestaltete Gebäude bezeichnen wir als Architektur. Bei den Griechen, in der Romanik oder in der Gotik kamen die innersten Gefühle und Vorstellungen der damals lebenden Menschen in den Tempeln oder Kirchen zum Ausdruck. So schuf der Baumeister oder die Bauhütte aus einer von allen getragenen Stimmung heraus das Gebäude. Nur so ist zu verstehen, daß die Kathedrale von Chartres von einer Stadtgemeinschaft erschaffen wurde, die knapp 10.000 Menschen umfaßte.

Architektur ist niemals allein physische Hülle zur Lebenserhaltung, sondern ist immer auch Ausdruck des inneren Erlebens der Menschen. Aus diesem Grund zählt Architektur zu den schönen Künsten wie die Malerei oder die Plastik. Sie vermittelt sich über die Sinne der Augen, der Ohren, der Hände und der Füße. Architektur ist der Zusammenklang vieler verschiedener Einzelkomponenten wie Konstruktion, Bauform, Raumorganisation, Farbigkeit usw. Die Baustoffe sind notwendig, um die Idee des Künstlers in Erscheinung treten zu lassen. Die Auswahl eines Baustoffes führt nicht zwangsläufig zu einer Architektur, die menschliche Bedürfnisse erfüllt. Das Verstehen und Ergreifen eines Materials im Sinne der im Kapitel Baustoffe genannten Kriterien ist sicherlich die Grundlage einer menschengemäßen Architektur. Mit derselben Sorgfalt, mit der ein Plastiker seinen Stein, sein Metall oder Holz wählt, so wie der Maler die Ausgangssubstanz seiner Farben wählt, genauso muß der Baumeister seine Stoffe wählen, mit denen er Funktion, Farbe und Form seines Bauwerks am besten erfüllen kann.

2.10 Stoffwerttabelle

Im folgenden sind die Stoffwerte für die verschiedenen Materialien zum Vergleich aufgelistet und mit einer Kurzbewertung versehen.

Materialeinteilung: Die einzelnen Materialien sind in Stoff- und Bauteilgruppen zusammengefaßt, z.B. Außenwand-Wetterschutz, Dämmung, Wandbaustoff, wobei je nach Einsatzmöglichkeit einzelne Baustoffe mehrfach genannt sind.

Rohdichte: Unter 300 kg/m³ gilt ein Baustoff als Leichtbaumaterial. Werte über 2500 kg/m³ werden nur von Natursteinen und Metallen erreicht.

Wärmeleitzahl: Materialien mit Werten unter 0,1 W/mK gelten als Dämmstoffe, deshalb ist Holz (Fichte) mit 0,13 W/mK kein Dämmstoff mehr.

Wärmeeindringkoeffizient: Unter 20 kJ/m²h¼ °K (die Einheit hat hier untergeordnete Bedeutung) wird die Oberfläche des Stoffes sehr schnell warm, weil die Wärme nur langsam nach innen weitergeleitet wird (= sehr günstiges Verhalten für Fußböden und andere raumumschließende Flächen); von 20 - 75 erreicht der Stoff eine angenehme Oberflächentemperatur (fußwarm); ab 75 wirkt die Oberfläche kalt, da die Wärme sehr schnell ins Innere des Stoffes abfließt.

Wärmespeicherungszahl: Werte unter 400 kJ/m³K = 110 Wh/m³°C gelten für Dämmstoffe ohne Speicherfähigkeit; bei Werten von 400 - 1000 ist die gespeicherte Wärmemenge gering; 1000 - 1900 sind Werte für einen guten Wärmespeicher im Tagesrhythmus; Werte über 1900 weisen auf ein großes Wärmespeichervermögen hin (zum Vergleich: Wärmespeicherzahl von Wasser 4190).

Spez. Wärme: Multipliziert mit der Rohdichte ergibt sich die Wärmespeicherungszahl. Um 1,0 KJ/kgK sind typisch für mineralische Stoffe; Werte um 1,9 werden nur von pflanzlich-vegetabilen Stoffen erreicht.

Dampfdiffusionswiderstandszahl: Werte unter μ = 10 zeigen eine sehr gute Diffusionsfähigkeit für Wasserdampf an; 10 - 50 sind mittlere Diffusionswerte; bei Werten von 50 - 500 wird die Dampfdiffusion eingeschränkt; bei 500 - 15000 wird sie stark eingeschränkt; ab 15000 wirkt ein Material wasserdampfsperrend; ab 100000 ist ein Material dampfdicht. Eine tatsächliche Aussage über die Wirkung eines

Materials in einer gegebenen Konstruktion ist nur unter Berücksichtigung der Dicke des Stoffes möglich, μ x s = Diffusionswiderstand. Der Diffusionswiderstand μ x s von Bauteilen kann folgendermaßen beurteilt werden:

μ x s		
	≤ 2 m	zu gering
	2 - 4 m	rel. günstig
	4 - 7 m	optimal
	7 - 15 m	rel. günstig
	15 - 25 m	zu groß
	≥ 25 m	bei Dampfsperren

Wassergehalt: Der hygroskopische Wassergehalt = Gleichgewichtfeuchte von Stoffen hängt von der jeweiligen Luftfeuchte ab. Mineralische Baustoffe haben in der Regel niedrige Werte bis 10%, während sie bei pflanzlich-vegetabilen Baustoffen meist höher liegen (15 - 20 %).

Elektroklima: Das Elektroklima eines Gebäudes kann durch Veränderungen oder Abhalten der elektrischen oder magnetischen Felder und Strahlungen von Materialien negativ verändert werden. Ein + bedeutet, daß kein negativer Einfluß von dem Material zu erwarten ist.

Wiederverwendbarkeit: Ein + bedeutet, daß der Baustoff problemlos nochmals verwendet werden kann, bzw. in den Produktionsprozeß als Rohmaterial wieder eingeführt werden kann.

Schadstoffentstehung: Ein + bedeutet, daß bei der Herstellung bzw. der Verarbeitung keine gesundheitsgefährdenden Stoffe entstehen.

Gesundheitliche Auswirkungen: Ein + bedeutet, daß bei dauerndem Gebrauch für den Benutzer keine gesundheitlichen Risiken entstehen.

Neben eigenen Berechnungen und Einschätzungen wurden in der Stoffwerttabelle Angaben aus folgenden Quellen verwendet:

Krusche et al; Ökologisches Bauen
Volhard; Leichtlehmbau
Hart; Skriptum Baustoffkunde
Hebgen und Heck; Außenwandkonstruktionen
Hebgen; Bauen mit der Sonne
RWE; RWE-Bauhandbuch 83/84
Fa. Wienerberger; Perlite Information
Fa. Wienerberger; Leca Information
Wendehorst; Baustoffkunde
Institut f. Baubiologie; Fernstudium Baubiologie
Balkowski; Gesundes Bauen
Fa. Schnabel; Ziegeldecke Information
Weber; Ausbauhandbuch
Fa. Sürofa; Schilfrohrmatten Information
Trykowski; Grundlagen für biologisches Bauen
Eichler; Bauphysikalische Entwurfslehre
Eichler/Arndt; Bautechnischer Wärme- und Feuchtigkeitsschutz
Fa. Möding; Trockenziegelestrich Information
Fa. Eternit; Isoternit Information
Fa. Pavatex
Fa. Gutex
Fa. Ökologische Bautechnik, Hirschhagen
Fa. Fels, Fermacell Information

Tabelle 25: Stoffwert-Tabelle 2

Kriterien / Materialien	Rohdichte φ kg/m³	Wärmeleitfähigkeit λ W/m°K	Wärmeeindringkoeff. b kJ/m²hK	Wärmespeicherzahl s kJ/m³K	spez. Wärmekapazität c kJ/kgK	Dampfdiffusionswiderstand μ	Wassergehalt bei rel. Luftfeuchtigkeit Volumen % bei 30%	60%	90%	Einfluß auf Elektroklima ±0	Wiederverwendbarkeit ±0	Schadstoffe b. Hersteller ±0	Auswirkung Gesundheit ±0
1. Außenwand													
1.1 Wetterschutz													
Holz (Fichtenverschal.)	600	0,13	24	1160	1,9	40	7	12	20	+	+	+	+
Schiefer	2700	3,5	120	2457	0,91	25	1,4	-	1,8	+	0	+	0
Ziegelplatten	1800	0,46	47	1656	0,92	8				+	+	+	+
Vormauerziegel	1800	0,96	84	1656	0,92	5 0 -100	0,2	0,4	0,6	+	0	+	0
Kalkputz	1800	0,87	81	1728	0,96	10	0,5	1,1	2,4	+	-	0	+
Zementputz	2000	1,4	108	2010	1,05	35	4,4	6,9	10,8	+	-	0	0
Dämmputz (Kunststoff)	600	0,19	22	552	0,92	5-20				0	-	0	-
Keramik	2000	0,96	84	1840	0,92	100 - 300				+	0	0	-
Aluminium	2700	203	1310	2430	0,9	dampfd.				-	+	-	0
Kunststoff (PVC)	1500	0,23	45	2250	1,5	600-1200				-	0	-	-
Glas	2500	0,8	77	1875	0,75	dampfd.				+	0	0	-
1.2 Wärmeschutz siehe Dachdämmung													
1.3 Wandbaustoffe													
Holzblockwand	600	0,13	24	1160	1,9	40	7	12	20	+	+	+	+
Leichtlehm	400	0,12	14,4	480	1,2	2-5	3	5	10	+	+	+	+
	800	0,25	28,1	880	1,1	2-5				+	+	+	+
Strohlehm	1200	0,59	54,4	1400	1,0	5-10				+	+	+	+
Massivlehm	1800	0,91	77	1800	1,0	5-10				+	+	+	+
Leichtziegel	800	0,39	35	736	0,92	4				+	0	+	+
Ziegel 1,2	1200	0,50	45	1104	0,92	8	1,5		4,0	+	0	+	+
Ziegel 1,4	1400	0,58	56	1288	0,92	8	0,2	0,4	0,6	+	0	+	+
Ziegel 1,8	1800	0,81	74	1656	0,92	8	1,0		2,7	+	0	+	+
Klinker 2,0	2000	0,96	84	1840	0,92	35	0,1	0,2	0,3	+	0	+	0
Kalksandstein 1,0	1000	0,5	42	880	0,88	5-10				+	0	+	0
Kalksandstein 1,4	1400	0,7	58	1232	0,88	5-10	2,1	3,7	6,6	+	0	+	0
Kalksandstein 1,8	1800	0,99	79	1504	0,88	15-20				0	+	0	0
Gasbeton	800	0,29	30	840	1,05	5-10	1,8	2,7	4,5	+	0	0	0
Leichtbeton	1200	0,50	49	1260	1,05	6	2,0	3,5	5,4	0	-	0	0
Blahtonsteine	800	0,39	31	840	1,05	6				0	0	0	0
Leichtbetonsteine	1400	0,72	73	1470	1,05	9				0	0	0	0
Ziegelsplittbeton	1600	0,87	85	1470	0,92	15	1,4	2,2	3,8	0	-	0	0/+
Schwerbeton, unbewehrt	2400	2,1	142	2304	0,96	35	1,8	3,1	4,8	0	-	-	-
Stahlbeton	2500	2,1	142	2400	0,96	35	5		9	-	-	-	-
Tuffstein	1300	0,80	60	1144	0,88	4,6	12		30	+	+	+	+
Dichter Kalk	2000	1,2	100	2197	0,91	11	0,4		1,8	+	+	0	0
Sandstein	2400	2,1	136	2232	0,93	22	0,4		24	+	+	0	0
Marmor	2800	3,5	190	2584	0,91	65	0,4		1,8	+	+	0	0
Granit	2800	3,5	190	2584	0,91	65	0,4		1,4	0	+	0	-

Kriterien / Materialien	Rohdichte	Wärmeleitfähigkeit	Wärmeeindringkoeff.	Wärmespeicherzahl	spez. Wärmekapazität	Dampfdiffusionswiderstand	Wassergehalt bei rel. Luftfeuchtigkeit			Einfluß auf Elektroklima	Wiederverwendbarkeit	Schadstoffe b. Hersteller	Auswirkung Gesundheit
	φ	λ	b	s	c	μ	Volumen % bei						
	kg/m³	W/m°K	kJ/m²hK	kJ/m³K	kJ/kgK		30%	60%	90%	±0	±0	±0	±0
1.4 Träger und Stütze siehe Decke													
2. Innenwand													
2.1 Wandbaustoff													
Holz	600	0,13	24	1160	1,9	40	7	12	20	+	+	+	+
Leichtlehm	400	0,12	14,4	480	1,2	2-5				+	+	+	+
Ziegel 1,4	1400	0,58	56	1288	0,92	8	0,2	0,4	0,6	+	+	+	+
Kalksandstein 1,0	1000	0,5	42	880	0,88	5-10				+	0	+	0
Gasbeton	800	0,29	30	840	1,05	5-10	1,8	2,7	4,5	+	0	0	0
Kalkputz	1800	0,87	81	1728	0,96	10	0,5	1,1	2,4	+	-	+	+
Gipsputz	1400	0,35	60	1286	0,92	4	2,0		7,0	+	-	+	+
Vollgipsplatten	1000	0,47	48	840	0,84	5-10				+	-	+	+
Gipskartonplatten	900	0,21	35	756	0,84	8				+	-	+	+
Gipsfaserplatten	1000	0,27	37	840	0,84	8				+	-	+	+
Holzweichfaserplatten	250	0,05	10	420	1,8	5-13	1,6	2,5	4,2	+	+	+	+
Spanplatte (kunstharzg.)	800	0,17	28	1260	1,8	50-140	3,8	6,5	10	-	+	0	-
Spanplatte (zementgeb.)	1250	0,20	37	1750	1,4					0	+	0	0
Sperrholz	600	0,15	28	1140	1,9	50-230				0	+	0	0
Holzwolleleichtbaupl.	400	0,093	16	760	1,9	2-5	1,9	3,5	6,7	+	+	+	+
Schilfrohrplatten	225	0,045	7	270	1,2	2				+	+	+	+
2.2 Füllstoffe													
Kokosfaser	90-230	0,045	4	140-385	1,6	1	-	-	-	+	+	+	+
Zellulosedämmstoff	35-60	0,045	7	60	1,2	3,5	-	-	-	+	+	+	0
3. Decken													
3.1 Tragwerk													
Holz	600	0,13	24	1260	1,9	40	7	12	20	+	+	+	+
Ziegelgewölbe	1800	0,81	74	1656	0,92	8	0,2	0,4	0,6	+	0	+	+
Ziegelfertigdecke													
mit Holzbalkenträger	1100	0,36	38	1155	1,05	12	1,0	2,5	3,1	+	+	+	+
mit Betonträger	1440	0,72	45	1276	0,95	16				0	-	0	0
Stahlbetondecke	2400	2,1	142	2304	0,96	35	1,8	3,1	4,8	-	-	-	-
3.2 Träger und Stütze													
Holz (12/20)	600	0,13	24	1140	1,9	40	7	12	20	+	+	+	+
Stahl (IPB 220)	7500	58	860	3000	0,4	dampfd.				-	+	-	-
Stahlbetonstütze	2400	2,1	142	2304	0,96	35	1,8	3,1	4,8	-	-	0	0
3.3 Beschwerungs- u. Wärmedämmstoffe													
Sand geglüht	1700	0,58	60	1530	0,9	5	1,7		4,8	+	+	+	+
Kalkschotter	1500	1,2	100	1385	0,91	10	0,4	-	1,8	+	+	+	+

Kriterien / Materialien	Roh-dichte	Wärme-leit-fähig-keit	Wärme-ein-dring-koeff.	Wärme-spei-cher-zahl	spez. Wärme kapa-zität	Dampfdif-fusions-wider-stand	Wassergehalt bei rel. Luft-feuchtigkeit Volumen % bei			Einfluß auf Elektro-klima	Wieder-verwend-barkeit	Schad-stoffe b. Her-steller	Aus-wirkung Gesund-heit
	φ	λ	b	s	c	μ	30%	60%	90%	±0	±0	±0	±0
	kg/m³	W/m°K	kJ/m²hK	kJ/m³K	kJ/kgK								
3.3 Beschwerungs- u. Wärmedämmstoffe													
Ziegelsplitt, trocken	1200	0,40	35	1000	0,84	6	0,2	0,4	0,6	+	+	+	+
Ziegel-Hourdis	750	0,43	45	1104	0,92	8				+	+	+	+
Beschwerungsestrich aus Zement	2000	1,4	108	2000	1,0	35				0	-	0	0
Betonplatten	2400	2,1	142	2304	0,96	35	1,8	3,1	4,8	0	+	0	0
Massivlehmsteine	1800	0,91	77	1800	1,0	5,10				+	+	+	+
Kalksandvollsteine	1800	0,99	79	1504	0,88	15-20					+	+	0
Ziegelvollsteine	1800	0,81	74	1656	0,92	8	1,0		2,7	+	+	+	+
Lehmstrohwickel	1000	0,45	54,5	1400	1,0	5-10				+	+	+	+
Massivlehm	1800	0,91	76,8	1800	1,0	5-10				+	+	+	+
Bimskies	1200	0,19	35	1200	1,0					+	+	+	0
Blähton (4-8mm)	530	0,13	16	477	0,9	5-8				+	+	+	0
Schlacke gebläht	700	0,18	28	700	1,0	5				0	+	0	0
Blähperlite	90	0,055	7	90	1,0	3-4				+	+	0	+
Korkschrot, natur	80-200	0,045	5,3	150	1,6	10	0,2	0,4	0,6	+	+	+	+
Glaswolle/Steinwolle	100	0,04	4	80	0,8	1	0,5		1,0	0	0	-	-
Polystyrolschaum	20-60	0,040	2,2	30	1,5	40-370	0,02		0,5	-	-	-	-
Schilfrohr	225	0,045	7	270	1,2	2				+	+	+	+
3.4 Trittschall-dämmung													
Korkplatten	80	0,045	5,3	176	1,6	20-30	0,2	0,4	0,6	+	+	+	+
Kokosmatten	130	0,047	4	208	1,6	1				+	+	+	+
Holzweichfaserplatte	250	0,05	10	420	1,8	5-13	1,6	2,5	4,2	+	+	+	+
Holzwolleleichtbaupl.	400	0,093	16	760	1,9	2-5	1,9	3,5	6,7	+	+	+	+
Filz (Wolle, Haar)	400	0,09	12	390	0,098	10				+	+	+	+
Glaswolle	150	0,05	6	120	0,8	1	0,5		1,0	+	0	-	-
Polystyrolplatten	80	0,04	2,2	30	1,5	40-370			0,5	-	-	-	-
Blähperlite bit.	120												
Flachsschaben bit.	150	0,060	8	225	1,5	16				+	+	-	0
Gasbetongranulat	400	0,14	25	420	1,05	5-10	1,8	2,7	4,5	+	+	+	+
Geblähte Glaswolle										+	+	0	0
Korkschrot, natur	80-120	0,050	5,3	176	1,8	20-30	0,2	0,4	0,6	+	+	+	+
3.5 Estrich naß/trocken													
Magnesiaestrich	1400	0,67	50	1400	1,0	15				+	-	0	+
Zementestrich	2000	1,4	108	2000	1,0	35				+	-	0	0
Anhydridestrich	2100	1,2	100	2100	1,0	30				+	-	+	+

Kriterien / Materialien	Rohdichte	Wärmeleitfähigkeit	Wärmeeindringkoeff.	Wärmespeicherzahl	spez. Wärmekapazität	Dampfdiffusionswiderstand	Wassergehalt bei rel. Luftfeuchtigkeit			Einfluß auf Elektroklima	Wiederverwendbarkeit	Schadstoffe b. Hersteller	Auswirkung Gesundheit
	φ	λ	b	s	c	μ	Volumen % bei						
	kg/m³	W/m·K	kJ/m²hK	kJ/m³K	kJ/kgK		30%	60%	90%	±0	±0	±0	±0
3.5 Estrich naß/trocken													
Gußasphaltestrich	2300	0,9	91	2300	1,0	dampfd.				-	-	-	-
Ziegeltrockenestrich	1800	0,80	35	1515	0,84	8	1,0		2,7	+	+	+	+
Lehmestrich	1800	0,91	77	1800	1,0	5-10				+	+	+	+
Spanplatte (kunstharzg.)	800	0,17	28	1270	1,8	50-140	3,8	6,5	10	-	+	0	-
Spanplatte (zementgeb.)	1250	0,20	37	1750	1,4					0	+	0	0
Gipsestrichplatten	1000	0,47	48	840	0,84	5-10				+	-	+	+
Gipsfaserestrichplatten	1000	0,27	37	840	0,84	9				+	-	+	+
Sandwich Holzweich-Hartfaserplatte	430	0,07	14	774	1,8	10/60				+	+	+	+
3.6 Fußboden													
Naturstein (Marmor)	2800	3,5	190	2584	0,91	65	0,4		1,8	+	+	0	0
Ziegel (Klinker)	2000	1,0	84	1760	0,88	120-300	0,1	0,2	0,3	+	+	0	0
Ziegel (Cotto)	1200	0,5	45	1204	0,92	8	0,2	0,4	0,6	+	+	+	+
Lehmboden	1800	0,91	76,8	1800	1,0	5-10				+	+	+	+
Holzdielen	600	0,13	24	1140	1,96	40	7	12	20	+	+	+	+
Holzparkett	800	0,20	34	1336	1,67	80	6	10	17	+	+	+	+
Linoleum	1000	0,17	32	1500	1,5	500				+	+	+	+
Gummi (synthetisch)	1300	0,19	30	1820	1,4	800				+	-	-	0
Kunststoff (PVC)	1500	0,23	45	2250	1,5	600-1200				-	-	-	-
Korkparkett	500	0,070	8	1250	2,5	15	0,2	0,4	0,6	+	+	+	+
Kokos-Sisalteppich	500	0,050	9	900	1,8	5				+	+	+	+
Wollteppich	500	0,040	6	950	1,9	5				+	+	+	+
Nadelvlies (synthetisch)	500	0,0	18	700	1,4	30				-	-	-	-
4. Dach													
4.1 Tragwerk													
Holz	600	0,13	24	1160	1,9	40	7	12	20	+	+	+	+
Gasbeton, bewehrt	800	0,29	30	840	1,05	5-10	1,8	2,7	4,5	-	0	0	0
Stahlbeton	2500	2,1	142	2400	0,96	35	5		9	-	-	-	-
Stahl	7500	58	860	3000	0,4	dampfd.				-	+	0	-
4.2 Wärmedämmung													
Holzweichfaserdämmpl.	190	0,045	8	342	1,8	10				+	+	+	+
Holzweichfaserplatte	250-280	0,05	10	450	1,8	5-13	1,6	2,5	4,2	+	+	+	+
Schilfrohr	225	0,055	7	270	1,2	2				+	+	+	+
Korkplatten	80	0,045	5	130	1,6	20-30							
Torfplatten	225	0,05	7	270	1,2	2,7				+	+	+	+

Kriterien / Materialien	Roh-dichte	Wärme-leit-fähig-keit	Wärme-ein-dring-koeff.	Wärme-spei-cher-zahl	spez. Wärme-kapa-zität	Dampfdif-fusions-wider-stand	Wassergehalt bei rel. Luftfeuchtigkeit Volumen % bei			Einfluß auf Elektro-klima	Wieder-verwend-barkeit	Schad-stoffe b. Her-steller	Aus-wirkung Gesund-heit
	φ	λ	b	s	c	μ	30%	60%	90%	±0	±0	±0	±0
	kg/m³	W/m°K	kJ/m²hK	kJ/m³K	kJ/kgK								
4.2 Wärmedämmung													
Holzwolleleichtbaupl.	400	0,093	16	760	1,9	2-5	1,9	3,5	6,7	+	+	+	+
Schaumglas	120	0,045	5,1	130	1,1	dampfd.				+	0	0	-
Polystyrolschaum	15-30	0,025-0,04	2,2	30-45	1,5	20-180	0,0		0,5	-	-	-	-
Polyurethanhartschaum	30	0,02-0,035	2	45	1,5	30-100				-	+	-	-
Kokoswolle	125	0,045	4	200	1,6	1				+	+	+	+
Schlackenwolle	100	0,04	4	80	0,8	1				0	0	-	-
Glas- u. Steinwolle	100	0,04	4	80	0,8	1	0,5		1,0	0	0	-	-
Sägemehl	200	0,07	11	420	2,1	20	2,5		7,0	+	+	+	+
Blähperlite	90	0,055	7	90	1,0	3-4				+	+	0	+
Bähton (4-8)	300-700	0,10-0,16	16	270-630	0,9	1				+	+	+	+
Strohschüttung	150	0,058	6,6	190	1,26					+	+	+	+
Korkschrot	80-120	0,050	5,3	176	1,8	20-30	0,2	0,4	0,6	+	+	+	+
Zellulose Dämmstoff	35-50	0,045	7	60	1,2	3,5				+	+	+	+
stehende Luftschicht (50 mm)		0,27				0				+	+	+	+
4.3 Dachdichtung													
Wollfilzpappe	870	0,17	27,7	1131	1,3	15				+	+	0	+
Dachpappe	1200	0,17	31,3	1440	1,2	1300				0	0	-	-
Bitumierte Pappe	1200	0,17	31,3	1440	1,2	10000				0	0	-	-
Folie (PVC, PE)						15000				-	0	-	-
Alu-Folie						100000				-	0	-	-
Asphalt	2100	0,7				800				-	-	-	-
Kreppapier	1400	0,17	25	2100	1,5	200				+	-	0	+
wasserabstoßendes Papier	720	0,17	30	1070	1,5	400				+	-	0	+
dampfbremsendes Papier	590	0,17	27	900	1,6	2250				-	-	-	0
4.4 Dachhaut													
Stroh, Rohr	225	0,045	7	270	1,2	2				+	+	+	+
Holzschindeln (Lärche)	700	0,13	28	1330	1,9	50	7	12	20	+	+	+	+
Schiefer	2700	3,5	185	2457	0,9	25	1,4		1,8	+	-	0	0
Ziegelpfannen	1800	0,46	47	1656	0,92	8				+	+	+	+
Betondachstein	2400	2,1	139	2304	0,96	35				-	+	-	-
Asbestzementplatten	1700	0,35	49	1700	1,0	25-950				-	0	-	-
Asbestfreie Dachplatten	1700	0,35	49	1700	1,0	136				+	0	0	-

Kriterien / Materialien	Roh-dichte φ (kg/m³)	Wärme-leit-fähig-keit λ (W/m°K)	Wärme-ein-dring-koeff. b (kJ/m²hK)	Wärme-spei-cher-zahl s (kJ/m³K)	spez. Wärme-kapa-zität c (kJ/kgK)	Dampfdif-fusions-wider-stand μ	Wassergehalt bei rel. Luftfeuchtigkeit — Volumen % bei 30%	60%	90%	Einfluß auf Elektro-klima ±0	Wieder-verwend-barkeit ±0	Schad-stoffe b. Her-steller ±0	Aus-wirkung Gesund-heit ±0
4.4 Dachhaut													
verzinkt. Stahlblech	7500	58	860	3000	0,4	dampfd.				-	0	-	-
Kupferblech	8900	383	2335	3560	0,4	dampfd.					-	0	0-
Aluminium	2700	203	1310	2430	0,9	dampfd.				-	0	0	-
Titanzinkblech	7800		1200		0,4	damfd.				-	0	0	-
5. Fenster u. Türen													
Holz (Fichte)	600	0,13	24	1140	1,9	40	7	12	20	+	+	+	+
Kunststoff (PVC)	1500	0,23	45	2250	1,5	600-1200				-	+	-	-
Aluminium	2700	203	1310	2430	0,9	dampfd.				+	+	-	-
Glas (einfach)	2500	0,8	77	1875	0,75	dampfd.				0	+	0	0
Isolierverglasung	2500		77	1875	0,75	dampfd.					+	-	0
Sonnenschutzverglasung	2500		70	1875	0,75	dampfd.					+	-	0
6. Anstriche													
Naturnahe Anstriche auf Kalk-, Leim-, Silikat- oder Naturharzbasis						180-215				+	+	+	+
Ölfarben, Lacke						10000				0	-	-	-
Kunstharzdispersion						1800				-	-	-	-
PVC-Lacke						50000				-	-	-	-
Chlor-Kautschuklack						77000				-	-	-	-
Teer-Bitumenanstrich						1200				-	-	-	-
7. Installation													
Wasser	1000	0,582		4170	4,17								
Luft	1,29	0,27		1,3	1,01								
7.1 Brauchwasser und Heizung													
Verzinkter Stahl	7500	58	860	3000	0,4	dampfd.				-	+	0	0
Kupfer	8900	383	1167	3560	0,4	dampfd.				-	+	0	0
Kunststoff (PVC-HT)	1500	0,23		2250	1,5	600-1200			-	0	-	-	
7.2 Abwasser													
Steinzeug	2000	0,96	84	1840	0,92	35				+	0	+	+
Gußeisen	7500	58	860	3000	0,4	dampfd.				-	0	0	0
Pvc-hart (KG)	1500	0,23	45	2250	1,5	600-1200				-	0	-	-
7.3 Drainage													
Tonrohr	1400	0,58	56	1288	0,92					+	+	+	+
Betonrohr	2400	2,1	142	2304	0,96					0	+	0	0
Kunststoffrohr	1500	0,23	45	2250	1,5					-	+	-	-

3. Bauteile

Nach den grundsätzlichen Betrachtungen zur Wohnphysiologie und den Darstellungen der Baustoffe, ihrer Eigenschaften und Wirkungen sollen im folgenden Kapitel nun Konstruktionen für die einzelnen Bauteile eines Hauses gezeigt werden. Dazu muß das Haus in seine Einzelteile zerlegt werden, wie Keller, Außenwand, Fenster usw.. Maßgebend für die verschiedenen Konstruktionsmöglichkeiten sind die unterschiedlichen Anforderungen an die Belastung der Bauteile. So hat z.B. eine Kellerwand, die im dauerfeuchten Bereich liegt, ein völlig anderes technisches und bauphysikalisches Leistungsspektrum als eine sonnenbeschienene Außenwand oder ein ausgebauter Dachstuhl.

Bei den Konstruktionsbeispielen wurde versucht, die Anwendung von Zement, Beton, Bitumen, Teer, Metall und Kunststoff auf ein Minimum zu beschränken.

Allerdings können die Konstruktionen nicht beliebig zu einem Haus zusammengestellt werden, denn sie entsprechen unterschiedlichen Landschaften und Klimabereichen und folgen damit verschiedenen Gestaltungsprinzipien in ihren Ausdrucksformen. Auch die technische Eignung der jeweiligen Bauteile, ihr Kostenaufwand und die Möglichkeit zur Eigenleistung sind sehr unterschiedlich.

Die gezeigten Beispiele sind nicht als Patentrezepte zu verstehen, sondern sollen eine Hilfe geben, um für den jeweiligen Anwendungsfall angepaßte Lösungen zu finden; Die Materialauswahltabelle am Ende des Kapitels zeigt Baustoffalternativen, wobei auch eine Preisübersicht (Stand 1989) gegeben wird.

Bodengüte

Bevor mit den eigentlichen Bauarbeiten begonnen wird, sind Vorarbeiten zu erledigen, die vor manchen Überraschungen beim Aushub der Baugrube oder der Kellererstellung schützen, denn wie oft stehen Bauherren nach zwei Tagen Regen vor einem etwas zu groß geratenen Swimming-Pool. Ursache dafür ist z.B. der wasserundurchlässige Lehmboden oder ein extrem hoher Grundwasserstand. Der Gang zur Gemeinde und zum Wasserwirtschaftsamt ist selten nutzlos. Hier sind amtliche Informationen über Grundwasserstände und Bodenqualitäten erhältlich, die der Bauherr unbedingt berücksichtigen sollte.

Wer es ganz genau wissen will, hebt an der vorgesehenen Baustelle eine ein bis zwei Meter tiefe Grube aus, schaut den Boden an und wie sich das Grund- und Oberflächenwasser darin verhalten.

Gewöhnlich bestehen Böden aus Lehm, Mergel, Sand und Kies oder Mischungen daraus. Sie können sehr unterschiedlich in bezug auf Tragfähigkeit und Wasserdurchlässigkeit sein (Tab. 26).

Bei größeren Bauvorhaben wird deshalb immer ein Bodengutachten eingeholt, das entscheidend für die Art der Gebäudegründung ist. Die Kosten hierfür liegen bei 1000 bis 5000 DM, je nach Aufwand des Gutachters.

Wasserdurchlässige und wenig tragfähige Böden erfordern aufwendige Bauwerksgründungen, die nur der Statiker berechnen kann. Die Grundwasserstände können innerhalb

	Guter Baugrund 3 - 8 kg/cm²	Mittelguter Baugrund 1,5 - 3 kg/cm²	Schlechter Baugrund 0 - 1,5 kg/cm²
	Fels (bis 30 kg/cm²)		
Nicht bindige Böden	Kies Kiessand Grobsand	Feinsand Mittelsand	
Bindige Böden	Trockener Ton Trockener Lehm Trockener Mergel	Feuchter Ton Feuchter Lehm Mergel	
			Muttererde, Löß, Schlamm, Knollenmergel, Torf, Moorerde, aufgeschütteter Boden, Mehlsand

Tabelle 26: Eignung von Baugrund   Quelle: (35)

eines Gemeindegebietes stark variieren, da die wasserführenden Schichten im Boden selten horizontal, sondern meist mit Gefälle verlaufen. Steht das Wasser bis knapp unter der Grasnarbe in der Grube, ist die Sache klar. Jeder Keller, der hier gebaut wird, ist stärkster Beanspruchung ausgesetzt und dementsprechend teuer auszuführen. Hier ist es sinnvoll, die notwendigen Nebenräume auf dem Grundstück oberirdisch zu bauen. Schwieriger sind die Entscheidungen bei wechselnden Grundwasserständen, oder bei einer Hanglage des Grundstücks mit viel Oberflächenwasser, da dann Aufwand, Kosten und Nutzen sorgfältig miteinander verglichen werden müssen.

Bereits beim Baugrubenaushub sollte an die spätere Gartengestaltung gedacht werden. Nur die obersten 10 bis 50 cm der Erde sind Humus, d.h. belebte Erde, und diese sollte sorgfältig abgehoben und gelagert werden. Empfehlungen zur Lagerung des Bodens in ca. 1 m hohen Mieten

sind nicht als Schikane zu sehen, sondern erhalten das Bodenleben, das in einem z.B. 3 m hohen Berg durch den hohen Druck und die geringe Durchlüftung mit Sicherheit absterben würde. Nur zu oft ist allerdings für eine so großräumige Lagerung auf dem Grundstück mit Baugrube, Kran und Baumaterialien kein Platz mehr. Auch wenn An- und Abfuhr von Erde nicht ganz billig sind, vielleicht läßt sich in der Nähe ein unbebautes Grundstück finden, auf dem der Humus für ein halbes Jahr sachgerecht zwischengelagert werden kann.

3.1 Fundament

Das Fundament soll die Hauslasten sicher und gleichmäßig auf dem Baugrund verteilen, so daß unterschiedliche Setzungen des Hauses, die zu schweren Schäden führen können (Risse und Brüche), vermieden werden. Sofern Neubauten mit Keller errichtet werden, liegen die Fundamente automatisch im frostsicheren Bereich; bei einem ebenerdigen Gebäude muß das Fundament auf jeden Fall bis in frostsichere Tiefen (0,8 - 1,2 m) geführt werden. Üblicherweise wird die Gebäudegründung als Streifenfundament in einfachem Massenbeton ohne Stahlbewehrung ausgeführt. Die Größe des Fundamentes wird vom Statiker berechnet. Sind die Fundamentstreifen gelegt, wird die Bodenplatte in einer Stärke von ca. 12 bis 15 cm darübergegossen. Da sie nur mit der Nutzlast belastet wird, braucht sie nicht mit Stahl bewehrt werden.

Bindiger, feuchter Boden wie Lehm sollte zwischen den Fundamenten ausgetauscht, und statt dessen eine sogenannte kapillarbrechende Schicht eingebracht werden, die vor dem Bau der Bodenplatte unbedingt neu verdichtet werden muß. Als kapillarbrechende Schicht ist z.B. Kalkschotter geeignet, dem auch neutralisierende Wirkung auf negative Erdstrahlen nachgesagt wird.

Da Streifenfundamente meist mit Hand ausgehoben werden müssen, ziehen Bauunternehmer unter steigendem Zeit- und Kostendruck eine Plattengründung vor. Diese muß durchgehend mit Stahleinlagen bewehrt werden und verzerrt dadurch als ferromagnetischer Baustoff die Feldlinien des erdmagnetischen Strahlenfeldes.

Auf jeden Fall darf die Einlage eines sogenannten Fundamenterders in das Fundament rings um das Haus nicht vergessen werden. Er besteht aus einem Bandstahl, an den das gesamte Elektronetz des Hauses und alle eisernen Sanitär- und Heizungsgeräte angeschlossen werden, um eine sichere Erdung zu gewährleisten und um vagabundierende Fremdströme abzuleiten.

Wer nach altem Vorbild bauen möchte, kann sich auch aus Feld- oder Flußsteinen oder maßgenauen Natursteinen mit Zementmörtel sein Fundament mauern, dann aber auf jeden Fall ohne Keller. Ein Sockel aus unverputzten Natursteinen kann ein schönes Gestaltungselement sein, das Haus wächst dann sozusagen aus der Erde.

3.2 Keller

Für die Ausführung der Kellerräume gibt es mehrere Möglichkeiten zur Auswahl:

– den leicht feuchten Vorratskeller
– den trockenen Abstellkeller
– den voll ausgebauten Hobbykeller.

Obwohl die letzte Ausbauform heute die übliche ist, sollen die erstgenannten nicht unerwähnt bleiben.

Wie Abb. 36 zeigt, wirken auf erdberührte Bauteile außer den Bauwerkslasten auch z.B. Erddruck, aufsteigende Bodenfeuchtigkeit, Spritzwasser sowie Oberflächen- und Sickerwasser ein. Durch Kapillarwirkung aufsteigendes Wasser wird deshalb durch Sperrschichten daran gehindert, das Bauteil zu durchfeuchten (Ausnahme Vorratskeller) und durch eine wasserdichte Außenbeschichtung wird Sicker- und/oder Hangwasser von der Kellerwand ferngehalten. Durch Sickerschichten (Kies, Schotter) und eine umlaufende Drainage wird Oberflächenwasser schnell vom Bauwerk abgeleitet.

Temperatur und Feuchte

Der Keller steht im dauerfeuchten Erdreich. Eine Austrocknung der Wände nach außen ist deshalb nicht möglich. Die Bau- und Raumfeuchte kann nur durch Lüftung (natürlich oder künstlich) und durch Feuchteaustausch mit den oberen Räumen über Decke oder Treppenhaus abgeführt werden.

Das Erdreich ist nur in den oberen Schichten größeren Temperaturschwankungen ausgesetzt. Ab etwa 1 m Tiefe hat es eine gleichbleibende Temperatur von 3 bis 8°C. Deshalb ist auch das Klima der Kellerräume im Jahresverlauf recht gleichmäßig: Im Sommer relativ kühl, im Winter verhältnismäßig warm.

Für den Bau von Kellern ergeben sich folgende Anforderungen:

– Die Außenwände sollen Wasserdampf aus der Raumnutzung aufnehmen können;
– Das Wandmaterial sollte einen niedrigen Wärmeeindringkoeffizienten aufweisen (d.h. Wärme nur langsam ableiten) bei einer möglichst geringen Wärmeleitfähigkeit;

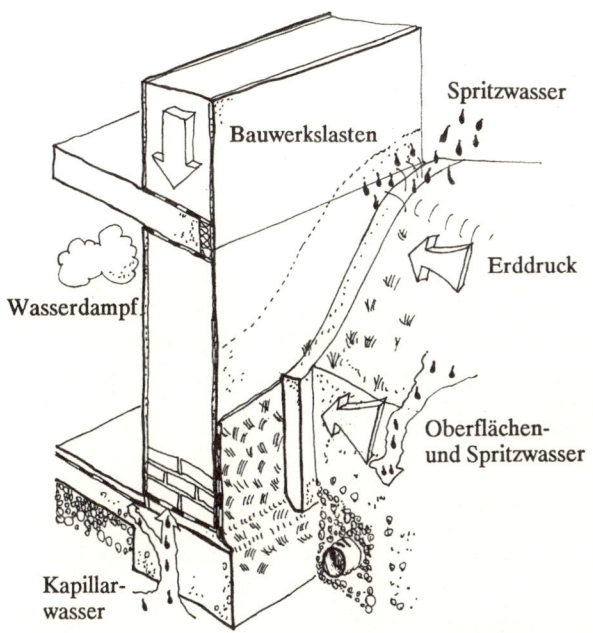

Abb. 36: Einwirkungen auf erdberührte Bauteile

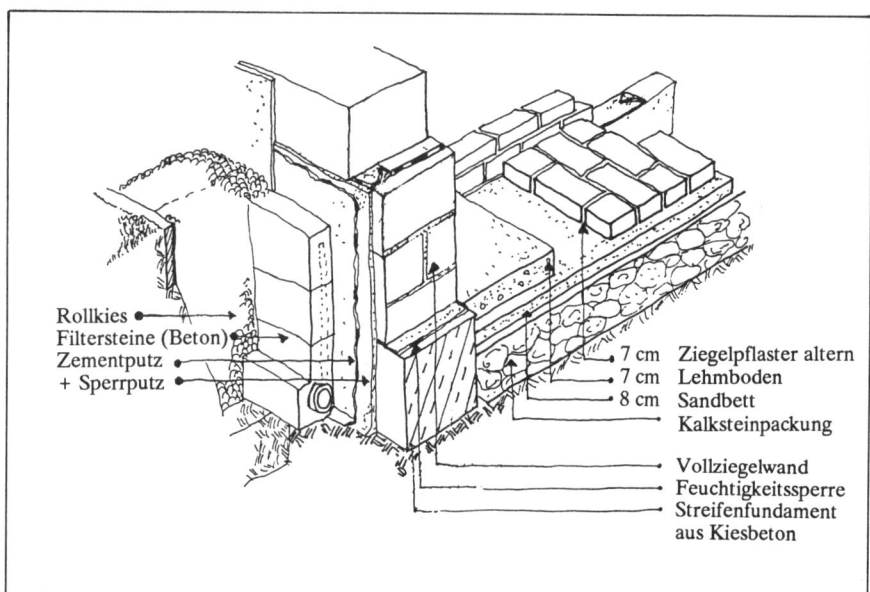

Rollkies •
Filtersteine (Beton)•
Zementputz •
+ Sperrputz •

7 cm Ziegelpflaster altern
7 cm Lehmboden
8 cm Sandbett
      Kalksteinpackung

Vollziegelwand
Feuchtigkeitssperre
Streifenfundament
aus Kiesbeton

Keller-Massivmauerwerk o. Sperrschicht	
Konstruktionsdicke	37,5 cm
Flächengewicht	675 kg/m²
Wärmespeicherwert	621 kJ/m²K
Auskühlzeit	76 h
k-Wert	1,58 W/m²K
Oberflächentemperatur	8,7°C
Feuerwiderstandszeit	F180
Gesamtpreis	190 DM/m²

Kellerboden feucht	
Konstruktionsdicke	35 cm
Flächengewicht	622 kg/m²
Wärmespeicherwert	597 kJ/m²K
Auskühlzeit	21 h
k-Wert	2,08 W/m²K
Oberflächentemperatur	7,7°C
Gesamtpreis	55 DM/m²

Abb. 37: Keller - Wand isoliert, Boden feucht

– Durch Dauerfeuchtigkeit darf die Konstruktion nicht zerstört werden.

Sperrbeton dichtet sehr gut ab, d.h. es wird nur so viel Feuchtigkeit durch das Material geleitet wie an der Innenseite entweichen kann. Die Oberflächenkälte des Materials verursacht selbst bei Außendämmung mit wasserfesten Dämmstoffen im Sommer große Probleme mit Wasserdampfkondensat und anschließender Schimmelbildung. Zum Daueraufenthalt sind Kellerräume aus Sperrbeton deshalb nicht geeignet.

Ziegel haben ein sehr gutes Feuchteausgleichsverhalten, eine warme Oberfläche und eine verhältnismäßig gute Wärmedämmung. Das Material muß an der Außenfläche durch eine sorgfältig ausgeführte Feuchtigkeitssperre geschützt werden.

Der Vorratskeller

Soll der Kellerraum als konservierender Lagerraum für Obst und Gemüse genutzt werden, so müssen erhöhte Feuchtigkeit, fehlendes Sonnenlicht und eine ausreichende Lüftung für das richtige Klima sorgen. Ein wasseraufnehmender schwerer Stein wie z.B. der Vollziegel (1800 kg/m³) ist dafür besonders geeignet, dichtere Steine wie Kalksandstein und Betonstein weniger, da die kapillar eindringende Feuchte an der Wandinnenseite verdunsten, und dadurch die Bauteile kühl halten sollte. Hierzu sind Lüftungsöffnungen im Raum notwendig, die nur im Winter bei Temperaturen unter dem Gefrierpunkt geschlossen werden. Im Winter herrscht im Erdreich ab 80 cm Tiefe eine Temperatur zwischen 2 und 5°C, so daß ein Gefrieren der Vorräte nicht vorkommen wird.

Konsequenterweise muß die Bodenplatte ausgespart werden, damit auch hier das kapillar eindringende Wasser verdunsten kann. Statt dessen wird ein Boden aus gestampftem Lehm oder Ziegelplatten verlegt. Wer dies nicht tun möchte, kann auch einen Bodenaufbau auf der Betonplatte mit hochkant gestellten Vollziegeln in Sandbett vorsehen.

Der Vorratskeller erhält seinen dauerfeuchten Zustand dadurch, daß er zum Erdreich hin keine Feuchteisolierung besitzt. Alte Erdkeller sind auf diese Weise gebaut und zeigen noch heute ihre Funktionstüchtigkeit, Gemüse und Obst bleiben lange Zeit frisch. Der Bau eines solchen Kellers ist in Gebieten mit hohem Grundwasserstand oder Hangwasser nicht zu empfehlen.

Vorratskeller sollten möglichst tief im Erdreich liegen, am besten an der Nordseite des Hauses und in möglichst großer Entfernung vom Heizungskeller. Die Kellerfenster sollten klein bemessen sein, verdunkelt sein und mit Fliegengitter versehen werden. Be- und Entlüftungskanäle in der Wand sorgen zusätzlich dafür, daß eine Erwärmung des Kellers im Sommer durch die Außenluft vermieden wird (Abb. 37).

Erfahrungswerte geben die Innentemperaturschwankung eines solchen Kellers mit 8°C im Sommer und 2°C im Winter an, bei relativen Luftfeuchten vom 80-90 %. Die dem Vorratskeller anschließenden Bauteile müssen durch Trennschichten vor unerwünschter Durchfeuchtung geschützt werden. Am besten erreicht man dies, indem die

Trennwände zweischalig gemauert werden. Die Decke über dem Vorratskeller sollte nicht aus Holzbalken bestehen und der Fußbodenaufbau im Erdgeschoß ist gegen Durchfeuchtung zu schützen. Angesichts solcher Schwierigkeiten in der Baudurchführung entschließt sich mancher Bauherr, einen Vorratskeller als freistehenden Erdkeller im Garten zu verwirklichen.

Der trockene Abstellkeller

Er darf nicht feucht oder gar naß werden. Die Kelleraußenwand muß mit einer Feuchteisolierung bzw. Dränage gegen das dauerfeuchte Erdreich geschützt werden, ebenso die Bodenplatte. Das Material für die Kelleraußenwand ist

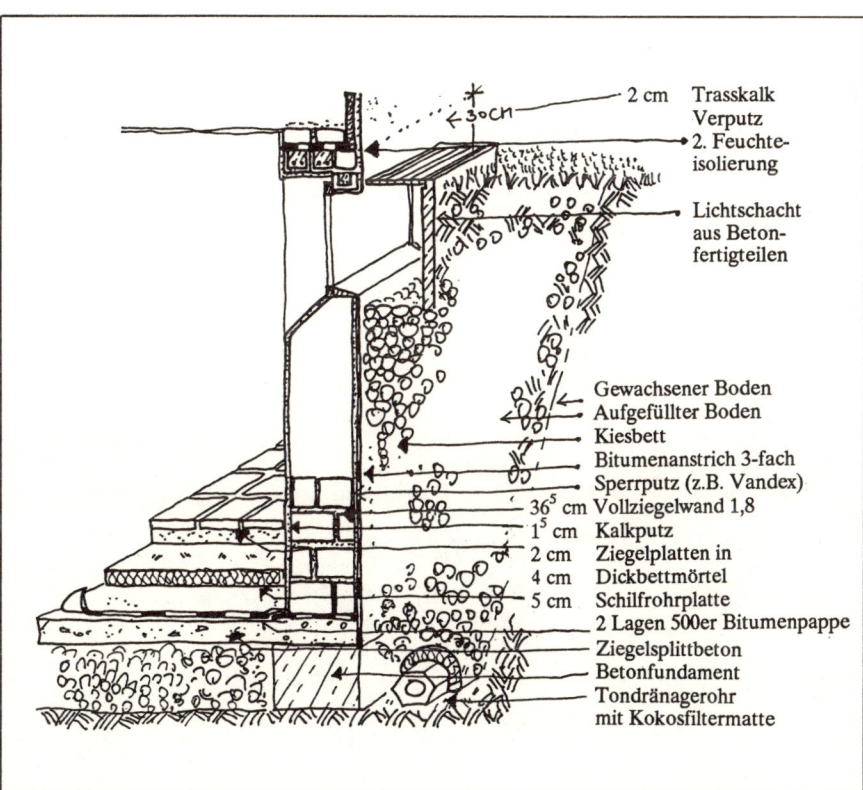

2 cm — Trasskalk Verputz
— 2. Feuchteisolierung
— Lichtschacht aus Betonfertigteilen
— Gewachsener Boden
— Aufgefüllter Boden
— Kiesbett
— Bitumenanstrich 3-fach
— Sperrputz (z.B. Vandex)
36^5 cm — Vollziegelwand 1,8
1^5 cm — Kalkputz
2 cm — Ziegelplatten in
4 cm — Dickbettmörtel
5 cm — Schilfrohrplatte
— 2 Lagen 500er Bitumenpappe
— Ziegelsplittbeton
— Betonfundament
— Tondränagerohr mit Kokosfiltermatte

Keller-Massivmauerwerk, isoliert	
Konstruktionsdicke	40,3 cm
Flächengewicht	724 kg/m²
Wärmespeicherwert	670 kJ/m²K
Auskühlzeit	76 h
k-Wert	1,54 W/m²K
Oberflächentemperatur	14,8°C
Feuerwiderstandszeit	F 180
Gesamtpreis	245 DM/m²

Kellerboden isoliert, Ziegelplatten	
Konstruktionsdicke	42 cm
Flächengewicht	659 kg/m²
Wärmespeicherwert	640 kJ/m²K
Auskühlzeit	28 h
k-Wert	0,67 W/m²K
Oberflächentemperatur	16,6°C
Gesamtpreis	195 DM/m²

Abb. 38: Kellerraum trocken

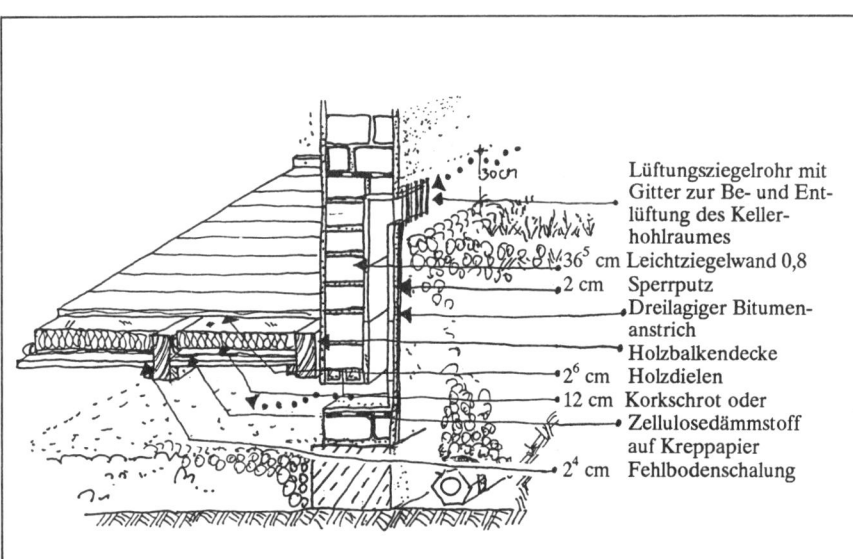

Lüftungsziegelrohr mit Gitter zur Be- und Entlüftung des Kellerhohlraumes

36^5 cm Leichtziegelwand 0,8

2 cm Sperrputz

Dreilagiger Bitumenanstrich

Holzbalkendecke

2^6 cm Holzdielen

12 cm Korkschrot oder Zellulosedämmstoff auf Kreppapier

2^4 cm Fehlbodenschalung

Leichtziegelmauerwerk (0,8) m. Sperrschicht

Konstruktionsdicke	40,3 cm
Flächengewicht	360 kg/m²
Wärmespeicherwert	335 kJ/m²K
Auskühlzeit	81 h
k-Wert	0,79 W/m²K
Oberflächentemperatur	18,4°C
Feuerwiderstandszeit	F 180
Gesamtpreis	215 DM/m²

Kellerboden als unterlüftete Holzbalkendecke

Konstruktionsdicke	34,6 cm
Flächengewicht	42 kg/m²
Wärmespeicherwert	80 kJ/m²K
Auskühlzeit	24 h
k-Wert	0,39 W/m²K
Oberflächentemperatur	18°C
Gesamtpreis	210 DM/m²

Abb. 39: Keller beheizt mit Holzbalkendecke

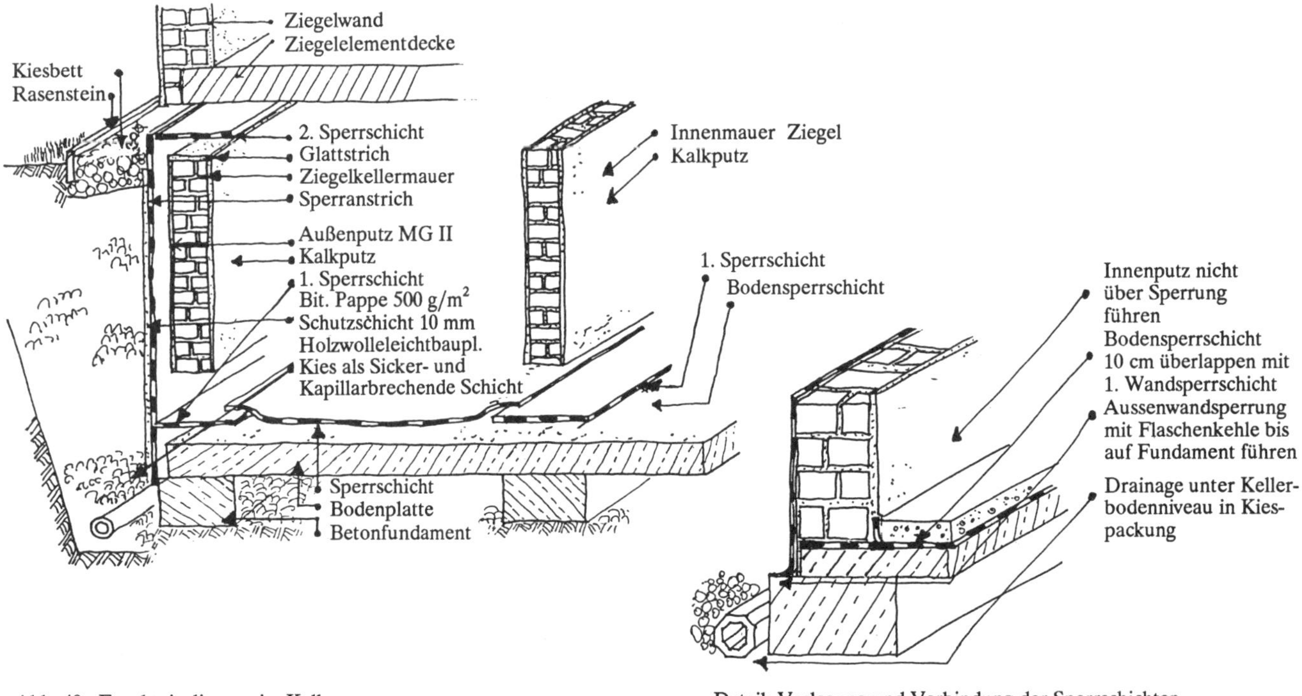

Ziegelwand
Ziegelelementdecke

Kiesbett Rasenstein

2. Sperrschicht
Glattstrich
Ziegelkellermauer
Sperranstrich

Innenmauer Ziegel Kalkputz

Außenputz MG II
Kalkputz
1. Sperrschicht
Bit. Pappe 500 g/m²
Schutzschicht 10 mm
Holzwolleleichtbaupl.
Kies als Sicker- und
Kapillarbrechende Schicht

1. Sperrschicht
Bodensperrschicht

Innenputz nicht über Sperrung führen
Bodensperrschicht
10 cm überlappen mit
1. Wandsperrschicht
Aussenwandsperrung mit Flaschenkehle bis auf Fundament führen

Drainage unter Kellerbodenniveau in Kiespackung

Sperrschicht
Bodenplatte
Betonfundament

Abb. 40: Feuchteisolierung im Keller

Detail: Verlegung und Verbindung der Sperrschichten

heute meist Beton, da die Bauunternehmer ihre teuer bezahlten Fertigschalungselemente einsetzen wollen.

Der Vorteil des Betonkellers ist seine extrem hohe Belastbarkeit und die Dichte und Glätte der Wand bei sorgfältiger Ausführung. Da Arbeitsfugen und Schwindrisse auch bei Beton zum Eindringen von Feuchtigkeit führen, muß die Betonwand konstruktiv mit Stahlgitter bewehrt werden und außenseitig einen wasserdichten Anstrich erhalten. Nachteilig ist die lange Austrocknungszeit des Anmachwassers und die Kälte des Materials. Erfahrungsgemäß ist die Haltbarkeit von Obst und Gemüse in einem Betonkeller kürzer als im Ziegelkeller.

Der Boden wird am einfachsten mit einer Feuchtigkeitsisolierschicht aus einer bituminösen Schweißbahn versehen und darüber ein gleitender Zement- oder Traßkalkestrich (4 cm stark) aufgebracht. Anstelle der Schweißbahn sind auch mineralische Sperrputze möglich. Diese sind gut mechanisch belastbar, durch die Sprödigkeit des Materials allerdings rißanfälliger.

Eine Alternative ist der schon erwähnte Keller aus Ziegelsteinen, wobei das Gewicht der Steine in diesem Fall keine große Rolle spielt, eher die höheren Baukosten.

Häufig werden Keller aus Beton-Hohlblocksteinen oder auch Kalksandsteinen gemauert. Zwar sind die Materialien sehr billig, sie vereinen jedoch die Nachteile des kalten Betonmaterials mit den Nachteilen eines fugenreichen Mauerwerks.

Der ausgebaute Hobbykeller

Wenn es zu umgehen ist, dann sollten ständig genutzte Aufenthaltsräume nicht im Keller liegen, denn es ist fast unmöglich, im Keller eine Raumqualität zu schaffen, die für ein gesundes Wohnen erforderlich ist. Wird der Keller beheizt und als Hobby- oder zeitweise als Arbeitsraum benutzt, ist vor allem die Wärmedämmung der Außenwand zu beachten (zweite Wärmeschutzverordnung). Hier muß die Betonwand aufwendig und teuer von innen oder außen gedämmt werden (Ausnahme: eine wärmedämmende Leichtbetonwand). Überlegenswert ist deshalb die Errichtung der

Kellerwände aus 36,5 cm starken Leichtziegeln, die zwar etwas teurer sind, dafür aber nicht zusätzlich noch gedämmt werden müssen, was wiederum Kosten einspart. Durch einen neu entwickelten Kellerzahnziegel mit glatter Außen- und Innenfläche kann die Außenwand zum Erdreich hin ohne zusätzlichen Verputz mit einer Isolierschicht überzogen werden. Ebenfalls neuartige hochelastische Bitumenspachtelmassen sichern die Dichtigkeit der Außenhaut auch bei späteren Setzungen. Bei kiesigem Boden ist ein mineralischer Sperrputz mit Betondränagesteinen und Grobkiesschüttung ausreichend. Innenseitig wird das Mauerwerk mit einem groben oder feinen Putz versehen und gestrichen oder nur geschlämmt.

Die Bodenplatte muß in diesem Fall nicht aus Kiesbeton sein, sondern kann aus Ziegelsplittbeton hergestellt werden, d.h. statt Kies bekommt der Beton als Zuschlagstoff gemahlenen Ziegelsplitt. Dies verbessert die Wärmedämmung erheblich. Auch andere Zuschlagstoffe wie z.B. Blähton sind möglich. Solche Mischungen kann man nur selten als Fertigbeton beziehen, sie werden arbeitsaufwendig auf der Baustelle hergestellt.

Der Boden muß oberhalb der Fundamentplatte gegen aufsteigende Feuchtigkeit isoliert werden, ebenfalls mit einer bituminösen Schweißbahn oder einer mineralischen Sperrschlämme. Darauf kann dann ein beliebiger Fußbodenaufbau (mit einer 10 - 15 cm starken Wärmedämmung) gewählt werden.

Eine Wasserableitung rund um das Gebäude ist in jedem Fall notwendig. Dies geschieht durch eine sogenannte Dränage, einem Rohr, das auf Fundamenthöhe das Wasser sammelt und vom Gebäude wegführt. Als Material ist gelochtes gelbes Kunststoffrohr üblich, es bieten sich aber auch 30 cm lange sechseckige Rohre aus Ziegelstein an, die mit einer dünnen Lage unverrottbarer Kokosrollfilze abgedeckt werden. Das Kokosmaterial hat sich im Landbau bestens bewährt und verhindert sehr gut das Versanden der Rohrleitung. Der Arbeitsraum um das Gebäude herum wird dann mit grobem Kies aufgefüllt, der das Oberflächenwasser später schnell versickern läßt.

Vor die Mauerisolierung sollten magnesitgebundene Holzwolleleichtbauplatten gestellt werden, um sie beim Verfüllen des Kieses vor Verletzungen zu schützen.

Wohnräume ebenerdig

Wie schon erwähnt, sollte der Wohnbereich möglichst unterkellert sein, denn der Keller bildet ein Luftpolster, das die unterschiedlichen Temperaturen im Erdreich zum Ausgleich bringt. Der Keller ist deshalb von wesentlicher Bedeutung für den Wohnkomfort eines Gebäudes. Ist eine Unterkellerung (oder zumindest ein Kriechkeller bzw. eine unterlüftete Fußbodenkonstruktion) nicht möglich, so muß die Fußbodenplatte direkt auf die Sauberkeitsschicht gegossen werden (Abb. 41). Hier sind beim Bodenaufbau erhöhte Wärmedämmaßnahmen notwendig. Die Fundamentierung wird mit Kiesbeton bis auf 1,20 m Frosttiefe ausgeführt. Unter der Fußbodenplatte wird gegen aufsteigende Bodenfeuchtigkeit eine Dränage in Kalkschotter verlegt, wobei der Kalkschotter auch eine abschwächende Wirkung gegen die Erdstrahlung hat. Dann kann die Fußbodenplatte betoniert werden, am besten in Ziegelsplittbeton, der bessere Feuchte- und Wärmedämmeigenschaften als Kiesbeton hat. Auf die Ziegelsplittdecke wird eine horizontale Feuchtigkeitssperre aufgebracht. Die Wärmedämmung wird durch eine Korkschrotschüttung gewährleistet, auf die als Gehbelag zement- oder magnesitgebundene Spanplatten mit Nut- und Feder verlegt werden. Darauf können nun verschiedene Fußbodenbeläge, z.B. Linoleum, Kokosteppich, Holzparkett etc. aufgebracht werden.

Dem Autor sind auch Bodenkonstruktionen aus alten Bauernhäusern bekannt (s. Kap. 4.0 - Detailzeichn. vom Umbau eines Bauernhauses), bei denen die Holzbalken direkt in eine *trockene* Schotterschicht verlegt wurden, darüber ein Holzdielenboden. Von den Bewohnern wird nicht über Fußkälte geklagt. Entscheidend für die Haltbarkeit ist selbstverständlich die dauernde Trockenheit des Unterbodens.

Um eine starke Auskühlung der mineralischen Bodenplatte im Winter zu verhindern, kann man die äußere Fundamentwand rings um das Gebäude dämmen oder wie in Schweden, die gesamte Fundamentplatte auf 10 cm Dämmstoff "schwimmen" lassen. Ein deutscher Statiker sieht allerdings dann sehr viele Stahlmatten zur Bewehrung vor.

Folgende *unterlüftete* Deckenkonstruktionen sind der eben beschriebenen vorzuziehen:

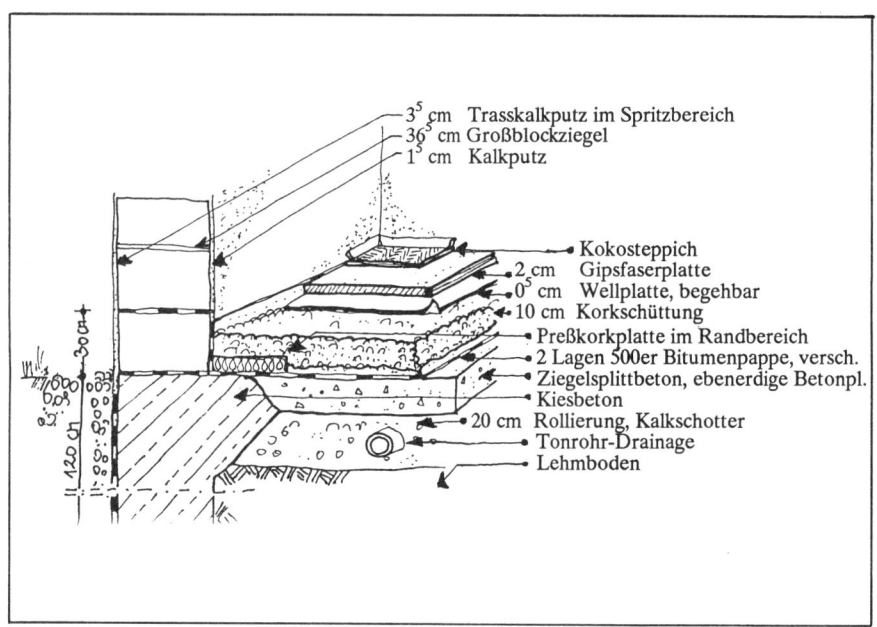

- 3^5 cm Trasskalkputz im Spritzbereich
- 36^5 cm Großblockziegel
- 1^5 cm Kalkputz
- Kokosteppich
- 2 cm Gipsfaserplatte
- 0^5 cm Wellplatte, begehbar
- 10 cm Korkschüttung
- Preßkorkplatte im Randbereich
- 2 Lagen 500er Bitumenpappe, versch.
- Ziegelsplittbeton, ebenerdige Betonpl.
- Kiesbeton
- 20 cm Rollierung, Kalkschotter
- Tonrohr-Drainage
- Lehmboden

Ebenerdige Decke in Ziegelsplittbeton	
Konstruktionsdicke	41,5 cm
Flächengewicht	583 kg/m^2
Wärmespeicherwert	581 kJ/m^{2}K
Auskühlzeit	24 h
k-Wert	0,52 W/m^{2}K
Oberflächentemperatur	19°C
Gesamtpreis	190 DM/m^2

Außenwand aus Leichtmauerziegeln (0,8)	
Konstruktionsdicke	40 cm
Flächengewicht	355 kg/m^2
Wärmespeicherwert	329 kJ/m^{2}K
Auskühlzeit	81 h
k-Wert	0,78 W/m^{2}K
Oberflächentemperatur	17°C
Feuerwiderstandszeit	F 180
Schalldämmaß R_T	52 dB
Luftschallschutzmaß LSM	0 dB
Gesamtpreis	203 DM/m^2

Abb. 41: Ebenerdige Decke, isoliert

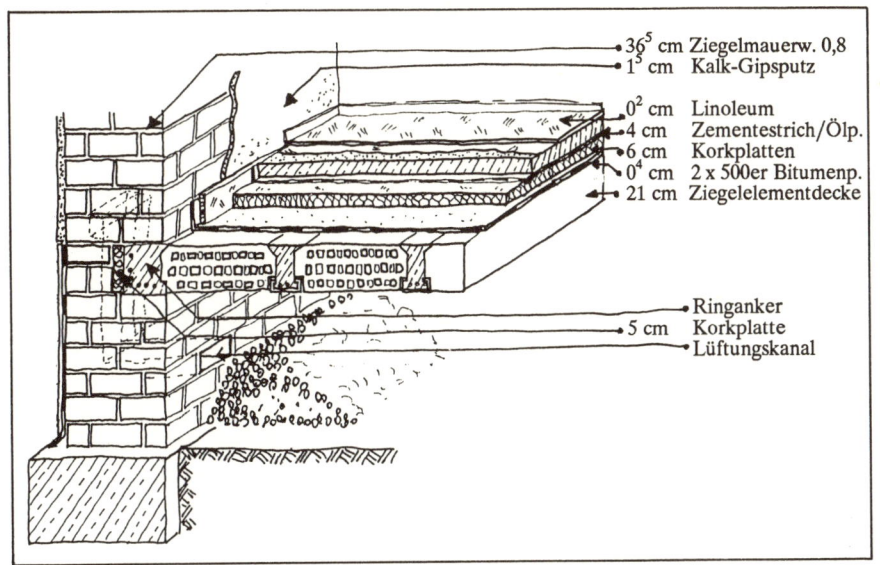

36^5 cm Ziegelmauerw. 0,8
1^5 cm Kalk-Gipsputz
0^2 cm Linoleum
4 cm Zementestrich/Ölp.
6 cm Korkplatten
0^4 cm 2 x 500er Bitumenp.
21 cm Ziegelelementdecke

Ringanker
5 cm Korkplatte
Lüftungskanal

Unterlüftete Ziegelelementdecke	
Konstruktionsdicke	31,6 cm
Flächengewicht	304 kg/m^2
Wärmespeicherwert	356 kJ/m^{2}K
Auskühlzeit	7,2 h
k-Wert	0,47 W/m^{2}K
Oberflächentemperatur	15,4°C
Feuerwiderstandszeit	F 180
Gesamtpreis	230 DM/m^2

Abb. 42: Ebenerdige Decke als unterlüftete Ziegelelementdecke

Die unterlüftete Ziegelhohlkörperdecke (Abb. 42) gewährleistet, daß die Fußbodenkonstruktion auch bei stärkerer Bodenfeuchtigkeit nicht durchnäßt wird. Die Dämmung der Decke muß allerdings besonders gut ausgeführt werden, da der Hohlraum belüftet wird, und die Wärmespeicherung des Erdreiches entfällt. Die Betonträger liegen auf Fundamentstreifen, dazwischen werden die Ziegelhohlkörper eingehängt. Auf einer Lage Feuchtigkeitssperre sind Dämmplatten (z.B. Kork) verlegt (mind. 10 cm). Eine Lage imprägniertes Papier (z.B. Ölpapier) trennt den Romankalkestrich von der Dämmung und verhindert deren Durchfeuchtung. Diese Trennlage ist bei Verwendung von Trockenestrichelementen z.B. aus Gipsfaserplatten nicht notwendig. Auf den Estrich kann nun ein keramischer Belag in Mittelmörtelbett oder auch ein Teppichboden verlegt werden.

Bei geringer Bodenfeuchtigkeit kann für Wohnräume in nichtunterkellerten Häusern auch eine Holzbalkendecke ausgeführt werden, wenn eine gute Unterlüftung der Holzkonstruktion gewährleistet ist. Die Gefache zwischen den Holzbalken werden mit Hohltonziegelsteinen, sog. Hourdis, ausgefüllt. Auf eine Feuchtigkeitssperrschicht werden Lagerhölzer ausgelegt, der Zwischenraum mit einem Schüttdämmstoff aufgefüllt (mind. 10 cm hoch) und ein Gehbelag aus Hobeldielen (26 mm oder stärker) aufgebracht.

3.3 Außenwände

Wände bilden die seitliche Begrenzung umbauter Räume und haben als tragende Bauteile nicht nur statische Funktion, sondern müssen darüber hinaus auch Anforderungen erfüllen bezüglich Witterungseinflüsse, Ausgleich der Luftfeuchtigkeit der Innenräume, Wärme-, Schall- und Brandschutz, Wärmespeicherung usw. (Abb. 43). Außerdem muß ihre Konstruktion hinsichtlich Herstellung, Unterhalt und Beheizung wirtschaftlich sein. Besonderen Augenmerk ist auf die Anschlüsse an Tür- und Fensteröffnungen zu richten.
Die Außenwand ist im Gegensatz zum Keller konstruktiv unproblematischer, da sie sonnendurchwärmt und allseitig luftumspült ist. Allerdings bringen große Temperaturunterschiede zwischen Innen und Außen im Jahresverlauf und

die unterschiedliche Orientierung der Wände neue Probleme.
Die Beanspruchung der Außenwand und ihre Funktion im einzelnen wird im folgenden beschrieben.

Tragfähigkeit

Wände als tragende Bauteile werden durch Eigengewicht und Deckenlasten auf Druck und durch die waagerecht angreifenden Windkräfte auf Biegung beansprucht. Durch ein Zusammenwirken der Wände und Decken (Wandgefüge) werden die senkrechten und waagerechten Lasten in den Baugrund abgeleitet.

Witterungseinflüsse

Durch Sonneneinstrahlung können Außenwände stark aufgeheizt werden, was zu erheblichen Wärmeausdehnungen (besonders bei zweischaligem Mauerwerk) und damit zu Rißbildungen in der Außenwand führen kann. Je nach Baustoff, Oberfläche, Himmelsrichtung und Einfallswinkel der Strahlung liegen die Temperaturdifferenzen, die zwischen Winter und Sommer auftreten, bei 50 bis 90°C. Durch einen hellen Außenputz, der die Wärmestrahlung besser reflektiert als dunkle Oberflächen, kann z.B. die Aufheizung von Bauteilen und die damit verbundene Wärmeausdehnung verringert werden.
Die Wände müssen bei Windbelastung dicht sein, um eine Auskühlung im Innenraum zu vermeiden. Je höher ein Bauwerk ist, desto größer ist auch seine Windbeanspruchung durch Druck und Sog. Fassadenverschalungen sollten deshalb gut befestigt sein und besonders bei mehrschichtigen Bauteilen ist auf Winddichtigkeit zu achten, da sonst im Hausinnern Zugerscheinungen und Abkühlung auftreten.
Feuchtigkeit kann in vielfältiger Weise eine Wand belasten. Als aufsteigende Feuchte vom Boden, kondensierende Feuchte im Wandinnern aufgrund der Wasserdampfwanderung oder als Niederschlag. Die aufsteigende Feuchtigkeit wird durch Sperrschichten vom Hausfundament bzw. von der Kellerwand ferngehalten. Eine wasserabweisende, min-

destens 30 cm hohe Sockelzone über dem Gelände verhindert ebenfalls, daß Feuchtigkeit in die Wand eindringt.
Kondensat bildet sich in der Wand dadurch, daß ein Wasserdampfstrom dauernd die Wand durchzieht. Ursache dafür ist ein Dampfdruckgefälle, das in der Regel durch eine Temperaturdifferenz bzw. durch unterschiedliche Luftfeuchten zwischen den Innen- und Außenflächen eines Bauteils zustandekommt. Wasserdampf wandert immer zur kalten Seite eines Bauteils oder bei gleicher Temperatur zur Seite der geringeren Luftfeuchte. Wasserdampf wird aber zu Tauwasser, wenn die feuchte Luftschicht sich im Bauteil soweit abkühlt, daß der Taupunkt erreicht wird und der Wasserdampf zu Tautropfen kondensiert.
Probleme bereitet dieses Wasser immer dann, wenn es in der warmen Jahreszeit nicht austrocknen kann und im Winter gefriert. Dies zerstört langfristig jedes Bauteil. Besonders schadensanfällig sind in diesem Zusammenhang leichte Wandkonstruktionen.

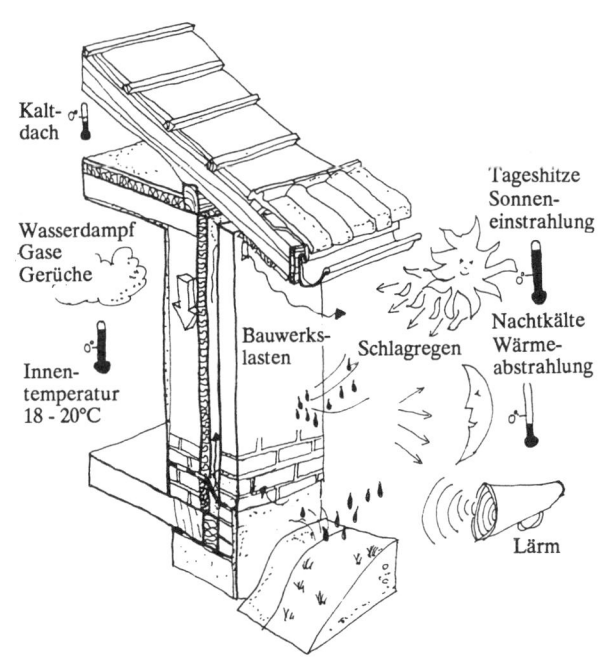

Abb. 43: Beanspruchung einer Außenwand

Schlagregen gefährdet die Haltbarkeit besonders an Außenwänden, die gegen die Hauptwindrichtung und im Sonnenschatten liegen. Da Wasser, egal in welchem Aggregatzustand, auf Dauer jedem Bauwerk schadet, muß zum einen durch konstruktive Maßnahmen (Dachvorsprünge, Gesimse usw.) versucht werden, die Feuchtigkeit so gut es geht von den Außenwänden fern zu halten, zum anderen muß die Wand aufgenommene Feuchtigkeit schnell wieder abgeben können. Diese Aufgaben soll die sogenannte Wetterschicht übernehmen, also Putz oder vorgehängte Fassaden wie z.B. Holzverschalungen.
Idealerweise sollte die raumseitige Oberflächentemperatur der Wände höchstens 2°C unter der Raumlufttemperatur liegen (was einen Wärmedämmkoeffizienten der Wand $k = 0,5 - 0,6$ W/m²K bei nordorientierten Räumen erfordert). Ist die Temperaturdifferenz zwischen raumseitiger Wandoberfläche und Raumluft erheblich größer, so kann bei erhöhter Raumluftfeuchte Kondensat auf der Wandinnenfläche entstehen, was zu Schimmelbildung und Putzzerstörung führt. Als Folge davon müssen die Bewohner auch mit gesundheitlichen Beeinträchtigungen rechnen (Rheuma, Erkältungen, Arthritis etc.).
Einwirkungen von der Raumseite: Wie schon oben erwähnt, kann infolge von Temperatur- und Dampfdruckgefälle Feuchtigkeit als Wasserdampf und Tauwasser von der Raumseite durch die Wand nach draußen dringen. Dies trifft besonders auf unbeheizte und schlecht gelüftete Wohnräume, aber auch auf Räume mit hohem Feuchteanfall wie Küchen, Bäder und Schlafzimmer zu. Faustregel: der Aufbau der einzelnen Wandschichten sollte so gewählt werden, daß der Dampfdiffusionswiderstand der einzelnen Wandschichten nach außen abnimmt. Wird die Raumfeuchte durch einen dichten Außenanstrich oder durch Baustoffe mit einer geringen kapillaren Saugfähigkeit (Beton, Bruchstein usw.) daran gehindert nach außen diffundieren zu können, sind Bauschäden vorprogrammiert.

Wärmeschutz

Eine gute Wärmedämmung der Außenbauteile ist Voraussetzung für eine behagliche Oberflächentemperatur der Wände und eine sparsame Beheizung der Räume. Voraussetzung für eine gute Dämmfähigkeit des Wandmaterials sind trockene Außenwände. Bei einschaligem Mauerwerk aus großformatigen Leichtsteinen ist eine zusätzliche Wärmedämmschicht in der Regel nicht erforderlich, da die ruhende Luft in den Hohlräumen die Dämmfähigkeit des Materials ausreichend erhöht (Beispiel: 36er Mauerwerk aus Unipor $k = 0,64 - 0,90$ W/m²K, je nach Rohdichte des verwendeten Steines). Bei entsprechend dimensionierten Außenwänden aus Massivholz kann auf eine zusätzliche Wärmedämmschicht ebenfalls verzichtet werden. Das Material sollte jedoch ein gutes Feuchteausgleichsvermögen haben (z.B. Ziegel).
Bei vielen Außenwandkonstruktionen wird das Trag- und das Wärmedämmvermögen von verschiedenen Baumaterialien übernommen. Je nach Konstruktion kann man dabei zwischen Außen-, Kern- und Innendämmung unterscheiden (Abb. 44). Aus bauphysikalischer Sicht ist die Außendäm-

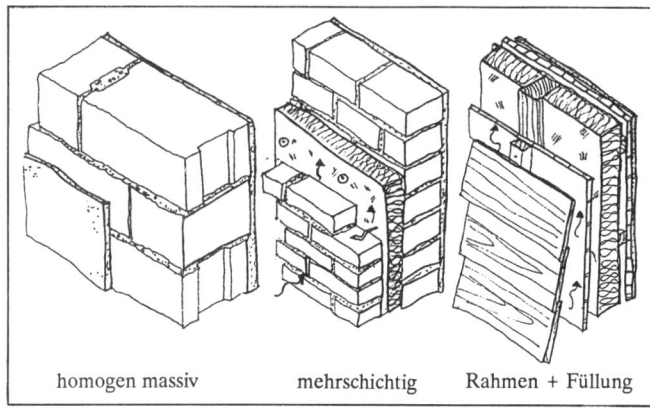

homogen massiv   mehrschichtig   Rahmen + Füllung

Abb. 44: Außenwandkonstruktionen

mung am wenigsten problematisch. Nachteilig ist u.U., daß hierbei zwar die innerhalb des Raumes zugeführte Wärme gut gespeichert werden kann (was für einen sommerlichen Wärmeschutz bedeutend ist), die Sonne aber das Mauerwerk nicht mehr erwärmen und austrocknen kann. Als Außendämmung sind Stoffe mit guter kapillarer Leitfähigkeit zu empfehlen (z.B. Holzweichfaserdämmplatten, Holzwolleleichtbauplatten, Zellulosedämmstoff, Kokosfaser, Kork). Bei einer zu schweren Innenschale und starker Wärmedämmung kann es leicht vorkommen, daß die Raumtemperatur vor allem in der Übergangszeit im Vergleich zur warmen Außenluft subjektiv als zu kühl empfunden wird und dann länger geheizt wird.

Besonders bei der nachträglichen Wärmedämmung von Altbauten bietet sich aus Gründen der Fassadenerhaltung (Denkmalschutz!) oft nur eine Innendämmung als Lösung an. Sowohl bei einer Innen- als auch bei einer Kerndämmung ist jedoch die Gefahr von Schwitzwasserbildung innerhalb der Wand hoch. Auf der warmen Seite der Wärmedämmschicht muß unbedingt eine Dampfbremse angebracht werden. Dies gilt auch für Fachwerkhäuser, da in Holzkonstruktionen schon kurzzeitige, geringe Kondenswassermengen zu Schäden führen können. Vor nachträglichen Innendämmaßnahmen ist es deshalb zu empfehlen, eine fachkundige Person zu Rate zu ziehen, die eine Tau-

punktberechnung für den jeweiligen Wandaufbau anfertigt. Die Anordnung der Wärmedämmung auf der Innenseite kann auch dann sinnvoll sein, wenn ein Raum nur temporär genutzt wird (z.B. Vortragsräume, Kirchen etc.), da er sich aufgrund seines geringen Wärmespeichervermögens schneller aufheizt (allerdings auch schneller wieder abkühlt) als Räume mit Außendämmung.

Wärmespeicherung

Je schwerer ein Körper ist, umso größer ist bei gleichem Volumen sein Vermögen, Wärme zu speichern. Die Wärmespeicherfähigkeit von Bauteilen ist wichtig, um im Winter eine zu schnelle Auskühlung der Räume und im Sommer eine übermäßige Erwärmung infolge Sonneneinstrahlung durch die Fenster zu vermeiden.

Außenwände in Massivbauweise aus mineralischem Baumaterial (ohne Innendämmung) können die Raumwärme gut speichern, bei leichten Außenwänden z.B. in Ständerbauweise sollten Innenbauteile (Wände, Decken, Böden, Einbauten etc.) das entsprechende Wärmespeichervermögen haben. Schwere Innenwände haben bei günstiger Plazierung zudem den Vorteil, daß sie direkt von der Sonne beschienen werden und die eingestrahlte Energie gut aufnehmen können. In welchem Maße jedoch die von einer schweren einschaligen (Süd-)Außenwand gespeicherte Sonnenenergie dem Innenraum zugute kommt, sollte nicht überschätzt werden, da die Eindringtiefe für die Speicherung der Sonnenwärme bei gemauerten Wänden nur 12 bis 14 cm (im Tag-Nacht-Wechsel) beträgt, und deshalb ein Großteil der von außen aufgenommenen Wärme während der kühleren Nacht wieder nach draußen zurückgestrahlt wird. Der Effekt einer schweren massiven Außenwand (400 - 600 kg/m², je nach Klimagebiet) beruht darauf, daß die Kerntemperatur der Wand sich im Tagesverlauf erhöht und in der Nacht erst langsam abfällt, so daß ein »Wärmestau« in der Wand auftritt, der die Wärmeverluste reduzieren hilft (siehe Abb. 34). Nicht sonnenbestrahlte Wände sind von diesem Effekt natürlich ausgenommen.

Schallschutz

Die Zunahme des Umgebungslärms ist ein großes Problem, da daraus vermehrt das Bedürfnis nach Stille im Wohnbereich entsteht.

Die Geräuschdämpfung durch die Außenwände ist bei massiven Wänden im allgemeinen leicht zu erfüllen. Ein Schalldämmaß von R = 52 dB (Dezibel) wird bei 350 kg/m² Wandgewicht erreicht. Bei Leichtbauwänden dagegen läßt sich diese Forderung wesentlich schwerer erfüllen. Hier müssen durch unterschiedlich dämpfende Materialschichten die Werte erreicht werden. Die Schalldämmung von Außenwänden wird wesentlich durch Öffnungen aller Art beeinträchtigt, z.B. durch Fenster und Türen, Rolladenkästen, Heizkörpernischen, Fugen an Wandanschlüssen, Risse und Löcher. Diese sogenannten Schallnebenwege lassen sich nur durch gut ausgeführte Konstruktionen vermeiden.

Brandschutz

Tragende Wände und Wohnungstrennwände müssen hinsichtlich ihres Brandverhaltens der Feuerwiderstandsklasse F90 entsprechen, d.h. eine Feuerwiderstandsfähigkeit von 90 Minuten haben. Während massiv gemauerte Wände diese Forderung gewöhnlich ohne weiteres erfüllen, können Wände aus Holz maximal die Brandwiderstandsklasse F60 erreichen. Insofern müssen, je nach Vorschrift, brandgefährdete Bauteile aus Holz ummantelt oder verputzt werden, bzw. größere Brandabstände zum Nachbargrundstück (z.B. 5 m statt 3 m) eingehalten werden.

Unerwünschte Hausbewohner

Wenig beachtet wird das Problem der Kleinlebewesen in Gebäuden, seien es nun Insekten (Ameisen, Wespen, Kakerlaken) oder Nagetiere (Mäuse, Ratten, Wiesel, Siebenschläfer). Diese können an der Baukonstruktion, ob nun Außen- oder Innenwand, ob Decke oder Dachstuhl, erheblichen Schaden anrichten.

Besonders Hohlraumkonstruktionen, die mit Dämmstoffen verfüllt sind, scheinen ein beliebter Aufenthaltsort von Kleinlebewesen jeder Art zu sein. Ob die Dämmung aus Kork, Schilfrohr, Zellulosedämmstoff, Glasfaser oder Schaumkunststoff ausgeführt wird, spielt hierbei keine Rolle. Da die Hohlräume in den meisten Fällen nicht oder nur schwer zugänglich sind, ist eine Bekämpfung schwierig. Neben der technischen (Mäusefalle) und biologischen (Hauskatze) Bekämpfung werden deshalb meist chemisch-toxische Mittel eingesetzt, die zwar zugelassen sind, deren Langzeitwirkung auf den Menschen aber nicht unterschätzt werden darf. Dichte, hohlraumfreie Konstruktionen sind deshalb in bezug auf Kleinlebewesen viel unproblematischer.

Außenwandkonstruktionen

Wie für andere Bauteile auch, so gibt es für eine Außenwand verschiedene Konstruktionen. Um den Überblick zu erleichtern bietet es sich an, die Vielfalt durch Reduzierung auf gemeinsame Kriterien zu ordnen wie:

· homogen massiv
· mehrschichtig und
· Rahmen und Füllung

Eine *homogen massive* Außenwand besteht aus einem einzigen Material, das die statischen Lasten aufnimmt, die Anforderungen an Wärmedämmung und Wärmespeicherung erfüllt, Feuchtigkeit von außen abhält und von innen aufnimmt sowie schalldämmend wirkt. Nur sehr wenige Baustoffe erreichen auf allen Gebieten gute Werte. Holz, Ziegel und Leichtlehm sind hier zu nennen. Bauphysikalisch sind homogene Wände bei richtiger Dimensionierung unproblematisch und daher dauerhaft und schadensfrei. Die Ausführung ist einfach und nur sehr grobe Fehler können sich schädigend auf das Gefüge der Wand auswirken.

Die *mehrschichtige* Konstruktion kommt dann zur Anwendung, wenn ein Nachteil des Wandbaumaterials ausgeglichen werden soll. Hat der Baustoff bei sonst guten Eigenschaften z.B. eine schlechte Wärmedämmfähigkeit, so kann

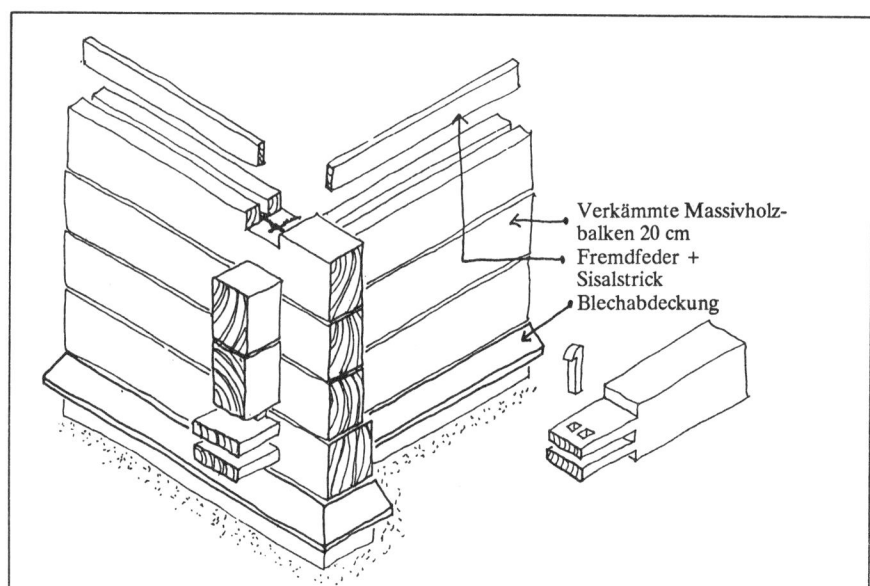

Verkämmte Massivholz-
balken 20 cm
Fremdfeder +
Sisalstrick
Blechabdeckung

Massivholz-Blockwand, 20 cm

Konstruktionsdicke	20 cm
Flächengewicht	120 kg/m²
Wärmespeicherwert	232 kJ/m²K
Auskühlzeit	100 h
k-Wert	0,59 W/m²K
Oberflächentemperatur	17,7°C
Schalldämmaß R_w	47 dB
Luftschallschutzmaß LSM	-5 dB
Gesamtpreis	300 DM/m²

Bemerkung:
Einfache, zimmermannsmäßige Holzkonstruktion, die in waldreichen Gegenden mit hand-
werklicher Tradition günstig zu erstellen ist;
günstige bauphysikalische Werte mit Ausnahme der Schalldämmung

Abb. 45: Holzblockwand

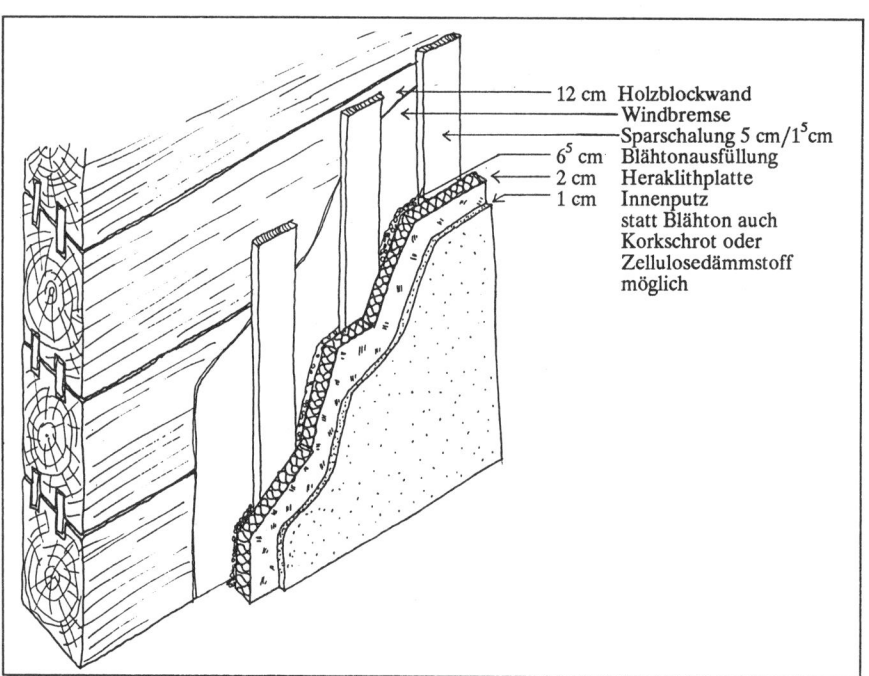

12 cm Holzblockwand
Windbremse
Sparschalung 5 cm/1^{5}cm
6^5 cm Blähtonausfüllung
2 cm Heraklithplatte
1 cm Innenputz
statt Blähton auch
Korkschrot oder
Zellulosedämmstoff
möglich

Holzblockwand mit Innendämmung

Konstruktionsdicke	22 cm
Flächengewicht	142 kg/m²
Wärmespeicherwert	237 kJ/m²K
Auskühlzeit	69 h
k-Wert	0,52 W/m²K
Oberflächentemperatur	18,0°C
Schalldämmaß R_w	47 dB
Luftschallschutzmaß LSM	0 dB
Gesamtpreis	380 DM/m²

Abb. 46: Holzblockwand mit Innendämmung

eine außenseitige Wärmedämmschicht dies verbessern. Die Wärmedämmung muß dann mit einer zusätzlichen Wetterschalung vor Durchfeuchtung geschützt werden.

Bei einer *Rahmen- und Füllungskonstruktion* übernimmt jede Bauteilschicht eine spezielle Funktion, z.B. das Holzständerwerk die statische Lastabtragung, die Holzspanplatte die Aussteifung, die Kokosfaser die Wärmedämmung, die Außenverschalung den Wetterschutz usw.. Solche Leichtbaukonstruktionen können im Aufbau für unterschiedliche Anwendungsbereiche modifiziert werden. Die einzelnen Materialien müssen in ihren Eigenschaften sorgfältig aufeinander abgestimmt werden, um ein ungünstiges bauphysikalisches Verhalten der Wand zu vermeiden. Die Planung und Ausführung sollte für alle Schichten und Anschlüsse sehr sorgfältig erfolgen, da bereits kleine Schwachstellen das Bauteil großflächig schädigen können.

Holzblockwand

Holz als vegetabiles Baumaterial weist bei entsprechenden Stärken für alle Belastungsfälle gute Werte auf, ob nun im Bereich der Wärmedämmung, der Wärmespeicherung, der statischen Festigkeit oder des langfristigen Feuchtigkeitsausgleichs. Unterschiedliche Konstruktionen sind möglich, z.B. eckverschränkte Blockwand oder Ständerbau mit Massivholzausfachung. Die Konstruktionsart beeinflußt stark das Erscheinungsbild, da die liegende Balkenkonstruktion ruhig, schwer und behäbig wirkt, dagegen ein tragendes Skelett mit geometrisch betonter Struktur leicht und elegant wirkt. Die Farbe des Holzes und seine Maserung bewirken vor allem im Innenraum eine wohnlich-warme Atmosphäre. Da sehr große Mengen Holz verbaut werden, ist diese Konstruktion vornehmlich in waldreichen Gegenden gebräuchlich.

Als preiswertes Holz ist Fichte gebräuchlich, in Wandstärken bis 20 cm. Wände unter 16 cm Stärke sind höchstens für Wochenendhäuser sinnvoll, nicht aber für ständig bewohnte Gebäude. Da Bäume mit einer Länge von 8 bis 12 Meter und einer durchgehenden Stärke von 20 cm selten sind, wird oft eine zweischalige Konstruktion, die Zwillingsblockwand, gewählt.

Zwillingsblockwand

Die Zwillingsblockwand besteht aus zwei Bohlen mit ca. 8 cm Breite und 20 cm Höhe. Der 5 cm breite Hohlraum wird mit Kokoswolle ausgefüllt. Durch diese Konstruktion werden gute Wärmedämmwerte erreicht und auch der Luftschallschutz, sonst ein Problem bei Massivholzwänden, wird erheblich verbessert.

Die besondere Schwierigkeit bei der Ausbildung von Holzmassivwänden liegt darin, daß das Schwinden und Setzen der Wandteile bei allen stehenden Holzteilen, d.h. Fenster, Türen, Treppe, Kamin und auch der technischen Installation berücksichtigt werden muß. Pro Geschoß ist mit 5 bis 10 cm Setzung zu rechnen. Als Folge dieser Eigenart des Holzblockbaues muß z.B. über allen Fenstern und Türöffnungen eine Schwindzone von 5 bis 10 cm vorgesehen werden, die ausgestopft wird (z.B. mit Kokoswolle) und außen und innen mit einer Holzbohle überdeckt wird. Auch die Treppe wird etwas niedriger gebaut als das Geschoß am Anfang hoch ist. An den massiven Kaminen rutscht das Haus sozusagen herunter, was der Spengler bei der Blechabdeckung natürlich berücksichtigen muß. Auch die Wasser- und Abwasserrohre müssen mit Schrumpfreserve verlegt werden.

Bei den Blockbaukonstruktionen wird die Winddichtigkeit durch eingefräste doppelte Nut- und Federprofile und Dichtungsstricke aus Jute- oder Sisalfasern, bzw. Holzwolle erreicht. Die Eckausbildung ist durch eine einfache Verkämmung oder eine schwalbenschwanzförmige Verzapfung gesichert.

Leichte Holzständerwand

Die früher übliche Fachwerkbauweise ist wegen ihres höheren Holzverbrauches vom sogenannten Holzingenieurbau abgelöst worden. Hier ist der Holzverbrauch erheblich reduziert. Die Aussteifung der Konstruktion übernehmen Diagonalhölzer oder flächige Bauteile wie die Wand, die durch eine Schrägverschalung oder durch aufgeschraubte Spanplatten, die möglichst magnesit- oder zementgebunden sein sollten, die Standfestigkeit sichern. Die Hohlräume werden mit Dämmstoffen gefüllt, in Deutschland sind Stärken von 12 bis 14 cm üblich, in Schweden füllt man bereits die Wände mit 20 bis 25 cm, um die Wärmedämmung zu erhöhen. Gegen die Durchfeuchtung von außen ist eine hinterlüftete Holzverschalung oder auch eine mineralische Putzschale anzubringen. Von innen darf die Konstruktion nicht durch Wasserdampf durchfeuchtet werden. Je nach Ausführung der inneren Wandbeschichtung aus Gipsbauplatte, Holzverschalung oder Putzschale ist eine entsprechende Dampfbremse aufzubringen, die für den einzelnen Fall nach dem sogenannten Glaser-Verfahren berechnet wird.

Entscheidend für die Funktionstüchtigkeit von Holzständerkonstruktionen ist ihre Winddichtigkeit. Da Holz quillt und schwindet, müssen besondere Maßnahmen getroffen werden. Eine Abdichtung gegen Wind wird erreicht durch außen aufgebrachte Windbremsen aus wasserabstoßendem Kreppapier oder durch eine bituminierte Holzweichfaserplatte mit Nut- und Federverbindung.

Die Außenverkleidung besteht bei Holzständerwänden meist aus Schalungsbrettern, die senkrecht oder waagerecht verlegt werden können. Letztlich ist es eine Geschmacksfrage, ob Nut- oder Federbretter, eine gedeckte Schalung oder Glattkantbretter mit Deckleiste verlegt werden.

Leichtlehmwand in Holzständerbauweise

Die guten Dämmwerte von Leichtlehm (z. B. 30 cm Leichtlehmwand mit 400 kg/m^3 erreichen einen k-Wert von 0,4 W/m^{2}K), haben in den letzten Jahren zu einem vermehrten Einsatz dieses Materials bei der Ausfachung von Holzständerbauten geführt. Damit wird an die alte Tradition der Ausfachung von Holzfachwerkbauten angeknüpft. Wärmedämmung und Wärmespeicherung sind bei dieser Konstruktion gut, ebenso auch das Feuchteverhalten. Da die Lehm-Strohmischung sehr viel Feuchtigkeit in den Bau bringt, ist es vorteilhafter (allerdings auch arbeitsaufwendiger), ungebrannte Lehmsteine, sogenannte Grünlinge, her-

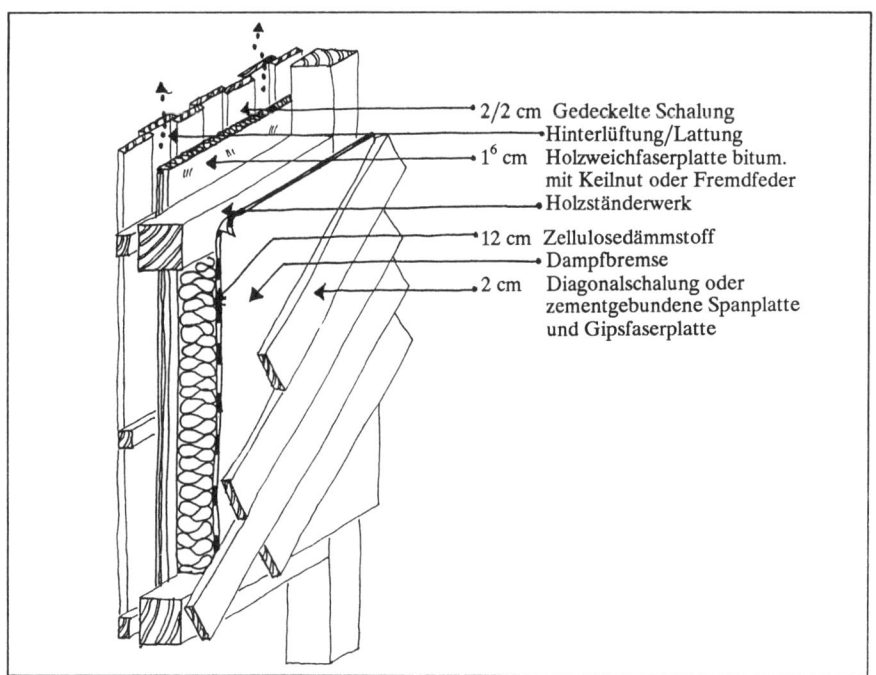

2/2 cm Gedeckte Schalung
Hinterlüftung/Lattung
1^6 cm Holzweichfaserplatte bitum. mit Keilnut oder Fremdfeder
Holzständerwerk
12 cm Zellulosedämmstoff
Dampfbremse
2 cm Diagonalschalung oder zementgebundene Spanplatte und Gipsfaserplatte

Holzständer-Leichtbauwand	
Konstruktionsdicke	21 cm
Flächengewicht	50 kg/m^2
Wärmespeicherwert	56 kJ/m^{2}K
Auskühlzeit	15 h
k-Wert	032 W/m^{2}K
Oberflächentemperatur	19,0°C
Feuerwiderstandszeit	F 30
Schalldämmaß R$_w$	46 dB
Luftschallschutzmaß LSM	-6 dB
Gesamtpreis	305 DM/m^2

Abb. 47: Holzständer-Leichtbauwand

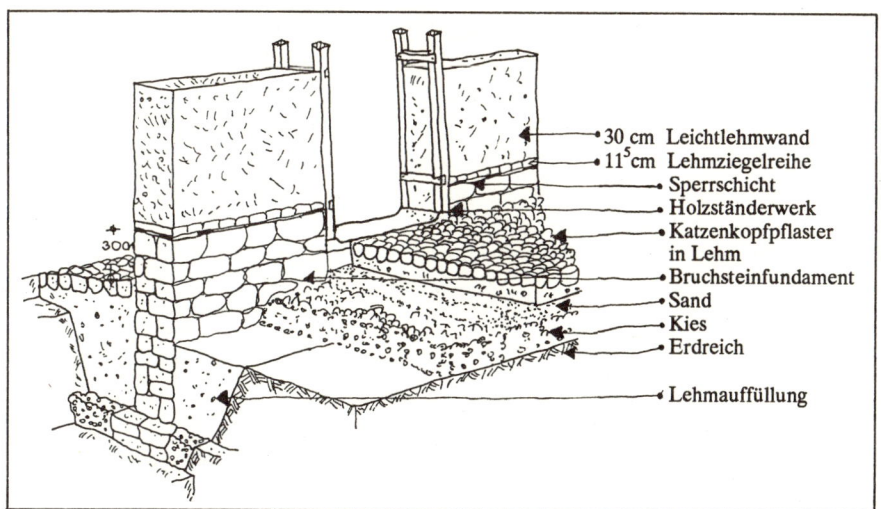

30 cm	Leichtlehmwand
11^5 cm	Lehmziegelreihe
	Sperrschicht
	Holzständerwerk
	Katzenkopfpflaster in Lehm
	Bruchsteinfundament
	Sand
	Kies
	Erdreich
	Lehmauffüllung

Leichtlehmwand mit Holzständerwerk

mit Holzverschalung außen und Leichtlehm-

Füllung	400/ 800 kg/m³
Konstruktionsdicke	39 cm
Flächengewicht	163/ 271 kg/m²
Wärmespeicherwert	161/ 275 kJ/m²K
Auskühlzeit	93 /82 h
k-Wert	0,39/ 0,72 W/m²K
Oberflächentemperatur	18,5/ 17,2°C
Feuerwiderstandszeit	F 30 b
Schalldämmaß R_w	55/ 50 dB
Luftschallschutzmaß LSM	+3/ -2 dB
Gesamtpreis	195/ 209 DM/m²

Abb. 48
Leichtlehmwand mit Holzständerwerk

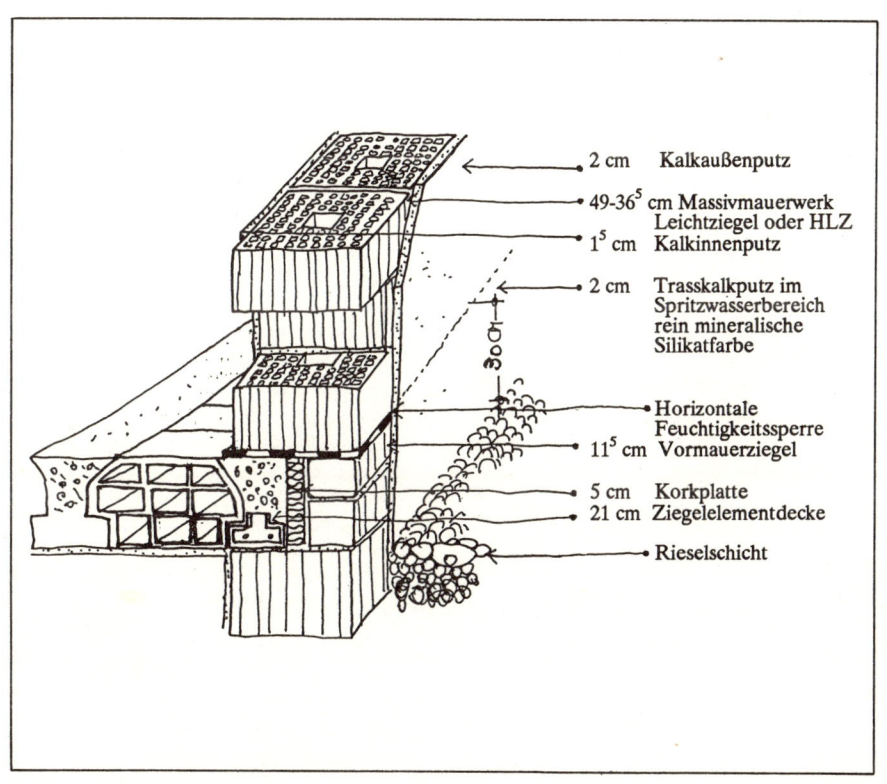

2 cm	Kalkaußenputz
49-36^5 cm	Massivmauerwerk Leichtziegel oder HLZ
1^5 cm	Kalkinnenputz
2 cm	Trasskalkputz im Spritzwasserbereich rein mineralische Silikatfarbe
	Horizontale Feuchtigkeitssperre
11^5 cm	Vormauerziegel
5 cm	Korkplatte
21 cm	Ziegelelementdecke
	Rieselschicht

Einschalige Außenwand, massiv

Leichtziegel	36,5 / 52,5 cm
Konstruktionsdicke	40,0 / 52,5 cm
Flächengewicht	355 / 455 kg/m²
Wärmespeicherwert	329 / 420 kJ/m²K
Auskühlzeit	81 / 146 h
k-Wert	0,78 / 0,61 W/m²K
Oberflächentemperatur	17,0 / 17,6°C
Feuerwiderstandszeit	F 180 / F 180
Schalldämmaß R_w	52 / 55 dB
Luftschallschutzmaß LSM	0 / 3 dB
Gesamtpreis	196 / 254 DM/m²

Einschalige Außenwand, massiv

Hochlochziegel	36,5 cm
Konstruktionsdicke	40 cm
Flächengewicht	501 kg/m²
Wärmespeicherwert	463 kJ/m²K
Auskühlzeit	83 h
k-Wert	1,06 W/m²K
Oberflächentemperatur	15,9°C
Feuerwiderstandszeit	F 180
Schalldämmaß R_w	56 dB
Luftschallschutzmaß LSM	4 dB
Gesamtpreis	240 DM/m²

Abb. 49: Einschalige Außenwand

zustellen, die getrocknet vermauert werden. Die Wand wird auf eine gemauerte Sockelkonstruktion gestellt, die mindestens 30 cm über die Erdoberfläche ragt. Sowohl an der Innen- als auch an der Außenseite kann ein Verputz mit reinem Kalkmörtel aufgebracht werden, bei stärkerer Feuchtebeanspruchung ist ein Verputz mit hydraulischem Trasskalkmörtel sinnvoll. Das Holzständerwerk kann dabei mit Schilfrohr überbrückt und verputzt werden, oder aber ausgespart und sichtbar bleiben. Die letztere Konstrukti-

onsweise unterscheidet deutlich tragende und ausfachende Bauteile, wie es auch beim Fachwerkhaus der Fall ist. An der Westseite, der Wetterseite, ist eine hinterlüftete Verkleidung aus Holz oder Schindeln anzuraten, denn dauernde Durchfeuchtung führt zu Bauschäden.
Holzhäuser benötigen aus brandschutztechnischen Gründen statt der üblichen 3 m Abstand zum Nachbargrundstück 5 m Grenzabstand. Nur wenn die Feuerwiderstandsklasse der Außenwandkonstruktion von F 30 auf F 60 er-

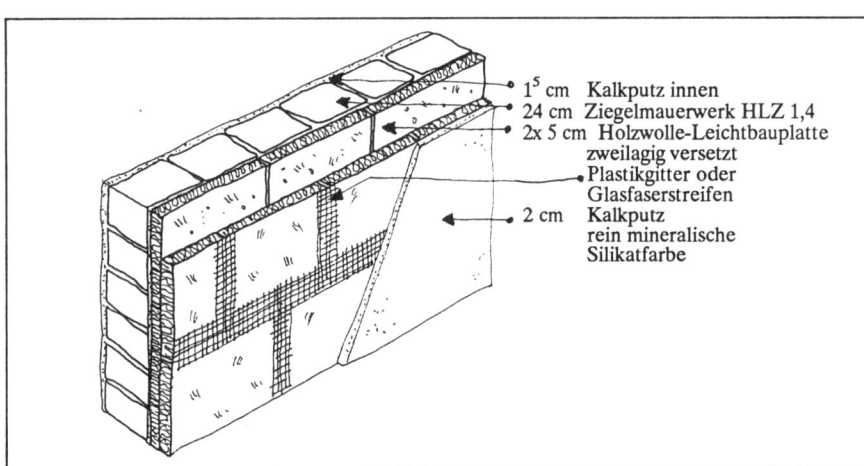

1^5 cm   Kalkputz innen
24 cm   Ziegelmauerwerk HLZ 1,4
2x 5 cm   Holzwolle-Leichtbauplatte
          zweilagig versetzt
          Plastikgitter oder
          Glasfaserstreifen
2 cm   Kalkputz
       rein mineralische
       Silikatfarbe

24 cm Ziegelmauerwerk (1,2) mit 10 cm Holzwolle-Leichtbauplatten als Außen-Wärmedämmung

Konstruktionsdicke	39 cm
Flächengewicht	391 kg/m^2
Wärmespeicherwert	401 kJ/m^{2}K
Auskühlzeit	59 h
k-Wert	0,56 W/m^{2}K
Oberflächentemperatur	17,8°C
Feuerwiderstandzeit	F 180
Schalldämmaß R$_w$	52 dB
Luftschallschutzmaß LSM	0 dB
Gesamtpreis	240 DM/m^2

Abb. 50
Außenwand mit aufgesetzter Außendämmung

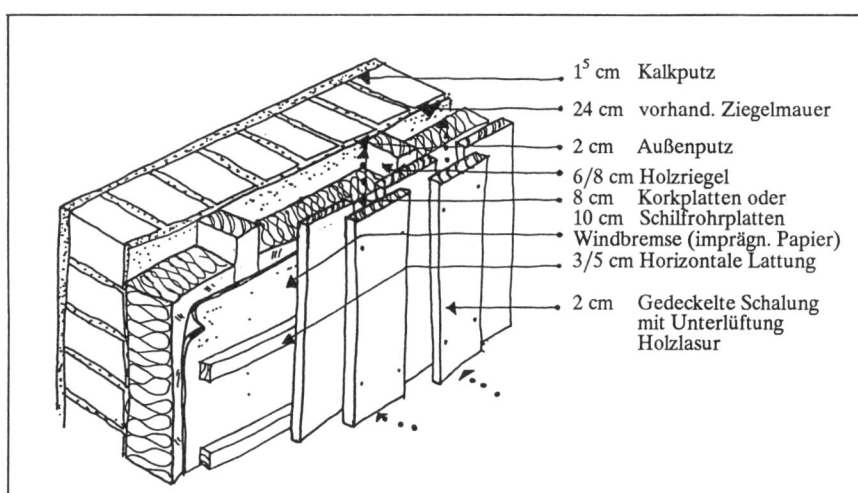

1^5 cm   Kalkputz
24 cm   vorhand. Ziegelmauer
2 cm   Außenputz
6/8 cm Holzriegel
8 cm   Korkplatten oder
10 cm Schilfrohrplatten
       Windbremse (imprägn. Papier)
3/5 cm Horizontale Lattung
2 cm   Gedeckelte Schalung
       mit Unterlüftung
       Holzlasur

24 cm Ziegelmauerwerk (1,2) mit 8 cm Korkplatten (oder Schilfrohrplatten) als Außendämmung (hinterlüftet)

Konstruktionsdicke	39,5 cm
Flächengewicht	337 kg/m^2
Wärmespeicherwert	312 kJ/m^{2}K
Auskühlzeit	45 h
k-Wert	0,41 W/m^{2}K
Oberflächentemperatur	18,4°C
Feuerwiderstandzeit	F 180
Schalldämmaß R$_w$	54 dB
Luftschallschutzmaß LSM	2 dB
Gesamtpreis	285 DM/m^2

Abb. 51
Massive Außenwand mit Außenwärmedämmung und hinterlüfteter Fassade

höht wird, z.B. durch nicht brennbare Dämmstoffe wie Steinwolle oder magnesitgebundene Spanplatten, sind geringere Abstände im Einzelfall zulässig.

Massive mineralische Wand

In diesem Zusammenhang soll die heute selten gewordene Natursteinwand nicht behandelt werden. Aber auch ohne Naturstein haben wir eine Fülle an Materialien zur Verfügung, die sehr unterschiedliche Qualitäten aufweisen.
Eine massive, einschalige Wand ist bei genügender Dicke in unserem Klimabereich ausreichend. Je nach Wandorientierung können mit demselben Ausgangsmaterial durch das breite Angebot an Rohdichten (1800 - 600 kg/m³) unterschiedliche Konstruktionen mit verschiedenen Funktionsschwerpunkten gebildet werden.

Lehmaußenwände sollten bei Einsatz von feuchtem Lehm nicht stärker als 30 cm sein, da die Austrocknung nach jeder Seite ohne Schimmelprobleme maximal bis zu einer Tiefe von 15 cm gewährleistet ist. Wegen des hohen Wassergehaltes sollten die Arbeiten möglichst unter dem bereits fertiggestellten Dach des Hauses durchgeführt werden und spätestens bis zum August abgeschlossen sein, damit die Wände bis zu den ersten Nachtfrösten im November genügend ausgetrocknet sind. Dies gilt nicht, wenn mit vorgeformten und getrockneten Lehmziegeln, sogenannten Grünlingen gemauert wird.
Eine andere Form des Lehmbaus ist die sogenannte Lehmstampfbauweise. Hier wird eine massive Wand aufgezogen, indem in eine sogenannte Gleitschalung aufbereiteter Lehm eingestampft wird. Dann sind allerdings die Dämmwerte wesentlich geringer, da der Lehm eine höhere Rohdichte haben muß.

Die einschalige Ziegelwand wird heute ausschließlich mit porosiertem Ziegelmauerwerk ausgeführt. In den letzten Jahren sind dabei allerdings zunehmend Schäden durch etwa 1 bis 2 cm tiefe Frostabplatzungen aufgetreten, was darauf zurückzuführen ist, daß trotz der kapillaren Leitfähigkeit der Ziegel die Poren zu viel Wasser enthalten, das im Winter auffriert. Aus diesem Grund ist es wohl sinnvoll, nur Ziegel ab einer Rohdichte von 1000 kg/m³ zu verwenden, deren Wärmedämmfähigkeit allerdings geringer ist.
In jedem Fall kommt das ausgezeichnete Feuchtigkeitsverhalten des Ziegelmauerwerks dem Haus zugute und bewirkt ein ausgeglichenes Raumklima. Das Handwerk beherrscht heute jegliche Art von Mauerwerk. Schwachpunkte in der Ausführung sind vor allem die schon erwähnten Anschlüsse an andere Bauteile wie Decken, Balkone, Fenster, Rolladenkästen usw..
Kalkstein und Sand für Mörtel und Putz, und Lehm für das Mauerwerk sind überall verfügbare Materialien. Die innen und außen verputzte Ziegelwand hat ein geschlossenes Erscheinungsbild, das vor allem durch die gewählte Putzstruktur belebt wird.

Massive Wand mit Außendämmung

Das Wärmedämmverhalten von z.B. 24 cm starkem Hochlochziegelmauerwerk ist für unsere Klimazone nicht ausreichend, so daß eine zusätzliche Wärmedämmschicht notwendig ist. Die massive Wand kann durch unterschiedliche Maßnahmen gedämmt werden:

Die Wand wird mit *Dämmputz* überzogen. Diese Putze werden entweder durch chemische Zusätze vor der Verarbeitung aufgeschäumt oder es sind leichte, porenhaltige Zuschlagstoffe wie Polystyrolkugeln oder Perlite zugegeben, wobei letzteres als nichtbrennbares, mineralisches Material zu bevorzugen ist. Da die Dicke des Putzes 5 cm nicht übersteigen soll, wird durch eine solche Maßnahme allerdings nicht mehr als eine mittelmäßige Verbesserung der Wärmedämmung erreicht.

Die Wand wird *von außen gedämmt*. Dabei werden z.B. 10 cm Dämmstoffplatten mit Klebemörtel auf die Steine geklebt und gedübelt. Kunststoffkleber sind hierbei zu vermeiden. Als Dämmaterialien können Korkplatten oder Holzwolleleichtbauplatten verwendet werden. Das Dämmaterial wird mit einem Mörtel überzogen, in den ein Armierungsgewebe aus Kunststoff oder Glasfaser eingebettet

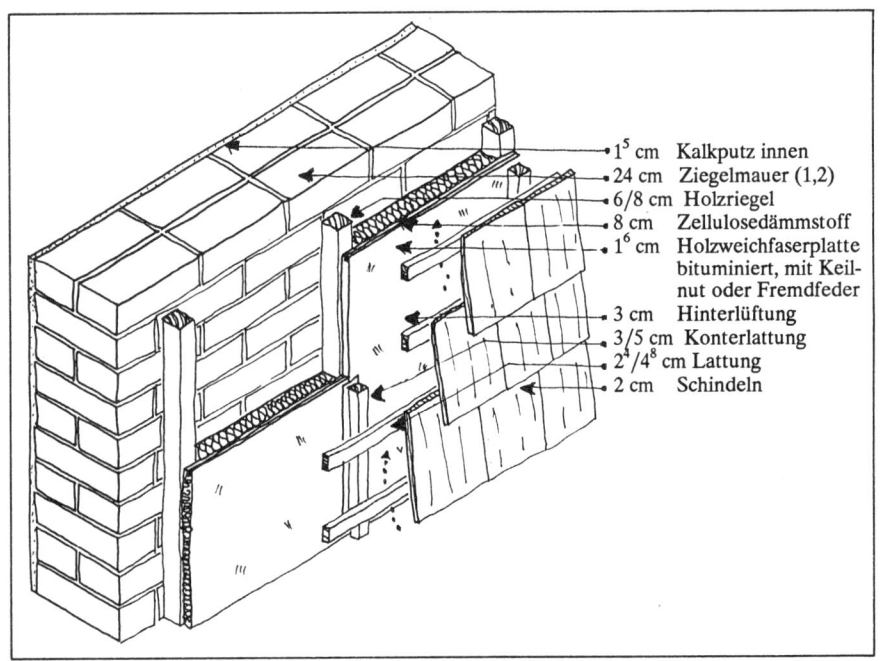

1^5 cm	Kalkputz innen	
24 cm	Ziegelmauer (1,2)	
6/8 cm	Holzriegel	
8 cm	Zellulosedämmstoff	
1^6 cm	Holzweichfaserplatte bituminiert, mit Keilnut oder Fremdfeder	
3 cm	Hinterlüftung	
3/5 cm	Konterlattung	
$2^4/4^8$ cm	Lattung	
2 cm	Schindeln	

Ziegelmauerwerk mit nachträglicher Wärmedämmung (Zellulosedämmstoff) und hinterlüfteter Schindelverkleidung

Konstruktionsdicke	41 cm
Flächengewicht	334 kg/m^2
Wärmespeicherwert	308 kJ/m^{2}K
Auskühlzeit	81 h
k-Wert	0,36 W/m^{2}K
Oberflächentemperatur	19°C
Feuerwiderstandszeit	F 180
Schalldämmaß R$_w$	56 dB
Luftschallschutzmaß LSM	4 dB
Gesamtpreis	270 DM/m^2
(für Sanierungsmaßnahme)	

Abb. 52: Außenwandwärmedämmung mit
Zellulosedämmstoff

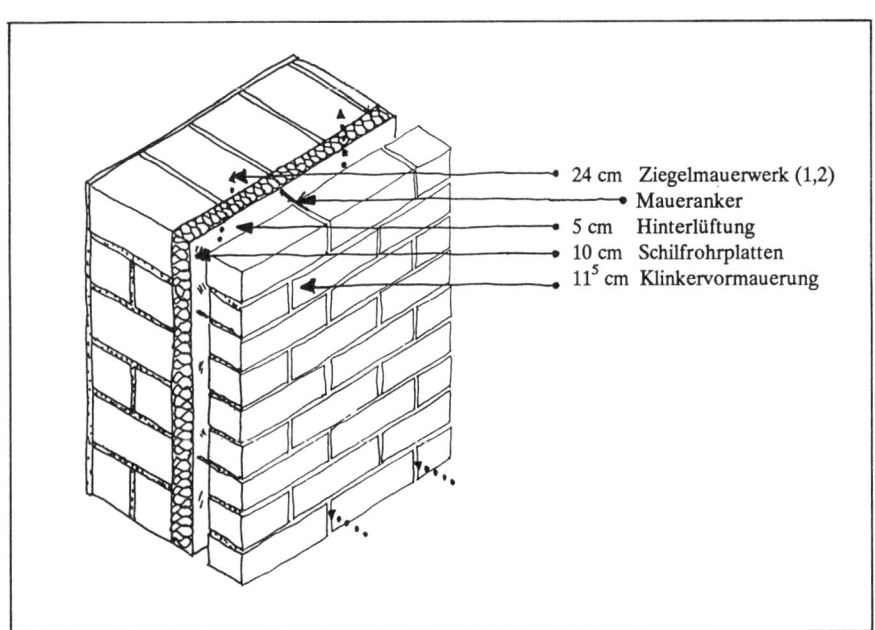

24 cm	Ziegelmauerwerk (1,2)
	Maueranker
5 cm	Hinterlüftung
10 cm	Schilfrohrplatten
11^5 cm	Klinkervormauerung

Ziegelmauerwerk mit Wärmedämmung und Vormauerung

Konstruktionsdicke	52,0 cm
Flächengewicht	544 kg/m^2
Wärmespeicherwert	323 kJ/m^{2}K
Auskühlzeit	82,5 h
k-Wert	0,33 W/m^{2}K
Oberflächentemperatur	19,3°C
Feuerwiderstandszeit	F 180
Schalldämmaß R$_w$	59 dB
Luftschallschutzmaß LSM	7 dB
Gesamtpreis	270 DM/m^2

Abb. 53
Zweischalige Außenwand mit Kerndämmung

wird. Darüber wird dann eine Oberputzlage aufgezogen. Wie beim Putz sind auch hier Außenwandsysteme mit mineralischen, kunststofffreien Inhaltsstoffen zu bevorzugen. Diese Konstruktion ist vor allem bei der nachträglichen Sanierung von Mauerwerk geeignet. Das Erscheinungsbild der Wand ist ähnlich wie das der ungedämmten massiven Außenwand. Problematisch kann die Rißanfälligkeit des Systems bei großen Fassadenflächen speziell an der Westwand, der Wetterseite werden. Die Fugenbewehrung sollte daher sehr sorgfältig und großflächig erfolgen.

Statt eines Putzes kann auch eine hinterlüftete Verkleidung aus Holzbrettern angebracht werden. Hinter dieser Verkleidung im wettergeschützten Bereich kann dann eine 10 bis 15 cm starke Wärmedämmung auf die massive Wand aufgebracht sein.

Abb.52 zeigt eine weitere Möglichkeit, wie sich eine massive Außenwand nachträglich mit einer Wärmedämmschicht verbessern läßt. In diesem Fall sind auf die Wand Kanthölzer geschraubt, zwischen denen Schilfrohr, Kork- oder Kokosfasermatten eingebracht werden. Um eine Durchlüftung und Durchfeuchtung der Wärmedämmung zu verhindern, wird eine imprägnierte Windsperre vor der Wärmedämmung befestigt. Auf die Kanthölzer kann auch eine bituminierte Weichfaserplatte mit Fremdfeder befestigt und der entstehende Hohlraum mit Zellulosedämmstoff gefüllt werden.

Auf eine Unterkonstruktion zur Hinterlüftung können dann als Außenverkleidung Holzbretter, Schindeln, Ziegel oder Schieferplatten aufgebracht werden, was das ursprüngliche Aussehen des Hauses allerdings sehr verändert.

Grundsätzlich müssen alle mehrschichtigen Bauteile detailliert durchgeplant und sorgfältig ausgeführt werden, um zu verhindern, daß Feuchtigkeit in die Konstruktion eindringt, die das Wärmedämmvermögen mindert.

Zweischalige Außenwand

In Gebieten mit hohem Schlagregenanfall wie Norddeutschland, werden traditionell zweischalige Mauern gebaut. Die äußere dünne Wandschale, meist in Sichtmauerwerk, dient als Witterungsschutz, der dahinterliegende Hohlraum wird belüftet, um die eingedrungene Feuchtigkeit wieder abzutransportieren und die meist nur 24 cm starke Innenwand übernimmt die statische Funktion. Da in kälteren Gebieten die 24er Wand keinesfalls für den notwendigen Wärmeschutz ausreicht, wird eine zusätzliche Wärmedämmschicht innerhalb des Hohlraums angebracht. Der Hohlraum sollte auch weiterhin belüftet werden. Ein nachträgliches Auffüllen des Hohlraumes mit Dämmaterial oder eine "Kerndämmung" ist bauphysikalisch bedenklich, da in den Dämmstoff eingedrungene Feuchtigkeit nur noch sehr schlecht wieder nach außen transportiert werden kann und die Wand dadurch in ihrem Dämmverhalten schwer beeinträchtigt wird.

Außenwand mit Innendämmung

Denkmalgeschützte Bauten können oftmals nur mit einer Innendämmung saniert werden, da die Fassade keine Veränderungen erfahren darf (z.B. Fachwerkhäuser oder Stuckfassaden). Innendämmungen haben immer zur Folge, daß der außenliegende Wandteil kälter wird als zuvor und der Taupunkt und damit die Gefahr von Kondensatfeuchte erheblich weiter von außen in das Innere der Wand wandert. Um Bauschäden zu vermeiden, muß deshalb raumseitig vor der Wärmedämmung eine Dampfbremse angebracht werden. Da diese Schicht optisch nicht sehr vorteilhaft ist, wird sie mit einer Holzverschalung, einer Gipsbauplatte oder mit verputzten Holzwolleleichtbauplatten verkleidet.

Wetterschichten
(nach P. Bossert)

Dachdeckung, Fassade und Fenster sind unmittelbar der Witterung ausgesetzt, sie bilden die Wetterschicht des Gebäudes, die äußere Gebäudehülle. Wetter umfaßt so unterschiedliche physikalische Phänomene wie:

- aufheizende Sonnenstrahlung;
- auskühlender Wind;
- tauender Schnee;
- klirrender Frost.

In den südlich-feuchten und nördlich-trockenen Regionen Europas ist es relativ einfach, schadenfrei zu bauen. Ganz anders im Gebiet zwischen Alpennordseite und Nordsee, wo es im Sommer feucht und warm und im Winter trocken und kalt ist. Im Winter addieren sich Schwinden und Trocknen, im Sommer überlagern sich Quellen und Ausdehnen.

Kalkputz

Dreilagiger Kalkputz wird in nachfolgenden Schichten auf mineralische Untergründe aufgetragen:

1. Lage deckender Zementspritzbewurf;
2. Lage Kalkputz als Unterputz;
3. Lage Kalkputz als Deckputz.

Bei länger dauerndem Schlagregen werden die Putzschichten bis zur inneren Zementlage feucht, die dadurch aufquillt und als "Sperrschicht" die Durchfeuchtung der dahinterliegenden Wand verhindert. Nach dem Regen führen Wind und Sonne zur schnellen Trocknung des Kalkputzes, da dieser sogenannte Kondensationskerne bildet. Dem wasserhaltenden Zementputz wird die Feuchtigkeit wieder entzogen und das Dampfdiffusionsgefälle wieder hergestellt. Dreilagiger Kalkputz stellt so ein selbstregulierendes, dynamisches System dar. Überflüssig zu sagen, daß wasserabweisende Mittel auf dieses System eher ungünstig wirken. Als Anstriche sind nur reiner Kalk oder rein mineralische Silikatfarben empfehlenswert.

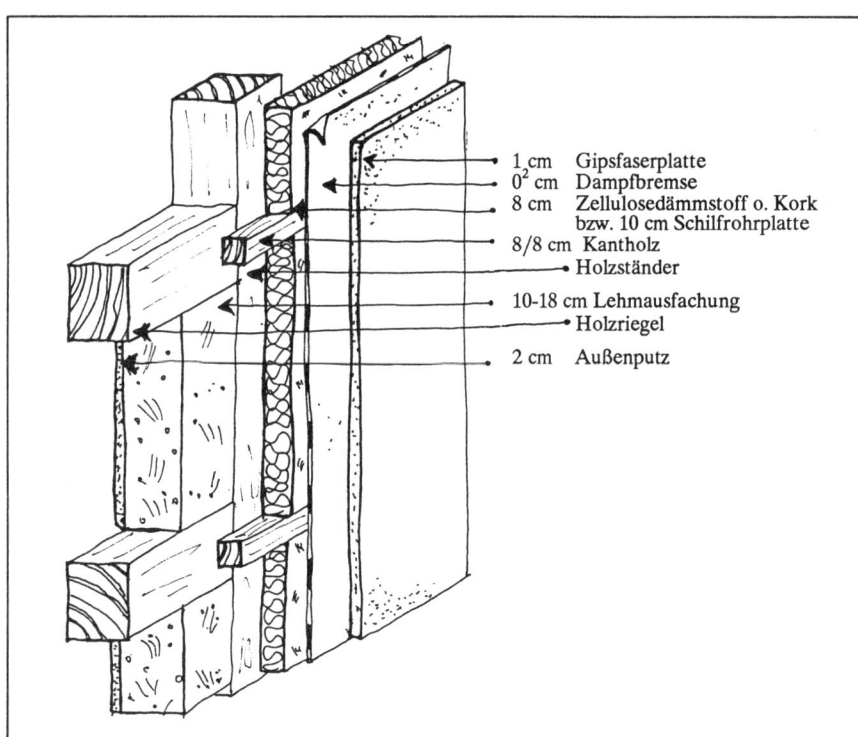

1 cm Gipsfaserplatte
0^2 cm Dampfbremse
8 cm Zellulosedämmstoff o. Kork bzw. 10 cm Schilfrohrplatte
8/8 cm Kantholz
Holzständer
10-18 cm Lehmausfachung
Holzriegel
2 cm Außenputz

Fachwerkwand mit Lehmausfachung, nachträglich mit 8 cm Korkplatten innengedämmt	
Konstruktionsdicke	23 cm cm
Flächengewicht	144 kg/m^2
Wärmespeicherwert	65 kJ/m^{2}K
Auskühlzeit	17 h
k-Wert	0,35 W/m^{2}K
Oberflächentemperatur	18,6°C
Feuerwiderstandszeit	F 30 B
Schalldämmaß R_w	50 dB
Luftschallschutzmaß LSM	-2 dB
Gesamtpreis (nur für Sanierungsmaßnahme)	180 DM/m^2

Abb. 54: Fachwerkwand mit Innendämmung

Die Tab. 13 und 14 zeigen die Mörtelgruppen, ihre Eigenschaften und Anwendungen.

Empfehlung für gesundheitlich unbedenklichen Putzmörtel:

Außenputz - Mörtelgruppe I (wetterabgewandte Außenwände)

1. Lage (Spritzputz)
1 Raumteil hochhydr. Weißkalk, 2 RT Sand (Korngröße bis 7 mm)

2. Lage (Unterputz)
1 Raumteil Weiß- oder Wasserkalk, 3 RT Sand (Korngröße bis 5 mm)

3. Lage (Oberputz)
1 Raumteil Weiß- oder Wasserkalk, 3 RT Sand (Korngröße bis 7 mm)

Außenputz - Mörtelgruppe II (Wetterseite, nach 3 Tagen wetterbeständig)

1. Lage (Spritzputz)
0,2 Raumteile Weißkalk, 1 Rt Zement, 3 Rt Sand 0 - 4 mm (besser 0 - 8)

2. Lage (Unterputz)
0,3 Raumteile Weißkalk, 0,7 RT hochhydr. Kalk, 3 RT Sand (Korngröße 0 bis 4 mm)

3. Lage (Oberputz)
0,4 Raumteile Weißkalk, 0,6 RT hochhydr. Kalk, 3 RT Sand

Außenputz (Kellerwände):
Anwendung wie bei Außenputz, Mörtelgruppe I, jedoch statt Weiß- oder Wasserkalk hochhydr. Trasskalk.

Kunststoffputz

Kunststoffputze weisen als Bindemittel in der Sandmischung fein verteilte Kunstharze auf. Wie alle Kunstharze verspröden sie durch Bewitterung. Die anfangs regendichten Schichten bekommen Haarrisse, durch die Feuchtigkeit in tiefere Schichten eindringen kann. Bei andauernder Feuchte quellen die Kunststoffe an der Außenseite, so daß das eingedrungene Wasser nicht schnell abdampfen kann. Die Wärmedämmfähigkeit der Wand wird gemindert, Frostschäden sind zu erwarten. Besonders rißanfällig sind Kunststoffputze auf armierten Wärmedämmplatten, da der Hitzestau bei Besonnung zu großen Formänderungen der Deckschichten führt.

Sichtziegelmauerwerk

Verblendziegelmauerwerk, wie es im Schlagregengebiet Norddeutschlands mit oder ohne Hinterlüftung üblich war, stellt eine sehr dauerhafte, pflegeleichte Wetterschicht dar. Früher wurde hierfür ein weicher und poröser sogenannter Sichtbackstein verwendet, der in der Lage war, Feuchtigkeit aufzunehmen, ohne aufzufrieren. Heute wird dieser Stein nicht mehr hergestellt. Stattdessen wird mit hochgebrannten, vollständig gesinterten Klinkersteinen gearbeitet, die kaum noch Wasser aufnehmen.

Holz

Holz wird in Form einer Vollholzwand oder Verschalung als Wetterschicht eingesetzt und bildet aufgrund seiner Dampfdurchlässigkeit und schnellen Austrocknung einen guten Schutz. Vor dauernder Durchfeuchtung ist es durch konstruktive Maßnahmen zu schützen. Bleibt das Holz unbehandelt, erhält es mit der Zeit einen grauen Farbton, ist dies nicht gewünscht, sollte ein Anstrich gewählt werden, der den Feuchtigkeitsaustausch nicht behindert.

Glas

Glas wird bei größeren Bauvorhaben oftmals als Fassadensystem eingesetzt, mit großflächigen Wintergartenverglasungen auch zunehmend am Einfamilienhaus. Es besitzt die geringste Ausdehnungszahl aller anorganischen Baustoffe und verursacht wenig Probleme beim Anschluß an andere Baumaterialien. Durchlässig für die Sonnenstrahlung wird es als "Energiesammler" benutzt, wasserabweisend und wartungsfrei empfiehlt es sich als transluzente Bedachung.

Metall

Metall ist gut geeignet, um Regen abzuhalten. Hohe Ausdehnungskoeffizienten, elektrochemische Spannungsreihen, hohe Abstrahlungswerte und Reflektion machen allerdings Metallkonstruktionen, die nicht alle diese Faktoren berücksichtigen, sehr schadensanfällig.

Begrünung

In den letzten Jahren werden Außenwände wieder gern begrünt. Die immergrünen (z.B. Efeu) oder jahreszeitlich grünen (z.B. wilder Wein) Bepflanzungen können unser ökologisch armes Stadtklima verbessern. Dabei zerstören Ranker nicht die Putzflächen der Außenwand, wie fälschlichereise oft behauptet wird. Im Sommer können diese grünen Pelze thermisch ausgleichend wirken. Eine wirksame Wärmedämmung der Außenwand können sie jedoch in keinem Fall ersetzen, selbst dichteste mehrjährige Bepflanzungen verringern die Heizwärmeverluste eines Gebäudes um max. 10%.

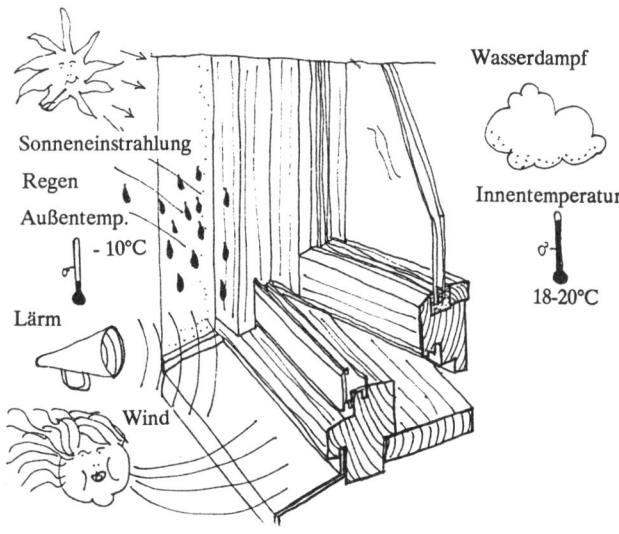

Abb. 55: Beanspruchung von Fenstern

3.4 Fenster und Türen

Fenster und Türen erfüllen wichtige Funktionen für das Haus:
- optische Verbindung zwischen Innenraum und Außenwelt
- natürliche Belichtung und Belüftung der Räume
- architektonische Gestaltungselemente der Fassade.

In bezug auf Wärme- und Schallschutz ist das Fenster im Vergleich zu der massiven Außenwand allerdings eine Schwachstelle in der Fassade. Durch die undichten Fugen kann Kälte und Lärm in das Haus dringen, und die Glasscheibe hat einen sehr hohen Wärmeleitwert (λ = 0,8 W/mK). Weiterhin bietet Glas dem Schall wenig Widerstand.
Alle Bemühungen sind nun darauf abgezielt, die Schwachpunkte des Fensters zu verbessern.

Wärmegewinn und -verlust

Der einfachste Weg, die Wärmeverluste der Fenster gering zu halten, besteht darin, nur kleine Fenster vorzusehen und den Fensterflächenanteil in der Fassade auf 5 - 10% zu beschänken; so wurde früher in kalten Gebieten auch gebaut. Heute sind mindestens 10% Fensterflächenanteil (mit Zweifach- oder Isolierverglasung) vorgeschrieben, 20% und mehr sind die Regel. Erst die neuartigen Fensterkonstruktionen mit besseren Wärmedämmwerten machten es möglich, den Flächenanteil auf 50 % und mehr zu steigern ("Glaspaläste" z.B. der Verwaltung). Dabei bemerkte man, daß dem Wärmeverlust auch ein Wärmegewinn je nach Fensterorientierung gegenübersteht.
Das Fenster (genauer: das Glas) wirkt als Wärmefalle, es läßt die Sonnenstrahlung ins Zimmer, während die langwellige Wärmestrahlung aus dem Raum durch die Fenster nur wenig durchgelassen wird. So gelangt durch Süd-, Ost- und Westfenster bei Sonnenschein Wärme ins Haus, die zwar in der Menge nicht überschätzt werden darf, aber an kalten Wintertagen und in der Übergangszeit ist sie oft ausreichend, um in sonnendurchfluteten Räumen die künstli-

che Beheizung stark zu drosseln. Um andererseits eine Überhitzung der Räume im Sommerhalbjahr zu vermeiden, sollten die Ost- und Westfensterflächen nicht zu groß gewählt werden (sie bringen im Sommerhalbjahr viel Sonne ins Haus) und die Südfenster durch richtige Anordnung in der Wandlaibung oder durch entsprechend bemessene Dachüberstände im Sommer verschattet werden.

Mittlerweile sind durch die übliche Isolierverglasung k-Werte von 3,0 die Regel. Durch einen finanziellen Mehreinsatz von ca. 20% für eine Wärmeschutzverglasung läßt sich der k-Wert des Fensters auf 2,0 steigern, mit Gasfüllung sogar auf 1,2. Diese Werte werden durch eine hauchdünne Gold- oder Silberschicht erreicht, die im Zwischenraum auf der inneren Scheibe aufgedampft ist. Die Spezialgasfüllung verhindert zusätzlich einen molekularen Wärmetransport.
In Schweden ist mittlerweile die Dreifachverglasung Standard und dies macht die schwedischen Niedrigenergiehäuser erst möglich.
Mit 2fach-Verglasung als Wärmeschutzverglasung oder 3fach-Verglasung weisen Südfenster auch im Winterhalbjahr eine positive Energiebilanz auf, d.h. die Strahlungsgewinne sind im Mittel größer als die Wärmeverluste. Durch Rolläden oder wärmegedämmte Fensterläden, die in der Nacht die Wärmeverluste weiter reduzieren, kann diese Bilanz noch verbessert werden.

Schalldämmung

Da der Lärm im Außenbereich stetig zunimmt, werden auch die Schalldämmwerte der Fensterbauarten immer wichtiger. Die Schalldurchlässigkeit der Fugen kann durch die Anordnung von mehreren Falzen mit zusätzlichen Dichtungen verringert werden. Weiterhin erzielen unterschiedliche Scheibenstärken und Scheibenabstände bei Mehrfachverglasungen gute Ergebnisse, da jede Scheibe andere Frequenzbereiche dämpft.

Schall-schutz-klasse	mittleres Schalldämm-maß R_w	Orientierende Hinweise auf Konstruktions-merkmale von Fenstern ohne Lüftungs-einrichtungen
6	≥ 50 dB	Kastenfenster mit getrennten Blendrahmen besonderer Dichtung, sehr großem Scheibenabstand und Verglasung aus Dickglas
5	45 - 49 dB	Kastenfenster mit besonderer Dichtung, großem Scheibenabstand und Verglasung aus Dickglas Verbundfenster mit entkoppelten Flügelrahmen, besonderer Dichtung, Scheibenabstand über ca. 100 mm und Verglasung aus Dickglas
4	40 - 44 dB	Kastenfenster mit zusätzlicher Dichtung und MD-Verglasung Verbundfenster mit besonderer Dichtung, Scheibenabstand über ca. 60 mm und Verglasung aus Dickglas
3	35 - 39 dB	Kastenfenster ohne zusätzliche Dichtung und mit MD-Glas; Verbundfenster mit zusätzlicher Dichtung, üblichem Scheibenabstand und Verglasung aus Dickglas; Isolierverglasung in schwerer mehrschichtiger Ausführung; 12-mm-Glas, fest eingebaut oder in dichten Fenstern
2	30 - 34 dB	Verbundfenster mit zusätzlicher Dichtung und MD-Verglasung Dicke Isolierverglasung, fest eingebaut oder in dichten Fenstern; 6-mm-Glas, fest eingebaut oder in dichten Fenstern
1	25 - 29 dB	Verbundfenster ohne zusätzliche Dichtung und mit MD-Verglasung; Dünne Isolierverglasung in Fenstern ohne zusätzliche Dichtung
0	≤ 24 dB	Undichte Fenster mit Einfach- oder Isolierverglasung

Tabelle 27: Schalldämmung verschiedener Fensterkonstruktionen
Quelle: Information RAL-Fenster

Fensterkonstruktionen

Die Konstruktion des Fensterrahmens und der Fensterflügel ist genauso wichtig wie die Verglasung. In alten Häusern findet man oft noch Fenster mit dünnen Holzflügeln und Einfachverglasung. Da Glas gut wärmeleitend ist, kondensiert an der Scheibeninnenseite der Wasserdampf im Winter und sammelt sich in einer Rinne im Fensterbrett. Um dies zu verhindern, wurde in der Vergangenheit meist ein weiterer Fensterflügel in einem Abstand von 10 bis 20 cm im Winter davorgehängt. Die Luft im Zwischenraum dieses sogenannten Kastenfensters wirkte wärmedämmend. Da diese Fensterkonstruktion viel Platz einnahm, wurden in den 50er Jahren die beiden Flügel miteinander verbunden, als sogenanntes Verbundfenster. Mit der Erfindung von Isolierglas, bei dem zwei Glasscheiben im Abstand fest miteinander verbunden sind und der Raum dazwischen mit trockener Luft gefüllt ist, konnten die Fensterkonstruktionen erheblich vereinfacht werden. Denn mit Isolierglas ist es wieder möglich, daß der Fensterflügel, wie früher, nur aus einem einzigen Stück Holz besteht, das lediglich etwas verstärkt ist, um das höhere Scheibengewicht zu tragen.

In den 70er Jahren richtete man das Augenmerk auf die Fugen zwischen Fensterstock und Fensterflügel. Hier drückte bislang durch Undichtigkeiten ständig Außenluft herein oder verbrauchte Luft wurde abgesaugt. Vorteilhaft daran war, daß ohne das Fenster zu öffnen, immer ein gewisser Luftaustausch gegeben war und ein Ausgleich der meist höheren Luftfeuchte im Raum kontinuierlich stattfand. Nachteilig waren die Wärmeverluste und die schlechte Kontrollierbarkeit bei dieser Art vonLüftung, da die Luftwechselrate von der äußeren Windbelastung und vom Zustand des Fensters abhängt. Bei Windstille ist der Luftaustausch minimal, so daß der von der Lufthygiene geforderte 0,5 fache Luftwechsel pro Stunde ohne zusätzliche Lüftung nicht hergestellt werden kann. Andererseits führen undichte Fenster bei Windbelastung im Winter zu Zugerscheinungen und erheblichen Wärmeverlusten.

Mit Gummilippendichtungen an den Fensterflügeln wird heute verhindert, daß warme Luft den Raum verläßt. Die Folge dieser Forderung der Wärmeschutzverordnung von 1984 bezüglich des zulässigen Fugendurchlaßwertes waren allerdings Tausende von mit Schimmelpilz befallenen Räumen in der Bundesrepublik Deutschland und die Empfehlung des Bundeswohnungsbauministers: Stoßlüften Sie! Denn man hatte den Wasserdampf vergessen! Wer a sagt, muß auch b sagen: Wenn Wärmeverluste an den Fensterfugen durch Dichtungen verhindert werden sollen, muß die Luft in den Räumen und damit der Wasserdampf trotzdem ausgetauscht werden.

In Schweden ist eine zusätzliche Zwangsbe- und Entlüftung deshalb schon seit Jahren üblich. Es gibt einfache Systeme, die nur aus dem Schlafzimmer, der Küche und dem Badezimmer die Luft absaugen und durch regelbare Lüfterdosen in den Wänden der Wohnräume Luft nachströmen lassen. Aufwendigere Systeme sammeln die warme Abluft und führen sie einer Wärmepumpe zu, die damit ganzjährig problemlos betrieben werden kann. Oder man schickt die warme Luft über einen Kreuzstromwärmetauscher, der die zugeführte Frischluft erwärmt. Dies erfordert allerdings ein zweifaches Rohrsystem. Da ist es doch einfacher, im Winter warme Zuluft aus einem Wintergarten zu holen oder im Sommer von der Nordseite kühle Luft nachströmen zu lassen.

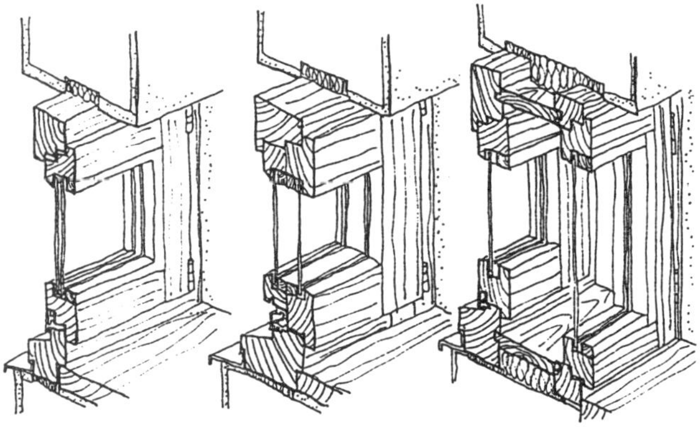

Einfachfenster mit Isolierverglasung	Verbundfenster mit Einfachverglasung	Kastenfenster mit Einfachverglasung
k = 3,0 R = 28 dB	k = 2,2 R = 34 dB	k = 2,0 R = 44 dB

Abb. 56: Fensterkonstruktionen

Fenstermaterialien

Jahrhundertelang war das einzige Material für Fenster Holz, von den großen Steinmaßwerkfenstern der gotischen Kirchenbauten abgesehen. Erst das industrielle Zeitalter hatte neue Anforderungen und neue Materialien. Die Fensteröffnungen der großen Industriehallen wurden meist mit verglasten Eisenrahmen geschlossen. Dies führte allerdings zu den bereits bekannten Wärmeverlusten, zu Kondenswasserproblemen und Korrosion. Heute werden Fensterrahmen aus Holz, Stahl, Aluminium und Kunststoff oder Materialkombinationen davon gefertigt. Jedes Material hat seine spezifischen Vor- und Nachteile.

Kunststoffenster benötigen wegen der großen Profile, in die zur Aussteifung Metallrohre eingeschoben werden, relativ große und damit oft häßliche Stockabmessungen. Die Wärmedämmfähigkeit ist gut. Renovierungsarbeiten sind nicht nötig. Ist allerdings die Oberflächenbeschichtung angegriffen, hilft auch ein Anstrich nicht mehr. Problematisch ist bei allen Kunststoffenster das Farblangzeitverhalten, die giftigen Emissionen bei der Herstellung des Werkstoffes und der Verlust der Schlagzähigkeit im Laufe der Zeit durch Verflüchtigung der Weichmacher. Reparaturen sind praktisch nicht möglich.

Leichtmetallfenster zeichnen sich aus durch große Haltbarkeit und Festigkeit sowie durch gute Fugendichtung. Allerdings sind die Fenster teuer, neigen zu Schwitzwasserbildung und haben bei konstruktiv nicht getrennten Profilen ein schlechtes Wärmedämmvermögen.

Holzfenster sind nach wie vor die preiswerteste, anpassungsfähigste und umweltfreundlichste Alternative. Sie müssen allerdings in regelmäßigen Abständen gewartet werden. Die Rahmen sind gut wärmedämmend und bei ausreichender Dimensionierung auch gut stabil. Als Oberflächenbehandlung sind die offenporigen Lasuranstriche (z.B. auf Naturharzbasis) gut geeignet.

Fenster werden in der Wandöffnung bei Mauerwerk mit Keilen, bei Holzständerwerk oder Blockwänden mit Stockschrauben befestigt. Die Fuge zwischen Fensterstock und Wand wird mit Kokosfaser, Holzwollestrick oder, wenn das Material nichtbrennbar sein muß, mit Steinwollezopf aus-gestopft. Das Ausschäumen mit UF- oder PU-Schäumen (sog. Ortschaum) ist wegen der Formaldehydbelastung, bzw. wegen der enthaltenen ozongefährdenden Treibgase zu unterlassen. Das gleiche gilt für die Türstockbefestigung im Hause, auch hier sollten Ortschäume vermieden werden. Für Futtertüren sind sogenannte Türankersysteme auf dem Markt, bei Blockzargen kann mit Stockschrauben gearbeitet werden.

Um die Energiebilanz der Fenster weiter zu verbessern, sollten Rolläden oder wärmegedämmte Fensterläden eingesetzt werden. Schwachpunkte bei den Rolläden sind die Rolladenkästen, über deren innere Abdeckung häufig starke Zugluft in den Raum gelangt. Hier muß besonders gut gedämmt und richtig gedichtet werden. Bei den Fensterläden ist es ähnlich. Nur Systeme, die sich mit Dichtungslippen fest an den Fensterstock drücken, können ihre Funktion erfüllen.

Es ist jedoch nicht sinnvoll, Energiebilanzen für das Fenster allein zu betrachten, sondern es sind dynamische Berechnungen nötig, die die innere Speichermasse des Gebäudes, die Oberflächenstruktur der Wände und die Regelfähigkeit der Heizanlage berücksichtigen.

3.5 Innenwände

Innenwände werden in statischer Hinsicht unterschieden in tragende und nichttragende Wände. Die tragenden Wände haben die Aufgabe, Lasten im Innern des Gebäudes abzuleiten und den Außenwänden die nötige Aussteifung zu geben.

An die Innenwände werden besondere Anforderungen hinsichtlich des Schallschutzes gestellt. Das Schalldämmaß der Wände sollte 42 dB nicht unterschreiten, für besonders ruhige Räume sollte es 57 dB (LSM = +5 dB) betragen.

Eine zusätzliche Wärmedämmung ist nur dann in Betracht zu ziehen, wenn die Räume unterschiedlich erwärmt werden (z.B. Treppenhaus-Wohnraum).

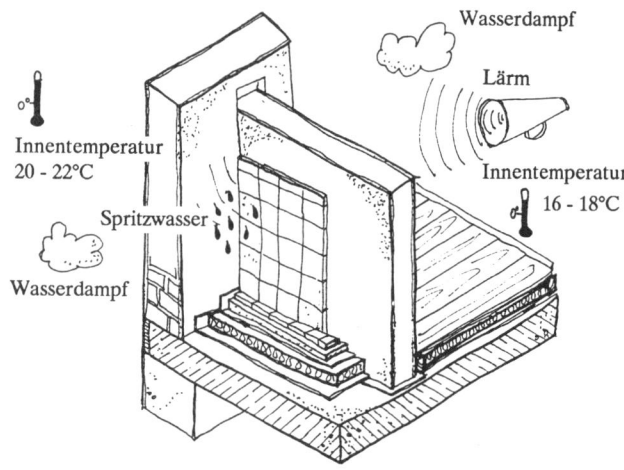

Abb. 57: Beanspruchung einer Innenwand

Innenwandkonstruktionen

Bei Innenwandkonstruktionen werden in der Regel mehrere Ziele verfolgt. Das Gewicht der Wand soll möglichst gering sein, um die statischen Lasten zu verkleinern, und die Schalldämmung bezüglich Luft- und Körperschall soll möglichst hoch sein. Da sich diese Ziele zwangsläufig widersprechen, können nur aufwendige Konstruktionen auf allen Gebieten günstige Werte erreichen.

Die *homogene, massive Innenwand* kann durch die Mauerstärke und Verwendung schweren Materials gute Schalldämmwerte erreichen, wobei das Gewicht zwangsläufig hoch ist (Hochlochziegel 1,4, Wandstärke 17,5 cm + 3 cm Putz, Gewicht der Wand 280 kg/m², Schalldämmaß 51 dB, LSM -1 dB).

Bei der *mehrschichtigen Innenwand* reduziert man die Wanddicke und setzt an einer Seite eine dünne Innenschale davor, die durch untergelegte Dämmstreifen schwingend befestigt wird (Hlz 1,4, Wandstärke 11,5 cm + 1,5 cm Putz, Vorsatzschale aus Gipskartonplatten, Gewicht der Wand 200 kg/m², Schalldämmaß 55 dB, LSM +3 dB).

Eine *zweischalige Innenwand* in Doppelständerbauweise mit Dämmaterialfüllung ist eine aufwendige Montagekonstruktion in trockener Bauweise. Um hohe Schalldämmwerte zu

Das gute Wärmespeichervermögen von schweren Innenwänden ist besonders bei Häusern wichtig, die leichte, stark wärmedämmende Außenwände mit wenig Speichersubstanz haben.

Ebenso wie bei Außenwänden ist die Aufnahmefähigkeit der Innenwände für Feuchtigkeit, Wasserdampf, Gerüche und Gase für ein stabiles Raumklima wichtig.

Bei einschaligen Wänden ist die Dämmung gegen Luftschall um so besser, je schwerer sie ist. Mit Flächengewichten von 250 kg/m² bis 400 kg/m² werden Schalldämm-Maße von 52 dB leicht erreicht. Der Putz ist dabei ein notwendiger Fugenverschluß. Zweischalige Wände kommen zum Einsatz, wenn schwere Wände wegen ihres zu hohen Gewichtes nicht ausgeführt werden können, bzw. eine vollständige Schalltrennung notwendig ist (Doppelhaus). Bei Leichtbauwänden verhindert eine Federung der Wandfläche die Schallübertragung. Durch die federnden Wandschalen können auch dünne, massive Wände nachträglich in ihrem Schallverhalten um ca. 10 dB verbessert werden.

In brandschutztechnischer Hinsicht werden Innenwände als tragende oder nichttragende Bauteile in die Feuerwiderstandsklassen F30 bis F90 eingestuft.

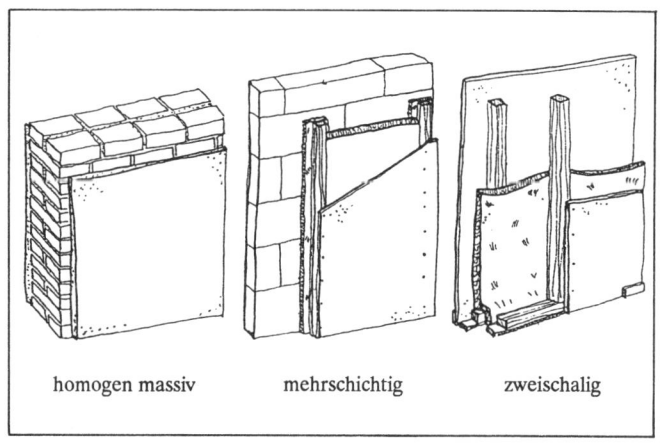

homogen massiv   mehrschichtig   zweischalig

Abb. 58: Innenwandkonstruktionen

erreichen, dürfen die Schalen nicht starr miteinander verbunden sein, sondern müssen durch Luftschichten oder durch besonders elastische Dämmstoffe voneinander getrennt werden (Abb. 61). Eine Doppelschale aus Gipskartonplatten mit Holzständer und Kokosmatten als Schalldämmaterial hat z.B. bei einer Wandstärke von 17 cm ein Gewicht von 130 kg/m² und das Schalldämmaß 53 dB, LSM +1 dB.

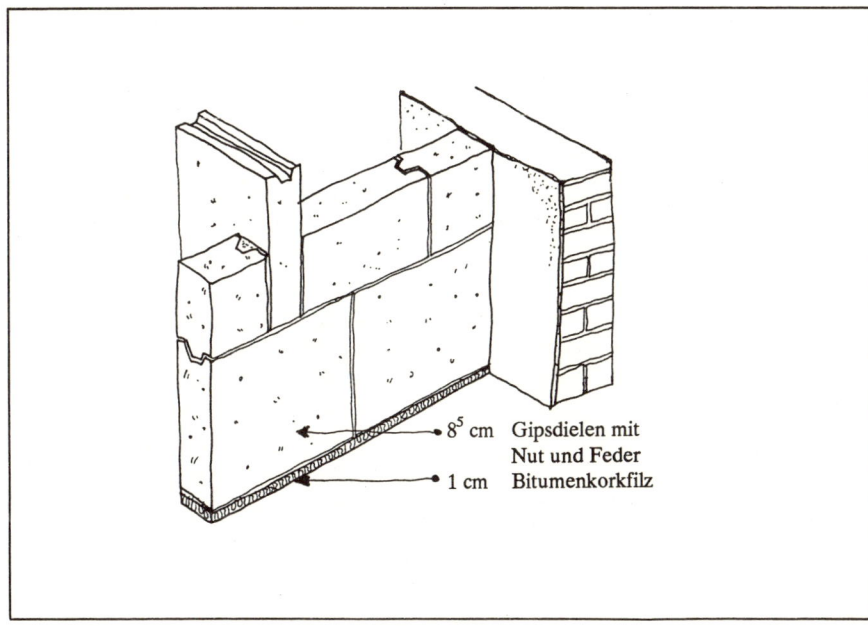

Einschalige Innenwand aus 8 cm Gips-Wandbauplatten	
Konstruktionsdicke	8,0 cm
Flächengewicht	80 kg/m²
Wärmespeicherwert	67 kJ/m²K
Auskühlzeit	3,2 h
k-Wert	2,4 W/m²K
Feuerwiderstandszeit	F 60
Schalldämmaß R_w	37 dB
Gesamtpreis	89 DM/m²

Einschalige Innenwand aus 11,5 cm Hochlochziegel (1,4)	
Konstruktionsdicke	14,5 cm
Flächengewicht	215 kg/m²
Wärmespeicherwert	200 kJ/m²K
Auskühlzeit	8,5 h
k-Wert	2,08 W/m²K
Schalldämmaß R_w	45 dB
Gesamtpreis	112 DM/m²

Abb. 59: Einschalige, massive Innenwand

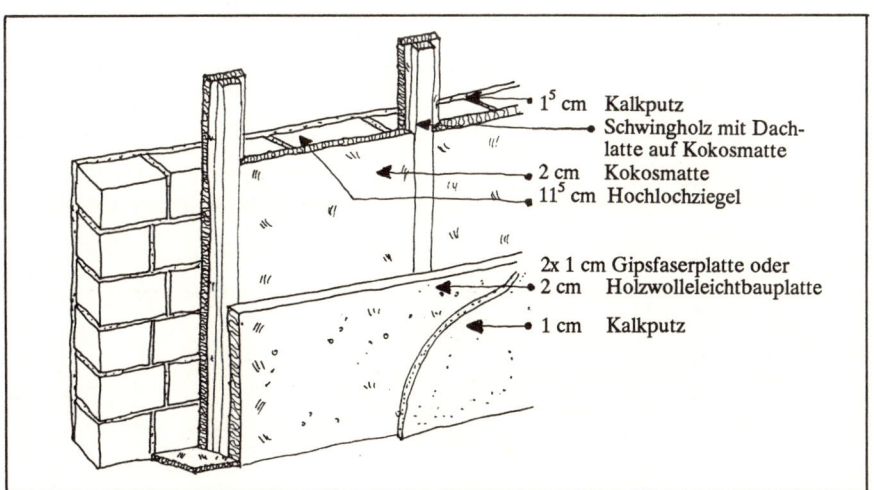

Mehrschichtige Innenwand aus 11,5 cm Hochlochziegelmauer (1,4) mit verputzter Heraklithplatte auf Schwinghölzern	
Konstruktionsdicke	19,0 cm
Flächengewicht	226 kg/m²
Wärmespeicherwert	218 kJ/m²K
Auskühlzeit	10 h
k-Wert	0,70 W/m²K
Feuerwiderstandszeit	F 120
Schalldämmaß R_w	55 dB
Gesamtpreis	165 DM/m²

Abb. 60: Mehrschichtige Innenwand mit verbesserter Schalldämmung

Wandbaustoff	Stärke cm	Gewicht kg / m^2	Schall-dämmaß Rw dB
Hochlochziegel Hlz 1,4	20,5	300	51
Kalksandstein 1,8	13,0	250	48
Gasbeton GB 3,3	16,0	110	39
Gipswandbauplatte 0,9	8,6	95	37

Tabelle 28: Schalldämmung verschiedener Baustoffe bei einschaligen Innenwänden

Einschalige massive Innenwand

Im Einfamilienhausbau ist die massive, einschalige Innenwand allgemein üblich, da sie einfach und billig in verschiedenen Materialien, Stärken und Gewichten auszuführen ist. Je leichter die Wand ist, desto ungenügender ist auch der Luftschallschutz (Abb. 59 und Tab. 28). Ziegel bietet hier mit seinen verschiedenen Rohdichten sowohl für leichte als auch schwere Trennwände abgestimmte Lösungen an. Die Wände müssen anschließend verputzt werden.

Innenputz wird heute aus Kostengründen üblicherweise als ein einlagiger Kalk-Gipsputz ausgeführt. In diesem Fall wird der Unterputz und ggf. der Spritzputz weggelassen. Gipswandbauplatten sind in Stärken bis 12 cm erhältlich und werden nach dem Aufbau nur noch verspachtelt. Gasbetonsteine werden mit Klebemörtel verbunden und anschließend verputzt. Für Naßräume sind beide Materialien nicht zu empfehlen.

Innenputz - Mörtelgruppe I (Wohnräume):

1. Lage (Spritzputz)
1 Teil Weiß- o. Wasserkalk, 2 Teile Sand (Korngr. bis 3 mm)
2. Lage (Unterputz)
1 Teil Weiß- o. Wasserkalk, 3 Teile Sand (Korngr. bis 7 mm)
3. Lage (Oberputz)
1 Teil Weiß- o. Wasserkalk, 3 Teile Sand (Korngr. bis 2 mm)

Innenputz - Mörtelgruppe II (Naßräume, Keller usw.)

1 Lage (Spritzputz)
1 Teil hochhydr. Kalk + 2 Teile Sand (Korngröße bis 7 mm)
2. Lage (Unterputz)
1 Teil hochhydr. Kalk + 3 Teile Sand (Korngröße bis 5 mm)
3. Lage (Oberputz)
1 Teil hochhydr. Kalk + 3 Teile Sand (Korngröße bis 5 mm)

Mehrschichtige Innenwand

Der Luftschallschutz wird durch eine biegesteife Vorsatzschale an einer massiven Wand wesentlich verbessert. Bei der Konstruktion ist darauf zu achten, daß die Vorsatzschale von allen Bauteilen weichfedernd getrennt ist. So kann z.B. ein Kantholz an einen Kokosstreifen befestigt, und beides zusammen an die Wand gemörtelt werden. Auf das Kantholz kann nun die dünne Vorsatzschale genagelt oder getackert werden (Gipskartonplatte, Gipsfaserplatte, Holzwolleleichtbauplatte, Schilfrohrmatte etc.). Der Hohlraum zwischen den Konstruktionshölzern wird mit schalldämmendem Material gefüllt, z.B. mit Kokosmatten oder Schüttdämmstoffen wie Zelluloseflocken. Je nach vorhandener Mauer können Verbesserungswerte bis zu 17 dB erreicht werden (Tab. 29).

Es ist auch möglich, mit Gipsmörtel Kokosmatten direkt an der Wand zu befestigen und dann eine Trockenbauplatte (z.B. 10 mm Gipsfaserplatte) ebenfalls aufzumörteln und zu verspachteln.

	Dicke cm	Gewicht kg / m^2	Schall-dämmaß Rw dB
Gipswandbauplatten ohne Vorsatzschale	10,0	100	36
mit Vorsatzschale	16,0	140	53
Hochlochziegel Hlz 1,4 ohne Vorsatzschale	11,5	215	46
mit Vorsatzschale	19,5	230	55

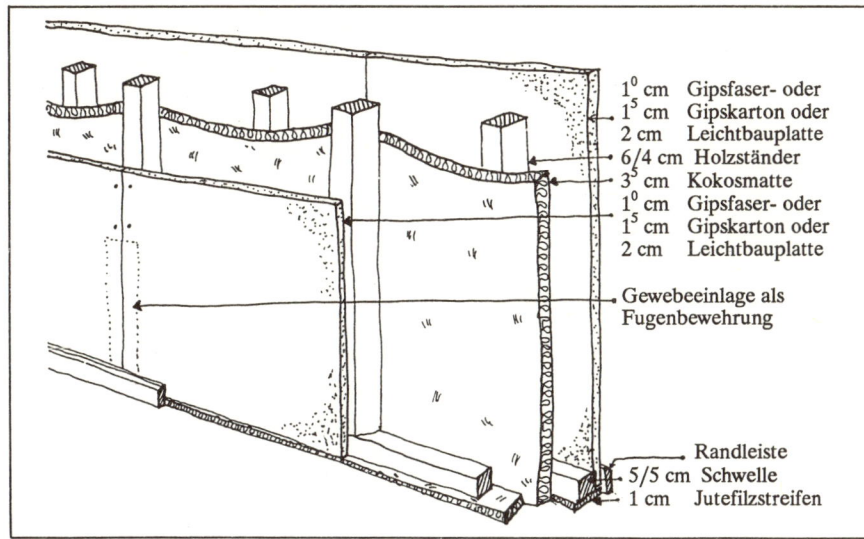

1^0 cm	Gipsfaser- oder
1^5 cm	Gipskarton oder
2 cm	Leichtbauplatte
6/4 cm	Holzständer
3^5 cm	Kokosmatte
1^0 cm	Gipsfaser- oder
1^5 cm	Gipskarton oder
2 cm	Leichtbauplatte

Gewebeeinlage als
Fugenbewehrung

Randleiste
5/5 cm Schwelle
1 cm Jutefilzstreifen

Zweischalige Innenwand aus Gipskarton-platten auf getrenntem Holzrahmen

Konstruktionsdicke	14,4 cm
Flächengewicht	36 kg/m²
Wärmespeicherwert	35 kJ/m²K
Auskühlzeit	3,4 h
k-Wert	0,66 W/m²K
Feuerwiderstandzeit	F 60
Schalldämmaß R_w	53 dB
Gesamtpreis	124 DM/m²

Abb. 61: Zweischalige, leichte Innenwand aus
Gipskartonplatten

Leichte zweischalige Innenwand

Zwei konstruktiv getrennte Holzständerkonstruktionen (kein Metall!) verhindern bei der zweischaligen Innenwand die Übertragung von Körperschall, der Luftschall wird durch schallschluckende Dämmatten (z.B. Kokosmatten) aufgefangen, die zwischen die Konstruktionen gestellt werden. Die Beplankung kann mit unterschiedlichen Materialien erfolgen, wobei Gipskartonplatten (15 mm stark) oder Gipsfaserplatten (10 mm stark) nach der Fugenspachtelung sofort überstreichbar sind; Holzwolleleichtbauplatten (2 cm stark) oder Schilfrohrmatten (2 cm stark) müssen noch verputzt werden. Wände dieser Bauart erreichen ein Gewicht von 90 bis 150 kg/m² und ein Schalldämmaß R_w' von 53 bis 55 dB.

Tabelle 29: Verbesserung des Schallschutzes einschaliger Wandkonstruktionen durch eine Vorsatzscheibe

3.6 Geschoßdecken

Geschoßdecken haben die Aufgabe, gebaute Räume nach unten und nach oben abzuschließen, die erforderlichen vertikalen und horizontalen Lasten aufzunehmen und vor Wärmeverlust, Luft- und Trittschall, Feuchtigkeit und Feuer zu schützen (Abb. 62).

Lastaufnahme

Der Statiker berechnet die notwendige Dicke der Holzbalken, die Stahlbügel und Gittereinlagen je nach der zu erwartenden Belastung.

Wärmeschutz

Die Geschoßdecken sind das einzige Bauteil, mit dem der menschliche Körper über den Fußbodenbelag jeden Tag stundenlang in direkter Berührung steht. Deshalb ist eine gute Wärmedämmung, besonders bei Wohnungstrenndecken, Decken über Kellern und offenen Durchfahrten, also generell bei Geschoßdecken zwischen unterschiedlich warmen Räumen vorgeschrieben (Abb. A1 im Anhang).

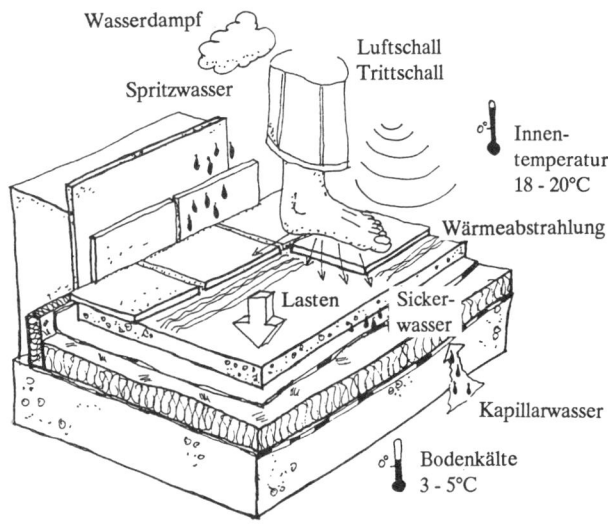

Abb. 62: Beanspruchung einer Geschoßdecke

Luft- und Trittschallschutz

Schall breitet sich in Gebäuden aus als:
Luftschall, d.h. durch Luftdruckschwankungen (Musik, Sprechen) geraten Wände und Decken in Biegeschwingungen und versetzen ihrerseits die Luftteilchen des Nachbarraumes in Schwingungen, die als Schall (meist Lärm) wahrgenommen werden.
Trittschall, entsteht durch Begehen der Decke, wird über die flankierenden Wände und die Decken übertragen und als Luftschall abgestrahlt.

Der Luftschallschutz bei Geschoßdecken wird im allgemeinen durch das Gewicht der Decke beeinflußt, der Trittschall wird durch den Einbau einer elastisch federnden Zwischenschicht unter dem Gehbelag gedämmt.
Nach der DIN 4109 ist die Einhaltung des Schallschutzes im Eigenheimbau freigestellt. Die Anforderungen an Geschoßdecken in Mehrfamilienhäusern zeigt Abb. A16 im Anhang.

Abb. 63: Entstehung von Luft- und Trittschall   Quelle: (19)

Entscheidend für das Erreichen der DIN-Werte für Wohnungstrenndecken ist das Gewicht der Rohdecke, mind. 300 kg/m², das nur von Stahlbetondecken ab 15 cm Stärke problemlos erreicht wird. Die zweite Bedingung betrifft die Wände, die als sogenannte Schallnebenwege wirken und ebenfalls ein Flächengewicht von 300 kg/m² erreichen sollten.

Feuchtigkeitsschutz

Ein Wärmeschutz kann nur dann wirksam sein, wenn verhindert wird, daß in die Luftporen der Dämmstoffe Feuchtigkeit eindringt. Bei Decken muß zwischen kurzzeitiger Einwirkung (beim Aufwischen) und langfristiger Einwirkung (z.B. in Bädern) unterschieden werden. Kurzzeitige Einwirkung verträgt jeder Deckenbelag, vor allem, wenn seine Oberfläche durch Öle oder Wachse leicht verschlossen wurde. Langfristige Feuchtigkeitseinwirkungen werden nur von wasserbeständigen Belägen wie dicht gebrannte Keramik, Fliesen und Gummi vertragen. Dabei sind stets zusätzlich verschweißte Bitumenbahnen, ggf. auch Kunststoffolien zum Schutz der Unterkonstruktion einzubringen. Außer durch das Eindringen von Wasser oder Wasserdampf in Decken können auch Feuchtigkeitsprobleme durch Tauwasserbildung entstehen, besonders wenn die Geschoßdecke kalte und warme Räume trennt oder wenn die kühleren Räume sperrende Bodenbeläge (PVC, Linoleum, gummierte Teppichböden etc.) haben. Auch bei allen nachträglichen Wärmedämmaßnahmen von Geschoß-

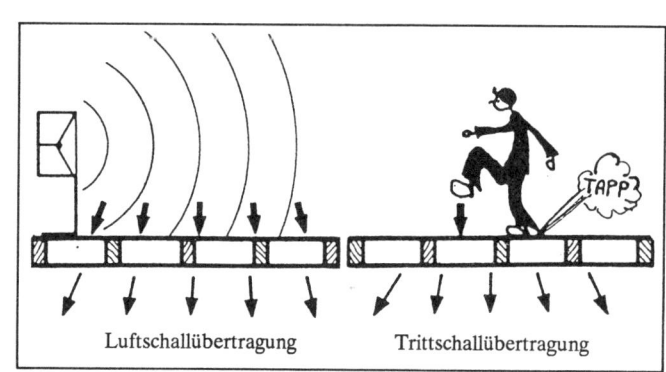

Luftschallübertragung   Trittschallübertragung

decken zwischen kalten und warmen Räumen ist darauf zu achten, daß durch die Wärmedämmung nicht ungewollt die Bildung von Kondenswasser begünstigt wird (deshalb ist auch die raumseitige Dämmung von obersten Geschoßdecken nicht zu empfehlen).

Brandschutz

An den Brandschutz werden im Einfamilienhausbau nur geringe Anforderungen gestellt (die Decke über dem Heizungsraum muß feuerhemmend ausgebildet sein). Decken in Gebäuden mit 3 bis 5 Vollgeschossen müssen feuerhemmend (F30), und in den tragenden Teile aus nichtbrennbaren Baustoffen hergestellt werden.

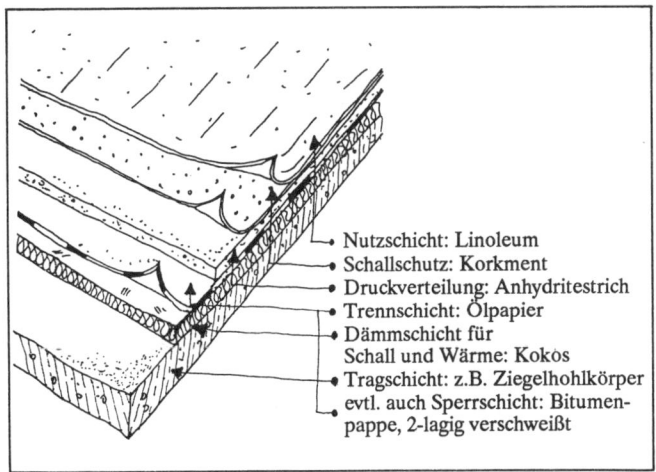

Nutzschicht: Linoleum
Schallschutz: Korkment
Druckverteilung: Anhydritestrich
Trennschicht: Ölpapier
Dämmschicht für
Schall und Wärme: Kokos
Tragschicht: z.B. Ziegelhohlkörper
evtl. auch Sperrschicht: Bitumenpappe, 2-lagig verschweißt

Abb. 64: Aufbau eines wärme- und schallgedämmten Fußbodens

Tragkonstruktionen

Die konstruktive Ausbildung von Geschoßdecken unterscheidet sich durch die Art und Weise, wie sie Biegesteifigkeit und Tragfähigkeit erreichen. Weiterhin muß unterschieden werden zwischen Rohdecke und Fußbodenaufbau. Der Aufbau einer Geschoßdecke besteht aus mehreren Schichten (Abb.64):

- aus der Unterkonstruktion (i.a. die freitragende Decke, bei gewachsenem Erdreich der Unterbau),
- aus den Zwischenschichten (ggf. Sperrschichten gegen Feuchtigkeit, Dämmschichten gegen Wärme- und Schallübertragung, Ausgleichsschicht und Trennschichten) sowie
- aus der Nutzschicht, dem eigentlichen Fußbodenbelag.

Die homogene, massive Decke in *Stahlbetonausführung* ist heute allgemein üblich, da sie die Lasten im Wohnungsbau bereits ab einer Stärke von 10 cm aufnehmen kann, feuerbeständig (F90) ist und ab einer Dicke von 15 cm auch die Luftschalldämmung ausreicht. Das mineralische Material reagiert bei Durchfeuchtung wenig kritisch. Problematisch ist der hohe Betonanteil mit langer Austrocknungszeit und schlechter Diffusionsfähigkeit. Der Quarzanteil des Betons

kann durch Erdstrahlungsfelder zur verstärkten Eigenschwingung angeregt werden, die großflächige Bewehrung verzerrt das Erdmagnetfeld und kann zusätzlich wie eine Antenne ebenfalls elektrische und elektromagnetische Schwingungen verstärken. Die Stahlbetondecke hat ihren Ursprung in dem Bedürfnis nach einem frei konzipierbaren Grundriß (Bauhaus 1920). Im heutigen Wohnungsbau wird dieser Vorteil nur selten genutzt, vielmehr steht die einfache Statik im Vordergrund. In vielen Fällen kann die Stahlbetondecke durch eine Ziegelelementdecke bzw. Holzbalkendecke vorteilhaft ersetzt werden. Beide Konstruktionen erfordern allerdings Entwurfsdisziplin und genaue Detailplanung, bei Holzbalkendecken muß die Statik die Bauwerksaussteifung besonders berücksichtigen (z.B. Ring- oder Stahlanker).

Die *Ziegelhohlkörperdecke* erreicht eine Reduzierung des hohen Beton- und Stahlanteils durch die Trennung von Träger und Füllkörper. In Tonschuhe werden Stahlarmierungen mit Beton vergossen und diese vorgefertigten Träger auf die Mauern aufgelegt. Die Träger sollten in Nord-Südrichtung verlegt werden, um das natürliche Magnetfeld

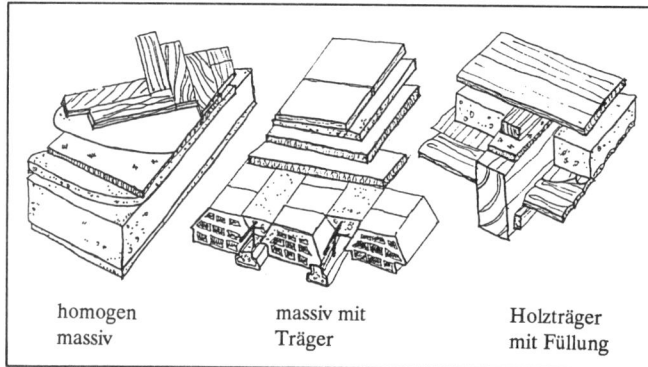

homogen   massiv mit   Holzträger
massiv   Träger   mit Füllung

Abb. 65: Deckenkonstruktionen

nicht zu stören. In die Zwischenräume werden speziell geformte Deckenziegel eingehängt und durch Betonverguß mit den armierten Trägern verbunden. Für den Bauablauf ist es ungünstig, daß die Ziegelhohlkörper durch herabfallendes Werkzeug oder Baumaterial zerstört werden können und die Löcher nachträglich mit Beton vergossen werden müssen. Der Luftschallschutz von Ziegelhohlkörperdecken ist etwas ungünstiger als von Stahlbetonmassivdecken. da das Deckengewicht im wesentlichen durch die Trägerbalken bestimmt wird. Die Feuerwiderstandsklasse erreicht je nach Ausführung F90 bis F180. Ziegelhohlkörperdecken, die zusätzlichen Überbeton (meist 5 cm) benötigen, sollten vermieden werden.

Die *Holzbalkendecke* trennt ebenfalls Träger und Füllung. Der Träger übernimmt allein die Tragfunktion, die Zwischenräume können mit unterschiedlichem Material verfüllt werden. Da Holz sehr gut Schall leitet und die Deckenkonstruktion leicht ist, reicht sowohl der Luft- als auch der Trittschallschutz in der Regel nicht aus. Durch fe-

dernde Fußböden und Unterdecken, bzw. durch eine Erhöhung des Deckengewichtes lassen sich diese Nachteile ausgleichen (Tab. 30). Der Brandschutz von Holzbalkendecken ist eingeschränkt (F30), er kann jedoch durch eine entsprechende Schalung (5 cm Holzwolleleichtbauplatten, 2 cm Putz) auf F90 verbessert werden. Auf Feuchtigkeit, die nicht ablüften kann, reagiert Holz kritisch, deshalb ist im Naßbereich ein guter Feuchtigkeitsschutz notwendig.

Die Erhöhung des Deckengewichtes ist für die Holzbalkendecke sehr wichtig. Unterschieden werden zwei Konstruktionen:

- Ein sogenannter Fehlboden wird zwischen die Balken eingezogen (arbeitsaufwendig) und der Hohlraum dazwischen mit schwerem, trockenem Material aufgefüllt, z.B. mit Ziegelsplitt, Kalkschotter oder Kies. Vorher legt man Rieselschutzpapier, am besten reißfestes Kreppapier aus. Der Deckenbalken ist dann nur zu einem kleinen Teil sichtbar, was keine Rolle spielt, wenn eine verputzte Unterdecke geplant ist.
- Es wird eine durchgängige Holzschalung über die Balken genagelt, so daß der Balken von unten vollständig sichtbar ist. Darüber wird wieder ein Kreppapier ausgelegt und als Beschwerung ebenfalls eine Kies-, Kalk-

	Dicke cm	Gewicht kg / m²	Trittschall-schutzmaß TSM dB
Stahlbetonvollplatte	12,5	270	-12
	15,0	315	-10
	17,5	360	-8
Ziegelhohlkörperdecke	19,0	225	-19
	24,0	280	-15
Holzbalkendecke mit Tragbalken 14 / 20 und 3 cm Schalung	23,0	42	-30
mit Auffüllung und getrennter Unterdecke	27 - 34,0	180 -250	+0

Tabelle 30: Trittschallschutz verschiedener Deckenkonstruktionen

schotter- oder Ziegelsplittschicht aufgebracht, eine Lage Ziegelsteine oder Betonplatten bzw. eine Lage Beschwerungsestrich. Der Estrich ist allerdings naß und sollte drei bis vier Wochen Trocknungszeit haben, bevor weitergearbeitet wird. Sehr gute Werte wurde mit einem sogenannten geschnittenen Estrich erzielt. Hierbei wird ebenfalls ein nasser Estrich aufgebracht, dieser aber im halbsteifen Zustand in Platten mit ca. 40 cm Kantenlänge geschnitten, so daß eine der Holzbalkendecke angepaßte, bewegliche Platte hergestellt wird.

Trittschalldämmung

Ist das Tragwerk der Decke fertiggestellt, gilt die nächste Aufmerksamkeit dem Trittschall. Federnde Zwischenschichten wirken dämpfend. Trittschalldämmaterialien dürfen nicht zu weich und nicht zu hart sein, das heißt, sie haben eine sehr genau einzuhaltende dynamische Steifigkeit und sind bauaufsichtlich zugelassen. Zum Einsatz kommen

- Unter Naß- und Trockenestrichen: unverrottbare Kokosmatten, geeignete Korkplatten, nicht brennbare Glasfasermatten.
- Jutefilzstreifen unter Lagerhölzern.
- Unter trockenen Estrichplatten: Schüttungen aus bituminiertem Vulkangestein (Perlite), bituminierten Flachsschaben (Mehabit), die bei Belastung plattenartig zusammenbacken, Gasbetongranulat, Korkschrot.

Ein Naßestrich darf keinesfalls durch Fugen in der Dämmschicht auf die Rohdecke laufen. Um dies zu vermeiden, wird die Dämmschicht mit Ölpapier abgedeckt. Dämmschüttungen werden waagerecht über Lehren abgezogen und mit Rippenpappe abgedeckt, wobei Höhen über 5 Zentimeter durch Stampfen verdichtet werden. Wird nachfolgend ein nasser Estrich aufgebracht, so werden entlang der Wand Randstreifen aus Rippenpappe aufgestellt, um einen direkten Kontakt des Estrichs mit der Wand zu vermeiden.Gewöhnlich sind 20 bis 30 mm hohe Trittschalldämmschichten ausreichend. Soll die Trittschalldämmung auch

Wärmeschutzfunktion übernehmen, ist sie entsprechend stärker zu dimensionieren. Damit dann die Dämmung durch die Estrichbelastung nicht allzusehr gestaucht wird, was Risse im Estrich verursachen könnte, ist es sinnvoll, eine harte Dämmplatte (z.B. Kork) mit einer weichen (z.B. Kokos) zu kombinieren.

Estrich

Außer bei einem Holzdielenboden auf Lagerhölzern wird nun die nächste Schicht aufgetragen, der sogenannte "schwimmende Estrich" mit einer Mindestdicke von 3,5 cm. Er dient zur gleichmäßigen Verteilung der punktförmigen Nutzlasten, als zusätzliche Deckenbeschwerung und bildet eine glatte horizontale Schicht zur besseren Aufnahme des Fußbodenbelags.

Wenn auf eine Trittschalldämmung verzichtet werden kann, z.B. bei einem Garagenboden, wird der Estrich 2 bis 3 cm stark direkt auf die Rohdecke aufgebracht (sog. Verbundestrich).

Als gleitender Estrich wird ein mindestens 3 cm starker Estrich bezeichnet, unter dem, z.B. bei Kellerabstellräumen, eine Feuchtigkeitssperre angeordnet ist.

Estrichdicken über 5 cm müssen meist armiert werden, was zu vermeiden ist.

Als Materialien können eingesetzt werden:

- Zement und Sand (Zementestrich)
- wasserfreier Gips und Quarzsand (Anhydridestrich);
- Kalk, Traß und Sand (Trasskalkestrich);
- Magnesit mit Magnesiumchloritlauge und Füllstoffen, z.B. Holzspäne (Magnesitestrich, sog. Steinholzestrich);
- Gußasphalt (Gußasphaltestrich).

Zementestrich ist im Baugewerbe am gebräuchlichsten. Anhydritestrich wird wegen seiner Rißfreiheit, Schwindtoleranz und seinem sehr guten Fließverhalten immer beliebter. Trasskalkestrich ist nicht genormt und kann nur auf der Baustelle hergestellt werden, seine Austrocknungszeit ist länger als bei einem vergleichbaren Zementestrich.

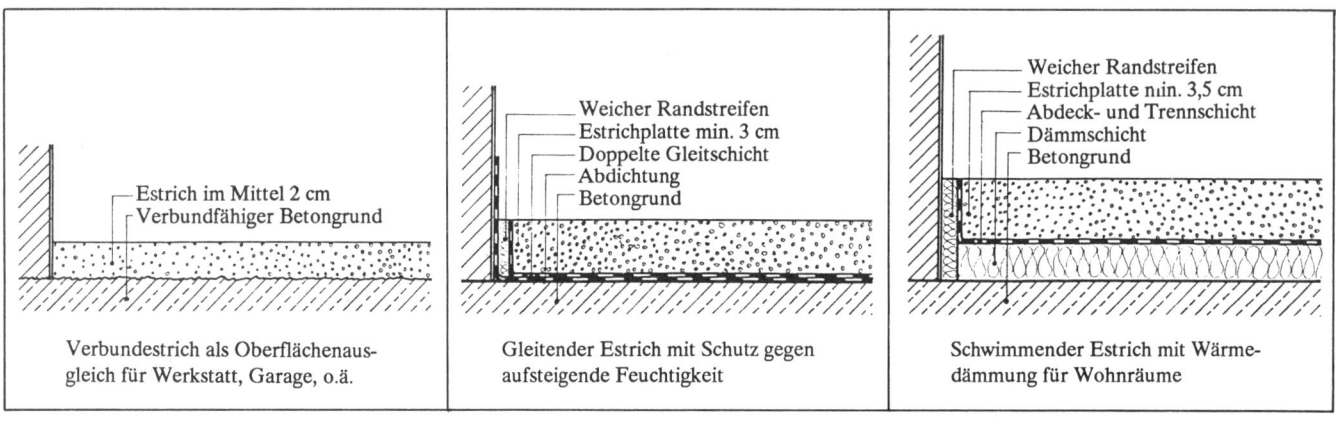

Abb. 66: Fußbodenaufbauten mit Estrich   Quelle: (12)

Empfehlung für einen wohngesunden Estrich ("Biobeton"): 1 Teil hochhydr. Trasskalk und 3 Teile Sand und Kies (Korngröße bis 8 mm).

Dieser Estrich kann erst nach 6 bis 8 Wochen belastet werden. Durch Zementzugabe verringert sich die Erhärtungszeit und die Festigkeit wird erhöht. Ebenfalls eine höhere Festigkeit wird durch eine Estricharmierung mit Stahlmatten erreicht, das Strahlungsklima kann dadurch jedoch beeinträchtigt werden.

Der sogenannte *Steinholzestrich* wird seit Ende des vorigen Jahrhunderts aus einem Gemisch von Magnesia und Füllstoffen, zumeist Sägemehl, Korkschrot und Magnesiumchlorid hergestellt. Er hat sich als elastischer, fugenloser Belag besonders über Holzbalkendecken direkt auf einer Sparschalung bewährt. Abriebfest, feuerhemmend, mäßig bis gut fußwarm und mit einer Oberfläche, die für Gestaltung freien Raum läßt, ist der Steinholzestrich zu unrecht völlig vom Markt verschwunden. Für Naßräume ist er allerdings nicht geeignet, da Magnesit Wasser saugt.

Die bituminös gebundenen Böden wurden gegen Ende des vorigen Jahrhunderts für Straßendecken entwickelt und finden heute auch als Fußbodenbeläge Verwendung in Form von Gußasphalt, Asphaltplatten und Kaltbitumen-Verbundestrich.

Im Wohnungsbau wurde *Gußasphalt* wegen seiner kurzen Trockenzeit (3 Tage) beliebt. Gußasphaltestriche sind plastisch-elastisch und deshalb gegen mechanische Belastungen sehr widerstandsfähig. Ihre Wärmedämmfähigkeit ist gering. Sie nehmen kein Wasser auf und wirken auch als Sperrschicht gegen aufsteigende Bodenfeuchtigkeit.

Bitumen wird bei der Aufbereitung von Erdöl gewonnen, Asphalt ist ein Gemisch von Bitumen und Mineralstoffen. Beim Einbringen der erhitzten Gußasphaltmasse treten für den Verarbeiter krebserzeugende Dämpfe auf. In Bitumenkaltklebemassen ist Ethylendichlorid enthalten, eine schleimhautreizende, toxische Flüssigkeit.

Estriche werden von Baufirmen und Spezial-Estrichverlegefirmen gefertigt, können aber auch in Eigenleistung gut erstellt werden. Entscheidend ist hierbei immer die Sorgfalt beim Abziehen der obersten Lage, die möglichst glatt sein soll, um den weiteren Deckenaufbau zu erleichtern. Magnesit- und Trasskalkestriche werden von Firmen meist nicht erstellt, der Romankalkestrich und Anhydritestrich mit etwas Hartnäckigkeit. Estrichstärken richten sich nach der Stärke der darunterliegenden Dämmschicht, Stärken unter 4 cm sollten wegen Bruchgefahr vermieden werden; ebenso sollten Estrichplatten nicht größer als 4 x 4 m gegossen werden, da sonst die Gefahr der Schwindrißbildung besteht (entsprechende Trennfugen vorsehen).

Aufgrund der langen Trocknungszeiten von Naßestrichen (ca. 6 Wochen, außer Gußasphalt), werden gerne sogenannte Trockenestriche eingesetzt, die nach dem Verlegen sofort weiterbehandelt werden können.

Als Trockenestrich üblich ist die kunstharzgebundene Spanplatte. Wegen der schädlichen Ausdünstungen auch als E 1-Platte sollte sie jedoch trotz ihres günstigen Preises nicht eingesetzt werden. Mehrere Alternativen stehen zur Verfügung:

- Die zementgebundene Spanplatte ist nicht brennbar, sehr schwer und läßt sich wie Spanplatten verarbeiten. Sie ist allerdings etwa dreimal so teuer, weshalb sie nur in Spezialfällen (Schwingboden) verlegt wird.
- Gipsgebundene Trockenestrichplatten sind erhältlich als Gips-Zellulosefaserplatten (z.B. Fermacell), als Gips-Holzspäneplatten (z.B. Gyproc) und als reine Gipsplatte (Knauf). Einige dieser Platten sind jedoch nur als Sandwich-Element, d.h. mit bereits aufkaschierter Trittschalldämmplatte aus Mineralfaser oder Polystyrol auf dem Markt.
- Die empfehlenswerte Form einer Sandwich-Platte besteht aus einer Holzweichfaserplatte als Trittschalldämmplatte und zwei Hartfaserplatten als harte Estrichplatte (z.B. Pavapor-Duro). Sie wird direkt auf die Rohdecke gelegt.
- Einen speziellen Trockenestrich (Erolit) bilden schwere Ziegelplatten mit Nut und Feder, die miteinander verklebt werden. Die aufwendige Verlegearbeit macht sich nur dann bezahlt, wenn dieser Estrich gleichzeitig den Gehbelag bildet.

Fußbodenbelag

Den ganzen Tag über sind wir mit unseren Füßen in Kontakt mit dem Fußboden. Daher werden wir auch in unserem körperlichen Empfinden und im Raumgefühl von der Art des Fußbodens stark beeinflußt. Deshalb sind bei der Auswahl eines Fußbodens sowohl technische als auch physiologische und psychologische Kriterien zu berücksichtigen.

Fußwärme:
Beim Betreten eines Fußbodens wird Wärme vom Fuß abgeleitet (Wärmeableitung W). Ein Fußboden gilt als fußwarm, wenn beim Berühren die Auskühlung des nackten Fußes nicht mehr als 4°C beträgt. In fußwarmen Räumen kann bei gleichbleibender Behaglichkeit die Temperatur der Raumluft um 2 - 3 °C gesenkt werden. Es werden 3 Stufen der Wärmeableitung unterschieden:
Besonders fußwarm $W \leq 35$ KJ/m^2;
Ausreichend fußwarm $W = 35 - 50$ KJ/m^2;
Nicht ausreichend fußwarm $W \geq 50$ KJ/m^2.

Trittschalldämmung:
Fußbodenbeläge können das beim Gehen entstehende Geräusch (sogenannter Trittschall) sehr unterschiedlich beeinflussen. Je nach Härte verbessern die Beläge die Meßwerte, die in Dezibel (dB) gemessen werden, wobei 10 dB eine Verminderung des Schalls um die Hälfte bedeutet. Einige Werte: Linoleum (2,5 - 6 mm) 7 - 11 dB; 6 mm Korkplatten 15 dB, Holzhobeldielen auf Lagerholz 16 dB, Kokosfaserläufer 17 dB, Baumwollveloursteppich 24 dB.

Schallschluckvermögen:
Das Schallschluckvermögen eines Belages beeinflußt den Nachhall im Raum. Der Nachhall kann durch weiche Stoffe gemindert werden. Harte Beläge wie Stein, Holz, Estrich, Linoleum und Kork absorbieren nur 5% des Schalls, weiche Teppiche dagegen bis zu 50%.

Elektrostatisches Verhalten:
Durch Aneinanderreiben isolierender Stoffe werden elektrostatische Aufladungen erzeugt. Unangenehm sind diese Aufladungen für Personen, gefährlich werden sie für empfindliche Geräte (Computer) oder dort, wo explosionsfähige Gasgemische entstehen können. Aber auch ein gut leitender Boden, z.B. alle Steinböden, kann beim Umgang mit schadhaften Elektrogeräten zu Unglücksfällen führen. Mit Bienenwachs behandelte Oberflächen von Holz und Steinbelägen, und Naturfasern bei Teppichbelägen sind elektrostatisch neutral. Kunststoffbeläge und Kunstfaserteppiche müssen aufwendig geerdet werden, z.B. mit Kohlenstoffasern, Metallgittern oder leitenden Klebern.

Schwimmende Estriche auf	
• 2,5 cm Holzwolleleichtbauplatten	15 dB
• 1,4 cm Korkschrotmatten	22 dB
• 1,3 cm Kokosfaserrollfilz	28 dB
Unterboden aus Spanplatten, vollflächig schwimmend verlegt	25 dB
Schwimmende Holzfußböden auf Lagerhölzern mit Dämmstreifen	24 dB
Parkettbelag auf 1 cm porösen Holzfaserplatten	16 dB
Gehbeläge:	
• Keramische Fliesen	2 dB
• Linoleum 2,5 mm	7 dB
• Linoleum auf 2 mm Korkment	15 dB
• Korklinoleum 3,5 mm	15 dB
• Korklinoleum 7 mm	18 dB
• Nadelvlies-Teppichboden	15 dB
• Kokosfaserläufer	17 dB
• Velours-Teppichboden	20 - 28 dB

Tabelle 31
Trittschallverbesserungsmaße verschiedener Fußbodenaufbauten

Jankahärte:
Die Jankahärte ist ein Maß zur Beschreibung der Abriebfestigkeit von Holz. Gemessen wird die notwendige Eindruckkraft eines abgerundeten Metallstabes.

Weichhölzer:
Fichte 180 kp/cm²; Kiefer 250 kp/cm²

Harthölzer:
Eiche 560 kp/cm²; Buche 650 kp/cm²

Brandschutz:
Kein Problem in dieser Hinsicht besteht bei Massivholz und mineralischen Belägen. Textile Bodenbeläge werden entsprechend ihrem Brandverhalten in Klassen eingeteilt. Es gilt T-a für erhöhte Brandsicherheit (vor allem bei Naturfasern), T-b für begrenzte Anforderung an Brandsicherheit (Acryl oder Polyesterfasern) und T-c für leicht entflammbar.

Insektenschutz:
Chemiefasern sind resistent gegen Insekten. Naturfasern, vor allem Wolle, werden meist fabrikmäßig mit Mottenschutz ausgerüstet. Diese sogenannte "Eulanisierung" ist gesundheitlich nicht unbedenklich. Erst mit der Eulanisierung erhält die Ware das Wollsiegel.

Elastizität:
Die Ermüdung der Muskulatur durch harte Bodenbeläge ist bekannt. Elastische Beläge sind orthopädisch empfehlenswert und eine Grundforderung der Berufsgenossenschaft am Arbeitsplatz.

Mineralische Böden

Zementgebundene Böden:
Für untergeordnete Räume im Keller oder für Lagerräume ist dieser Boden preisgünstig herzustellen. Je nach erforderlicher Druckfestigkeit ist die Güteklasse auszuwählen. Größere Flächen sind durch Fugen aufzuteilen, ebenso sollte auf ein langsames und gleichmäßiges Erhärten geachtet werden, um Schwindrisse und Untergrundablösungen zu vermeiden.

Betonwerkstein:
Aus zerkleinertem schleif- und polierfähigem Naturgestein (Quarzit, Jura, Travertin oder Marmor) werden mit Zement als Bindemittel Platten hergestellt und nach dem Aushärten eingeschliffen. Material mit erhöhter natürlicher Radioaktivität (z.B. Basalt) ist zu vermeiden. Die Platten sind hart, abriebfest und fußkalt. Die Verlegung erfolgt in ein 2 - 3 cm dickes Mörtelbett. Eine pflegende Behandlung mit Schmierseife ist ausreichend.

Terazzo:
Herstellung siehe Betonwerkstein. Das Einbringen des Materials erfolgt hier direkt auf der Baustelle. danach wird die Oberfläche zweimal naß geschliffen. Die schönen Gestaltungsmöglichkeiten werden durch den großen Arbeitsaufwand und den dadurch hohen Preis fast unerschwinglich, so daß dieser Belag nur noch selten zum Einsatz kommt.

Natursteinplatten:

Der harte und unelastische Belag ist extrem abriebfest und leicht zu pflegen. In Wohnräumen wird er wegen seiner hohen Wärmeableitung als zu kalt empfunden und deshalb oftmals mit einer Fußbodenheizung kombiniert. Steine mit erhöhter radioaktiver Strahlung sollten vermieden werden, gering radioaktiv sind Sedimentgesteine wie Dolomit, Travertin, Marmor und Solnhofer Kalksteinplatten. Die Platten werden in ein Mörtelbett verlegt (sog. Dickbettverlegung) oder auf Estrich geklebt.

Keramische Platten:

Keramische Platten, sog. Steinzeugplatten werden aus Ton, Kaolin und Sand gepreßt und gebrannt. Unterschieden wird zwischen feinkeramischen und grobkeramischen Platten. Beide werden bis zur Sinterung (1200°C) gebrannt, so daß sie auch ohne Glasur wenig Wasser aufnehmen. Die harten, fußkalten Platten werden entweder verklebt oder im Mörtelbett verlegt. Keramische Böden gibt es in vielen Farben und Formen. Färbemittel sind Metalloxide und der Ton selbst. Die Platten haben eine große Abriebfestigkeit und sind säure- und laugenbeständig. Durch einen spezielle Oberflächenvergütung ist der Belag rutschfest.

Steingutfliesen:

Steingutfliesen sind nur als Wandverkleidung geeignet. Sie werden nicht so hoch gebrannt wie keramische Fliesen, der wassersaugende Rohling wird deshalb in einem zweiten Brand mit einer farblosen oder gefärbten Glasur überzogen.

Ziegeltonplatten:

Bei der niedrigen Brenntemperatur von 800 bis 900°C bleiben die Tonplatten offenporig. Deshalb sind sie wasser- und fleckempfindlich, wenn sie nicht mit Ölen und Wachsen oberflächenbehandelt werden. Sehr bekannt sind die italienischen Cotto-Platten, es gibt aber auch deutsche und spanische Qualitäten. Ziegeltonplatten sind nicht so fußkalt wie keramische Bodenfliesen, besser raumklimaregulierend und können entweder geklebt oder im Mörtelbett verlegt werden.

Schallschutzmaß TSM	Beurteilung
0 dB	bis 1963 gültige Mindestanforderung im Wohnungsbau
3 dB	derzeit gültige Mindestanfordrung nach DIN 4109, Gehen gut hörbar
3 - 10 dB	mittelmäßiger Trittschallschutz, Gehen deutlich hörbar
13 dB	Grenzwert für einen gehobenen Trittschallschutz nach DIN 4109
>13 dB	guter Trittschallschutz, Gehen nur als dumpfes Geräusch leise hörbar
>20 dB	sehr guter Trittschallschutz, Gehgeräusche praktisch nicht mehr hörbar

Tabelle 32: Beurteilung von Trittschallschutzwerten

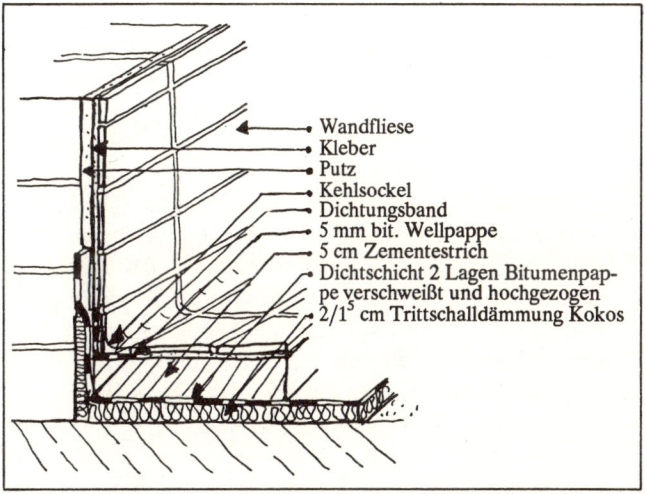

Abb. 67: Ausbildung der Feuchtigkeitssperre im Naßbereich

Klinker:

Wird das Tonmaterial bei 1200°C bis zur Sinterung gebrannt, entstehen Klinkerplatten, die wegen der hohen Dichte kein Wasser mehr aufnehmen und frostbeständig sind. Der harte, aber fußkalte Stein wird im Mörtelbett verlegt. Seine Oberfläche wird nicht behandelt.

Holzböden

Holzfußböden sind wegen ihrer geringen Wärmeleitfähigkeit fußwarm (λ = 0,11 - 0,21 W/m). Dies wird durch die unzähligen Holzporen erreicht. Auf eine Fußbodenheizung sollte deshalb kein Holz verlegt werden. Je nach Holzart ist die Abriebfestigkeit sehr unterschiedlich (siehe Stichwort Janka-Härte). Unbehandeltes und gewachstes Holz hat eine geringe elektrische Leitfähigkeit, so daß keine elektrostatische Aufladung entsteht. Ein schwimmend verlegter oder auf Lagerholz aufgebrachter Holzboden ist elastisch federnd. Holz verträgt keine andauernde Feuchtigkeit. Einheimische Hölzer liefern eine eine große Palette an Farben, Maserungen und Härtegraden. Auf Exotenholz sollte wegen der umweltschädigenden Folgen der Regenwaldabholzung verzichtet werden.

- *Massivholzdielen:* 20 - 30 mm starke Holzbretter, die nach dem Trocknen gehobelt und mit Nut und Feder versehen werden. Je nach Handelklasse I, II oder III weist das Holz wenig oder viele Äste und Wuchsfehler auf. Massivholzdielen sind meist nur in den Weichhölzern Fichte, Kiefer und Lärche zu erhalten. Die Dielen werden auf Lagerhölzer (6 cm) genagelt oder geschraubt. Es läßt sich nicht vermeiden, daß sich durch nachträgliches Schwinden zwischen den Brettern Spalten bilden und daß die Dielen beim Betreten knarren.
- *Dreischichtdielen:* Kreuzweise Verleimung von 3 Schichten Holz, meist Fichte, Gesamtstärke 15 - 25 mm, der verzugfreie Boden kann schwimmend in der Nut verleimt werden.
- *Massivholzparkett:* Das kurzstielige Holz verschiedener Laubbäume, meist Buche, Esche, Eiche, wird zu Stäben (Stärke 8 bis 22 mm) gesägt und gehobelt. Schmale und kurze Stäbe sind auf Gitter geklebt (sog. Mosaik- oder Industrieparkett), die vollflächig verklebt werden müssen. Stärker dimensionierte Stäbe mit Nut- und Federverbindungen (sog. Stabparkett) können auf eine Holzschalung im Verband genagelt oder auf Estrich vollflächig verklebt werden. Nach dem Verlegen werden sie geschliffen und oberflächenbehandelt.
- *Massivholzfertigparkett:* Hierbei werden die Stäbe bereits werkseitig zu 2 bis 4 m langen Doppelstabbrettern in der Stärke von 12 oder 22 mm verbunden. Sie können schwimmend mit Eisenklammern ohne Leim, oder auf Lagerhölzer verlegt werden.
- *Dreischichtfertigparkett:* 2 Schichten Fichte werden mit einer 3 bis 4 mm starken Edelholzfurnierschicht kreuzweise verleimt. Der Boden kann schwimmend verlegt werden, 12 - 15 mm dünne Beläge sollten vollflächig auf Estrich verklebt werden. Nach dem Erscheinungsbild werden Stabparkettoptik (sog. "Schiffsbodenparkett") und Dielenbodenoptik (sog. "Landhausdielen") unterschieden. Die dünne Nutzschicht kann maximal einmal neu geschliffen werden (Renovierung), der Kern kann manchmal auch aus Spanplatten bestehen. Die werksversiegelten Beläge müssen, nachdem sie verlegt sind, unbedingt nachversiegelt werden. Besser ist es allerdings, das Parkett unversiegelt zu beziehen und die Oberfläche zu wachsen.
- *Holzpflaster:* 6 bis 8 cm starke Hirnholzklötze von Fichte, Kiefer oder Eiche werden vollflächig verklebt. Dieser Boden ist nach Schleifen und Oberflächenbehandlung extrem belastbar.

Kork, Linoleum

Korkparkett:

Korkplatten (Stärke 4 bis 8 mm) bestehen aus Korkschrot, der mit Kleber gemischt und unter hohem Druck und Hitze gepreßt wird. Korkplatten eignen sich für leichte bis mittlere Beanspruchung. Sie sind besonders fußwarm (λ = 0,07 W/mK) und vermindern auch den Tritt- und Raumschall. Gegen Druck sind sie relativ unempfindlich und können auch Druckstellen elastisch zurückbilden. Als Kleber werden meist Kunstharze eingesetzt, es gibt aber auch Beläge, die mit Cardol-Klebern gebunden sind. Dabei wird das Öl der Cashew-Nuß modifiziert eingesetzt, die Platten gelten als formaldehyd- und phenolfrei. Kork kann nicht faulen (Flaschenkorken) und ist beständig gegen Benzin, Öl und Säure. Die Platten müssen vollflächig verklebt werden (am besten mit Naturharzkorkkleber), die Oberfläche kann z.B. mit Wasserlack versiegelt werden. Verbundbeläge mit PVC sind unsinnig und nicht empfehlenswert.

Linoleum:
Linoleum wird durch Oxydation von Leinöl hergestellt, dem dann als Füllstoff Kork oder Holzmehl beigemengt wird. Diese Masse wird auf eine Trägerschicht aus Jutegewebe aufgetragen. Linoleum ist schwer entflammbar, strapazierfähig, antistatisch und reagiert nur bei dauernder Feuchtigkeitswirkung empfindlich. Heute wird das in einem aufwendigen Verfahren zu Linoxyn oxidierte Leinöl teilweise durch Polyesterkunstharze ersetzt. Die Wärmeleitfähigkeit von Linoleum (λ = 0,17 W/mK) ist so gut wie die von Hartholz. Allerdings sind Linoleumbeläge mit 2,0 bis 3,2 mm Stärke sehr dünn. Für eine bessere Wärme- und Schalldämmung empfiehlt sich deshalb eine Verlegung auf Filzpappe oder Korkmentunterboden. Linoleum wird vollflächig auf einen trockenen Unterboden geklebt, und kann mit Pflanzenseife und Flüssigwachs gepflegt werden.

Gummi und PVC

Gummibelag:
Der Hauptbestandteil dieser Beläge ist synthetischer Kautschuk. Die Mischung als Styrol-Butadinkautschuk ist wegen gesundheitschädlicher Ausdünstungen problematisch. Die Verklebung erfolgt mit lösemittelhaltigen Kontaktklebern. Gummibeläge sind sehr strapazierfähig, wasserunempfindlich, elastisch und pflegeleicht.

PVC-Belag:
Der Hauptbestandteil des Materials ist Polyvinylchlorid (PVC), dazu kommen Weichmacher, Füllstoffe und Pigmente. Als Stabilisatoren werden sehr giftige blei- und zinnorganische Verbindungen verwendet. Monomeres VC gilt als krebserzeugend, ebenso Weichmacher auf der Basis von Phosphorsäureester und Füllstoffe aus Asbestfasern. Die Verklebung erfolgt gewöhnlich mit lösemittelhaltigen Kontaktklebern. Verbrennt PVC, werden giftige Chlorgase freigesetzt. Die extreme Strapazierfähigkeit und billige Herstellung führten dazu, daß dieses wenig umweltfreundliche Material Hartbeläge wie Linoleum und Korkparkett seit den 50er Jahren fast vollständig vom Markt verdrängt hat. PVC-Böden sind als ein- oder mehrschichtige Bahn, als Verbundbelag auf Trägermaterial oder als sog. Vinylasbestplatten im Handel.

Textiler Bodenbelag

Die Verlegung von Wand zu Wand mit Teppichbahnen oder Fliesen hat sich seit den 60er Jahren im Büro und Wohnungsbau stark durchgesetzt. Die Bahnen oder Fliesen aus Natur- und Zellulosefasern oder synthetischem Material werden verklebt, genagelt oder verspannt. Je nach Herstellungsverfahren unterscheidet man Nadelfilz, Schlingenware, Velours, Kleb- und Flockenteppiche sowie Flachgewebe aus Pflanzenfasern. Teppichböden sind in der Regel gut wärme- und schalldämmend. Verschiedene hygienische Gutachten attestieren ihnen - besonders Teppichböden aus synthetischen Fasern - gesundheitliche Unbedenklichkeit im Hinblick auf Verschmutzung und Reinigung. Zur "Sicherheit" werden einige Fabrikate zusätzlich bakterizid mit Haftinsektiziden (z.B. Eulan) ausgerüstet. Die Staubaufwirbelung soll geringer sein als bei glatten Bodenbelägen. Die gesundheitlich problematischen Ausgasungen von Weichmachern und Produktionsreststoffen bei den synthetischen Belägen werden in diesen Gutachten nicht erwähnt. Als nichtsynthetisches Teppichmaterial empfehlen sich pflanzlich-vegetabile Stoffe (Kokos, Sisal, Baumwolle) als auch animalische Fasern (Wolle, Ziegenhaar).

Naturfaserteppiche: Diese Teppiche haben gute raumklimaregulierende Eigenschaften, sie sind schallisolierend, durch den Lufteinschluß der meist hohlen Fasern fußwarm und leicht zu reinigen.

Schafwolle wird als Schlingenware meist verwebt bzw. im sogenannten Tuftingverfahren mit einem Schaumstoff- oder Naturlatexrücken versehen. Sie hat durch den eigenen Fettgehalt, soweit er nicht durch Lösemittel entfernt wurde, eine gute schmutzabweisende Wirkung. Vorsicht ist bei sogenannter eulanisierter, mottengeschützter Wolle aus gesundheitlichen Gründen geboten.

Ziegenhaar-Teppich (Markenname z.B. Tretford, 80% Ziegenhaar, 20% Schafschurwolle) mit seiner typischen Rippenfloroberfläche wird im Klebpressverfahren mit PVC-haltigem Kleber hergestellt.

Kokos- und Sisalteppiche werden als Flachgewebe gewebt. Um die Formbeständigkeit des Materials zu gewährleisten, wird der Rücken meist mit Latex (Natur und Synthetik) beschichtet. Die Bahnen werden miteinander vernäht und dann meist vollständig verklebt. Die feuchtigkeitsausgleichenden Fasern sind sehr strapazierfähig und wenig schmutzempfindlich. Sie können mit dem Staubsauger gereinigt werden.

Für *Strohteppiche* werden Schilfpflanzen verflochten und vernäht. Das billige Material wird lose ausgelegt und sollte ab und zu mit Wasser besprengt werden. Es versprödet und verfällt in relativ kurzer Zeit.

Baumwolle eignet sich als sehr weiche Faser praktisch nur für wenig strapazierte Böden. Die Rückenbeschichtung des Velour- oder Schlingenmaterials sollte aus Latex bestehen. Durch sein großes Feuchtigkeitsaufnahmevermögen ist Baumwolle antistatisch, deshalb wird das Material gern in Computerräumen eingesetzt. Baumwollteppiche sind meist schmutzabweisend mit Kunstharzen ausgerüstet.

Synthetische Beläge

Synthetische Teppichbeläge bestehen aus den 4 großen Kunstfasergruppen Polyamid (Marktanteil ca. 80%), Polyacryl, Polyester und Polypropylen. Die Fasern werden als Webteppich und Nadelvlies verarbeitet und als getuftete Teppichböden z.B. Schlingenware und Velours. Das Teppichmaterial wird auf der Unterseite mit Latex- oder Schaumkunststoff verfestigt, damit es schwerer und rutschfester wird und sich besser verlegen läßt.

Nadelvlies: Hier werden waagerecht laufende Vliesbahnen einer synthetischen Faser verfilzt und mit Kunstharzen als Bindemittel verfestigt. Zusätzlich kann noch ein Trägermaterial aufgeklebt werden.

Webteppich: Synthetische Faser wird mit Kette und Schuß verwebt.

Tufting-Verfahren: In ein Trägergewebe wird das Florgarn schlingenbildend eingenadelt. Die Rückseite muß durch einen Rücken aus Kunststoff (Schaum, Latex) verfestigt werden. Velour entsteht durch Zerschneiden der Schlingen. Das Trägermaterial synthetischer Faserteppiche wird heute ausschließlich aus Polyester und Polypropylen hergestellt.

Teppichboden verlegen

Teppichboden wird heute meist mit Kunststoffkleber vollflächig auf den Untergrund geklebt. Völlig ohne Kleber kommt man aus, wenn der Teppichboden durch *Verspannen* befestigt wird. Bei dieser ältesten und recht aufwendigen Methode wird der Teppichboden auf der einen Seite an Nagelleisten befestigt, über eine dauerelastische Unterlage durch einen Spanner verspannt und auf der gegenüberliegenden Seite wiederum an einer Nagelleiste fixiert.

Kleber werden als Ein- oder Zweikomponentenkleber hergestellt. Einkomponentenkleber kleben nach dem Verflüchtigen des (wenig umweltverträglichen) Lösemittels. Zweikomponentenkleber (z.B. Epoxidharzkleber, Polyurethankleber) sind im allgemeinen lösemittelfrei, sie kleben durch chemische Reaktion der beiden Komponenten Kunstharz und Härter. Auch hier wird der Aushärtungsprozeß von gesundheitsschädlichen Emissionen begleitet. Kunstharzdispersionskleber mit Wasser als Lösemittel enthalten meist nur noch 10 - 15% organische Lösemittel.

Als Alternative bieten sich Dispersionskleber auf Naturharzbasis an, die für Holz-, Kork-, Linoleum und Teppiche mit Jute- oder Latexrücken zur Verfügung stehen. Die Inhaltsstoffe dieser Kleber sind unbedenklich und dem Verbraucher vertraut. Bei Zementestrichen ist darauf zu achten, daß der Untergrund trocken ist, da der Kleber sonst "verseift" und zerstört wird.

Oberflächenbehandlung

Versiegelung:
Seit den 50er Jahren werden Holzfußböden versiegelt. Unterschieden werden

- Polyurethansiegel, sog. DD-Lack, als Ein- oder Zweikomponentensiegel. Hierbei wird das giftige Isocyanat Desmophen mit dem Härter Desmodur zur Reaktion gebracht. Gesundheitsschädliche Dämpfe bei der Verarbeitung, kurze Trockenzeit, sehr harte Oberfläche.
- Säurehärtende Siegel, sog. SH-Siegel. Während des Trocknungsprozesses Abgabe schädlicher Gase.
- Ölkunstharzsiegel, sog. Imprägniersiegel, nicht so hart wie Polyurethansiegel, schädliche Gasabspaltung beim Aushärten, längere Trockenzeiten.
- Hydrosiegel, sog. Wasserlacke mit stark reduziertem Gehalt an organischen Lösemittel (ohne Härter auch mit blauem Engel).

Alle Versiegelungen überziehen das Holz mit einer wasserundurchlässigen, mehr oder weniger harten Kunstharzschicht. Die Vorteile des Holzes wie Diffusionsfähigkeit, Fußwärme usw. werden dadurch stark vermindert. Teilweise beschädigte Lackschichten können nicht nachgebessert werden, die gesamte Lackschicht des Bodens muß immer vollständig abgeschliffen und neu aufgebaut werden. Versiegelte Flächen gelten als pflegeleicht, sie laden sich durch Reibung allerdings stark elektrostatisch auf.

Wachsbehandlung:
Nach dem Austrocknen und nach Entfernen des Zementschleiers auf dem Ziegelbelag durch Absäuern mit Zitronensäure bzw. nach dem Schleifen des Holz- oder Korkbodens wird eine Naturharzölimprägnierung bis zur Materialsättigung aufgebracht (Trockenzeit 24 - 48 Stunden). Anschließend kann mit Pflanzenhartwachs heiß gewachst und poliert werden. Je nach Abnutzung sollte diese Verschleißschicht nach 6 bis 24 Monaten wieder erneuert werden.
Pflege: Bei Flecken und Verschmutzungen wird mit in Wasser verdünnter Wachspflegeemulsion feucht gewischt. Diese Emulsion reinigt und wacht zugleich. Bei stärkeren Verschmutzungen wird die Oberfläche mit einem Wachsbalsamreiniger behandelt und muß nach dem Trocknen mit Fußbodenwachs oder Flüssigwachs neu poliert werden. Diese Behandlung sollte jedoch nicht prinzipiell und flächig ausgeführt werden.

Konstruktionsbeispiele

Ziegeldecke, keramischer Belag

Massive Decken sind in Bezug auf Schallschutz und Feuchtigkeitsbelastung im Raum wesentlich unproblematischer als Holzbalkendecken. Bei der Ziegelhohlkörperdecke ist der Kiesbetonanteil im Vergleich zu den üblichen Betondecken auf ca. 30% Betonanteil reduziert. Die Decke ist durch die vorgefertigten Teile verhältnismäßig leicht zu montieren. Ziegelhohlkörperdecken sind besonders bei Feuchträumen, Räumen mit erhöhten Brandschutzauflagen und als Wohnungstrenndecken zu empfehlen. Um allerdings die Norm für Wohnungstrenndecken zu erreichen (300 kg/m²), müssen die Decken eine 3 cm hohe Schicht Überbeton erhalten. Auf dieser Decke sollte jeder Fußbodenbelag schwimmend auf Dämmplatten verlegt werden, bei Feuchträumen muß oberhalb der Dämmschicht eine Feuchtigkeitssperre eingebracht werden. Die Deckenunterseite wird in der Regel verputzt und erscheint einheitlich, geschlossen und unstrukturiert. In Abb.68 übernimmt die Korkschicht die Wärmedämmung, die Kokosmatte wird zur Trittschalldämmung eingebaut.

Ziegeldecke mit Estrich; textiler Belag

Nicht selbsttragende Bodenbeläge wie Teppiche, Linoleum oder Fliesen im Dünnbett brauchen eine tragende Unterkonstruktion (Estrich), die auf einer Dämmatte schwimmend verlegt wird (Abb. 69).

Ziegeldecke; Holzdielen

Die Holzdielen werden auf einer Unterkonstruktion, z.B. Kanthölzern, befestigt, die wiederum zur Verbesserung der

Trittschalldämmung auf Bitumenkorkfilzstreifen gelegt sind (Abb. 70). Der Hohlraum zwischen den Kanthölzern wird bis zur Oberkante mit wärme- und schalldämmendem Material ausgefüllt (Korkschrot, Zellulosedämmstoff, Perlite, Kokosmatten, etc.)

Schwere Holzbalkendecke; Holzdielen

Der übliche Aufbau der schweren Holzbalkendecke besteht aus Hobeldielen als Fußbodenbelag, die auf weich gelagerten Kanthölzern befestigt sind und aus einer Einschubdecke mit Fehlbodenrieselfüllung. Das zusätzliche Gewicht verbessert den Luftschallschutz, die weiche Lagerung des Fußbodens die Trittschalldämmung. Die gehobelten Tragbalken sind von unten sichtbar und gliedern die Decke (Abb. 72).

Die hölzerne Einschubdecke mit Rieselfüllung kann durch Strohlehmwickel auf Holzstaken ersetzt werden, die zwischen die Balken gesteckt werden (Abb. 73). Je nach Schall- und Wärmeschutzerfordernissen kann die Lehmfüllung als Massivlehm (1600 kg/m³), Strohlehm (1000 kg/m³) oder Leichtlehm (600 kg/m³) ausgeführt werden. Die Unterdecke zwischen den Holzbalken wurde in diesem Falle weiß verputzt.

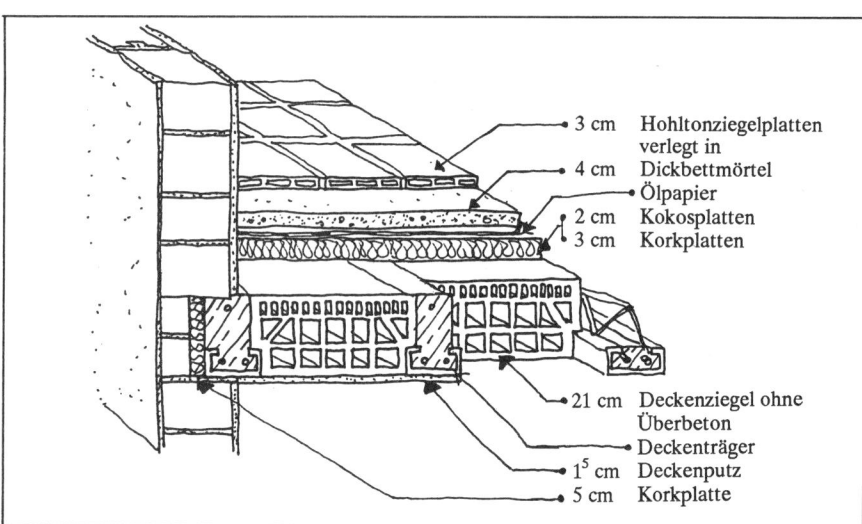

3 cm Hohltonziegelplatten verlegt in
4 cm Dickbettmörtel
Ölpapier
2 cm Kokosplatten
3 cm Korkplatten

21 cm Deckenziegel ohne Überbeton
Deckenträger
1⁵ cm Deckenputz
5 cm Korkplatte

Ziegelhohlkörperdecke mit Wärmedämmung und keramischem Belag

Konstruktionsdicke	35 cm
Flächengewicht	360 kg/m²
k-Wert	0,47 W/m²K
Oberflächentemperatur	18,4°C
Feuerwiderstandszeit	F 180
Schalldämmaß R_w	59 dB
Luftschallschutzmaß LSM	7 dB
Trittschallschutzmaß TSM	18 dB
Gesamtpreis	240 DM/m²

Abb. 68: Ziegeldecke mit keramischem Belag

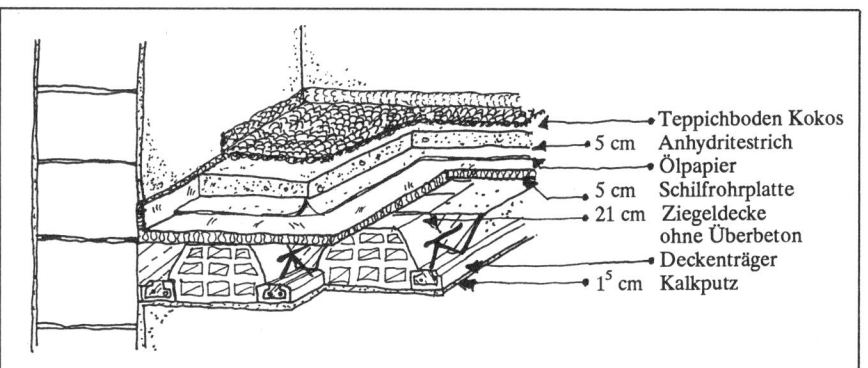

Teppichboden Kokos
5 cm Anhydritestrich
Ölpapier
5 cm Schilfrohrplatte
21 cm Ziegeldecke ohne Überbeton
Deckenträger
1⁵ cm Kalkputz

Ziegelhohlkörperdecke mit Estrich und Teppichbelag

Konstruktionsdicke	33,5 cm
Flächengewicht	435 kg/m²
k-Wert	0,53 W/m²K
Oberflächentemperatur	17,2°C
Feuerwiderstandszeit	F 180
Schalldämmaß R_w	57 dB
Luftschallschutzmaß LSM	5 dB
Trittschallschutzmaß TSM	22 dB
Gesamtpreis	225 DM/m²

Abb. 69: Ziegeldecke mit Teppichboden

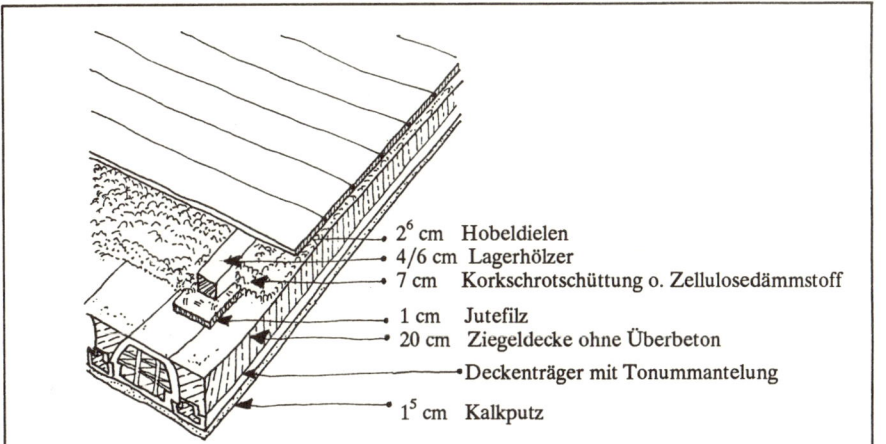

2^6 cm Hobeldielen
4/6 cm Lagerhölzer
7 cm Korkschrotschüttung o. Zellulosedämmstoff
1 cm Jutefilz
20 cm Ziegeldecke ohne Überbeton
Deckenträger mit Tonummantelung
1^5 cm Kalkputz

Ziegeldecke mit Holzdielen auf Lagerhölzern

Konstruktionsdicke	32 cm
Flächengewicht	342 kg/m^2
k-Wert	0,49 W/m^{2}K
Oberflächentemperatur	18,2°C
Feuerwiderstandszeit	F 180
Schalldämmaß R_w	54 dB
Luftschallschutzmaß LSM	2 dB
Trittschallschutzmaß TSM	10 dB
Gesamtpreis	215 DM/m^2

Abb. 70: Ziegeldecke mit Holzdielenbelag

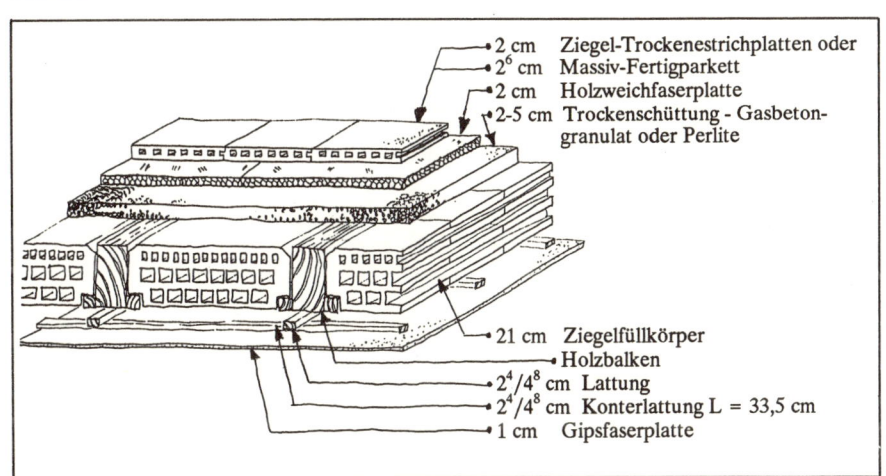

2 cm Ziegel-Trockenestrichplatten oder
2^6 cm Massiv-Fertigparkett
2 cm Holzweichfaserplatte
2-5 cm Trockenschüttung - Gasbetongranulat oder Perlite
21 cm Ziegelfüllkörper
Holzbalken
$2^4/4^8$ cm Lattung
$2^4/4^8$ cm Konterlattung L = 33,5 cm
1 cm Gipsfaserplatte

Holzbalkendecke mit Ziegelfüllkörpern, Trockenestrich und Plattenbelag

Konstruktionsdicke	36 cm
Flächengewicht	270 kg/m^2
k-Wert	0,39 W/m^{2}K
Oberflächentemperatur	18,2°C
Schalldämmaß R_w	53 dB
Luftschallschutzmaß LSM	1 dB
Trittschallschutzmaß TSM	10 dB
Gesamtpreis	285 DM/m^2

Abb. 71: Ziegelhohlkörperdecke mit einer tragenden Struktur aus Holzbalken

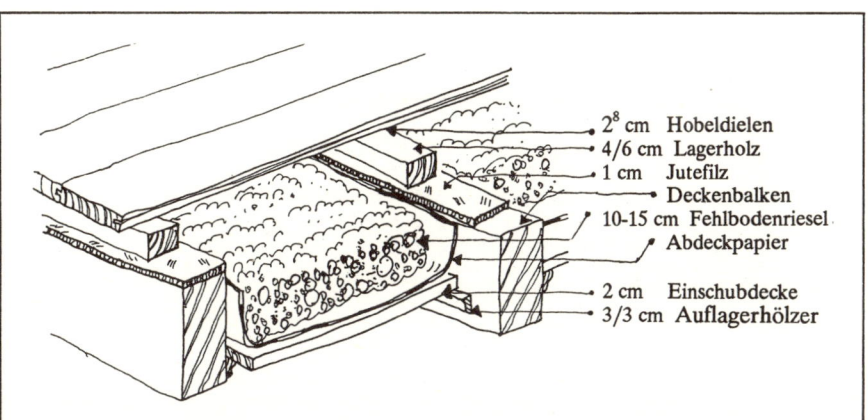

2^8 cm Hobeldielen
4/6 cm Lagerholz
1 cm Jutefilz
Deckenbalken
10-15 cm Fehlbodenriesel
Abdeckpapier
2 cm Einschubdecke
3/3 cm Auflagerhölzer

Schwere Holzbalkendecke mit Holzdielen

Konstruktionsdicke	28 cm
Flächengewicht	275 kg/m^2
k-Wert	1,13 W/m^{2}K
Oberflächentemperatur	18,1°C
Schalldämmaß R_w	48 dB
Luftschallschutzmaß LSM	-4 dB
Trittschallschutzmaß TSM	2 dB
Gesamtpreis	245 DM/m^2

Abb. 72: Schwere Holzbalkendecke mit Rieselfüllung und Dielenbelag

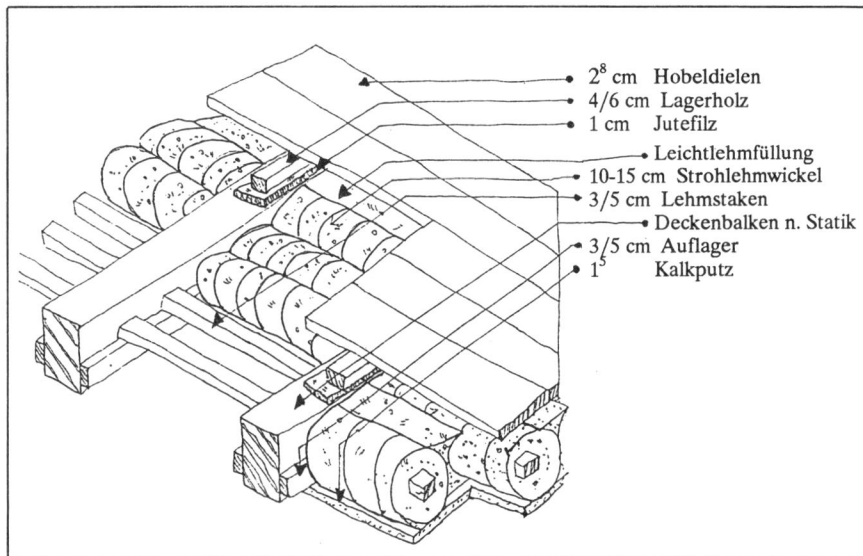

2^8 cm	Hobeldielen
4/6 cm	Lagerholz
1 cm	Jutefilz
	Leichtlehmfüllung
10-15 cm	Strohlehmwickel
3/5 cm	Lehmstaken
	Deckenbalken n. Statik
3/5 cm	Auflager
1^5	Kalkputz

Schwere Holzbalkendecke mit Füllung aus Lehmwickeln und Leichtlehmschicht, darüber Holzdielen

Konstruktionsdicke	27,6 cm
Flächengewicht	270 kg/m^2
k-Wert	0,65 W/m^{2}K
Feuerwiderstandszeit	F 30
Schalldämmaß R$_w$	52 dB
Luftschallschutzmaß LSM	0 dB
Trittschallschutzmaß TSM	8 dB
Gesamtpreis	215 DM/m^2

Abb. 73: Schwere Holzbalkendecke mit Lehmwickel- und Leichtlehmfüllung

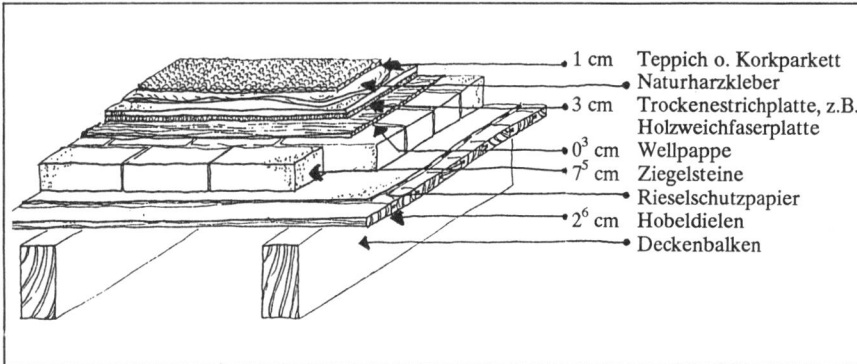

1 cm	Teppich o. Korkparkett
	Naturharzkleber
3 cm	Trockenestrichplatte, z.B. Holzweichfaserplatte
0^3 cm	Wellpappe
7^5 cm	Ziegelsteine
	Rieselschutzpapier
2^6 cm	Hobeldielen
	Deckenbalken

Holzbalkendecke mit Trockenestrich und Teppichboden

Konstruktionsdicke	34 cm
Flächengewicht	182 kg/m^2
k-Wert	0,73 W/m^{2}K
Oberflächentemperatur	17,5°C
Schalldämmaß R$_w$	50 dB
Luftschallschutzmaß LSM	-2 dB
Trittschallschutzmaß TSM	14 dB
Gesamtpreis	245 DM/m^2

Abb. 74
Sichtbare Holzbalkendecke mit Trockenestrich

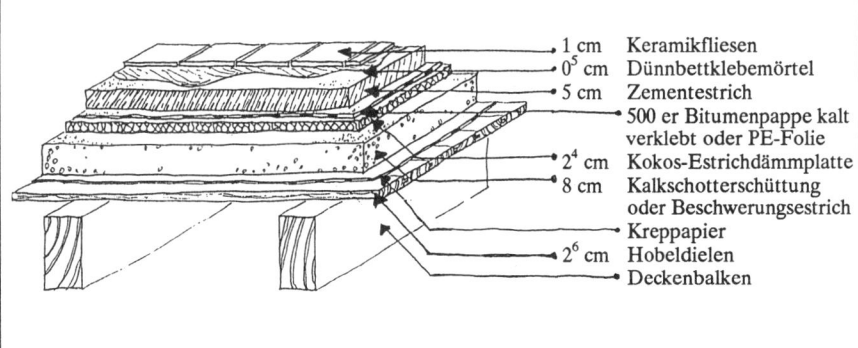

1 cm	Keramikfliesen
0^5 cm	Dünnbettklebemörtel
5 cm	Zementestrich
	500 er Bitumenpappe kalt verklebt oder PE-Folie
2^4 cm	Kokos-Estrichdämmplatte
8 cm	Kalkschotterschüttung oder Beschwerungsestrich
	Kreppapier
2^6 cm	Hobeldielen
	Deckenbalken

Holzbalkendecke mit Naßestrich und Plattenbelag

Konstruktionsdicke	30 cm
Flächengewicht	440 kg/m^2
k-Wert	0,80 W/m^{2}K
Oberflächentemperatur	16,0°C
Schalldämmaß R$_w$	50 dB
Luftschallschutzmaß LSM	-2 dB
Trittschallschutzmaß TSM	0 dB
Gesamtpreis	330 DM/m^2

Abb. 75
Sichtbare Holzbalkendecke mit Plattenbelag

Die Deckenbalken sind voll sichtbar, wenn statt einer Einschubdecke mit Gefachausfüllung eine Lage Vollziegel auf einer Dielenschalung angeordnet wird (Abb. 74). Die Erhöhung des Deckengewichtes trägt zu einem besseren Schallschutz bei, wenn der Dielenfußboden zusätzlich schwimmend verlegt wird. Diese Konstruktion ist um ca. 8 bis 10 cm höher als ein Deckenaufbau mit Einschub. Diese Decke ist einfach einzubauen und es entsteht keine Baufeuchtigkeit. Der großflächige Feuchtigkeitsaustausch ist bei dampfdurchlässiger Oberflächenbehandlung (z.B. Naturharzölimprägnierung und Bienenwachs) ausgezeichnet.

Holzbalkendecke im Naßraum mit keramischem Belag

Eine Holzbalkendecke bewegt sich immer, deshalb sind starke keramische Beläge bruchgefährdet. Ein Zementestrich auf Trittschalldämmplatten und hochgezogener Sperrschicht ist deshalb der richtige Untergrund für keramische Fliesen.

Holzbalkendecke mit Korkparkett

Mit geringem Aufwand ist ein Badezimmer mit feuchtebeständigem und fußwarmen Korkparkett auszustatten, da der elastische Belag auf einer Trockenestrichplatte verlegt werden kann. Dieser Belag macht die Schwingungen der Holzbalkendecke risikolos mit.

3.7 Das Dach

Das Dach ist das am stärksten beanspruchte Bauteil eines Hauses, vor allem deshalb, weil es im Vergleich zur senkrechten Wand weit stärker den Witterungseinflüssen ausgesetzt ist (Abb. 76).

Ein Dach soll vor Regen, Schnee, Kälte, Lärm, Feuer schützen und im Sommer auch vor Wärme (was infolge dunkler Dacheindeckungen und geringer Wärmespeichermassen oft nur wenig der Fall ist). Außerdem soll sich ein Dach optisch in seine Umgebung einfügen und einem Haus seine charakteristische Form geben.

Unterbrechungen in der Dachhaut durch Dachfenster, Dachaufbauten (Gauben) und Dacheinschnitte (Loggien, Balkone) sind Schwachstellen und erfordern in der Regel aufwendige Detaillösungen und große Sorgfalt bei der Ausführung, sollen Bauschäden langfristig vermieden werden. Deshalb - und auch aus ästhetischen Gründen - sind großzügige, zusammenhängende Dachflächen in der Regel zu bevorzugen.

Je steiler die Neigung einer Dachfläche ist, desto besser und schneller wird Wasser (Regen, Schnee) abgeleitet. Flachdächer, als solche durch eine Dachneigung unter 5° definiert, können daher auf Dauer den erheblichen Beanspruchungen durch verschiedene Außen- und Innentemperaturen aus Niederschlägen und Wasserdampfdiffusion nur in den seltensten Fällen genügen. Daher wird im folgenden auf Flachdachkonstruktionen nicht eingegangen.

Dachkonstruktionen

Dachstühle werden nach ihrer Konstruktion unterschieden in

- das Sparrendach (Kehlbalkendach) und
- das Pfettendach.

Sparrendächer bilden einen stützenfreien Dachraum, die Sparren stehen z.B. auf Deckenbalken und sind mit ihnen fest verbunden. Die gesamte Dachlast wird dabei auf die Außenwände übertragen (Abb. 77).

Bei einem Pfettendach werden die Dachlasten nicht nur von den Außenwänden aufgenommen, sondern können auch über Längsträger - den Pfetten - mit Pfosten und Streben auf tragende Bauteile im Gebäudeinnern abgeleitet werden.

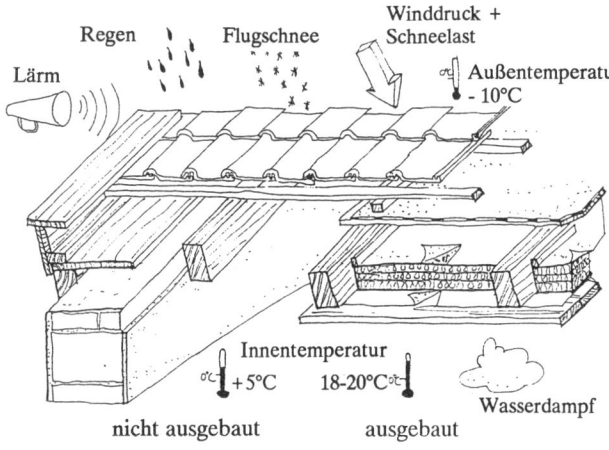

Abb. 76: Beanspruchung eines Daches

Durch Varianten, Misch- und Sonderformen dieser beiden Konstruktionsarten gibt es viele Möglichkeiten, eine Dachkonstruktion auszubilden. Die verschiedenen Dachformen sind zunächst nicht an Konstruktionen gebunden. Es haben sich aber in der Vergangenheit typische landschaftsgebundene Formen und Konstruktionen herausgebildet, z.B. eine flachere Neigung bei hohen Schneelasten (Pfettendach, allgemein unter 45° Neigungswinkel) und eine steilere Neigung (allgemein über 45°) bei starken Windlasten (Sparrendach).

Das tragende Gefüge, der Dachstuhl, wird bis heute im wesentlichen aus Holz gefertigt. Abgebunden, das heißt zugeschnitten, mit den notwendigen Verbindungen versehen und aufgestellt kostet 1 m³ Holz ca. 1000 DM. Fichtenholz ist leicht zu bearbeiten und trotz seines geringen Gewichtes in der Lage, große Lasten aufzunehmen. Die Bemessung eines kleinen Dachstuhls wird immer der Zimmermann nach Erfahrungswerten vornehmen, bei größeren und komplizierteren Dachstühlen wird ein Statiker damit beauftragt. Wo es vom Aufwand her vertretbar ist, sollten die handwerklichen Holzverbindungen bevorzugt werden, da die

Verwendung von Stahlblechen und Maschinenschrauben bei exponierten Konstruktionsteilen zum Verfaulen des Holzes an diesen Stellen führen kann. Ursache dafür ist Kondenswasser, das sich an den kälteren Eisenteilen niederschlägt.

Andere Konstruktionsmaterialien wie Stahl, Stahlbeton und armierter Gasbeton sind im Wohnungsbau weniger üblich. Aus statischen und brandschutztechnischen Gründen werden diese Materialien allerdings im Industriebau recht häufig eingesetzt.

Früher wurde das Dachgeschoß meist nicht ausgebaut und war daher bauphysikalisch unproblematisch und zudem ein guter Klimapuffer für darunterliegende Räume. In diesem Fall sollte die obere Geschoßdecke dick gedämmt und der Dachraum frei durchlüftet werden. So ist die Dachkonstruktion bauphysikalisch wenig belastet und kann jahrhundertelang ihre Funktion erfüllen. Soll der Speicher staubfrei sein, wird üblicherweise eine dampfdurchlässige Plastikbahn unter der Dacheindeckung verspannt. Imprägnierte und reißfeste Bau-Papiere erfüllen diese Aufgabe besser.

Wird das Dach aus Kostengründen zum Wohnen genutzt, sind einige bauphysikalische Besonderheiten zu berücksichtigen, wenn ganzjährig ein erträgliches Raumklima erreicht werden soll. Im Gegensatz zu massiven Vollgeschossen ist das Dach ein Leichtbau, vergleichbar mit einer mit Dämmstoff ausgefachten Holzständerwand. Wind- und Regendichtigkeit, die Vermeidung von Wasserdampfkondensat und der Einsatz möglichst »schwerer« Baumaterialien - so-

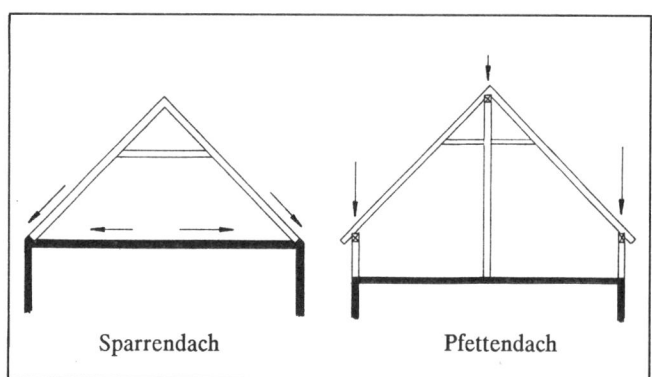

Abb. 77: Statisches System des Sparren- und Pfettendaches

weit es die Statik erlaubt - sind für diese Konstruktion anzustreben. Durch ihre Neigung sind die Dächer gerade im Sommer gut zur Sonne ausgerichtet, was bei südorientierten Dachflächen und niedrigen Konstruktionsgewichten von 100 - 150 kg/m² schnell zur Überhitzung der Räume führt.

Bauphysikalisch unterscheidet man bei Dachkonstruktionen
- das nicht belüftete Dach und
- das belüftete Dach.

Bei einem *nicht belüfteten Dach* wird die Wärmedämmung nicht zusätzlich belüftet. Das Dach hat nur eine Lüftungszone unterhalb der Dachziegel oder Schindeln, die somit an der Ober- und Unterseite annähernd dieselbe Temperatur haben. Diese Situation entsteht sehr häufig bei Dämmungen oberhalb der Sparren (Abb. 84), ist aber auch bei Dämmungen zwischen den Sparren möglich, wenn anstelle der Dachpappe und der Schalung das wasserführende Unterdach (im Schadensfall oder bei Flugschnee) mittels einer imprägnierten Holzweichfaserplatte mit abgeklebten Fugen hergestellt wird (Abb. 82). In diesem Falle ist die Dampfdurchlässigkeit der Dämmschicht zur Unterlüftungszone gesichert.

Der Verzicht auf die zweite Unterlüftungszone über der Wärmedämmung erleichtert die Herstellung einer durchgehend gut gedämmten Dachkonstruktion vor allem bei Dachgauben, Dachflächenfenstern, Kaminen und Walmdä-

chern. Folgende Materialien vereinfachen die Konstruktionsausführung:

- Eine bituminierte Holzweichfaserplatte (16 mm) mit Keilnutverbindung (Gutex) ersetzt die Holzschalung und Dachpappe. Die mechanische Belastbarkeit dieser Platte ist nur gering, das heißt, man kann bei flacher Dachneigung und großen Sparrenabständen nicht darüberlaufen. Wird mit der Dacheindeckung gewartet und die Platte durchfeuchtet, kann es zu problematischen Verwerfungen kommen.

- Eine bituminierte Holzweichfaserplatte (Pavatex, 22 mm) mit einer Fremdfederverbindung, die an den Stößen mit einem Streifen Bitumenpappe abgeklebt wird, ersetzt Schalung und Dachpappe. Diese Platte ist mechanisch sehr stark belastbar; bei einem Bauprojekt des Autors (mehrgeschossiges Gebäude) hat sie ohne Ziegeleindeckung einen ganzen Winter das Gebäude trockengehalten. Der besondere Vorteil der Holzfaserplatte liegt in ihrem dynamischen Verhalten bei Wasserdampfbelastung: je feuchter die Platte, umso höher die Dampfdurchlässigkeit.

Mit diesen Konstruktionen kann die gesamte Sparrenhöhe von 16 - 20 cm für die Wärmedämmung genutzt werden, so daß sich sehr gute k-Werte erreichen lassen. Die Konterlattung, die die Unterlüftung der Dachziegel sicherstellt, sollte eine Höhe von 5 cm haben, da bei einer ungenügend unterlüfteten Dachdeckung die Gefahr besteht, daß es im Winter zu Auffrierungen kommt. Diesen Mangel sowie schlechte Fugendichtung mit kondensierendem und gefrierendem Wasserdampf weisen einige der am Markt angebotenen »Überdach-Dämmsysteme« (aus Polystyrol- oder Polyurethanschaum) auf. Der stolze Preis der Materialien wird auch durch die schnelle Verlegung nicht wettgemacht. Hier sind naturnahe Dämmsysteme jederzeit konkurrenzfähig.

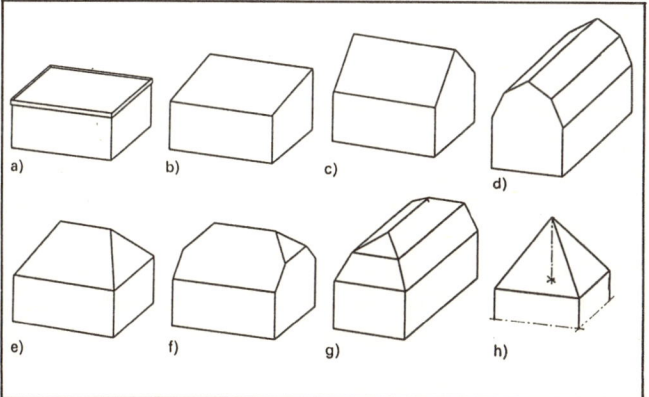

Abb. 78: Dachformen und -bezeichnungen   Quelle: (9)

a Flachdach	d Mansarddach	g Mansardwalmdach
b Pultdach	e Walmdach	h Zeltdach
c Satteldach	f Krüppelwalmdach	

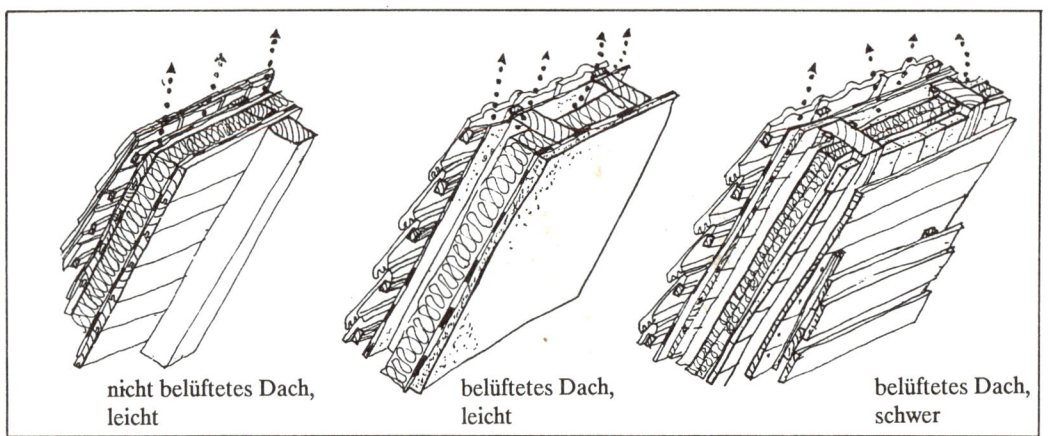

nicht belüftetes Dach, leicht

belüftetes Dach, leicht

belüftetes Dach, schwer

Abb. 79:
Dachkonstruktionen

Die Schwierigkeit bei der Dämmung oberhalb vom Sparren liegt in der schubsicheren Befestigung der Dachziegel durch den Dämmstoff hindurch. Ebenso muß die Feuchtigkeitssperre oberhalb der Wärmedämmung sehr sorgfältig ausgeführt werden, da sonst bei Undichtigkeit sofort die Wärmedämmung durchfeuchtet wird.

Das *belüftete Dach* hat dagegen zwei Lufträume, die Wärmedämmung ist zwischen den Sparren angeordnet. Die Lüftungszonen müssen mit Luftein- und Luftaustrittsöffnungen an Traufe und First versehen sein. An Sparrenwechseln, z.B. Kamin, Dachflächenfenster usw., ist unbedingt dafür zu sorgen, daß die Lüftungszone zu den nebenliegenden Sparrenfeldern hin offen bleibt. Durch das Anbringen zusätzlicher Materialschichten mit gutem Wärmespeichervermögen auf der Rauminnenseite kann ein verbesserter sommerlicher Wärmeschutz erreicht werden (Abb. 85).

Belüftete Dächer mit ausreichend bemessenen Belüftungsquerschnitten haben den Vorteil, daß Stauwärme durch Ventilation wirkungsvoll abgeführt werden kann. Dadurch ist die Temperaturbelastung für die Dachhaut geringer und Spannungsschäden in der Dachkonstruktion und in den tragenden Bauteilen sind zum einen wenig wahrscheinlich, zum anderen wird die Gefahr von Schäden durch Wasserdampf wesentlich vermindert.

Als *Dämmaterialien* kommen alle in Kap. 2.8 genannten Materialien infrage. Kork und Holzfaserdämmplatten sind vorteilhaft als Dämmung oberhalb der Sparren, Kokosfaser zum Ausstopfen von schwierigen Stellen. Zwischen den Sparren werden bevorzugt Schüttdämmstoffe wie Blähton, Korkschrot (nicht expandiert) und Zellulosedämmstoff eingesetzt, da sie mit geringem Arbeitsaufwand eingebracht werden können, ohne daß Kältebrücken auftreten.

Eine Grundvoraussetzung für eine sichere Konstruktion ist eine Windbremse an der Innenseite, um Wärmeverluste durch Konvektion und Zug durch die Dämmschicht hindurch ebenso zu vermeiden wie die Durchfeuchtung des Dämmstoffs an solchen undichten Stellen. Reißfeste Papiere, die an den Stößen verklebt werden können, sind hier vorteilhaft.

Dampfbremsen (auf der Innenseite der Dämmung) sind dann notwendig, wenn das Dämmaterial schlechte Entfeuchtungseigenschaften besitzt, bzw. wenn von innen mit erhöhtem Feuchtigkeitsanfall zu rechnen ist oder eine Taupunktberechnung zeigt, daß der zu erwartende Kondensatanfall zu groß ist, um problemlos wieder austrocknen zu können. In diesem Fall sollten Metallfolien wegen der erheblich reduzierten Mikrowelleneinstrahlung jedoch nicht verwendet werden. PE-Folien oder Dampfbremsen aus mit Kunstkautschuk oder Bitumen beschichtetem Papier haben sich in der Praxis bewährt. Sämtliche Fugen und die Anschlüsse an andere Bauteile sind *dicht* zu verkleben.

Abb. 80: Dachneigung und Dachdeckungsvarianten   Quelle: (34)

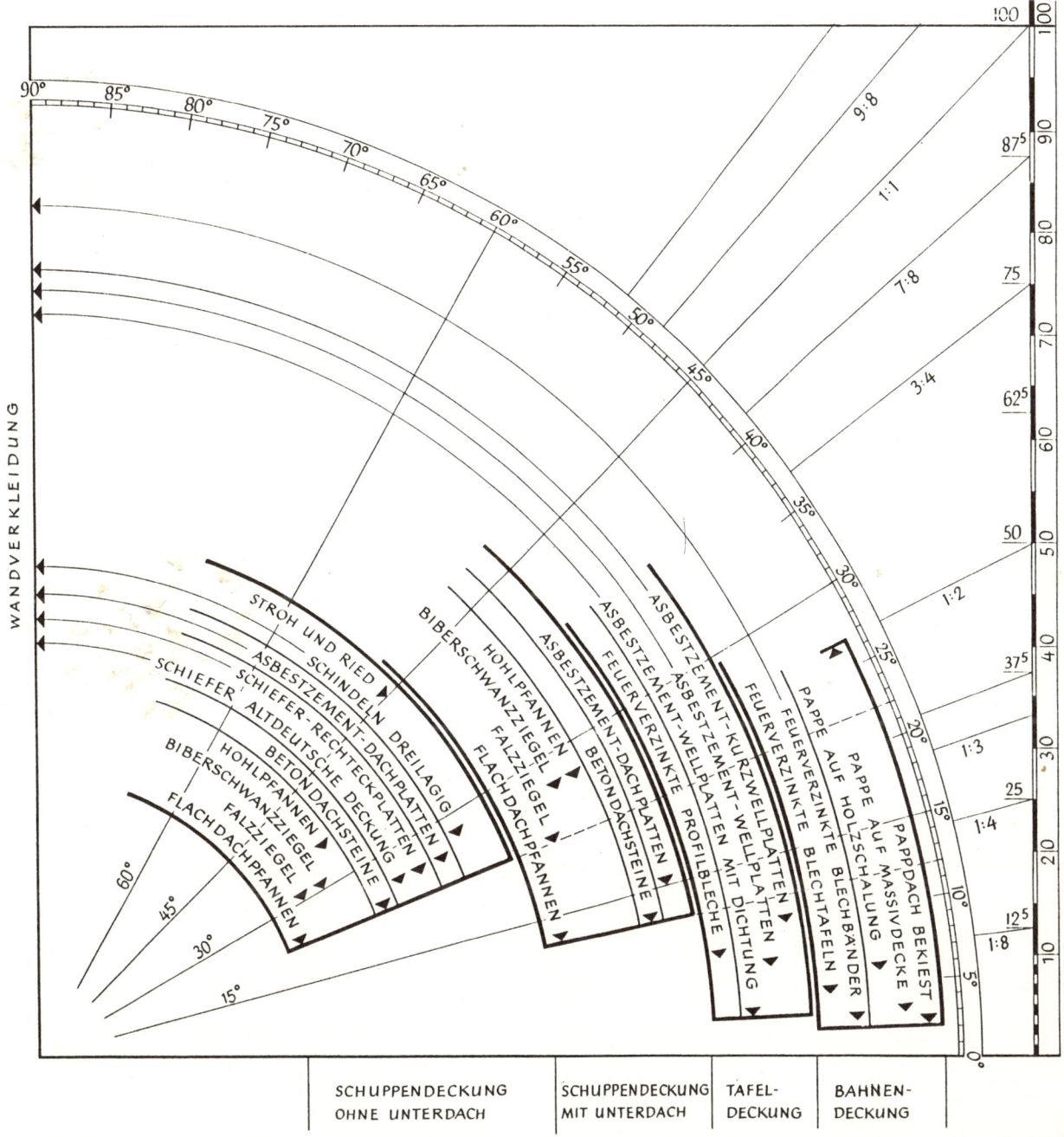

Die Neigung eines Daches bestimmt nicht unwesentlich die Art der *Dacheindeckung*, so kann ab einer Neigung von 30° mit Biberschwanzziegeln und unter 3° Neigung nur noch mit Bitumendachbahnen oder Blech regendicht gedeckt werden.

Früher spielte das örtliche Vorkommen des Deckungsmaterials eine entscheidende Rolle für die Dachform. So entwickelte sich in Gegenden mit Schiefervorkommen die gelegte Steinplattendeckung (heute nur noch vereinzelt zu sehen), die nur bei Dächern mit einem Neigungswinkel unter 30° auszuführen war; Dacheindeckungen mit genagelten, dünnen Schieferplatten, bis zu einer Mindestneigung von 25° geeignet, lösten die unwirtschaftliche Steinplattendeckung ab.

In holzreichen Gegenden entstand die Dacheindeckung mit Holzschindeln, die für Dachneigungen von 15° bis 80° geeignet ist. Im Norden Deutschlands wurde das Ried- oder Reithgras der Marschen als Eindeckmaterial verwendet, wobei eine dichte, mindestens 28 cm starke Strohlage auf einer nicht weniger als 60° steilen Dachfläche den schnellen Ablauf von Regenwasser sicherstellte.

Die sehr aufwendigen Dacheindeckungen mit Stroh, Holzschindeln und Naturschiefer sind inzwischen durch preiswertere und rationell einsetzbare Materialien wie Asbestzementwellplatten, Bitumenwellplatten, feuerverzinkte Profilbleche bzw. Aluminiumprofilbleche weitgehend verdrängt worden. Die Nachteile dieser Materialien wurden schon in Kapitel 2.0 besprochen.

Seit der Mensch lernte, Erde mit Feuer zu einem dauerhaften Baustoff zu veredeln, ist der Tondachziegel bekannt und war bis vor kurzem auch das am häufigsten eingesetzte Dachdeckungsmaterial (inzwischen hat ihm der preiswertere Betondachstein den Rang abgelaufen). Tondachziegel sind neben den altbewährten flachen Formen (z.B. Biberschwanzziegel) als Flachpfannen oder Falzziegel erhältlich. Falzziegel können je nach Fabrikat ab einer Mindestdachneigung von 20° eingesetzt werden, bei Flachziegeln ist bei Einfachdeckung eine Dachneigung von 40° und bei Doppeldeckung 36° erforderlich.

Wegen ihrer hervorragenden bauphysikalischen Eigenschaften sind alle Konstruktionen, die im folgenden gezeigt werden, mit Tondachziegel gebildet, es können jedoch auch andere Eindeckmaterialien zum Einsatz kommen.

Konstruktionsbeispiele

Belüftetes Dach; Sparren verdeckt

Diese Ausführung (Abb. 81/82) ist besonders für den nachträglichen Dachausbau geeignet, da der Schüttdämmstoff von innen zwischen die Sparren eingebracht werden kann. Um eine ausreichende Dämmschichtdicke (gemäß der neuen Wärmeschutzverordnung mindestens 12 cm) zu erhalten, werden die Sparren ggf. innen mit Latten aufgedoppelt. Als Schüttdämmstoffe sind Korkschrot, Zellulosedämmstoff oder expandierte Tonkügelchen geeignet. Bei allen Schüttdämmstoffen ist darauf zu achten, daß ein Absacken der Dämmschicht am Dachfirst im Laufe der Zeit zu Dämmlücken führt, die nach etwa einem Jahr ausgeglichen werden sollten. Bei wasserdampfbelasteten Räumen muß eine Dampfbremse innenseitig vor der Wärmedämmschicht angeordnet werden. Die Wandverkleidung kann aus verspachtelten Gipskartonplatten, aus verputzten Holzwolleleichtbauplatten oder Strohplatten bzw. aus einer Holzverschalung bestehen. So entsteht zum Innenraum hin eine glatte Wandfläche.

Eine Spezialform der Hohlraumdämmung ist die Ausführung mit Zellulosedämmstoff, der in Dämmsäcke aus festem Papier eingeblasen wird. Die Papiersäcke werden zwischen die Sparren geheftet oder von oben zwischen die Sparren eingeschoben und öffnen sich beim Einblasen des Dämmstoffes durch eingebaute Abstandshalter 8 bis 14 cm weit. Das Verfahren kann unproblematisch im Alt- oder Neubau eingesetzt werden (auch bei bereits ausgebauten Dachgeschossen), bedarf aber der sorgfältigen Ausführung durch Fachpersonal.

Nicht belüftetes Dach, Schüttdämmstoff

Der Ersatz der äußeren Holzverschalung mit Dachpappe durch eine bituminierte Holzweichfaserplatte (System Isoroof) schafft eine offenporige Konstruktion, bei der auf eine zweite Unterlüftungszone mit all ihren Problemen (Lufteintritt, Luftaustritt, Wechsel an Dachflächenfenstern, Kaminen, Gratsparren, usw.) verzichtet werden kann und der gesamte Sparrenquerschnitt für die Dämmung zur Verfügung steht.

Nicht belüftetes Dach; Dachsparren sichtbar, Überdachdämmung

Auf eine starke Sichtschalung wird die Dampf- und Windsperre vollflächig aufgebracht und an den Stößen verklebt. Als Dämmung werden Korkplatten, Schilfrohrplatten oder Holzweichfaserdämmplatten mehrlagig und mit versetzten Fugen ausgelegt. Als äußere Abdeckung der Dämmschicht und gleichzeitig als zweite wasserführende Schicht wird im einfachsten Fall ein imprägniertes, reißfestes Papier oder eine bituminierte Weichfaserplatte aufgebracht. Die Konterlattung (parallel zu den Sparren) muß anschließend bis auf Sparren durchgenagelt werden. Im Traufbereich sind zusätzliche Sicherheitsmaßnahmen notwendig, um ein Abschieben der Dachdeckung zu verhindern. Die Dachsparren sind im Raum voll sichtbar, dadurch wird der Dachraum stark gegliedert. Die Sparren sind gehobelt.

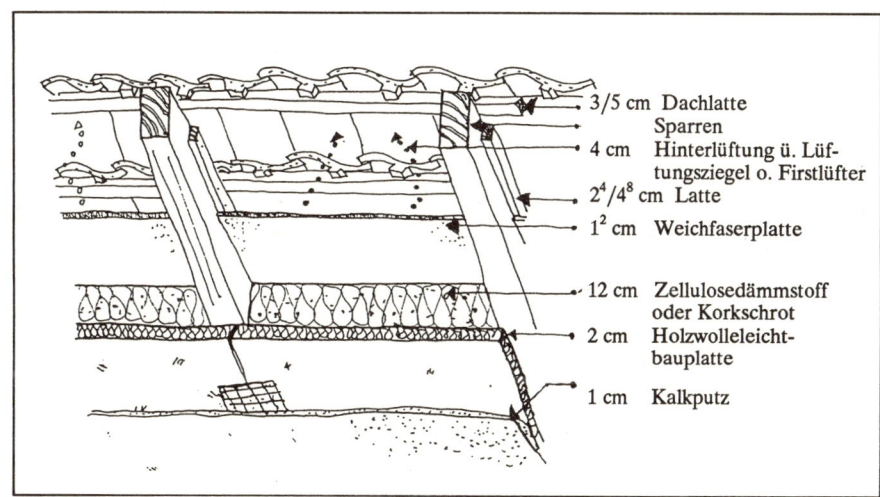

3/5 cm Dachlatte
Sparren
4 cm Hinterlüftung ü. Lüftungsziegel o. Firstlüfter
$2^4/4^8$ cm Latte
1^2 cm Weichfaserplatte
12 cm Zellulosedämmstoff oder Korkschrot
2 cm Holzwolleleichtbauplatte
1 cm Kalkputz

Ausgebautes Dach mit verdeckten Sparren und Wärmedämmung als Schüttung

Konstruktionsdicke	23,5 cm
Flächengewicht	41,6 kg/m²
Wärmespeicherwert	54,6 kJ/m²K
Auskühlzeit	16 h
k-Wert	0,27 W/m²K
Oberflächentemperatur	19°C
Feuerwiderstandszeit	F 30
Schalldämmaß R_w	43 dB
Luftschallschutzmaß LSM	-9 dB
Gesamtpreis	225 DM/m²

Abb. 81
Gedämmtes Dach mit verdeckten Sparren

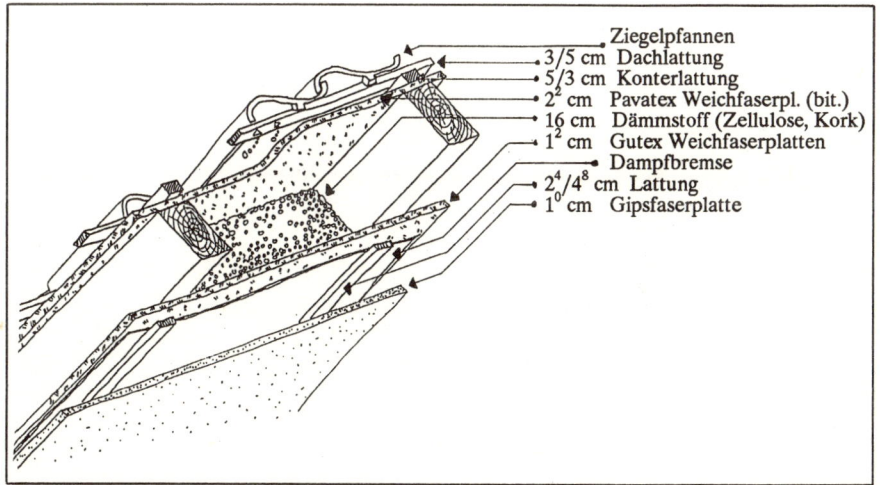

Ziegelpfannen
3/5 cm Dachlattung
5/3 cm Konterlattung
2^2 cm Pavatex Weichfaserpl. (bit.)
16 cm Dämmstoff (Zellulose, Kork)
1^2 cm Gutex Weichfaserplatten
Dampfbremse
$2^4/4^8$ cm Lattung
1^0 cm Gipsfaserplatte

Dach zwischen den Sparren gedämmt ohne zweite Unterlüftungszone

Konstruktionsdicke	29,5 cm
Flächengewicht	67 kg/m²
Wärmespeicherwert	60 kJ/m²K
Auskühlzeit	10 h
k-Wert	0,24 W/m²K
Oberflächentemperatur	19°C
Feuerwiderstandszeit	F 30
Schalldämmaß R_w	49 dB
Luftschallschutzmaß LSM	-3 dB
Gesamtpreis	238 DM/m²

Abb. 82: Gedämmtes Dach mit verdeckten Sparren (Konstruktionsvariante)

Belüftetes Dach: Sparren verdeckt, Lehmfüllung

Abb. 83 zeigt eine Konstruktion, bei der Leichtlehmstrohwickel mit ca. 400 - 800 kg/m³ eingesetzt sind. Die massive Ausfachung hat feuchtigkeitsregulierende Eigenschaften, so daß auf eine Dampfbremse verzichtet werden kann. Da die Wärmedämmung nicht ausreichend ist, sollte innenseitig eine zusätzliche Dämmschicht angebracht werden. Für die Innenraumverkleidung können Holz oder Gipskartonplatten verwendet werden, ein Verputzen der Zwischenfelder ist wegen der Rißgefahr längs der Holzsparren problematisch.

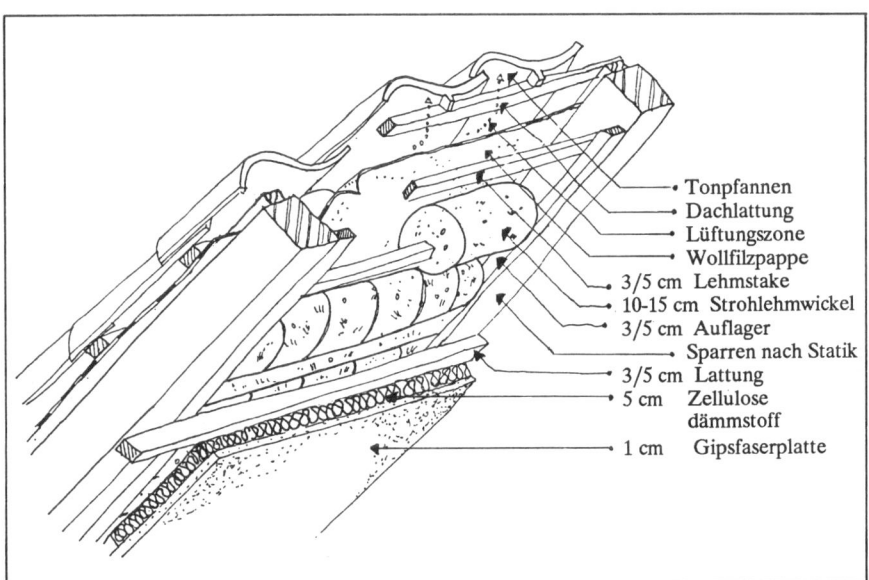

Tonpfannen
Dachlattung
Lüftungszone
Wollfilzpappe
3/5 cm Lehmstake
10-15 cm Strohlehmwickel
3/5 cm Auflager
Sparren nach Statik
3/5 cm Lattung
5 cm Zellulose dämmstoff
1 cm Gipsfaserplatte

Gedämmtes Dach mit Wärmedämmung und Speichermasse aus Strohlehm

Konstruktionsdicke	33,5 cm
Flächengewicht	110 kg/m²
Wärmespeicherwert	105 kJ/m²K
Auskühlzeit	21 h
k-Wert	0,43 W/m²K
Oberflächentemperatur	18°C
Feuerwiderstandszeit	F 30
Schalldämmaß R_w	42 dB
Luftschallschutzmaß LSM	-10 dB
Gesamtpreis	210 DM/m²

Abb. 83: Dachwärmedämmung mit Strohlehm und Zellulosedämmstoff

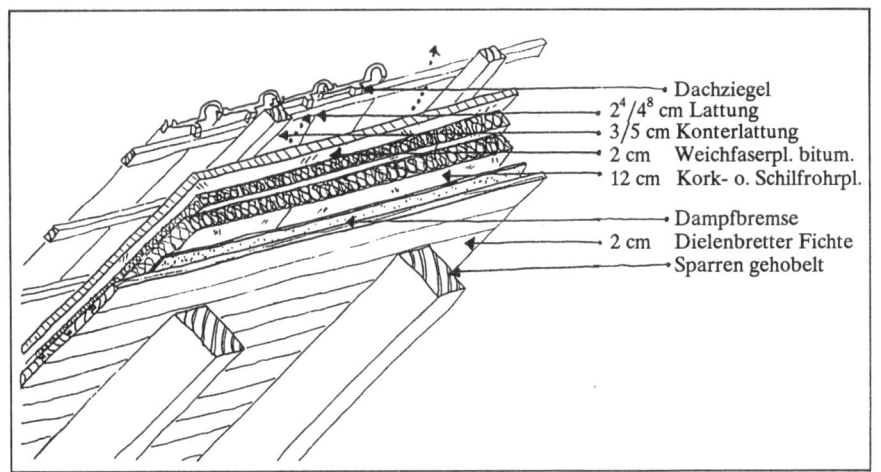

Dachziegel
2⁴/4⁸ cm Lattung
3/5 cm Konterlattung
2 cm Weichfaserpl. bitum.
12 cm Kork- o. Schilfrohrpl.
Dampfbremse
2 cm Dielenbretter Fichte
Sparren gehobelt

Dachwärmedämmung über den Sparren mit Kork- oder Schilfrohrplatten

Konstruktionsdicke	25/45 cm
Flächengewicht	72 kg/m²
Wärmespeicherwert	93 kJ/m²K
Auskühlzeit	25 h
k-Wert	0,27 W/m²K
Oberflächentemperatur	19°C
Schalldämmaß R_w	46 dB
Luftschallschutzmaß LSM	-6 dB
Gesamtpreis	220 DM/m²

Abb. 84:
Gedämmtes Dach mit sichtbaren Sparren

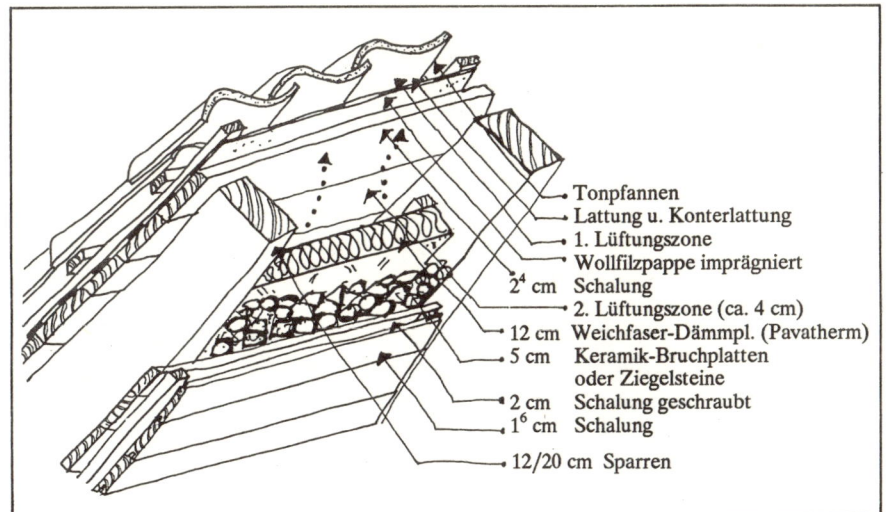

Tonpfannen
Lattung u. Konterlattung
1. Lüftungszone
Wollfilzpappe imprägniert
2^4 cm Schalung
2. Lüftungszone (ca. 4 cm)
12 cm Weichfaser-Dämmpl. (Pavatherm)
5 cm Keramik-Bruchplatten
          oder Ziegelsteine
2 cm Schalung geschraubt
1^6 cm Schalung
12/20 cm Sparren

Gedämmtes Dach mit raumseitiger Speichermasse	
Konstruktionsdicke	29,5 cm
Flächengewicht	183 kg/m²
Wärmespeicherwert	200 kJ/m²K
Auskühlzeit	14 h
k-Wert	0,37 W/m²K
Oberflächentemperatur	18,2°C
Schalldämmaß R_w	56 dB
Luftschallschutzmaß LSM	4 dB
Gesamtpreis	290 DM/m²

Abb. 85: Schweres, zwischen den Sparren gedämmtes Dach

Diese Konstruktion dürfte dem örtlichen Handwerk so unbekannt sein, daß vorerst nur Selbstbauer an eine Ausführung denken können.

Schweres Kaltdach; Dachsparren verdeckt

Bei dieser Konstruktion wird das Dachgewicht durch eine Lage Vollziegelsteine zwischen den Sparren unterhalb der Wärmedämmung erheblich erhöht (Abb. 85). Der Dachaufbau weist sowohl in bezug auf sein Wärmedämm- als auch -speichervermögen (sommerlicher Wärmeschutz!) gute Werte auf. Unter der Ziegeleindeckung und oberhalb der Dämmschicht sind Lüftungszonen vorgesehen. Die schwere Konstruktion ist gut feuchtigkeitsausgleichend, deshalb kann auf eine Dampfbremse verzichtet werden.
In diesem Beispiel wurde raumseitig eine gedeckelte Holzverschalung angebracht, die die Flächen gliedert und belebt.

Grasdächer

Eine Dacheindeckung mit Grassoden war in nordischen Ländern wie Irland, Island und Norwegen bei Bauernhöfen gebräuchlich, wobei eine Schicht aus Birkenrinde dafür sorgte, daß die Dachhaut über lange Jahre dicht blieb. Ihren Ursprung hatte diese Konstruktion in den nur aus Grassoden bestehenden Schutzhütten der viehhütenden Nomaden. Sie war stets die Dachdeckung des armen Mannes, der nicht einmal Bäume besaß, um sich Schindeln zu fertigen.

Grasdächer erleben heute eine Renaissance und in Anbetracht der Vernichtung von Wiesen und Feldern durch die exzessiven Baumaßnahmen ist es, besonders im städtischen Bereich, auch sinnvoll, die überbaute Fläche sozusagen auf dem Dach des Hauses wieder ergrünen zu lassen. Bei Flachdächern, die sowieso einen völlig wasserdichten Dachaufbau erhalten müssen, ist die Ausführung einigermaßen unproblematisch. Flachdachgaragen, Industriehallen und Bürobauten sind geeignete Objekte.
Für geneigte Dächer ist ein Grasdach nicht zu empfehlen, da dies im Wurzelraum einen dauerfeuchten Bereich bildet und hohe Anforderungen an die Dichtigkeit der Dachhaut

stellt, die im Widerspruch steht zu der Durchlüftung und notwendigen Trockenheit eines Holzdachstuhls.
Konfektionierte Dachbegrünungssysteme sind mit unterschiedlichen Schichtaufbauten erhältlich und kosten zwischen 50 und 200 DM/m^2 (ohne Pflanzen), in Selbsthilfe ausgeführt schlägt die wurzelfeste Dachabdichtung (17 bis 40 DM/m^2) in der Regel am meisten zu Buche.

Weiterführende Literatur: Gernot Minke: »Häuser mit grünem Pelz«, Fricke Verlag, Frankfurt 1983; Bernd Grützmacher: »Grasdach«, Verlag Callwey, München 1984.

3.8 Wintergärten

Kaum ein Wohnhaus, Luxushotel oder Büropalast wird derzeit ohne einen Glasanbau gebaut. Seit einigen Jahren wird die Idee der Flächenverglasung unter sehr verschiedenen Gesichtspunkten propagiert:

- Belichtungshilfe
- Energiesammler
- Gewächshaus
- Wintergarten
- Veranda
- zusätzlicher Wohnraum.

Auch wenn schöne bunte Bildern in den Bauzeitschriften viele Wünsche wecken, liegt doch in der Beschränkung das Gelingen. Ein Glasanbau bringt für Freisitze eine Saisonverlängerung während der feucht-trüben Übergangszeiten, eventuell sogar im Winter. So etwas praktizierten die »reichen« Leute in früheren Zeiten mit der sogenannten Orangerie, dem Lustpavillon, der Gartenlaube oder Veranda. Wärmetechnisch verhält sich ein Wintergarten wie ein Gewächshaus. Der schnellen Aufheizung und Abkühlung muß mit geeigneten Be- und Entlüftungseinrichtungen, Schattierungselementen, Verglasungsanstrichen und Dämmfolien entgegengewirkt werden.

Als Energiesammler wird ein Glasanbau oftmals überschätzt, da er seine größte Leistung im Sommer erreicht, wenn es im Haus eher kühl sein sollte. Die Wärme aus der Luft zu sammeln und über einen längeren Zeitraum hinweg zu speichern (z.B. mittels Steinspeicher) ist sehr aufwendig und wird wohl Technikzauberern vorbehalten bleiben.
Als Wohnraumerweiterung sollte das Glashaus nur bedingt (d.h. in der heizfreien Zeit) genutzt werden, da bei Vollbeheizung im Winter sehr hohe, ökologisch kaum vertretbare Energieverluste auftreten.
Als Baumaterial für Konstruktion und Verglasung kommen alle die Materialien in Betracht, die bereits im Kapitel »Fenster« besprochen wurden.

Exkurs: Klimagerechte Architektur

Die kluge Materialzusammenstellung unter Berücksichtigung bauphysikalischer Grundgesetze läßt Konstruktionen entstehen, die selbstregulierend, d.h. ohne Einsatz technischer Hilfsmittel über Jahrzehnte hinweg keinerlei Schäden aufweisen.
Aber erst wenn die Klimafaktoren mit ihren meteorologischen Eckdaten wie Sonneneinstrahlung, Heizgradtage, Windbelastung, Sonnenstände, usw. erfaßt und ausgewertet sind und wenn der Bauplatz mit seinen speziellen Bedingungen wie Geländeform, Verschattung, Windschutz, Baukörperorientierung, der sogenannte »Genius loci«, vom Planer verstanden worden ist, können die Bauteile zusammen mit der Raumorganisation und den Systemen zur Beheizung, Kühlung und Lüftung ein sinnvolles Ganzes ergeben, die sogenannte »klimagerechte Architektur«.
Dazu zählen die Lehmbauten Nordafrikas mit ihren Windfängern und Wasserbrunnen ebenso wie die schweren Steinbauten der griechischen und italienischen Inseln mit ihren wassersammelnden Flachdächern, die Kalksteinbauten mit halbmeterdicken Wänden und Mönch- und Nonnenziegeldächern der nördlichen Adria und Mittelitaliens, wie die schindelgedeckten Holzblockhäuser der Alpenregion mit den schweren gemauerten Strahlungsöfen, die spitzgiebligen Fachwerkhäuser Mitteldeutschlands mit Lehmausfachungen, wie die buntbemalten, holzverschalten Holzständerbauten Skandinaviens.

3.9 Haustechnik

Alle technischen Einrichtungen im Haus werden unter dem Sammelbegriff "Haustechnik" zusammengefaßt. Gemeint sind im einzelnen damit die Einrichtungen für

- die Versorgung mit warmem und kaltem Wasser von Bad, WC, Küche et.;
- das Abführen des gebrauchten Wassers in die Kanalisation oder Klärgrube;
- die Versorgung des Hauses mit Elektrizität und Gas;
- die Heizung des Hauses.

Bei allen technischen Einrichtungen sollte bei der Planung und Ausführung berücksichtigt werden, daß sie in der heutigen Form für uns Arbeitserleichterung und Komfort bedeuten, andererseits aber negative, oft nicht vermutete Einflüsse auf unser Wohlbefinden haben können. Ein sparsamer Einsatz technischer Einrichtungen sollte im Haus deshalb selbstverständlich sein.

Sanitärinstallation

Es wird vermutet, daß fließendes Wasser im Haus einen künstlich erzeugten Wasseradereffekt hat und damit störende Strahlungsfelder aufbaut.

Der Hausanschluß und die Ver- und Entsorgungsleitungen sollten deshalb auf kürzestem Weg zum Haus bzw. aus dem Haus geführt werden (ohne die Schlafräume zu tangieren). Es empfiehlt sich, alle Versorgungssteig- und Entsorgungsfalleitungen in einem Installationsschacht zusammenzufassen. Daraus folgt, daß bei der Planung eines Hauses Küche, Bad und WC möglichst nah beieinander oder übereinander liegen sollten. Eine ungünstige Zuordnung dieser Räume führt zu langen, störenden Leitungssträngen, die außerdem erhebliche Mehrkosten verursachen.

Die Ausstattung der Funktionsräume sollte sich nicht an den Farbprospekten der Hersteller orientieren. Bei 4 bis 8 Wasserauslässen in einem Bad ist die Wasserverschwendung vorprogrammiert.

Als Installation für die *Bewässerung* des Hauses sind verschiedene Materialien im Gebrauch: Verzinkte Stahlrohre, die verschraubt oder auch verquetscht werden, Kupferrohre, die verlötet werden, sowie Edelstahlrohre (V2A oder V4A) und neuerdings auch Kunststoffrohre.

Die Metalle sind gute Wärmeleiter und elektrische Leiter, so daß in jedem Fall eine Wärmedämmung der Warmwasserleitungen und ein Potentialausgleich (Erdung der Leitungen) notwendig sind.

Der im Wasser enthaltene Sauerstoff bewirkt bei verzinktem Stahl und Kupfer die Bildung einer Oxidschicht, die einer weiteren Korrosion vorbeugt. Normalerweise ist die Gefahr einer Belastung des Wassers durch ausgeschwemmte Schwermetalle sehr gering. Extrem mineralarmes Wasser, d.h. »sehr weiches Wasser«, aber auch saures Wasser (ph-Wert 0 - 3) aus Zisternen und Brunnen kann bei längeren Standzeiten und in stark erwärmtem Zustand Metallbestandteile der Leitungen zur Lösung bringen.

Nach mehreren Todesfällen bei Säuglingen an »frühkindlicher Leberzirrhose« im Bayerischen Wald und im Emsland besteht der Verdacht der Kupfervergiftung durch Wasserrohre aus Kupfer. Bis ein 900.000 DM teures Forschungsvorhaben des Bundesgesundheitsministeriums mehr Klarheit schafft, muß man davon ausgehen, daß Wasser mit einem ph-Wert unter 6,5 Schwermetalle aus der Kupferleitung lösen kann und warmes Wasser dieses Phänomen verstärkt. Werte bis zu 10 mg Kupfer je Liter Wasser wurden festgestellt.

Wieviel Kupfer mit dem Wasser aufgenommen werden darf, bis es zu Schädigungen kommt, darüber gehen die Meinungen der Experten erwartungsgemäß weit auseinander. Werte von 0,5 mg/l bei Säuglingen bis zu 2,5 mg/l bei Erwachsenen gelten noch als unbedenklich; manch ein Fachmann will auch ab und zu ein Gläschen mit 10 mg/l als für die Gesundheit belanglos ansehen. Allerdings können sich die Fachleute darauf verständigen, daß *tödliche* Vergiftungen nur bei Kleinkindern und Säuglingen möglich sind und sich durch Übelkeit und Durchfall ankündigen. Da dieses Symptom bei Kleinkindern auch aus anderen Gründen häufig vorkommt, ist es als Diagnose denkbar schlecht geeignet.

Wer auf »Nummer sicher« gehen will, entnimmt Trinkwasser nur aus dem Kaltwasserhahn und nutzt bei kalkarmem Wasser nach langen Standzeiten, z.B. morgens oder nach einem Urlaub, die ersten Liter zum Blumengießen oder

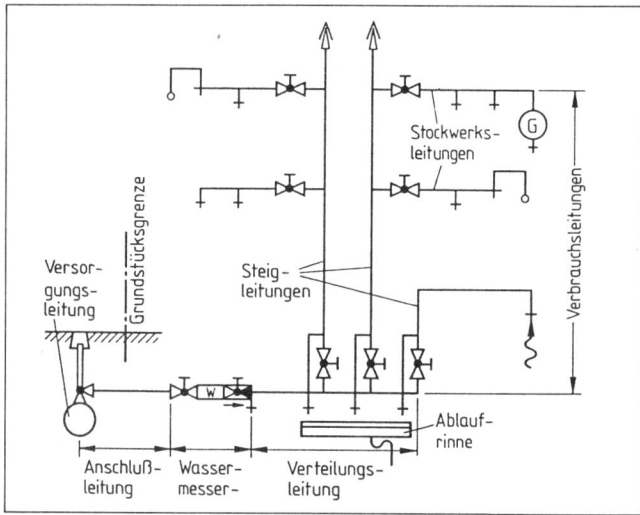

Abb. 86: Schema einer Hauswasserinstallation   Quelle: (20)

zum Duschen. Letzte Sicherheit, ob eine erhöhte Kupferbelastung vorliegt, kann nur eine Trinkwasseranalyse bringen. Gegebenenfalls sollte man auf Mineralwasser umsteigen.

Grundsätzlich kann man davon ausgehen, daß die Qualität des vom Wasserwerk gelieferten Trinkwassers kaum mit eigenen Hauswasserstationen verbessert werden kann. Die Angebote vieler Herstellerfirmen von Wasserreinigungsgeräten oder Wasserenthärtern zur Reduzierung von Kesselstein sind daher in den meisten Fällen überflüssig, ein mechanischer Wasserfilter in der Hauptleitung ist in der Regel ausreichend. Die Wasserenthärtung ist nur bei sehr kalkreichem Wasser, sog. hartem Wasser (Härtebereich 4, ab 21°dH) notwendig, und auch dann nur im Warmwasserkreislauf, da die Mineralien erst ab 60°C verstärkt ausfallen. Warmwasser sollte deshalb nur bis maximal 55°C aufgeheizt werden.

Es gibt verschiedene Methoden der Wasserenthärtung: der Zusatz von Phosphaten bewirkt, daß Kalk und Magnesit erst ab 70°C ausgefällt werden, Ionentauscher wechseln die Kalk- und Magnesiumionen gegen Natriumionen aus. Beide Methoden können sich gesundheitsschädlich für den Menschen auswirken und sind daher abzulehnen.

Seit einiger Zeit gibt es auf dem Markt ein elektronisches Gerät, das imstande sein soll, die Kristallform des Kalks so zu verändern, daß er sich nicht mehr in den Leitungen festsetzen kann und fortgeschwemmt wird. Auch dieses Gerät hat sich im neutralen Test eines Wasserwirtschaftsamtes nicht bewährt.

Bei Kunststoffrohren für Trinkwasserleitungen besteht die Gefahr der Wassersteinbildung weniger, dafür ist bisher noch wenig erforscht, wie sich Kunststoffe in diesem Zusammenhang auf den Menschen auswirken. Zwar sind als Material für Trinkwasserleitungen nur bestimmte Kunststoffe zugelassen (z.B. Polyäthylen, weichmacherfreies Polyvinylchlorid), dennoch ist es sicherlich z.Zt. besser, von ihrer Anwendung abzusehen. Auch die Zuleitung zum Haus sollte nicht im üblichen PE-Rohr ausgeführt werden, sondern im von außen zusätzlich korrosionsgeschützten Stahlrohr.

Für die Erwärmung des Wassers und seine Verteilung im Gebäude kommen mehrere Möglichkeiten in Betracht. Grundsätzlich sollte erwärmtes Wasser nicht als Trinkwasser oder zur Nahrungszubereitung verwendet werden, da sich bei Warmwassertemperaturen von 45 - 60°C gesundheitsschädliche Keime sehr gut vermehren und nicht wie beim Kochen weitgehend absterben.

Die dezentrale Warmwasserversorgung ist angebracht, wenn nur ein geringer Verbrauch zu erwarten ist und die Entnahmestellen von der Hausheizquelle sehr weit entfernt liegen (z.B. in Schulen). In diesem Falle sind Gasdurchlauferhitzer, Untertischboiler mit 5 - 10 l Inhalt und elektrischer Beheizung (über eine Schaltuhr gesteuert) oder der gute alte Badeofen mit Wasserspeicher vorzusehen.

Eine weitere Möglichkeit besteht darin, daß ein großer Einzelofen (Kachelofen, Küchenherd) einen zusätzlichen Wärmetauscher erhält, über den der Wasserboiler aufgeheizt wird. Die Effektivität dieses Systems wird entscheidend von der Qualität des Ofens bestimmt (Güte der Verbrennung, Wärmeübertragung, Verrußung, Kesselsteinbildung), da durch die hohen Abgastemperaturen das Wasser sehr heiß werden kann.

Normalerweise wird der Zentralheizungskessel oder eine separate Gastherme mit Boiler das Brauchwasser erwärmen. Um jederzeit warmes Wasser in ausreichender Menge zur Verfügung zu haben, ist für einen 4-Personen-Haushalt ein 150 l Warmwasserspeicher ausreichend. Während diese Systemkopplung von Heizung und Warmwasser bei einem Wirkungsgrad von 80 - 85% im Winter ökonomisch arbeitet, erscheint es im Sommer häufig paradox, wenn bei 30°C im Schatten die Heizung anspringt, um 150 l Wasser auf 50°C zu temperieren. Obendrein liegt der Wirkungsgrad älterer Heizkessel im Sommerbetrieb häufig nur bei 30 - 60%. Abhilfe schafft hier - neben dem Einbau neuer, optimierter Heizkessel - eine Sonnenkollektoranlage zur Warmwasserbereitung. Nach 15 Jahren Praxiserfahrung sind heute ausgereifte Systeme auf dem Markt, die vom Installateur ebenso wie von handwerklich geschickten Heimwerkern eingebaut werden können. Die Kosten für eine Solaranlage (4-Personen-Haushalt) liegen derzeit zwischen 5.000 und 15.000 DM; über den Selbstbau solcher Anlagen gibt es gute Bauanleitungen und Fachbücher, z.B. Lorenz-Ladener: »Solaranlagen im Selbstbau«, ökobuch Verlag, Staufen.

Die Warmwassererzeugung mittels Wärmepumpen wird im Kapitel »Heizung« besprochen.

Für die *Entwässerungsleitungen* bieten sich mehrere Materialien an. Unter dem Kellerboden ist das traditionelle Steinzeugrohr geeignet, im Haus können Gußrohre in moderner muffenloser Verbindung verwendet werden, die sich durch lange Lebensdauer und ein gutes Schalldämmvermögen auszeichnen. Diese beiden Materialien sind in den letzten Jahren vor allem wegen des günstigen Preises durch Rohre aus Polypropylen und Hart-PVC ersetzt worden. Wer an dieser Stelle die Verwendung von Kunststoff für vertretbar hält, sollte Polypropylenrohren den Vorzug geben. Bei der Verlegung der Abwasserrohre im Erdreich ist auf vollständige Dichtigkeit zu achten, da sonst umweltschädliche Abwässer im Untergrund versickern.

Die Führung der gesamten Sanitärinstallation im Haus erfolgt am besten über einen zentralen Schacht. Dies erfordert natürlich, daß Heizraum, Küche, Bad und WC möglichst nahe beieinander liegen (Abb. 87).

Abb. 88 zeigt im Detail eine Bad- und WC-Anordnung, die im Geschoßwohnungsbau oder bei einem Reihenhaus möglich und sinnvoll wäre. Beide Räume sind innenliegend, im Installationsschacht sind die Be- und Entwässerungsleitungen sowie die Lüftungsrohre zusammengefaßt.

Angesichts des hohen Verbrauchs von aufwendig aufbereitetem Trinkwasser (1984 in den Haushalten der BRD 54.000 l pro Person und Jahr, d.h. 148 l pro Person und Tag) gibt es mittlerweile zahlreiche Überlegungen, wie der Verbrauch und die damit einhergehende Abwassermenge eingeschränkt werden kann. An erster Stelle sollten Einsparungen im Wasserverbrauch stehen, z.B. Duschen statt Baden, Verwendung von Haushaltsgeräten und Sanitäranlagen mit geringem Wasserverbrauch, usw..

Darüber hinaus kann die Nutzung des Regenwassers mittels Hauszisterne erwogen werden; denn Regenwasser steht hierzulande überall zur Verfügung und es ist für Anwendungen wie Gartenbewässerung, Toilettenspülung und Waschmaschine ebenso gut geeignet wie Trinkwasser. Auch zu diesem Thema gibt es für den, der tiefer einsteigen will, gute, praxisorientierte Bücher (z.B. Bredow: »Regenwasser-Sammelanlage«, ökobuch Verlag, Staufen 1989).

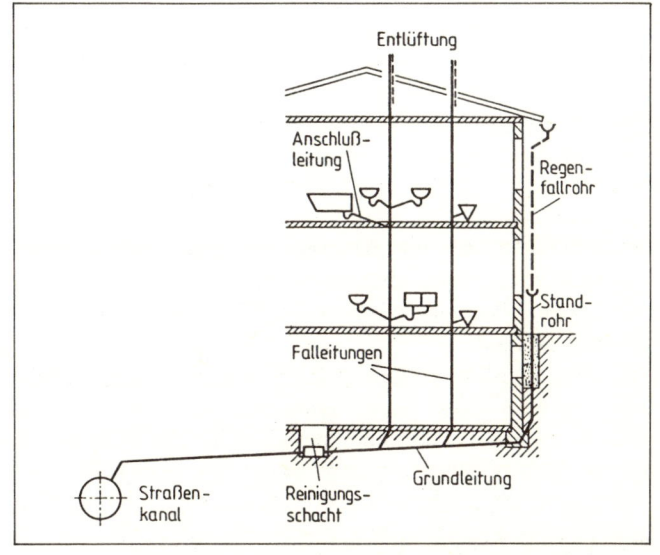

Abb. 87: Schema einer Entwässerungsanlage   Quelle: (20)

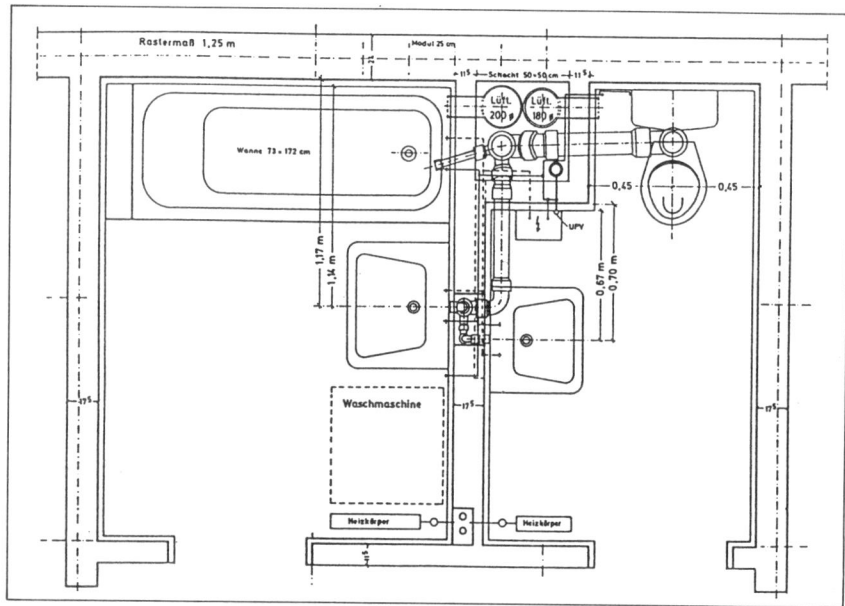

Abb. 88
Beispiel für eine konzentrierte Be- und Entwässerung von Bad und WC
Quelle: (22)

Grundsätzlich ist auch die Nutzung von bereits einmal gebrauchtem Wasser, sogenanntem Grauwasser, aus Waschbecken, Badewanne und Waschmaschine möglich. Es kann ggf. für die WC-Spülung, als Reinigungswasser und zur Autowäsche genutzt werden, doch ist die notwendige Reinigung und Filterung dieses Wassers nicht unproblematisch (Kostenpunkt ca. 5.000 DM für eine professionelle Anlage). Durch diese Maßnahmen werden sowohl die Frischwassermengen als auch die Abwassermengen deutlich reduziert (bis zu 2/3 des normalen Verbrauchs). Weitere Möglichkeiten, die Abwassermengen zu verringern bzw. diese ohne Gewässerbelastung zu klären, sind die Einrichtung einer Humustoilette und die Abwasserreinigung auf Rieselflächen mit Schilf, bzw. in benachbarten Fischteichen. Auch bei diesem Thema muß auf weiterführende Literatur verwiesen werden.

Eine gute Methode der Abwasserreinigung durch Binsenfelder ist von Käthe Seidel entwickelt worden; allerdings muß hier wie bei allen anderen Verfahren das Wasser vorher von Feststoffen gereinigt werden (Sinkgrube), da anderenfalls die erforderlichen Rieselflächen sehr groß werden und Geruchsbelästigungen auftreten würden.

Zur Aufbereitung von Abwasser kann nach neueren Informationen auch der schon erwähnte Kolloidationseffekt (vgl. Exkurs »Stoffwechsel«) ausgenützt werden, da dieser das Wasser weitgehend entgiftet und die anfallenden halbfesten Stoffe verfestigt und leicht kompostierbar macht. Ebenso kann Regenwasser durch den Kolloidationseffekt zu Trinkwasser aufbereitet werden, ohne chemische Prozesse zu durchlaufen (z.B. Chlorierung). Diese Form der Wasserver- und -entsorgung würde die uneffektiven Zentralverbände der Wasserver- und -entsorgungsgesellschaften weitgehend überflüssig machen und die Verantwortlichkeit des Einzelnen in erheblichem Maße fördern.

Bezugsquellen:

Entwässerungsrohre sind über den örtlichen Baustoffhandel zu beziehen. Die im Einfamilienhaus gängigen Größen mit einem Durchmesser von 50, 70 und 100 mm sind dort meist vorrätig. Ungebogene Rohrstücke gibt es in fast allen Materialien auch als Meterware. Abzweigungen, Putzöffnungen, Reduzierungen und Winkel müssen aus den Planungsunterlagen ermittelt werden, die der Sanitärfachmann erstellt.

Die Bewässerung erfolgt in verzinkten Stahlrohren, für Unterputzinstallationen werden nahtlose Rohre eingesetzt, die durch Schraubmuffen verbunden werden. Bewässerungsrohre aus Kupfer werden miteinander verlötet, wobei die Fittings (Winkel, Verbindungsmuffen etc.) relativ teuer sind, so daß auch hier eine genaue Planung dem Materialeinkauf vorausgehen sollte. V2A- und V4A-Rohre und Fittings kosten das 2-3 fache einer vergleichbaren Kupferinstallation. Installationsmaterial für die Bewässerung ist im Sanitär-(groß-)handel erhältlich.

Elektroinstallation

Ein stromführendes elektrisches Kabel baut ein elektromagnetisches Feld auf, das zu Störungen des Elektroklimas des Hauses führen kann. Aus baubiologischer Sicht ist daher zu empfehlen, daß die Elektroinstallation abgeschirmt verlegt wird oder nur im Bedarfsfall Strom führt.

Das Haus sollte nach Möglichkeit nur über ein Erdkabel an das Netz angeschlossen sein, um die großräumige Ausbreitung elektromagnetischer Felder, wie es bei einem Dachständeranschluß der Fall ist, zu vermeiden.

Alle elektrisch leitenden Teile des Hauses wie Wasserleitungen, Abschirmungen von Kabeln, Elektrogeräte und Sanitärgegenstände aus Stahl sollten geerdet sein (sog. Potentialausgleich).

Bei der Planung des Hauses ist es vernünftig, eine sparsame Ausstattung der Räume mit Steckdosen, Lampenauslässen und Schaltern vorzusehen. Der Standard der 60er Jahre mit zwei Steckdosen, ein bis zwei Lampenauslässen und einem Schalter pro Raum dürfte meist noch immer ausreichend sein. Die Reduzierung der Steckdosen begrenzt dann auch in Zukunft auf einfache Art die unkontrollierte Anschaffung weiterer Stromverbraucher. Auf stromfressende Ausstattungsgeräte wie Wäschetrockner, Geschirrspüler, Nachtstromheißwassergeräte und Lampendimmer sollte völlig verzichtet werden, auch wenn diese Geräte mittlerweile zur Standardausstattung gerechnet

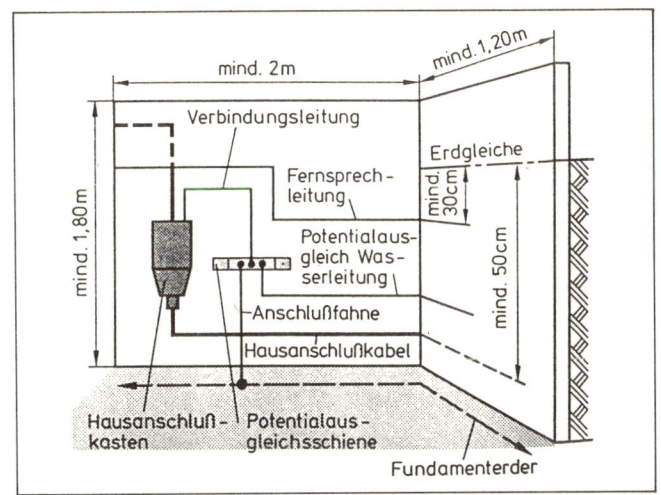

Abb. 89: Hausanschlußraum mit Potentialausgleichsschiene und Fundamenterder   Quelle: (21)

werden. Der Elektroherd wird, falls möglich, durch einen Gasherd ersetzt, wobei eine mechanische Entlüftung nach außen notwendig ist, um den erhöhten Wasserdampf beim Kochen und Backen abzuführen.

Diese Planungshinweise werden verständlicher, wenn man bedenkt, daß eine moderne Einbauküche mit Waschmaschine, Trockner, Elektroherd, Grill und Geschirrspüler zu einem Anschlußwert von 25-35 kW führt, also ebensoviel wie ein mittelgroßer Schreinereibetrieb.

Nach den VDE-Bestimmungen wird heute die Elektroinstallation wie folgt ausgeführt:

- Stegleitung NYIF. Die Leitungsadern werden mit einem Gummisteg zusammengefaßt, Verlegung nur unter Putz.

- Mantelleitung NYM. Kunststoffumhüllte Leiter erhalten einen zusätzlichen Kunststoffmantel gegen Beschädigung; dieses Kabel ist auch für Auf-Putz-Montage geeignet.

Die Erdung von Metallteilen, die vom Menschen berührt werden, hat den Zweck, Unfälle zu verhindern, wenn diese im Fehlerfall Spannung führen. Zum besseren Schutz vor Unfällen durch elektrischen Strom sollte eine sogenannte Fehlerstromschutzschaltung eingebaut werden, die schon bei geringen Leckströmen automatisch den Strom abschaltet. Um eine unzulässige Erwärmung der Leitung durch einen zu starken Stromfluß (bei Überbelastung) zu verhindern, wird als schwächster Punkt des Leitungsnetzes eine Sicherung eingebaut, die dann durchschmilzt und den Stromfluß unterbricht. Dadurch kann die Zerstörung einer Maschine und die Überbelastung der Kabel bzw. die Entstehung eines Brandes verhindert werden.

Um die Ausbreitung störender elektromagnetischer Wechselfelder im Haus einzuschränken, gibt es drei Möglichkeiten:

- Verlegung der Kabel in geerdeten Panzerrohren
- Verwendung flexibler, verdrillter Kabel
- Einbau von Netzfreischaltgeräten für einzelne Stromkreise, die bewirken, daß die angeschlossenen Räume nur bei Bedarf mit Strom versorgt werden. Eine elektronische Schaltung prüft dauernd, ob ein elektrischer Verbraucher eingeschaltet ist (also ein Strombedarf be-

steht) und schaltet nur im Bedarfsfall den Strom auf die Versorgungsleitungen.

Dies kann auch einfach dadurch erreicht werden, wenn nachts die Sicherung für die Schlafräume herausgedreht wird (allerdings kann man dann kein Licht anschalten). Der Netzfreischalter erfordert, daß Räume, die in ihrer Nutzung ähnlich sind, zu Verbrauchergruppen zusammengefaßt werden. Dauerverbraucher sollten dann separat über abgeschirmte Kabel angeschlossen werden.

Ist die natürliche Belichtung eines Raumes nicht ausreichend gegeben, sollten für die *Dauerbeleuchtung* zur Stromeinsparung ausschließlich Leuchtstofflampen eingesetzt werden. Unter dem Namen »Energiesparlampen« werden heute auch kleine Leuchtstoffröhren mit Schraubfassung (E 27) als Ersatz für normale Glühlampen angeboten. Bei der Entsorgung der Leuchtstoffröhren bleibt der Gehalt an Schwermetallen (15 Mikrogramm pro Röhre) problematisch, auch wenn er in Zukunft noch auf 1/5 reduziert werden kann.

Um Streßfaktoren auszuschalten, sind Leuchtstoffröhren mit einem Farbtemperaturspektrum des Sonnenlichtes zu bevorzugen (Handelsname »True Light«). Um das nicht sichtbare, vom Auge aber wahrgenommene, stroboskopartige Flackern der Lampen zu vermeiden (pro Sekunde wird die Gasfüllung bei einfachen Vorschaltgeräten im Takt der Netzfrequenz 50 mal gezündet), sind *elektronische* Vorschaltgeräte (EGV) zu bevorzugen, die mit wesentlich höheren, für das Auge nicht mehr wahrnehmbaren Schaltfrequenzen arbeiten.

Um den Stromverbrauch aus dem öffentlichen Netz zu reduzieren oder sich vielleicht sogar völlig autark zu machen, werden in zunehmendem Maße die Möglichkeiten der solaren Stromversorgung mittels Solarzellen genutzt. Mittlerweile liegen erste Erfahrungen aus Projekten vor, bei denen Kleinverbraucher und Einfamilienhäuser fast das ganze Jahr über mit Solarstrom versorgt werden.

Stromführende Leitungen und Geräte	Mindestabstand in Meter
Nichtabgeschirmte Leitungen mit 220 V	1
Nichtabgeschirmte Elektrogeräte	2
Leuchtstofflampen	2
Fernsehgerät, schwarz-weiß	3
Farbfernsehgerät	4
Trafostation	30 - 100
Hochspannungsleitung 50kV	50 - 70
100 kV	80 - 120
220 kV	140 - 180
380 kV	180 - 250

Tabelle 33: Empfohlene Mindestabstände von Schlafplätzen zu stromführenden Leitungen und Geräten Quelle: (36)

Bezug und Kosten:

Der Materialpreis abgeschirmter Kabel im Vergleich zu »normalen« Elektrokabeln ist um 100% bis 200% höher. Dieser Mehrpreis kann durch eine zurückhaltende Installation etwas kompensiert werden. Wichtig bei der Abschirmung ist natürlich, daß auch die Verteilerdosen, Lampenauslässe und Steckdosen mit einbezogen werden. Einfacher und billiger ist ein Netzfreischalter für einzelne Stromkreise, der sich auch nachträglich installieren läßt.

Kostenvergleich für Elektro-Installationsmaterial

	normal	abgeschirmt
Kabel NYM 3 x 1,5	0,90 DM/m	2,50 DM/m
Kabel NYM 3 x 2,5	1,50 DM/m	2,90 DM/m
Kabel NYM 5 x 1,5	1,30 DM/m	3,20 DM/m
Kabel NYM 5 x 2,5	2,20 DM/m	4,00 DM/m
Abzweigdose u.Putz	1,20 DM	7,80 DM
Hohlwanddose	2,60 DM	10,20 DM
Deckel dazu	0,70 DM	3,40 DM
Abzweigkasten	6,30 DM	18,80 DM

Ein Netzfreischalter (gutes Markenfabrikat, z.B. Biologa oder Endotronic) kostet etwa 250 - 300 DM. Eine True-Light-Röhre mit 40 Watt kostet ca. 60 DM, ein elektronisches Vorschaltgerät für gerade Leuchtstoffröhren um die 100 DM. Letzteres liefert nicht nur ein ein sehr viel ruhigeres Licht, sondern erhöht auch die Lichtausbeute und verlängert die Lebensdauer der Röhre. Es gibt inzwischen auch Energiesparlampen mit eingebautem elektronischem Vorschaltgerät zum Preis um etwa 50 DM.
Diese Installationsmaterialien sind in »Bio-Baustoffläden« und im fortschrittlichen Elektrohandel erhältlich.

Heizungsinstallation

Da die Heizung wohl mit die teuerste technische Investition im Haus darstellt (ca. 15.000 - 20.000 DM für ein Einfamilienhaus), will der Bauherr hier alles besonders gut machen.

Leider ist in diesem kostenträchtigen Bereich das Verwirrspiel von technischen Informationen, Vorschriften, Handwerkerberatung, Produktwerbung und Ratschlägen von Heizungsbastlern besonders groß.
Bei der Frage, welche Heizung für ein Haus vorteilhaft ist, sind verschiedene Problemgruppen mit eigenen Entscheidungskriterien zu berücksichtigen:

- Die Wahl des Energieträgers: Holz, Kohle, Öl, Gas, Elektrizität, Solarenergie
- Die Feuerstelle: Einzelofen oder Zentralheizung
- Die Wärmeverteilung mittels Warmluft oder mittels Warmwasser
- Die Wärmeabgabe: Leitung - Strahlung - Konvektion

Energieträger

Das Preis-Leistungsverhältnis der fossilen Energieträger untereinander (oder genauer: der Preisunterschied bezogen auf 1 kWh Energie) unterliegt stets gewissen Schwankungen durch wirtschaftliche und politische Entwicklungen (Ölkrise, Preiskrieg, Kohlesubventionen, usw.), wird aber von staatlicher Seite immer wieder zu einem künstlichen Ausgleich gebracht (Kohlepfennig, Jahrhundertvertrag, Preiskopplung Öl - Gas).
Wichtiger als der immer nur kurzfristig gültige Preisvergleich sind für den Bauherrn die Fragen des Brennstoffbezugs, seiner Lagerung und der mit der Verbrennung verbundenen Schadstoffemission. Gerade dem letzten Punkt kommt heute besondere Bedeutung zu. Je nach Art des Brennstoffs werden von der Heizung die Schadstoffe Schwefeldioxid (SO_2), Stickoxide (NO_x), organische Kohlenwasserstoffe (C_nH_m), Kohlenmonoxid (CO) und Staub emittiert (vgl. Tabelle). Korrekte Verbrennung vorausgesetzt schneiden die Energieträger Gas, trockenes(!) Holz und Öl in der Gesamtbilanz am günstigsten ab, bei Öl wäre die vollständige Entschwefelung technisch problemlos machbar und zur Vermeidung der SO_2-Emission wünschenswert (derzeit noch 0,2% Schwefelgehalt). Steinkohle und Koks geben im geregelten Dauerbrand große Mengen Kohlenmonoxid (120 mal soviel wie andere Energieträger) ab, Braunkohle sollte wegen der hohen Schadstoffemissio-

Heizunsart	Schwefel-dioxid (kg/Jahr)	Stick-oxide (kg/Jahr)	Kohlen-monoxid (kg/Jahr)	Kohlen-wasser-stoffe (kg/Jahr)	Stäube (kg/Jahr)	Kohlen-dioxid (kg/Jahr)	Primär energie bedarf kWh**
Ölzentral	20	8	15	2	0,5	13400	50000
Gaszentral	0,1	8	11	0,2	0	11000	47500
Einzelöfen mit Steinkohle	65	7	1200	40	45	15500	42000
Elektroheizung (Schadstoffe aus dem Kraftwrk	250	150	6	1	30	36000	97000
Elektrische Wärmepumpe mit Hilfskessel	60	30	7	2	7	14000	42000
Gas-Wärmepumpe	0,1	70	13	11	0	5750	25400
Fernwärme aus neuem Kohle-Heizkraftwerk	-70*	60	10	0	-7*	5000	15000

Tabelle 34:
Schadstoffausstoß
von Heizungsanlagen
Quelle: (37)

Angaben in
kg Schadstoff pro Jahr,
die bei der Beheizung
eines Einfamilienhauses
(Energieverbrauch 30.000 kWh)
freigesetzt werden

* Der Schadstoffauswurf bei der Fernwärmeheizung erscheint hier negativ, weil bei der Fernwärme-erzeugung in einem Heizkraftwerk neben der Fernwärmw gleichzeitig Strom erzeugt wird. Dieser Strom müßte sonst in einem Kraftwerk produziert werden, wobei in diesem Kraftwerk Schadsoffe freigesetzt würden. Die Menge dieser Schadstoffe wurde von der bei der Fernwärmerzeugung anfallenden Schadstoffmenge abgezogen; wenn -wie hier- die im Strom-Kraftwerk "eingesparte" Schadstoffmenge größer ist als die bei der Ferwärmeerzeugung anfallende, ergeben sich negative Zahlen mit dem Vorzeichen Minus. Diese Menge an Schadstoffen wird also insgesamt eingespart

** Der Primärenergiebedarf ist größer als der Heizenergiebedarf wegen der Verluste der Heizung (Ausnahme: Fernwärme und Wärmepumpe).

nen eigentlich für den Hausbrand verboten werden. Scheit-holz muß allerdings (um eine Holzfeuchte von 15 - 20% zu erreichen) zwei Jahre trocknen, bevor es verfeuert werden darf. Voraussetzung für eine Holzheizung sind daher ent-sprechend große Lagerflächen (für 10 - 50 m³ Holz) am Haus. Einfacher und mit geringerem Lageraufwand ver-bunden ist der Einsatz sogenannter »Holzbriketts« (1 to entspricht 3 - 4 Ster Scheitholz), die aus Hobelspänen oder

Rindenresten ohne Bindemittel gepreßt werden. Dieser aus naturbelassenem Holz hergestellte Brennstoff darf nicht verwechselt werden mit »Holzstöpseln«, die aus Schreine-reiabfällen bestehen und einen hohen Anteil an Kunststoff-beschichtungen bzw. formaldehydbelasteten Spanplattenre-sten enthalten. Hier beging der Gesetzgeber m.E. einen Fehler, als er das Verfeuern von Holzbriketts ab 1988 für Öfen unter 15 kW Leistung eingeschränkt hat. Großschreinereien und Möbelfabriken können also weiterhin ihren Dreck verfeuern - ein gutes Beispiel für die »taktische Ökologie« des Staates.

In dieser im Herbst 1988 erlassenen Verordnung (Bundesimmissionsschutzgesetz) werden noch weitere Dinge gefordert: der Schwefelgehalt von Steinkohle, Braunkohle und Torf darf nicht mehr als 1% betragen. Heizungsanlagen für feste Brennstoffe dürfen bei Leistungen über 15 kW nicht mehr als 0,15 Gramm Staub pro m^3 Abgas abgeben. Anlagen mit Leistungen über 50 kW sind in jedem Fall genehmigungspflichtig und müssen verschärften Anforderungen genügen.

Wer mit Strom heizt, hat alle diese Porbleme nicht. Trotzdem ist die Elektroheizung bei genauerer Betrachtung mit noch höheren Emissionen verbunden, da den vermiedenen Emissionen am Haus die enorme Belastung der Atmosphäre am Kraftwerksstandort gegenübersteht. Obendrein wird bei dieser Heizungsart die eingesetzte Primärenergie nur zu etwa 30% genutzt.

Die heute gebräuchlichsten Heizstoffe sind Erdöl (ca. 50%) und Erdgas (ca. 25%, Stand von 1982). Es wird in Zukunft immer weniger vertretbar sein, diese in Jahrmillionen entstandenen Energierohstoffe (einschließlich der Kohle) innerhalb von wenigen Jahrzehnten gedankenlos zu verheizen. Schließlich dienen sie der heutigen Chemie auch als Grundstoff für die Herstellung vielfältiger Produkte, die wir im täglichen Leben kaum vermissen möchten.

Pflanzlich-vegetabiles Brennmaterial (Holz, Stroh, usw.) zählt zu den erneuerbaren Brennstoffquellen. Bei der Verbrennung wird diejenige Energiemenge freigesetzt, die mittels Sonnenlicht durch Assimilation chemisch gebunden wurde. Die Mineralien bleiben in der Asche zurück, die Holzverbrennung geschieht innerhalb natürlicher Kreisläufe.

Die Feuerstelle

Entscheidet man sich bei der Beheizung eines Hauses für eine *Einzelofen-Lösung*, so müssen die Räume um die Kamine und Öfen herum geplant werden. Dem Autor sind Häuser mit 120 - 150 m^2 Grundfläche bekannt, bei denen zwei Kachelöfen mit Nachheizwänden in benachbarten Räumen die Beheizung und Warmwasserbereitung vollständig übernehmen (Heizmaterial 20 m^3 Hartholz pro Jahr) - bei vertretbarem Bedienungsaufwand. Dagegen sind die früher üblichen, in Altbauten noch vielfach anzutreffenden Einzelofenheizungen (Kohleöfen, Ölöfen mit zentraler Ölversorgung, Einzelgasöfen) sehr viel wartungsaufwendiger und obendrein unökonomischer. Die nostalgische Mode der offenen Kamine und diversen Kaminöfen als »Not- und Nebenheizung« ist wegen der häufig falschen Konstruktion und Beheizung insbesondere unter dem Gesichtspunkt der Schadstoffemission negativ zu beurteilen. Grundsätzlich können gute Einzelöfen jedoch in Übergangszeiten (Frühjahr und Herbst) sowie an feucht-kalten Sommertagen eine sinnvolle und energiesparende Ergänzungsheizung darstellen.

Bei der *Zentralheizung* wird der gesamte Wärmebedarf des Hauses in einem zentralen Heizkessel erzeugt, wobei die Brennstoffe Heizöl, Gas, Koks, aber auch Holz einen weitgehend automatischen Betrieb gestatten. Da die Heizwärme leitungsgebunden im Haus verteilt wird, ist die Anordnung der Räume für die Beheizung von untergeordneter Bedeutung.

Feststoff-Kessel sollten nur für den Brennstoff eingesetzt werden, für den sie auch konstruiert wurden, da das Abbrandverhalten (Sauerstoffbedarf, Zuluftführung) der Brennstoffe sehr unterschiedlich ist. Stand der Technik sind sogenannte Vergasungskessel, die mit dosierbarem Luftüberschuß und Sekundärzuluft für die Nachverbrennung der Rauchgase gefahren werden.

Bei Öl- und Gaskesseln sind derzeit Niedertemperaturkessel mit gleitender Vorlauftemperatur üblich. Bei niedriger Heizleistung wird die Kesseltemperatur bis auf 50°C abgesenkt, was sich günstig auf die Stillstandsverluste des Kessels auswirkt. Korrosionsprobleme durch säurehaltiges Kondensat- für Gußkessel kein Problem - wird bei Stahlkesseln durch neue Brennkammer-Konstruktionen (z.B. Doppelmantel mit Innenrippenrohr) begegnet.

Die seit einigen Jahren auf dem Markt erhältlichen Brennwertkessel holen durch gezielte Kondensation des Abgases (Abgastemperatur 30 - 50°C) das letzte Quentchen Wärme aus dem Kessel heraus. Diese Kessel erfordern jedoch eine entsprechend angepaßte Rauchgasabführung (druckdichtes Edelstahl- oder ggf. auch Kunststoffrohr) und gerade beim Brennstoff Heizöl besondere Maßnahmen zur Beseitigung des anfallenden, schadstoffhaltigen Kondensats. Für kleine Hausanlagen (unter 20 kW) ist der Mehraufwand noch zu hoch.

Vollautomatische Steuerungen mit witterungsgeführter Wärmeerzeugung (Preis ca. 1000 DM) gehören heute zur Standardausrüstung neuer Kessel. Angesichts der Hochtechnisierung der Heizungsanlagen war es für den Autor interessant, Kesselanlagen aus den 50er Jahren zu besichtigen, die nur mit einem Thermostat ausgerüstet als Schwerkraftanlage arbeiten und heute noch die neuesten Grenzwerte (feuerungstechnischer Wirkungsgrad) erfüllen.

Seit etwa 15 Jahren sind für Hausheizungen auch *Wärmepumpen* in Betrieb. Wärmepumpen nutzen Wärme auf einem niedrigen Temperaturniveau von 5 - 30°C und »veredeln« diese durch Zufuhr von Antriebsenergie durch Verdichtung und Ausdehnung auf ein Temperaturniveau von 40 - 55°C. Die Leistungsziffer einer Wärmepumpenanlage sagt aus, das Wievielfache der einsetzten Antriebsenergie in Form von Nutzwärme bereitgestellt werden kann. Je niedriger die nötige Vorlauftemperatur der Heizung, umso günstiger die Leistungsziffer. Elektrische Wärmepumpen für die Hausheizung erreichen heute je nach Anlagenkonzeption durchschnittliche Leistungsziffern von 2-3. Für die energietechnische Bewertung ist der Gesamtwirkungsgrad einer solchen Anlage (das ist das Verhältnis von nutzbarer Wärme zu eingesetzter Primärenergie) jedoch sehr viel aussagekräftiger. Wegen des schlechten Wirkungsgrades bei der Stromerzeugung (ca. 30%) sind Elektro-Wärmepumpen unter diesem Gesichtspunkt ökologisch nicht vertretbar, da der Primärenergieeinsatz je Einheit Nutzwärme durchweg größer ist als bei konventionellen Öl- oder Gasheizungen. Gaswärmepumpen kommen nur für größere Heizungsanlagen (z.B. Sammelheizung für mehrere Gebäude) infrage, da im gängigen Leistungsbereich von 20 kW und weniger derzeit keine geeigneten Aggregate zur Verfügung stehen.

Als *Kraft-Wärme-Kopplung* bezeichnet man solche Energieerzeugungsanlagen, die Strom und Wärme gleichzeitig erzeugen, d.h. auch die bei der Stromerzeugung anfallende Abwärme für die Heizung nutzen und dadurch die eingesetzte Primärenergie sehr viel besser nutzen als zum Beispiel Großkraftwerke. Kompaktanlagen für (größere) Einzelhäuser und Hausgruppen werden von mehreren Firmen angeboten und haben in zahlreichen Modellprojekten ihre Tauglichkeit bewiesen. Den eingesetzten Brennstoff setzen sie zu etwa 55% in Wärme und zu 25% in elektrischen Strom um. Dort wo dieser Strom weitgehend selbst verbraucht (d.h. keine Rückspeisung ins Netz notwendig ist) und die Wärme sinnvoll genutzt wird, können Kraft-Wärmekopplungsanlagen heute wirtschaftlich lohnend betrieben werden. Die energietechnisch sinnvolle Rückspeisung von Überschußstrom ins öffentliche Netz versuchen viele Elektroversorgungsunternehmen derzeit noch durch nicht kostendeckende Stromvergütungen und besondere technische Auflagen zu behindern.

Eine für die Zukunft besonders vielversprechende Form der Kraft-Wärmekopplung verwendet als Antriebsmaschine den Stirlingmotor. Anders als die herkömmlichen Verbrennungsmotoren (die den Brennstoff im Motorraum explosionsartig verbrennen) nutzt der Stirlingmotor die Ausdehnung und das Zusammenziehen eines Arbeitsgases (Wasserstoff oder Helium) bei der Zufuhr von Wärme (250 - 270°C). Diese Wärme kann z.B. auch durch Sonnenenergie oder durch die Verbrennung von pflanzlich-vegetabilem Material (Holz, etc.) bereitgestellt werden. Leider ist die Technik und Produktion solcher Maschinen heute noch nicht soweit ausgereift, daß sie in größeren Stückzahlen im Handel erhältlich sind. In Deutschland läuft der erste Stirling-Motor in einer Kraft-Wärmekopplungsanlage im Ökozentrum Gostenhof in Nürnberg.

Wärmeverteilung

Bei der Einzelofenheizung ist die Wärmeverteilung kein Problem, da jeder Raum über seine eigene Heizquelle verfügt bzw. mit einem beheizten Raum direkt verbunden ist. Im Fall einer Berghütte kann das z.B. ein verschließbares Loch im Boden des Schlafraumes sein, durch das warme Luft aus der Küche nach oben steigt.

Wärmeabgabe als Konvektion ⇨ Strahlung ⅠⅠⅠⅠⅠⅠⅠ	Vorteile	Nachteile
Einzelofen alt	• mittlerer Strahlungsanteil • horizontale Temperaturstaffelung im Raum, am Ofenwarm, am Fenster kalt • kurze Anheizdauer • austauschbar und mobil • verschiedene Brennstoffe möglich • geringer Installationsaufwand (Schornstein erforderlich) • Auskühlung des Raumes wird durch strahlungserwärmte Wände verzögert • geringe Anschaffungskosten • geringer Wartungsaufwand	• mittlerer Konvektionsanteil • hohe Oberflächentemperatur mit Staubverschwelung • schlecht regulierbar • starke Raumverschmutzung durch Staub und ggf. durch Asche • schlechte Brennstoffausnutzung • Wärmeverluste durch verstärkte Zuluft zur Brennstelle • Verbrennungsgefahr • Warmwasserbereitung nicht integrierbar
Einzelofen neu	• geringe Oberflächentemperatur durch zweischalige Bauweise • kurze Anheizzeit • mobil, austauschbar • gut regulierbar • geringer Installationsaufwand • bei Gas oder zentraler Ölversorgung kein Schmutz • viele Brennstoffe nutzbar • geringer Investitionsaufwand • bei regelmäßiger Wartung gute Brennstoffausnutzung • mittlerer Wartungsaufwand	• sehr hoher Konvektionsanteil • starke Luftbewegung • hohe Temperatur der Brennkammer mit Staubverschwelung • hohe Raumlufttemperaturen mit Lüftungswärmeverlusten • schnelle Auskühlung des Ofens und des Raumes • vertikale Temperaturstaffelung im Raum, oben warm, unten kalt • Warmwasserbereitung nicht integrierbar
Gemauerter Grundofen	• hohe Oberflächentemperatur ohne Verschwelungserscheinungen • hoher Strahlungsanteil der abgegebenen Wärme • lange Nachheizzeit durch Speichermasse des Ofens • strahlungserwärmte, trockene Wände und geringe Lüftungsverluste • wenig Schmutz bei Flurbefeuerung • horizontale Temperaturstaffelung • Warmwasserbereitung durch Wärmetauscher integrierbar • bei richtigem Aufbau gute Brennstoffausnutzung • geringer Wartungsaufwand	• lange Aufheizzeit • schlechte Regulierbarkeit • nicht austauschbar • mittlerer Installationsaufwand • Brennstoff im allgemeinen nur Holz
Kachelgrundofen	• Eigenschaften wie beim gemauerten Grundofen • geringe Speichermassen möglich • verbesserte Verhältnisse der Oberflächentemperatur • Verbesserung des Strahlungsanteils	• wie beim gemauerten Grundofen • sehr hoher Anschaffungspreis Tabelle 35: Heizungssysteme

Wärmeabgabe als Konvektion ⇒ Strahlung ||||	Vorteile	Nachteile
Warmluft-Kachelofen	• kurze Aufheizzeit • befriedigende Regulierbarkeit • warme Oberfläche • viele Brennstoffe einsetzbar • wenig Schmutz bei Flurbefeuerung • Beheizung mehrerer Räume möglich • Automatisierung des Heizungsbetriebes möglich • Warmwasserbereitung integrierbar • mittlerer Wartungsaufwand	• hoher Konvektionsanteil • hohe Oberflächentemperatur des Heizeinsatzes, dadurch Staubverschwelung • hohe Raumlufttemperaturen mit entsprechenden Lüftungsverlusten • vertikale Temperaturstaffelung • mittlerer Installationsaufwand • nicht austauschbar • hoher Anschaffungspreis
Elektro-Nachspeicheröfen	• geringer Installationsaufwand (es muß ein Starkstromanschluß vorhanden sein) • freie Standortwahl • schnelle Aufheizzeit • kein Schmutz durch Brennstoffe • kaum Wartungsaufwand	• nur konvektive Wärme • hohe Raumluftbewegung, Staubverschwelung und vertikale Temperaturstaffelung • hohe Raumtemperaturen mit entsprechenden Lüftungsverlusten • abhängig von der Stromversorgung • schlechte Regulierbarkeit • keine Warmwasserbereitung • hoher Platzbedarf im Raum • teure Heizenergie
Radiator-Heizung	• zentrale Feuerung mit verschiedenen Brennstoffen • freie Anordnung der Heizkörper • kein Schmutz durch Brennstoffe • gute und schnelle Regulierbarkeit durch Heizkörperthermostate und Regel-Elektronik • gute Brennstoffausnutzung • mittlere Oberflächentemperaturen am Heizkörper • Integration der Warmwasserbereitung leicht möglich	• hoher Konvektions- und niedriger Strahlungsanteil • hohe Raumluftbewegung mit mäßiger Staubbelastung • hohe Raumlufttemperatur mit entsprechenden Lüftungsverlusten • problematische Wasserkreisläufe • vertikale Temperaturstaffelung • hoher Installationsaufwand und Anschaffungspreis • hoher Wartungsaufwand
großflächige Niedertemperatur-Plattenheizkörper	• Eigenschaften wie bei der Radiator-Heizung • niedrigere Vorlauf- und Oberflächentemperatur • erhöhter Strahlungs- und niedrigerer Konvektionsanteil	• größere Heizkörperflächen erforderlich, die Platz beanspruchen • teurer, da größere Heizflächen Tabelle 35: Heizungssysteme

Wärmeabgabe als Konvektion ⇨ Strahlung ‖‖‖‖‖‖	Vorteile	Nachteile
Fußboden-Randleisten-Heizung	• konvektiv aufgeheizte Wandflächen nutzen die Wand als Strahlungsheizflächen • hoher Strahlungsanteil, geringe Raumluftbewegung • warme, trockene Wände • geringe Lüftungsverluste • zentrale Feuerung mit freier Wahl des Brennstoffs • kein Schmutz durch Brennstoffe • Warmwasserbereitung integrierbar	• Wandflächen müssen frei bleiben • mittlerer Installations- und Wartungsaufwand • problematischer Wasserkreislauf • mittlere Anschaffungskosten
Fußboden-Heizung	• hoher Strahlungsanteil, der sich durch Luftschichtung in unerwünschte Konvektion umwandelt • "unsichtbare" Heizung • freie Grundrißgestaltung • sehr niedrige Vorlauftemperaturen (gute Wärmedämmung erforderlich) • zentrale Feuerung mit verschiedenen Brennstoffen, kein Schmutz • Warmwasserbereitung integrierbar	• lange Aufheizzeiten, schlechte Regulierbarkeit • u.U. Entstehung von Staubwirbeln • komplizierter Fußbodenaufbau • kostenträchtige Reparaturen • problematische, großflächige Wasserkreisläufe • hoher Installationsaufwand und Preis • physiologisch ungünstige Wärmeabgabe
direkte Warmluftheizung (zentral)	• kein Schmutz durch Brennstoffe • gute und schnelle Regulierbarkeit • flexible Anordnung der Luftauslässe, kein Platzverlust durch Heizkörper • zentrale Feuerung mit verschiedenen Brennstoffen und Warmwasserbereitung, kein Schmutz	• hoher Installationsaufwand • nur Konvektion mit hoher Raumluftbewegung und Staubpegel • Geräusch- und Geruchsbelästigung • vertikale Temperaturstaffelung • hoher Anschaffungspreis und Wartungsaufwand
Hypokaustenheizung	• reine Niedertemperatur-Strahlungsheizung • zentrale Feuerung mit verschiedenen Brennstoffen möglich • nur indirekte Luftumwälzung im Boden oder den Wänden • Wandhypokauste ist zu bevorzugen, da horizontale Wärmestrahlung mit horizontaler Temperaturstaffelung	• hoher Planungs- und Konstruktionsaufwand • starke Grundrißbindung • lange Aufheizzeiten und schlechte Regulierbarkeit • z.Zt. noch experimentelles System, nicht Stand der Technik

Tabelle 35: Heizungssysteme

Bei Zentralheizungen muß die Wärme hingegen mittels Wärmeträger über ein Verteilungssystem zu den einzelnen Räumen transportiert werden. Der ideale und daher gebräuchlichste Wärmeträger ist Wasser (spez. Dichte $1000 \, kg/m^3$), da es bezogen auf eine Volumeneinheit sehr viel Wärme aufnehmen und transportieren kann (spez. Wärmekapazität: $4{,}19 \, kJ/kg°K = 4.190 \, kJ/m^3 \, K$). Luft (spez. Dichte $1{,}29 \, kg/m^3$) als Wärmeträger hat gegenüber Wasser den Vorteil, daß es bei Undichtigkeiten am Leitungssystem kaum zu Schäden im Haus kommen kann; nachteilig ist dagegen die gegenüber Wasser sehr viel geringere spezifische Wärmekapazität ($1{,}01 \, kJ/kg \, K = 1{,}3 \, kJ/m^3 \, K$), so daß erheblich größere Luftmengen umgewälzt werden müssen (das mehr als 3.000 fache Volumen), um dieselbe Wärmemenge zu transportieren. Zur Klimatisierung (Heizen und Kühlen) großer Gebäude (Büros, Lagerhallen, ect.) wird dennoch aus praktischen Erwägungen recht häufig mit Luft als Wärmeträger gearbeitet.

Wärmeabgabe

Der Wärmeverlust der menschlichen Körperoberfläche durch Strahlung, Leitung oder Konvektion wird als unangenehm empfunden, wenn er die Wärmeproduktion des Körpers in der jeweiligen Situation (tätigkeitsabhängig) überschreitet. Bei niedrigen Außentemperaturen sollte die Raumheizung nun die Raumluft und die raumumschließenden kalten Oberflächen (Außenwände, Fenster, Decke, Fußboden) soweit aufheizen, daß sich bei einer Körperoberflächentemperatur von etwa 20°C ein Wärmegleichgewicht einstellt.

Gewünscht wird von der Wärmequelle, gleich welcher Art, ob Einzelofen oder Zentralheizkörper, ein möglichst hoher Strahlungsanteil bei der Wärmeabgabe. Denn dadurch können so hohe Oberflächentemperaturen (18 - 22°C) der Wände und Decken erreicht werden, daß schon relativ niedrige Raumlufttemperaturen (unter 20°C) für die Behaglichkeit ausreichen. Die Luftbewegung und damit die Staubbelastungen bleiben auf diese Weise relativ gering.

In welchem Verhältnis Strahlungswärme und konvektive Wärmeabgabe bei verschiedenen Heizungssystemen stehen, zeigt Tabelle 35. Bei dieser Tabelle wurden Heizmaterialien (Holz, Kohle, Öl und Gas) bzw. Heiztechniken (Brenner und Kessel) bezüglich ihrer Wirtschaftlichkeit nicht einbezogen. Auch die Nutzung regenerativer Energiequellen z.B. durch Solaranlagen oder Wärmepumpen sind hier nicht berücksichtigt. Zum Verständnis der Tabelle muß auch gesagt werden, daß es die ideale Heizung nicht gibt, da die Anforderungen, die an ein Heizsystem gestellt werden, sehr unterschiedlich sein können. So kann der Nachteil der sehr langen Aufheizzeit eines gemauerten Grundofens in einem ständig genutzten Wohnraum ohne Bedeutung sein.

Der Markt bietet dem Bauherrn ein kaum zu überblickendes Angebot an Radiatoren, Konvektoren, Brennern, Kesseln, Steuergeräten, Selbstbausystemen usw. an. Leider ist die fachliche Beratung durch den Heizungsinstallateur meist getrübt durch Materialprozente, bunte Firmenprospekte und jahrzehntelange unsinnige Routine. Hier müssen hartnäckig die richtigen Fragen gestellt werden und Angebotspreis und Leistung unter dem Aspekt der langjährigen Funktionsfähigkeit bei geringem Wartungsaufwand verglichen werden.

Die Wahl der Raumtemperatur wird maßgeblich von der Nutzung bestimmt. So werden an Wochenendhäuser diesbezüglich andere Anforderungen gestellt als an Wohnhäuser oder Arbeitsstätten. Im Interesse einer sparsamen Energienutzung ist es sinnvoll, innerhalb des Wohnhauses eine Temperaturhierarchie vorzusehen (Tab. 4).

Die einfachste Form der Strahlungsheizung, wenn auch bei weitem nicht die energetisch effektivste, ist der *offene Kamin*, der aufgrund der hohen Feuertemperatur große Wärmemengen abstrahlen kann. Die Rittersäle der mittelalterlichen Burgen waren nur so beheizbar. Für Bauernstuben und die Wohnräume der Bürgerhäuser bis 40 m² Grundfläche ausreichend und im Energieverbrauch wesentlich wirtschaftlicher ist der gemauerte oder gekachelte *Grundofen*. Er erreicht Oberflächentemperaturen von 100°C und Wärmeleistungen von maximal 1,2 kW pro m² Ofenoberfläche, d.h. ein Wohnraum mit 20 - 25 m² Grundfläche und einem Wärmebedarf von 2 kW benötigt eine wirksame Ofenoberfläche von knapp 2 m². Der Wirkungsgrad solcher Öfen kann bei rostloser Holzfeuerung und ohne Warmluftzüge mit ca. 70% angenommen werden. Idealerweise bestrahlt der Ofen vom Haus- oder Zimmermittelpunkt aus die Außenwände und wird vom Flur befeuert.

Der Grundofen (Abb. 90) wird innen durch den heißen Rauch des Holz- oder Kohlenfeuers erwärmt, der durch lange Gänge, sog. Züge, strömt und dann abgekühlt in den Schornstein gelangt. Die Kacheln nehmen die Wärme auf und strahlen sie zum Raum hin ab. Durch den Aufbau der Kacheln (mäßige Wärmeleitung, sehr glatte Oberfläche) und ihre Form (Schüsseln) kann die Wärmeabgabe durch Konvektion gering gehalten werden.

Aufgrund seiner großen Masse reagiert der Ofen träge und ist daher für nur kurzzeitig beheizte Räume nicht geeignet. Im Räumen mit großen Südfensterflächen (d.h. mit ausgeprägter passiver Sonnenenergienutzung) gestaltet sich die Regelung dieser Heizung als schwierig.
Ein Grundofen, in dem nur Holz verbrannt wird, benötigt keinen Rost im Brennraum. Durch den Sauerstoffreichtum des Holzes findet unter der schützenden Ascheschicht im Glutbett eine fast vollständige Verbrennung statt, so daß nach ein bis zwei Monaten Dauerbetrieb höchstens eine kleine Schaufel Asche für den Komposthaufen anfällt. Es sei jedoch nicht verschwiegen, daß bei unvollständiger Holzverbrennung brennbare Rauchbestandteile in Form von giftigen Teeren, Phenolen und Kohlenmonoxid über den Kamin entweichen.

Anders verhält es sich bei den Einsatzkachelöfen, bei denen nur eine dünne Kachelschale den eisernen Einsatzofen umgibt, der an seinen gerippten Flächen möglichst viel Luft erwärmt und diese durch Öffnungen in den Raum bläst. Einsatzöfen haben allerdings den Vorteil, daß sie durch gezielt zugeführte Primär- und Sekundärluft wesentlich bessere Verbrennungsergebnisse erzielen als »zufallsgefertigte« Grundöfen. Doppelwandige Warmluftöfen erreichen einen Strahlungsanteil von maximal 35% entsprechend 0,3 - 0,6 kW pro m² Oberfläche.

Anders als bei der Einzelofenheizung ist die Wärmeabgabe der Zentralheizung an die Größe der Heizkörper gebunden.

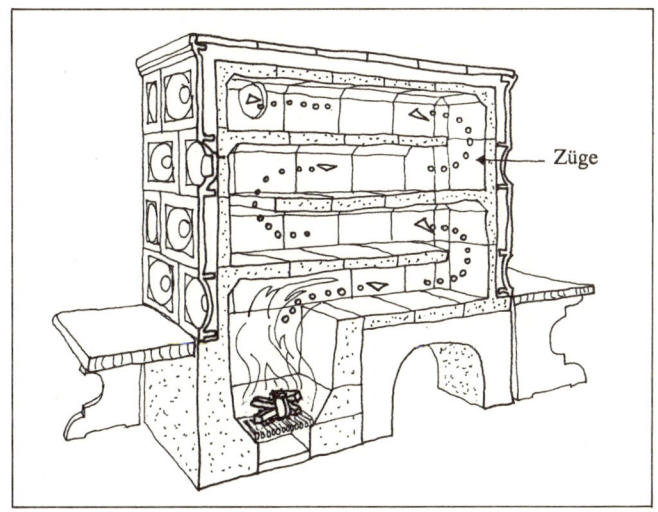

Züge

Abb. 90: Kachelgrundofen

Abb. 91: Fußboden-Heizleiste, System San-Cal

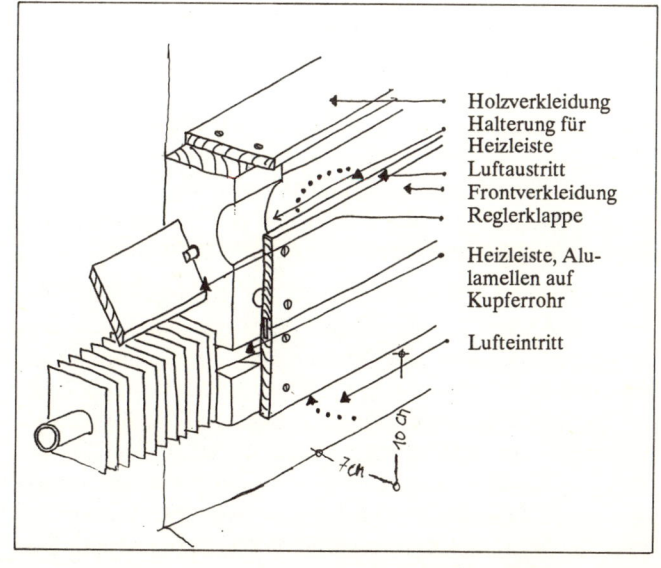

Holzverkleidung
Halterung für Heizleiste
Luftaustritt
Frontverkleidung
Reglerklappe

Heizleiste, Alulamellen auf Kupferrohr

Lufteintritt

Heizkörper	Länge	Höhe	Tiefe	Preis	Zusatzkosten
Gußradiator	990	580	110	300.-	Anstrich 50.-
Stahlradiator	1050	600	110	170.-	Anstrich 50.-
Säulenradiator	1173	600	64	270.-	
Plattenheizkörper	1800	600	16	210.-	
Plattenheizkörper zweizeilig mit Konvektorblech	750	600	100	270.-	
Konvektor mit Verkleidung	1500	600	120	270.-	
Heizleiste mit Blechverkleidung	3000	200	70	350.-	
Heizleiste mit Holzverkleidung				400.- bis 500.-	
Fußbodenheizung	1 m^2 Fußbodenfläche mit Dämmung			180.-	
Kapillarröhrchenheizung	ca. 6 m^2 Wandfläche notwendig (150 Watt/m^2)			385.-	

Tabelle 36
Preis-Leistungs-Verhältnis verschiedener Heizkörper

Vergleichsbasis:
Leistung: 1000 Watt
Vorlauf: 70°C
Rücklauf: 55°C

Da das Fenster der kälteste Teil der Außenwand ist, werden *Warmwasser-Heizkörper* logischerweise unter den Fenstern angebracht. Und da 5 kleinere, an der Außenwand verteilte Heizkörper teurer sind als 1 - 2 große, wird die erforderliche Heizleistung eben konzentriert abgegeben. Um die notwendige Heizleistung bei geringen Oberflächentemperaturen (heutzutage maximal 65°C) und kompakten Heizkörpern zu erbringen, muß der absurde Weg beschritten werden, möglichst viel Luft an den Heizflächen vorbeistreichen zu lassen - Konvektor-Prinzip. Alle anderen Wandflächen und Fenster bleiben unterversorgt und bilden Strahlungslöcher, die durch entsprechend hohe Lufttemperaturen kompensiert werden müssen.

Wo die Raumeinrichtung es zuläßt, sollten die Heizkörper zur Erreichung eines guten Raumklimas möglichst groß sein und über die gesamte Außenwand verteilt werden, d.h. der großformatige Plattenheizkörper mit geringer Bautiefe ist dem Hochleistungskonvektor unbedingt vorzuziehen.

Konsequent ist dieses Prinzip bei der *Heizleiste* (Abb. 91) verwirklicht, die auf den ersten Blick wie ein Konvektorheizkörper arbeitet. Sie wird entlang der Zimmerwände montiert und benötigt keine Nischen im Mauerwerk, dafür aber einen freien Wandbereich (etwa 7 cm) für ihre Installation. Die auf ein Kupferrohr aufmontierten Lamellen aus Alu oder Kupfer schaffen trotz des geringen Raumbedarfs eine große Heizfläche. Die Leistung bei 80°C Vorlauf beträgt 500 W/m, bei 50°C noch 250 W/m. Die erwärmte Luft steigt als Warmluftschleier an der Wandfläche nach oben zur Decke, kühlt ab und fällt dann in der Nähe der Wand zum Boden zurück; die Wand strahlt die Wärme an den Raum ab. Diese Zwischenstation der Wärme und die damit verbundenUmwandlung von Konvektion in Strahlung unterscheidet Heizleisten von Konvektoren. Wenig Staubanfall, gleichmäßige Raumlufttemperatur und horizontale Temperaturstaffelung sind ihre positiven Eigenschaften.

Die *Fußbodenheizung* ist heute eine finanziell erschwingliche Alternative, nachdem sie in den 70 er Jahren noch eine »Exclusiv-Heizung« war. Mit ihrem hohen Strahlungsanteil bei der Wärmeabgabe scheint diese Flächenheizung den baubiologischen Forderungen recht nahe zu kommen. Was spricht gegen sie?

- Die Wärmeabstrahlung ist von unten nach oben gerichtet und an den Fußsohlen ist der Mensch besonders empfindlich für Überhitzung.

- Physiologisch läßt die hohe Fußwärme die Venenklappen in den Beinen geöffnet, so daß der Blutrückstrom zum Herzen nur ungenügend stattfindet. Angeschwollene Füße und allgemeines Unwohlsein, gerade bei älteren Menschen, sind die Folge.

- Physikalisch bildet sich eine warme Luftschicht unter der noch kalten Raumluft, die bei Bewegungen im Zimmer stoßartig nach oben zieht und dabei Staubaufwirbelungen fördert.

- Radiästheten warnen vor der Störung des natürlichen Strahlungsfeldes durch wasserdurchflossene Rohre.

- Ein technisches System vollständig in Beton einzugießen, kann hohe Reparaturkosten nach sich ziehen.

- Aufheizzeiten von 4 - 8 Stunden machen das System reaktionsträge.

- Mineralische Bodenbeläge sollten für Fußbodenheizungen obligatorisch sein, da wärmedämmende Beläge die Aufheizzeiten verlängern.

- Andererseits ist die Wärmeabstrahlung des Körpers zum mineralischen Belag sehr hoch, so daß in kühlen Sommern und in der Übergangszeit die Heizung zugeschaltet werden muß, um ein angenehmes Raumklima zu schaffen - verständlich daher der Wunsch nach »warmen« Teppich-, Holz- oder Korkböden.

Die Idee, eine Fußbodenheizung an die Wand zu klappen, um viele der angesprochenen negativen Phänomene zu vermeiden, ist noch wenig erprobt. Die Gretchenfrage in diesem Zusammenhang lautet immer wieder: an die Innen- oder an die Außenwand? Innen müßte die Wand hohe Strahlungstemperaturen aufweisen, um die kalten Außenwandflächen ausreichend zu erwärmen, außen nehmen die Wärmeverluste als Folge der Wärmeleitung der Wand erheblich zu. Die einfachste Form der Wandheizung sind Wärmeschlangen aus Kupfer oder Plastik, die direkt auf der Wand verlegt eingeputzt werden. Ein anderes System arbeitet mit einer Matte aus spaghettidünnen Kapillarröhrchen, die ebenfalls eingeputzt wird.
Neuerdings wird das Prinzip der Warmluftheizung wiederbelebt, allerdings in Form der *Hypokaustenheizung*. Dabei sollen Wände oder Fußböden zu Wärmestrahlern werden, indem die warme Luft in Hohlräume und Kanäle geblasen wird. Aus mehreren gescheiterten Versuchen, die dem Autor bekannt wurden, ist folgendes zu lernen:

- Luft ist ein schlechter Wärmeträger; daher müssen große Luftmengen umgewälzt werden, um nennenswerte Energiemengen zu transportieren (Ventilator erforderlich).

- Der Transport von erwärmter Luft über lange Strecken ist technisch aufwendig und platzraubend (gedämmte Rohrleitungen großen Querschnitts).

- Die Wärmeübertragung auf feste Materialien (z.B. zwecks Wärmespeicherung) ist verhältnismäßig schlecht und wegen physikalischer Phänomene (Wirbelschichten und Trennschichten) nicht exakt berechenbar.

- Die erreichbaren Oberflächentemperaturen der Wand werden zwar als angenehm empfunden (20 - 25°C), reichen aber häufig nicht aus, um die Wärmeverluste der Außenhaut auszugleichen.

Für hochwärmegedämmte Leichtbaukonstruktionen gilt der letzte Punkt nicht. Es kann jedoch sinnvoll sein, an einen Grundofen eine Wärmewand anzuschließen, als sogenannte Nachheizfläche. Die Systemgrenzen sind aber erreicht, wenn die Abkühlung der Rauchgase unter 200°C sinkt.
Für Kenner: Die römische Hypokaustenheizung war wohl als Sattdampfheizung konstruiert. Auf Kupferpfannen wurde Wasser erhitzt und der Dampf in geschlossene Mauerhohlräume geleitet. Das Dampfkondensat leitete der Ziegel an die Außenfläche.

Lüftung

Die wesentlichen Kriterien für eine gute Luftqualität in Innenräumen wurden bereits in Kapitel 1.1 »Mensch und Atmung« und 3.4 »Fenster und Türen« besprochen. Die Fensterfugenlüftung muß bei dichten Fenstern ersetzt werden durch Zwangsbelüftungssysteme, die entweder mit dem Fenster kombiniert werden oder in Form von Lüftungsdosen in der Außenwand sitzen.
Innenliegende WC's und Bäder werden ebenso wie die Küchenentlüftung im mehrgeschossigen Wohnungsbau über Einzel- oder Sammelschächte entlüftet (sogenannte Berliner oder Kölner Lüftung), die von den Wohnungen über das Dach führen. Eine Zwangsbelüftung wird heute mit

elektrisch gesteuerten Ventilatoren betrieben. In beiden Fällen wird aber die notwendige Zuluft aus den übrigen Räumen abgesaugt und zwangsläufig über Fugen und Undichtigkeiten von außen wieder ergänzt.

Aufwendige Lüftungssysteme, wie sie neuerdings für Allergiker empfohlen werden bzw. in Niedrigenergiehäusern Anwendung finden sollen, führen auch die frische Zuluft über Kanäle ins Haus, reinigen diese mit Filtern und erwärmen sie über Wärmetauscher mit der in der Abluft enthaltenen Wärme. Solche Systeme für Einfamilienhäuser kosten zwischen 8.000 und 12.000 DM - eine recht hohe Investition gemessen an der möglichen Energieeinsparung von ca. 20% des Gesamtwärmebedarfs. Besonders interessant ist die Technik einer Niedrigenergiehaus-Siedlung nach schwedischem Vorbild bei Ingolstadt, die aus einer Reihenhauszeile die Abluft zentral im Dach sammelt und sie einer Wärmepumpe zuführt, die daraus monovalent den gesamten Warmwasser-Energiebedarf deckt.

Die Preisangabe (Stand 1989) bezieht sich nur auf das Material pro Verbrauchseinheit (z.B. 1 lfm oder m²). Für die Dämmstoffe wurde zusätzlich der gleiche Dämmwert zugrunde gelegt um eine realistische Vergleichsmöglichkeit zu schaffen. Bei einzelnen Bauteilen (z.B. Außenwand) wurden weitere Angaben zu den Baustoffen gegeben, trotzdem weisen die Konstruktionen große Unterschiede in der Qualität auf, so daß hier nur ein grober Vergleich über den Preis möglich ist.

3.10 Materialauswahl

Im folgenden Kapitel wurde für die verschiedenen Bauteile eine Reihe von Materialien ausgewählt, die den angesprochenen humanbiologischen und -ökologischen Kriterien mehr oder weniger genügen. *In der Reihenfolge der Aufzählung nimmt die angestrebte Qualität ab.* Einzelne Materialien sind regional ungebräuchlich (z.B. Stroh, Schiefer), manche werden aus Kostengründen vom Handwerk in der Regel nicht mehr verarbeitet (z.B. Lehm). Auch hat der "normale" Baustoffhandel einzelne Materialien nicht auf Lager (z.B. Kork, Kokos) bzw. kann und will sie oftmals nicht beschaffen. Hier ist das Engagement des einzelnen gefordert.

Die Preise können örtlich stark differieren, da bei billigen Baumaterialien wie z.B. Kies und Ziegel die Transportkosten besonders hoch sind.

Tabelle 37: Materialauswahl

Einsatzgebiet	Material	Preis
		DM/m^3
Sauberkeitsschicht unter Fundament	* Kalksteinschotter	40.-
	*. Quarzsteinschotter	35.-
Fundamente und Kellerwände	* Natursteinmauer	-----
	* Ziegelmauerwerk (mind. 30 cm)	50.-
	* Klinkermauerwerk (mind. 30 cm)	70.-
	* Kalksandstein (mind. 30 cm)	40.-
	* Beton (mind. 30 cm)	40.-
		DM/40 kg
Bindemittel für Beton	* Trasskalk	10.-
	* Trasszement	10.-
	* Zement	9.-
Zuschlagstoffe für Beton	* Kalksteinkies	40.-
	* Ziegelsplitt	50.-
	* Blähton	60.-
	* Quarzsteinkies	35.-
	Stärke 30 cm	DM/lfm
Drainageschicht	* Lehmpackung und Kies	10.-
	* Quarzsteinschotter	15.-
	* Bitumenwellpappe	9.-
	* Porenbetonstein	18.-
	Ø DN 100	DM/lfm
Drainagerohr	* Tonrohr	2.-
	* Kunststoffrohr	3.50
	* Betonrohr	8.50
		DM/m^2
Sperrschicht außen	* Zementgebundene Dichtungsschlämme, nur bei Mauerwerk	6.-
	* Kaltbitumenanstrich (bei Betonwänden)	4.50
	* Kaltbitumenspachtelung	9.-
Sperrschicht für Mauerwerk	* Bitumenpappe, 500er	4.-
Sperrschicht für Kellerboden	* Bitumendachbahn 500er, auf Voranstrich heiß verklebt	6.50
	* Zementgebundene Dichtungsschlämme	8.-

Einsatzgebiet	Material	Preis
Putz außen und innen, Keller	* Hydraulischer Kalk (bei Ziegel)	6.-
	* Zementputz (bei Beton)	6.50
	Basis 10 cm, Gruppe 040,	DM/m^2
Dämmschicht im Keller	* Schilfrohrmatten	28.-
	* Kokosplatten	42.-
	* Korkplatten	38.-
	* Holzwollplatten, magnesitgebunden	45.-
	* Blähton	30.-
	* Perlite	45.-
Dämmschicht außen	* geschlossenzellige Kunststoffplatten	42.-
Bodenbelag im Keller	* Vollziegelplatten in Sandbett 6 cm	33.-
	* Ziegelplatten in Trasskalk	36.-
	* Trasskalkestrich	14.-
	* Zementestrich	12..-
Tragschicht für die Außenwand	* Strohlehmwand bei 1000kg/m^3, mind. 36,5 cm stark	---
	* Ziegelmauerwerk nicht unter 1000 kg/m^3 mind. 36,5 cm	85.-
	* Holzbalken massiv mind. 25 cm	150.-
	* Holzständerbau mit Leichtlehmausfachung	95.-
	oder mit Dämmschicht mind. 12 cm	135.-
	* Kalksandsteinmauer zweischalig mit Dämmung 24/8/11,5	125.-
	* Leichtbetonsteinmauer mind. 30 cm (Ziegelsplitt, Blähton)	80.-
	* Leichtbetonschüttbauweise (Ziegelsplitt, Blähton) mind. 30 cm	55.-

Einsatzgebiet	Material	Preis
	Basis 10 cm, Gruppe 040,	DM/m²
Putzschicht außen	* Kalkputz dreilagig	9.-
	*. Hydraulischer Kalkputz im Sockelbereich	10.50
Puzschicht innen	* Kalkputz zweilagig	5.-
Dämmschicht außen	* Holzwolleplatten, magnesitgebunden	35.-
Zwischendämmung mit Platten	* Schilfrohrplatten	28.-
	* Kokosplatten	42.-
	* Korkplatten	38.-
Zwischendämmung mit Schüttdämmstoffen	* Sägemehl und Späne mit Wasserglas imprägniert um Brandwert B2 zu erreichen	---
	* Torf, imprägn., s.o.	---
	* Stroh, imprägn., s.o.	---
	* Zellulosedämmstoff	15.-
	* Korkschrot	26.-
	* Perlite	45.-
	* Blähton	30.-
	* Holzweichfaserplatte (16 mm)	13.-
	Stärke 10-13 cm	DM/m²
Tragschicht für die Innenwand	* Ziegelmauerwerk 1,4	65.-
	* Holzwand massiv	70.-
	* Holzständerwand mit Leichtlehmausfachung	40.-
	* Holzständerwand mit Dämmstoffschicht und Beplankung mit Schilfrohrmatten, Hozwolleplatten, Gipskartonplatten, Holz	70.-
	* Gipsmassivplatten	32.-
	* Holzwolleplatten	35.-
	* Kalksandsteinmauer	55.-
	* Leichtbetonsteine (Blähton-, Gasbeton)	35.-
		DM/m²
Putz	* Kalkputz, zweilagig	5.-
	* Gipsputz (nicht für Feuchträume)	4.50

Einsatzgebiet	Material	Preis
	Stärke 10-13 cm	DM/m²
Schallschutz	* Holzwolleplatten oder Gipskartonplatten auf Swinghölzer mit Kokosstreifen	22.-
Tragschicht für die Decke	* Holzbalkendecke (nur Tragkonstr.)	35.-
	* Ziegelelementdecke (ohne Überbeton)	70.-
	* Betondecke incl. Bewehrung	65.-
	Stärke 15 cm	DM/m2
Füllungen bei Holzbalkendecken	* Leichtlehm	2.-
	* Kalkschotter	10.50
	* Quarzsteinschotter	6.-
	* Ziegelsplitt	8.-
	Stärke 4 cm	DM/m²
Beschwerungen oberhalb Holzbalkendecken	* Ziegelplatten	21.-
	* Betonplatten	16.-
	* Ziegelhohlplatten auch als Füllungsträger 6 cm	23.-
	* Klinker 6 cm	30.-
Deckenputz	* Kalkputz, zweilagig	5.-
	* Gipsputz	4.50
	allgem. Stärke 3,5 cm	DM/m²
Fußbodenaufbau Trittschalldämmung bzw. Wärmedämmung in Platten	* Schilfrohrplatten	11.-
	* Kokosplatten	17.-
	* Korkplatten	14.-
	* Bitumenkorkfilz Stärke 12 mm	10.-
	* Holzweichfaserplatte Stärke 20 mm	9.-
	* Steinwolle	5.-
Trittschalldämmung bzw. Wärmedämmung als Schüttdämmstoff	* Korkschrot , natur	9.-
	* Blähton	---
	* Perlite	10.-
	* Gasbetongranulat	12.-
	* Flachsschaben	10.-

Einsatzgebiet	Material	Preis	Einsatzgebiet	Material	Preis
	Stärke 5 cm	DM/m^2			DM/m^2
Estrich, feucht	* Anhydridestrich (nicht im Feuchtraum)	15.-	Dachdeckung	* Stroh o. Schilfrohr	---
	* Magnesitestrich (Industrieboden)	17.-		* Holzschindeln	50-80.-
	* Trasskalkestrich (lange Trockenzeit)	12.50		* Tonziegel	20-40.-
	* Zementestrich	11.-		* Schieferplatten	110.-
	Stärke 25 mm	DM/m^2		* Zinkblech	40.-
Estrich, trocken	* Ziegeltrockenestrich zugleich Gehschicht	31.-		* Kupferblech	60.-
	* Trockengipsplatten (nicht im Feuchtraum)	19.-		* Betondachsteine	15-30.-
	* magnesit- oder zementgebundene Spanplatten	30.-		* Dachpappschindeln	15.-
	* kunstharzgebundene Spanplatten	16.-		* Dachpappbahnen zweilagig	8.-
				Basis 10 cm, Gruppe 040	
			Dämmung in Platten	* Leichtlehm	---
				* Schilfrohrplatten	28.-
				* Kokos	42.-
				* Kork	38.-
Fußbodenbelag Holz	* Holzdielen	25-40.-		* Steinwolle	14.-
	* Parkett	45-70.-	Dämmung als Schüttdämmstoff	* Korkschrot, natur	30.-
	* Holzpflaster	50-80.-		* Zellulosedämmstoff	15.-
	* Massivfertigparkett	70-110.-		* Blähton	30.-
Naturstein	* Kalksteinplatten	60-90.-		* Perlite	45.-
	* Dolomit	115.-	Innenverkleidung	* Holz	24.-
	* Serpentin	120.-		* Schilfrohrmatten	6.-
	* Marmor	35-100.-		* Holzwolleplatte	7.-
				* Gipsfaserplatte	8.-
Gebrannter Stein	* Cotto-Fliese	30-60.-	Wandanstrich außen	* Kalkfarbe	0,70
	* Ziegelplatten	20-60.-		* Silikatfarbe, rein mineralisch	6.-
	* Klinkerplatten	30-50.-	innen	* Kalkfarbe	0,50
	* glasierte Beläge	20-80.-		* Naturharzdispersion	1.20
Teppiche	* Wolle	60-140.-		* Kaseinfarbe	1.40
	* Ziegenhaar	55.-		* einkomponentige Silikatfarbe	1.20
	* Kokos	25-70.-		* Boraximprägnierung	0.80
	* Sisal	45-55.-		* Naturharzimprägnierung und Lasur	6.40
	* Baumwolle	90.-		* Leinölfirnis	3.50
Andere Beläge	* Korkplatten	30-40.-	Holz innen	* Boraximprägnierung	0.80
	* Linoleum	30-50.-		* Naturharzimprägnierung	2.40
Oberfläche	* Naturharzölimprägnierung	2.40		* Bienewachs	3.70
	* Naturharzhartöl	2.70		* Naturharzlack	7.80
	* Fußbodenhartwachs	0,90		* Naturharzöllasur	6.40

Einsatzgebiet	Material		Preis DM/m^2
Verschiedenes:			
Putzträger	*	Schilfrohrmatten	3.30
	*	Ziegeldrahtgewebe	9.-
		Ø 2 cm/lfm	
Fugendichtung	*	Holzwollezopf	0.45
	*	Kokoswolle	0,70
	*	Hanfstrick bitumiert	2.-
	*	Gummiprofil	1.30
	*	Dauerelastische Dichtungsmasse	0.80
		DM/m^2	
Trennlagen bei trockenem Einsatz	*	Kreppapier	1-2.50
	*	Wollfilzpappe, roh	1.50
	*	Malerabdeckpapier	0.40
Trennlagen bei feuchtem Einsatz	*	Ölpapier	0.45
	*	Wollfilzpappe imprägniert	1.60
	*	imprägniertes Papier mit Glasseidengewebe	2.60
	*	Bitumenpapier	0.40
	*	PE-Folie	0.40
	*	Dachpappe R333er und R500er	3.20
Trennlagen bei Belastung	*	Dachpappe mit Jutegewebe	11.-
	*	Dachpappe mit Glasfasergewebe (V11)	9.80
Dampfbremsen	*	Wollfilzpappe mit Kautschuk- beschichtung	2.20
	*	Natronkraftpapier mit Sisalfasern und Bitumen	2.30

Einsatzgebiet	Material	Ø DN	Preis DM/lfm
Sanitärinstallation:			
Entwässerungsrohre unterm Haus	* Steinzeugrohr		22.-
	* Betonrohr		7.50
	* PVC-KG Rohr		13.-
Entwässerungsrohre im Haus	* SML-Gußrohr		30.-
	* PVC-KG Rohr		17.-
Bewässerung	* verzinktes Stahlrohr, 1 Zoll		16.-
	* Weichkupferrohr 22 mm		22.-
Elektroinstallation:			DM/lfm
Abgeschirmte Leitung	* 3×1,5 mm^2		3.50
	* 3×2,5 mm^2		4.-
nicht abgeschirmte Leitung	* 3×1,5 mm^2		0.80-1.-
abgeschirmte Installationsteile	* Elektrodose- Schalter		5.-
	* Elektrodose- Abzweig		5.80
	* Lampenfassung 40W		16.-
	* Netzfreischalter		230-300.-
Heizungsinstallation:			DM/lfm
	* Fußbodenrand leistenheizung 300-500 W/m ohne Vekleidung		65.-
	* mit Holzverkleidung		150.-
	* Grundofen gemauert zum Selbstbauen		ab 3800.-
	* mit Kacheln		ab 7500.-
	* Küchenherd mit WW-Heizungsan- schluß		ab 2800.-

4. Beispiele ausgeführter Bauten

Im folgenden soll an einigen Beispielen aufgezeigt werden, wie die besprochenen Materialien und Konstruktionen sinnvoll beim Bauen und Renovieren zum Einsatz kommen können. Zu jedem Gebäude sind die notwendigen Angaben in Form eines kurzen Steckbriefes zusammengefaßt, und die wichtigsten Pläne beigegeben. Der Leser und Betrachter muß die Vegetation, die umliegenden Gebäude und ihre Formen, das Klima und die Menschen der jeweiligen Orte in seiner Phantasie ergänzen.

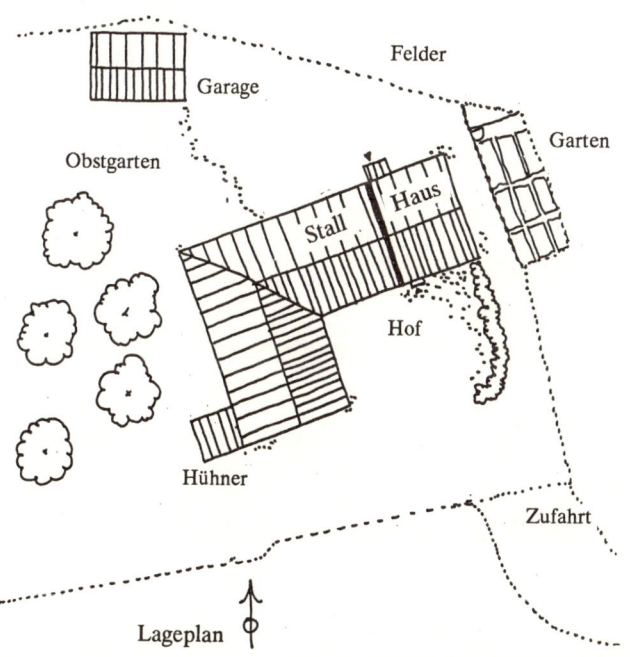

Lageplan

Umbau eines Bauernhauses

Klima: Höhe 850 m, gemäßigtes Kontinentalklima, kalte Winter, warme Sommer;

Lage: Am Ortsrand eines kleinen Bauerndorfes, nach Norden Beginn der Felder, nach Westen Obstgarten;

Mikroklima: Schlechtwetterfronten hauptsächlich von Westen, kalte Ostwinde im Winter;

Klimaschutz: Gegen Westen riegelt der mächtige Wirtschaftsbau den Hof ab und öffnet ihn nach Süden und Osten (Giebelfassade nach Osten, Balkon und Eingang nach Süden):

Bepflanzung: Im Osten Blumen- und Wirtschaftsgarten, nach Westen großer Obstbaumgarten;

Tiere: Milchwirtschaft, Hühner, Gänse und Hasen;

Konstruktion: Das Wohnhaus ist außer einem kleinen Wirtschaftskeller unter der Speisekammer nicht unterkellert, die Hauswände des Erdgeschosses und die Brandmauer zum Stall bestehen aus Tuffstein, das Obergeschoß ist aus Hochlochziegeln gemauert; der Kuhstall wurde ebenfalls aus Ziegeln gemauert, der Wirtschaftsteil wurde im Bereich des Heustadels in Holzständerwerk ausgeführt und luftig verbrettert; das Dach ist mit Falzziegeln gedeckt, über dem Wohnhaus wurde das Dachgeschoß als Kornspeicher genutzt, was im Winter zu einer guten Wärmedämmung über den Schlafräumen führt; Tuffsteinwand im EG, Stärke 40 cm, Gewicht 520 kg/m², k-Wert 1,42 W/m²K, Auskühlzeit 64 h, Speicherwert 457 kJ/m²K;

Fensteröffnungen: Leichtes Hochformat, nur Giebelfenster der Küche als Querformat, Ausführung als Kastenfenster;

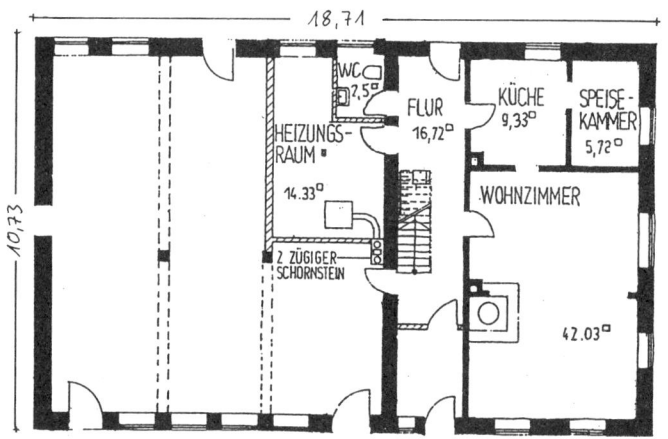

Grundriß Erdgeschoß

Ansicht Süd

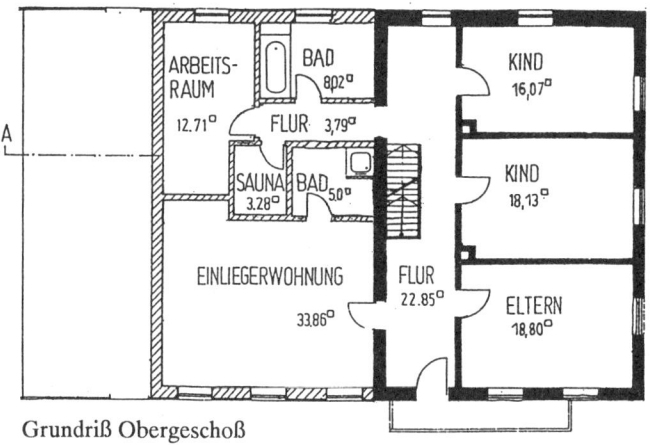

Grundriß Obergeschoß

Ansicht Ost

Grundrißorganisation: Durchgehender Fleez (Flur) von Norden nach Süden im EG und OG, von hier aus werden alle Räume und der Stallbereich erschlossen, im Erdgeschoß befinden sich Bad, Küche und Wohnzimmer, im Obergeschoß zwei Schlafräume und das Arbeitszimmer, im Norden neben der Haustüre war die Milchkammer untergebracht;

Heizung: In der Küche wird ein großer Wirtschaftsherd mit Holz geheizt, der das danebenliegende Bad über eine Warmwasserzirkulation und einen Boiler mitversorgt. Die übrigen Räume wurden durch Einzelöfen bei Bedarf beheizt;

Wasser: Das Gebäude ist an die öffentliche Wasserversorgung angeschlossen, die Abwasserbeseitigung geschieht durch eine Sickergrube;

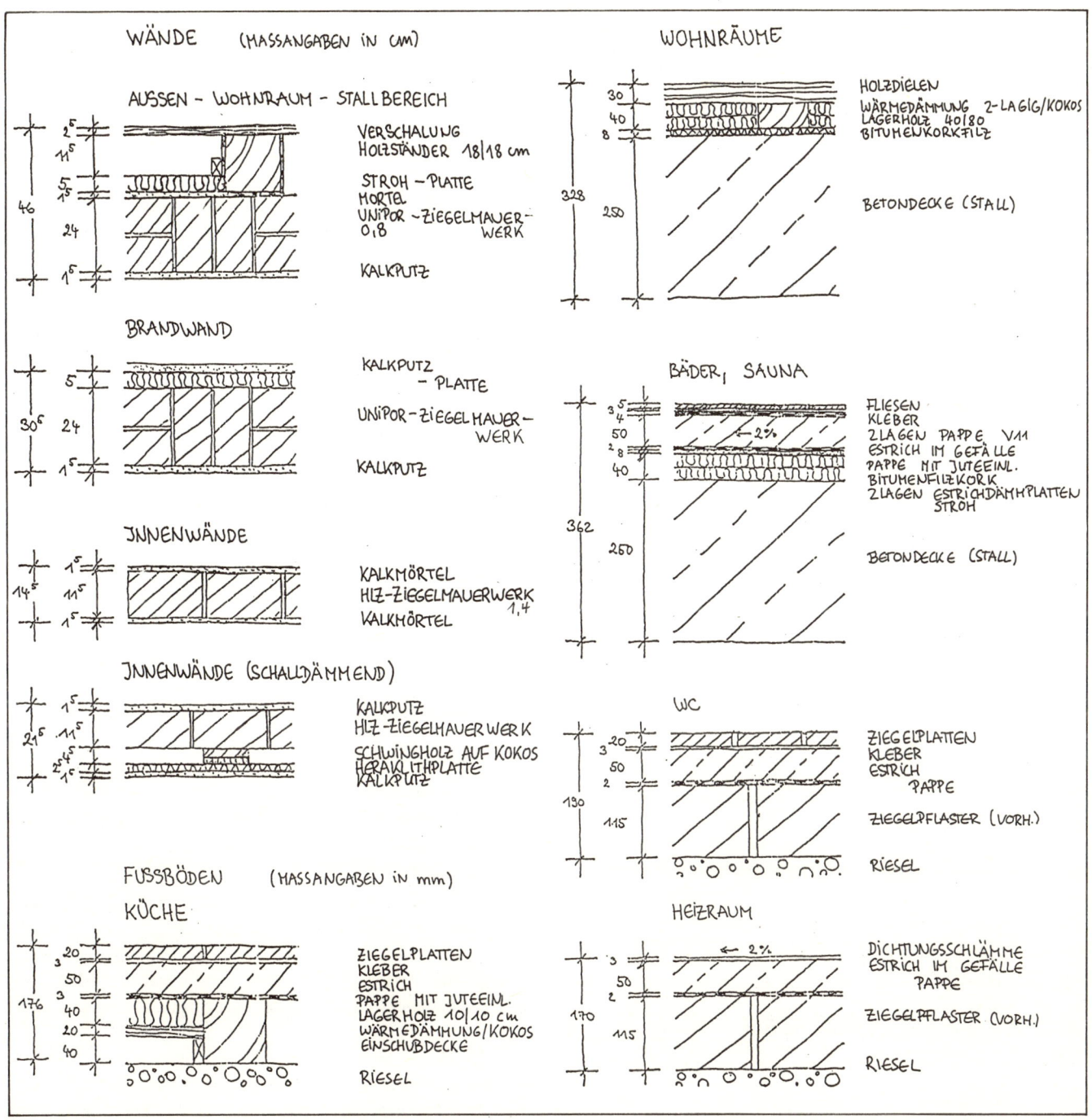

WÄNDE   (MASSANGABEN IN cm)

AUSSEN - WOHNRAUM - STALLBEREICH

VERSCHALUNG
HOLZSTÄNDER 18|18 cm

STROH - PLATTE
MORTEL
UNIPOR - ZIEGELMAUER-
0,8   WERK

KALKPUTZ

BRANDWAND

KALKPUTZ
            - PLATTE
UNIPOR - ZIEGELMAUER-
            WERK
KALKPUTZ

INNENWÄNDE

KALKMÖRTEL
HLZ-ZIEGELMAUERWERK
            1,4
KALKMÖRTEL

INNENWÄNDE (SCHALLDÄMMEND)

KALKPUTZ
HLZ-ZIEGELMAUERWERK
SCHWINGHOLZ AUF KOKOS
HERAKLITHPLATTE
KALKPUTZ

FUSSBÖDEN   (MASSANGABEN IN mm)

KÜCHE

ZIEGELPLATTEN
KLEBER
ESTRICH
PAPPE MIT JUTEEINL.
LAGERHOLZ 10|10 cm
WÄRMEDÄMMUNG/KOKOS
EINSCHUBDECKE

RIESEL

WOHNRÄUME

HOLZDIELEN
WÄRMEDÄMMUNG 2-LAGIG/KOKOS
LAGERHOLZ 40|80
BITUMENKORKFILZ

BETONDECKE (STALL)

BÄDER, SAUNA

FLIESEN
KLEBER
2 LAGEN PAPPE V11
ESTRICH IM GEFÄLLE
PAPPE MIT JUTEEINL.
BITUMENFILZKORK
2 LAGEN ESTRICHDÄMMPLATTEN
            STROH

BETONDECKE (STALL)

WC

ZIEGELPLATTEN
KLEBER
ESTRICH
            PAPPE
ZIEGELPFLASTER (VORH.)

RIESEL

HEIZRAUM

DICHTUNGSSCHLÄMME
ESTRICH IM GEFÄLLE
            PAPPE
ZIEGELPFLASTER (VORH.)

RIESEL

Baumaßnahmen: Durch die Erweiterung der Milchwirtschaft wurde die Aussiedlung des Betriebes notwendig, das Haus wurde von einem Zahnarzt erworben. Die alte Hausorganisation sollte im wesentlichen erhalten bleiben. Durch die Fortsetzung der vorgefundenen Baustruktur in Material und Konstruktion sollten die Ansprüche eines gesunden Wohnens berücksichtigt bleiben.

Der Hauseingang wird eindeutig nach Norden verlegt, so daß langfristig der Hof nach Süden durch Bepflanzung und Pflasterung privater Bereich wird; der untere Flur wird am südlichen Ende abgetrennt (leichte Holzkonstruktion mit Oberlicht) und der Restraum dem Wohnzimmer angeschlossen, mit Tür nach draußen; das Bad wird zur Küche, die Speisekammer bleibt erhalten, alte Küche und Wohnraum werden ein großes Wohnzimmer; die Aufteilung im Obergeschoß bleibt bestehen; alle technischen Funktionsräume werden im EG und OG zentral im Stallbereich angeordnet (im EG Heizung und Toilette, im OG Bad, WC, Einliegerbad und Dusche), ebenfalls im OG des Heubodens wird zusätzliche Wohnfläche für eine Einliegerwohnung geschaffen; diese Räume erhalten alle eine Holzbalkendecke mit Kokosdämmung, die Wände werden mit Ziegeln zwischen die vorhandenen Holzstützen gemauert und außenseitig mit angemörtelten Strohplatten gedämmt, die Holzaußenschalung wird nicht entfernt; die Böden bestehen aus Holzdielen mit Kokosdämmung, bzw. aus Kacheln im Naßbereich; das Haus wird durch eine Ölzentralheizung mit Warmwasserbereitung versorgt, zusätzlich wurde im Wohnraum ein steinerner Tonnenofen gemauert.

Ansicht von Süden

Renovierung eines Dachgeschosses

Lage: In einer Vorortsiedlung wurde nach dem Kriege aus Trümmerziegeln ein Wohnhaus gebaut. Wegen der Wohnungsnot wurde auch das Dachgeschoß ausgebaut und vermietet, allerdings ohne eigenes Bad.

Vorhandene Konstruktion: Außenwände zweischalig mit stehender Luftschicht aus Vollziegel 2 x 17,5 cm, Kalkverputz innen und außen, Kalkanstrich, Kastenfenster mit Einfachverglasung und Leinölanstrich; Holzbalkendecke mit Kiesfüllung und Holzriemenboden. Dachgeschoßausbau mit 2 cm Holzwolleleichtbauplatten auf Sparschalung und Verputz.

Sanierung: Die nutzbare Grundfläche wurde durch den Abriß der Abseitenwände und durch Teilabbruch von Zwi-

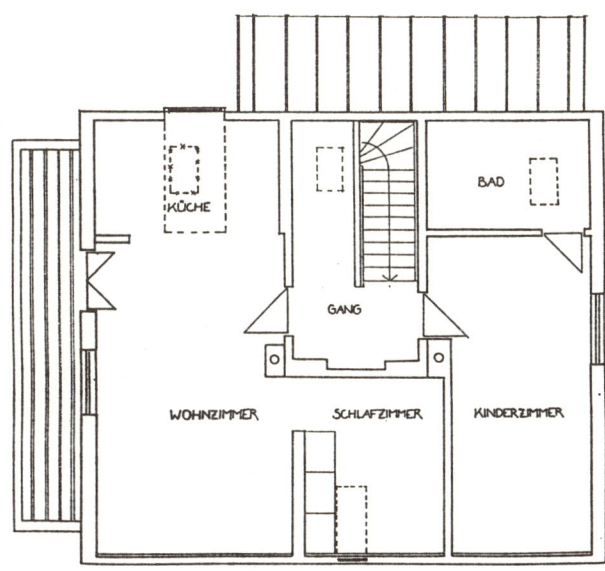

Grundriß Obergeschoß

Die Holzdielenböden wurden abgeschliffen, imprägniert und gewachst. Beidseitig der Dachgaube wurde platzsparend eine Massivholzküche mit Eschenfronten eingebaut, deren Arbeitsflächen mit Kork- bzw. Keramikfliesen belegt sind. Die vorhandene zentrale Ölversorgung wurde nicht in Betrieb genommen, stattdessen werden die Räume mit zwei Kachelöfen aus den 50er Jahren beheizt. Gefeuert wird mit Holz bzw. Holzbriketts. Die Elektroinstallation wurde mit einem Netzfreischalter umgerüstet.

Grundfläche mit Schrägen: 67 m²
Umbaukosten: ca. 25.000 DM
Baujahr: 1986

schenwänden vergrößert. Zur zusätzlichen Belichtung wurden eine Dachgaube und ein Dachflächenfenster eingebaut. In einem Nebenraum wurde das Bad installiert.

Wärmedämmung: Das Dach konnte weder innen noch aussen freigelegt werden. Aus diesem Grunde wurde vom Kriechboden aus zwischen die Sparren 2 m lange, auf Breite geschnittene Schilfrohrplatten eingeschoben. Die Kehlbalkendecke wurde nach Entfernen eines Bodenbrettes vollständig mit Zellulosedämmstoff ausgefüllt. Eine Dampfbremse konnte nicht eingebaut werden und erwies sich bis heute auch nicht als notwendig. Die Dachgaubenseiten wurden mit Korkplatten gedämmt.

Konstruktion: Im Badezimmer wurde auf den vorhandenen Dielenboden eine dünne Ausgleichsschüttung aufgebracht, darüber eine PE-Folie und ein Trockenestrich aus Gipsfaserplatten. Der Boden wurde mit Korkparkett belegt, imprägniert und gewachst, die Wände sparsam gefliest. Die Warmwasserversorgung übernimmt ein Gasdurchlauferhitzer.

Neubau eines Einfamilienhauses

Klimazone: Gemäßigtes Kontinentalklima

Lage: Ortskern einer expandierenden Gemeinde

Besonderheit: Ein neuer Großflughafen macht besondere Schallschutzmaßnahmen zur Auflage, Schallschutzklasse 3.

Baukonzept: Hinter einer Apotheke aus den fünfziger Jahren an der Haupteinkaufsstraße des Ortes und neben dem Verwaltungsgebäude der Gemeinde aus Beton wird im rückwärtigen Bereich des Grundstücks zwischen altem Baumbestand ein Einfamilienhaus mit Steildach geplant.

Konstruktion: Keller in Ziegelbauweise; außen bituminöse Dickbeschichtung;
Außenwände 49 cm stark, Hochlochziegel 1400 kg/m³, Kalkputz dreilagig außen, ohne zusätzlichen Anstrich, Kalkgipsputz innen mit Naturharzwandfarbe;

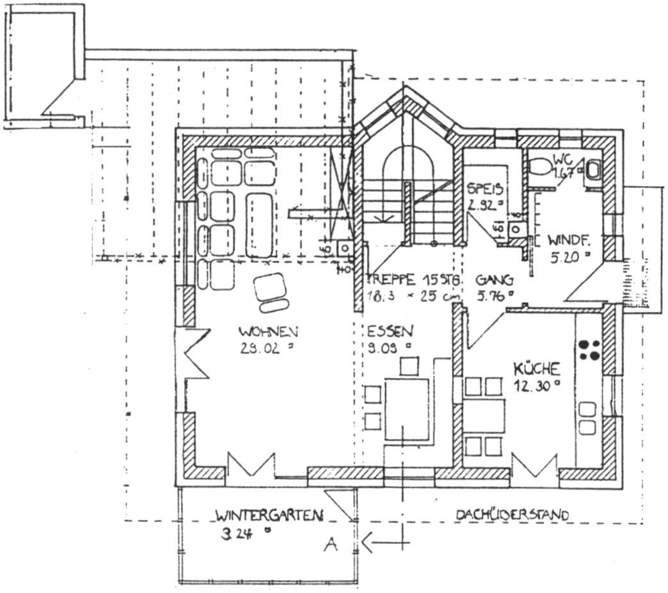

Grundriß Erdgeschoß

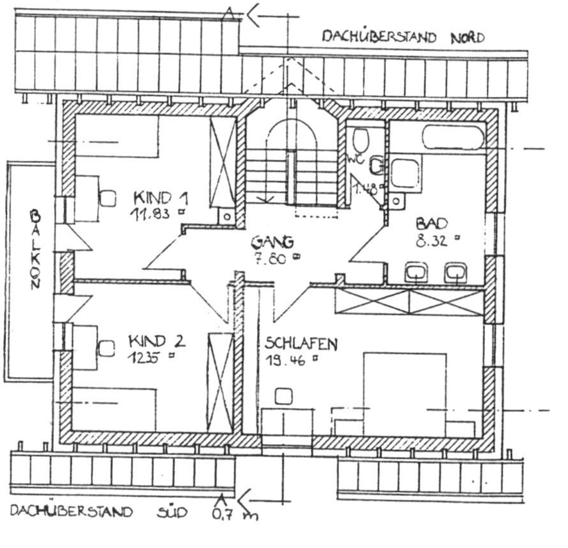

Grundriß Obergeschoß

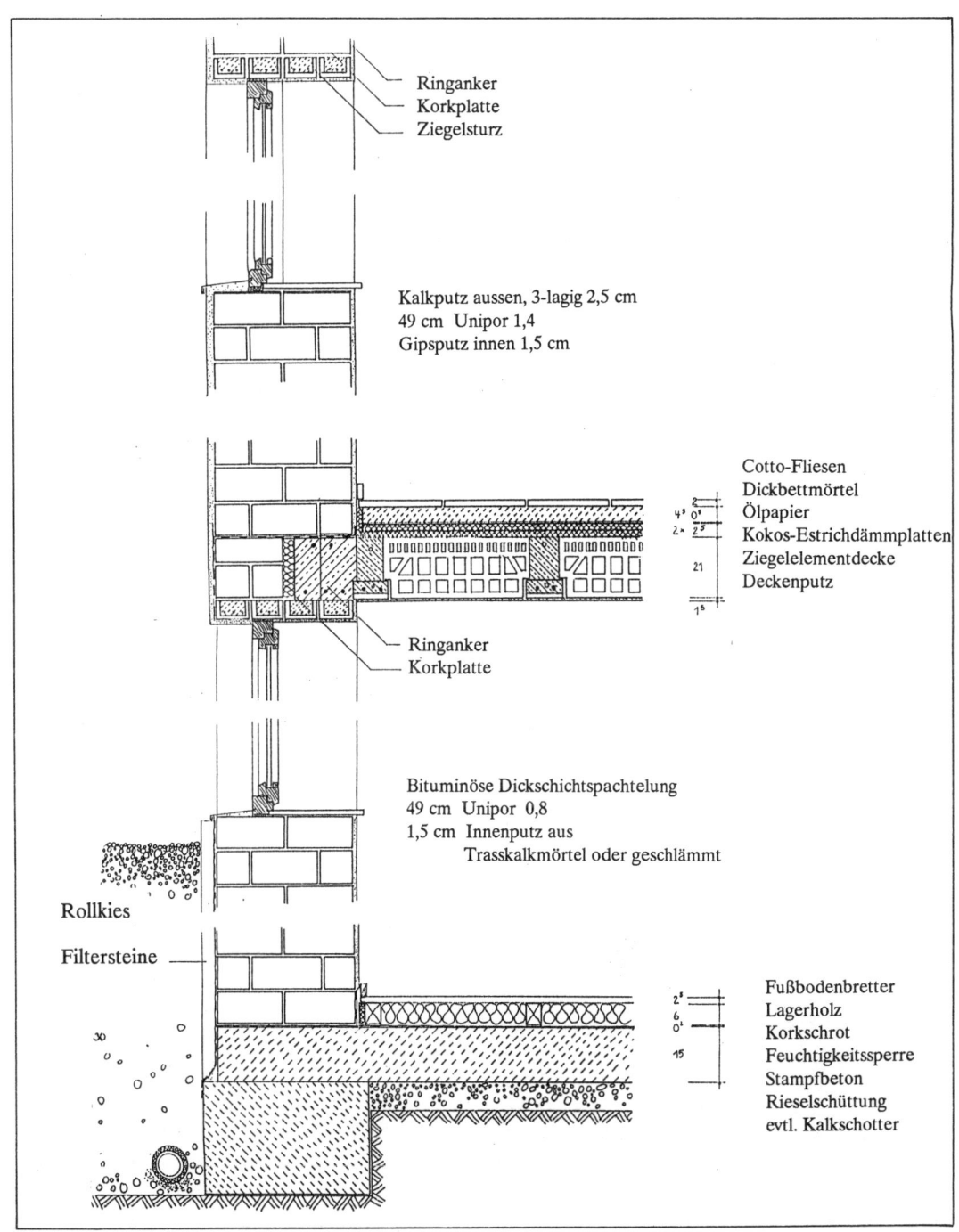

Ringanker
Korkplatte
Ziegelsturz

Kalkputz aussen, 3-lagig 2,5 cm
49 cm Unipor 1,4
Gipsputz innen 1,5 cm

Cotto-Fliesen
Dickbettmörtel
Ölpapier
Kokos-Estrichdämmplatten
Ziegelelementdecke
Deckenputz

Ringanker
Korkplatte

Bituminöse Dickschichtspachtelung
49 cm Unipor 0,8
1,5 cm Innenputz aus
          Trasskalkmörtel oder geschlämmt

Rollkies

Filtersteine

Fußbodenbretter
Lagerholz
Korkschrot
Feuchtigkeitssperre
Stampfbeton
Rieselschüttung
evtl. Kalkschotter

Wand- und
Deckenkonstruktion

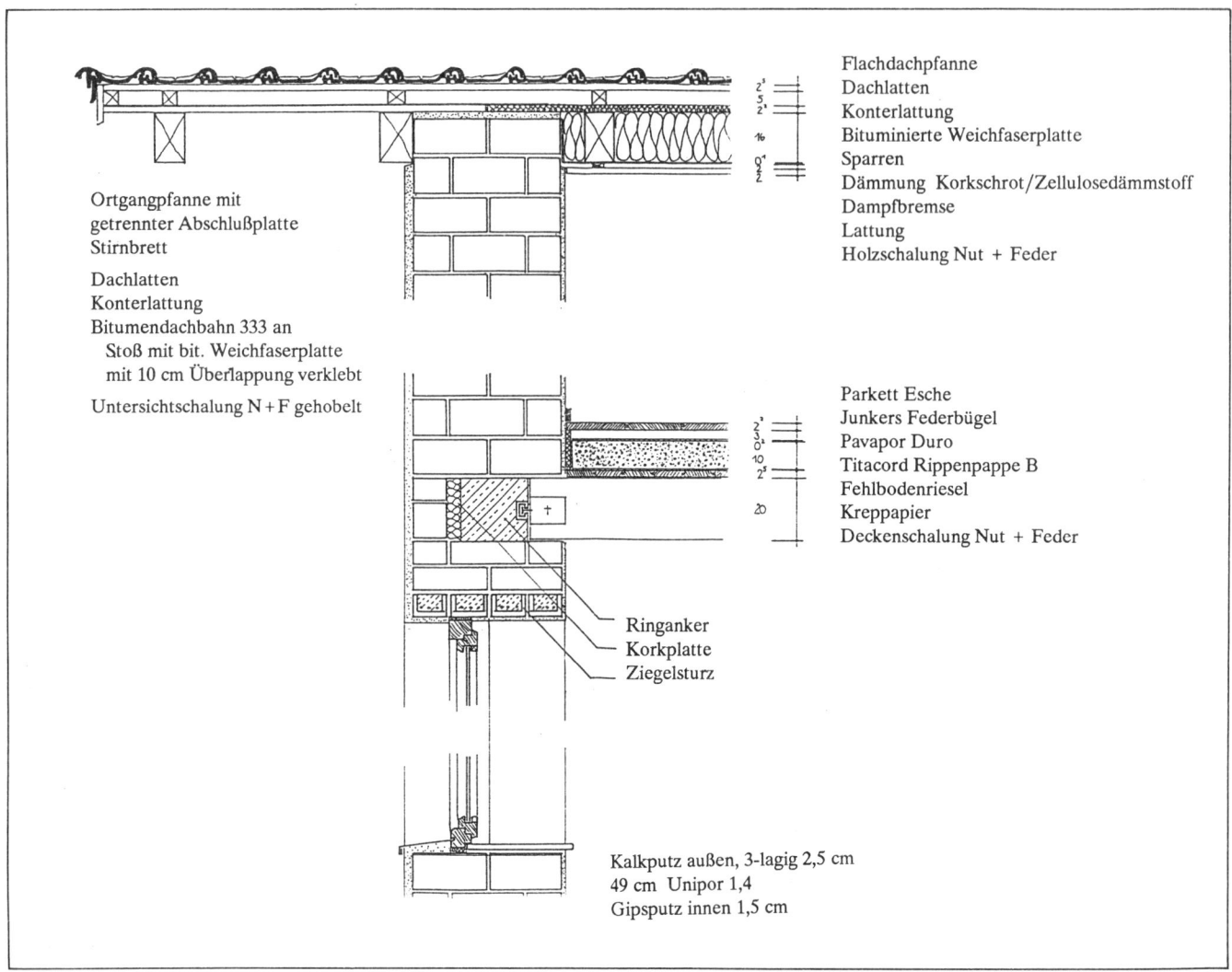

Ortgangpfanne mit
getrennter Abschlußplatte
Stirnbrett

Dachlatten
Konterlattung
Bitumendachbahn 333 an
 Stoß mit bit. Weichfaserplatte
 mit 10 cm Überlappung verklebt
Untersichtschalung N + F gehobelt

Flachdachpfanne
Dachlatten
Konterlattung
Bituminierte Weichfaserplatte
Sparren
Dämmung Korkschrot/Zellulosedämmstoff
Dampfbremse
Lattung
Holzschalung Nut + Feder

Parkett Esche
Junkers Federbügel
Pavapor Duro
Titacord Rippenpappe B
Fehlbodenriesel
Kreppapier
Deckenschalung Nut + Feder

Ringanker
Korkplatte
Ziegelsturz

Kalkputz außen, 3-lagig 2,5 cm
49 cm Unipor 1,4
Gipsputz innen 1,5 cm

Ziegeldecke über Kellergeschoß, Fußboden im Erdgeschoß aus spanischem Cottoziegel mit Naturharzöl geölt und gewachst, in Dickbettmörtel auf Korkplatten mit Ölpapier abgedeckt; Decke über Erdgeschoß mit Holzbalken, Beschwerung mit Kalkschotter, darauf Lärchendielenboden auf Lagerholz, imprägniert und gewachst in den Schlafräumen; Bad und WC mit Zementestrich und glasierten Fliesen, bzw. Korkparkett als Belag;

Dachgeschoß mit bituminierten Holzweichfaserplatten aussen verkleidet, innenseitig mit Winddichtung bzw. Windbremse und Holzverkleidung, Verfüllung des Hohlraumes (16 cm Stärke) mit Korkschrot natur;

Treppe als zweiläufige Betontreppe mit Zwischenpodest, Tritt- und Setzstufen mit Esche massiv belegt, einfacher Handlauf aus Esche;

Fichtenholzfenster mit Schallschutz-Isolierverglasung und Doppeldichtung, Fensterläden außen, Oberfläche Naturharz-Öllasur abgetönt;
Innentüren massiv Fichte (Rahmen und Füllung), Massivholzzarge, Oberfläche Hartöl, Bienenwachs poliert;

Heizung: Gaszentralheizung mit Heizleisten in allen Räumen, Sonnenkollektoren auf dem Süddach, 2 Edelstahlpufferspeicher im Keller;

Elektro: Netzfreischalter und abgeschirmte Leitungen für Dauerverbraucher;

Wintergarten: Holzkonstruktion mit Ausstellfenster, Türen außen aufschlagend, Dauerlüftung Traufe-First, Sicherheits-Wärmeschutzverglasung im Dachbereich;

Außenbereich: Fertiggarage mit Holztor und Ziegeldeckung, Klinker für Sitzplatz und Wege, Porphyrplatten für Eingangsstufen.

Grundstücksgröße: 520 m²
Umbauter Raum: 890 m³
Wohnfläche: 170 m²
Bauzeit: 1988 - 1989
Kosten: 395.000,- DM
Kosten umbauter Raum: 443,- DM/m³

Neubau eines Reihenendhauses

Klimazone: Höhe 830 m, gemäßigtes Kontinentalklima, kalte Winter, warme Sommer;

Lage: Am Ortsrand innerhalb eines Neubaugebietes einer stark expandierenden Vorortgemeinde der Stadt München;

Mikroklima: Schlechtwetterfronten von Westen, kalte Ostwinde im Winter;

Baukonzept: Der Bauherr versucht ein Einfamilienhaus zu erstellen, das einerseits den engen Festsetzungen des Bebauungsplanes Rechnung trägt und andererseits die Erkenntnisse des gesunden Bauens berücksichtigt. Dennoch sollen die Baukosten nicht erheblich höher sein im Vergleich zu einer konventionellen Bauweise.

Grundstücksgröße: 405 m²
Umbauter Raum: ca. 950 m³
Geschoßfläche: 130 m²

Nutzfläche: 240 m²
Bauzeit: 1984
Kosten: 290.000 DM (ohne Grundstück)
Kosten: zuzüglich 45.000 DM Eigenleistung
Kosten umbauter Raum: ca. 350 DM/m³

Klimaschutz: Gegen Westen Schutz durch Nachbarhaus, nach Osten Abpflanzung mit schnellwachsenden Bäumen (Pappel, Birke) und Büschen (Haselnuß, Flieder, Hollunder), geschützter Eingang nach Norden und wenig Fensteröffnungen, Balkon und Hauptwohnräume nach Süden;

Baukonstruktion: Sämtliche Wände vom Keller bis zum Dachgeschoß in Ziegelmauerwerk (36,5 cm, 1000 kg/m³, Wahl des hohen Rohgewichtes wegen des zu erwartenden Lärms eines Flughafens), außen mit dreilagigem Kalkputz, innen zweilagig, im Kellerbereich mit Dichtputz; Kellerfußboden mit Schüttbeton, über dem Kellergeschoß und der Garage Ziegelelementdecken, über dem Erdgeschoß und

Obergeschoß Holzbalkendecken; Ziegelwand 390 kg/m², k-Wert 0,87 W/m²K, Auskühlzeit 85 h, Speicherwert 400 kJ/m²K; Fußboden im Vorratskeller aus Vollziegel im Sandbett, in der Waschküche und im Heizungsraum Zementestrich auf Kokosdämmplatten; im Hobbyraum Holzboden auf Korkschrotschüttung; im Erdgeschoß Ziegelcottoplatten in Mörtel auf Kokosdämmplatten, im Wohnraum Holzfußboden auf Korkschrotschüttung; im Obergeschoß Ziegelplatten auf Holzdielen zur Deckenbeschwerung, darauf Holzfußboden auf Lagerhölzer mit Füllung aus Zellulosedämmstoff; Dämmung des Daches mit Kokoswolle zwischen den Sparren und Preßschilfrohrmatten unterhalb der Sparren, diese verputzt oder mit Holz verschalt; dreiläufige Holztreppe zwischen Holzständer eingebaut; Holzdachstuhl mit Ziegeldeckung; Dachgaube in Holz mit Kupferverblechung; Dach des Arbeitszimmers im südöstlichen Bereich verglast, Dach im Außenbereich abgeschleppt, aufgeständert und verglast, als Wintergarten benutzbar; Balkon als Holzständerkonstruktion vor den Kinderzimmern im Obergeschoß (später mit Außentreppe erschlossen); Fenster als zweiflügelige Drehfenster (ein Flügel zum Kippen), Türen als zweiflügelige Drehtüren, alle Fenster und Türen in offenporig lasierter Holzkonstruktion mit Isolierverglasung;

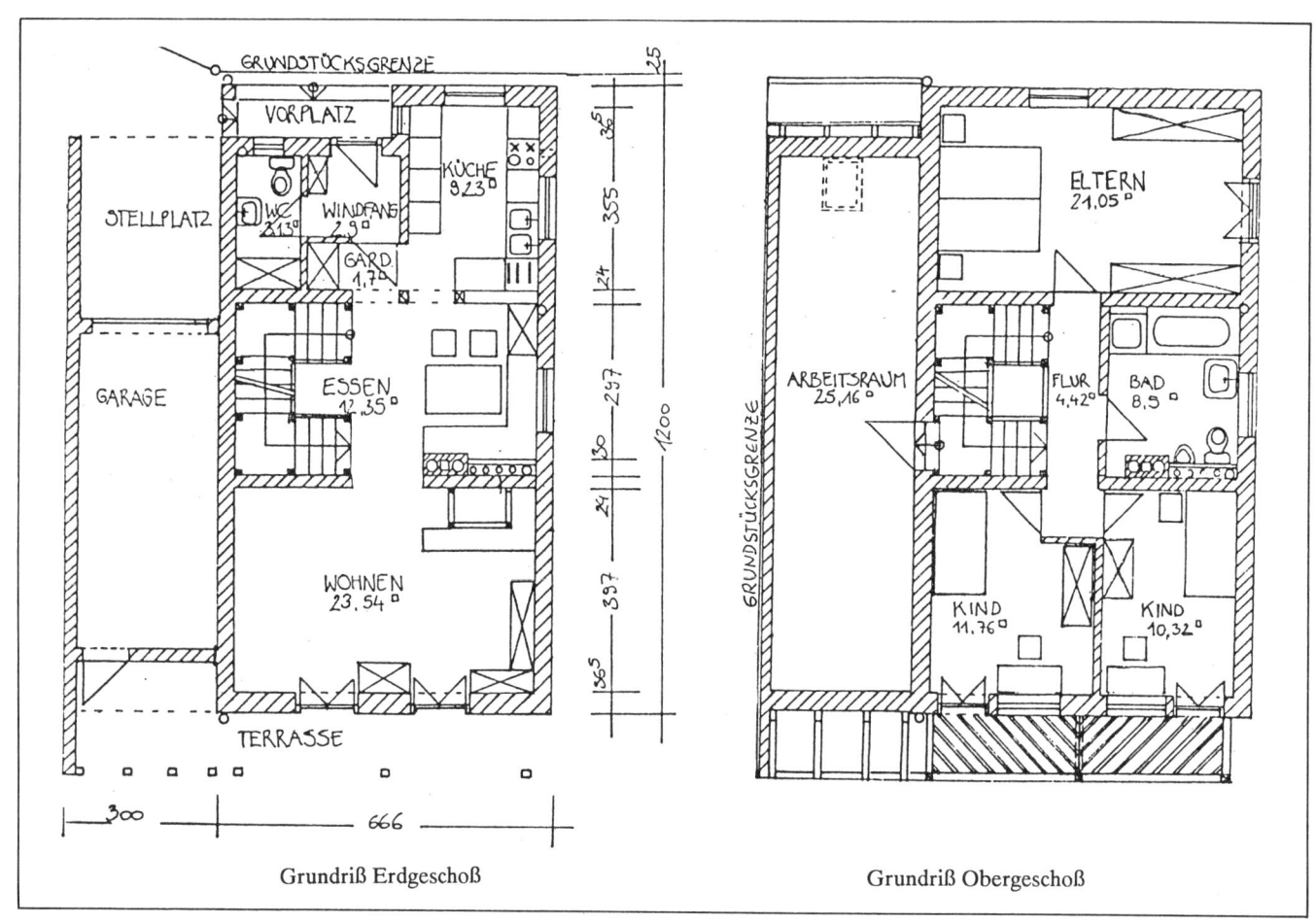

Grundriß Erdgeschoß

Grundriß Obergeschoß

Heizung: Gaszentralheizung mit Warmwasserbereitung, Anschluß für Sonnenkollektoren ist vorgesehen; Wärmeverteilung im Einrohrsystem über Fußbodenrandleistenheizung in allen Räumen, im Hobbykeller zusätzlich Einzelofenheizung, im Wohnraum ein gemauerter Tonnenofen;

Grundrißorganisation: Eingang zurückversetzt, um einen halböffentlichen Bereich am Erschließungsweg zu schaffen; im Nordwesten des Erdgeschosses Flur, Garderobe, Küche; im Zentrum großzügige dreiläufige Treppe mit großem Treppenauge; Eßbereich nach Nordosten, nach Südwesten Wohnzimmer; vom zweiten Treppenpodest Zugang zu Arbeitsraum über den Garagen; im Obergeschoß nach Nordosten das Elternschlafzimmer, im Mittelbereich Bad und nach Südwesten 2 Kinderzimmer; im Dachgeschoß Raumreserve zum späteren Ausbau;

Geobiologische Untersuchung: Von Nordosten nach Südosten verläuft durch das Grundstück eine Wasserader, die bei der Bettstellung der Schlafräume berücksichtigt wurde; Probleme können nur im südwestlichen Kinderzimmer entstehen.

Vergleich des Materialverbrauchs

Konventionelle Bauweise		Gesunde Bauweise
82 m³	Beton	21 m³
127 m³	Ziegel	168 m³
280 m³	Kunststoffdämmaterial	--
--	naturnahes Dämmaterial (Kork, Kokos, Schilfrohr)	360 m²
130 m²	Mineralfaserdämmstoffe	--
510 m²	Bitumenerzeugnisse	205 m²
6,0 m³	Holz (Konstruktion)	14 m³
265 m²	Holz (Ausbau)	430 m²
5000 kg	Stahl (Bewehrung)	200 kg

Gesunde Bauweise bedeutet eine Reduzierung des Verbrauches von Beton oder Zement, Kunststoffen, Teer- und Bitumenprodukten und Metallen soweit konstruktiv-statisch und finanziell möglich.

Herstellung der Ziegelelementdecke

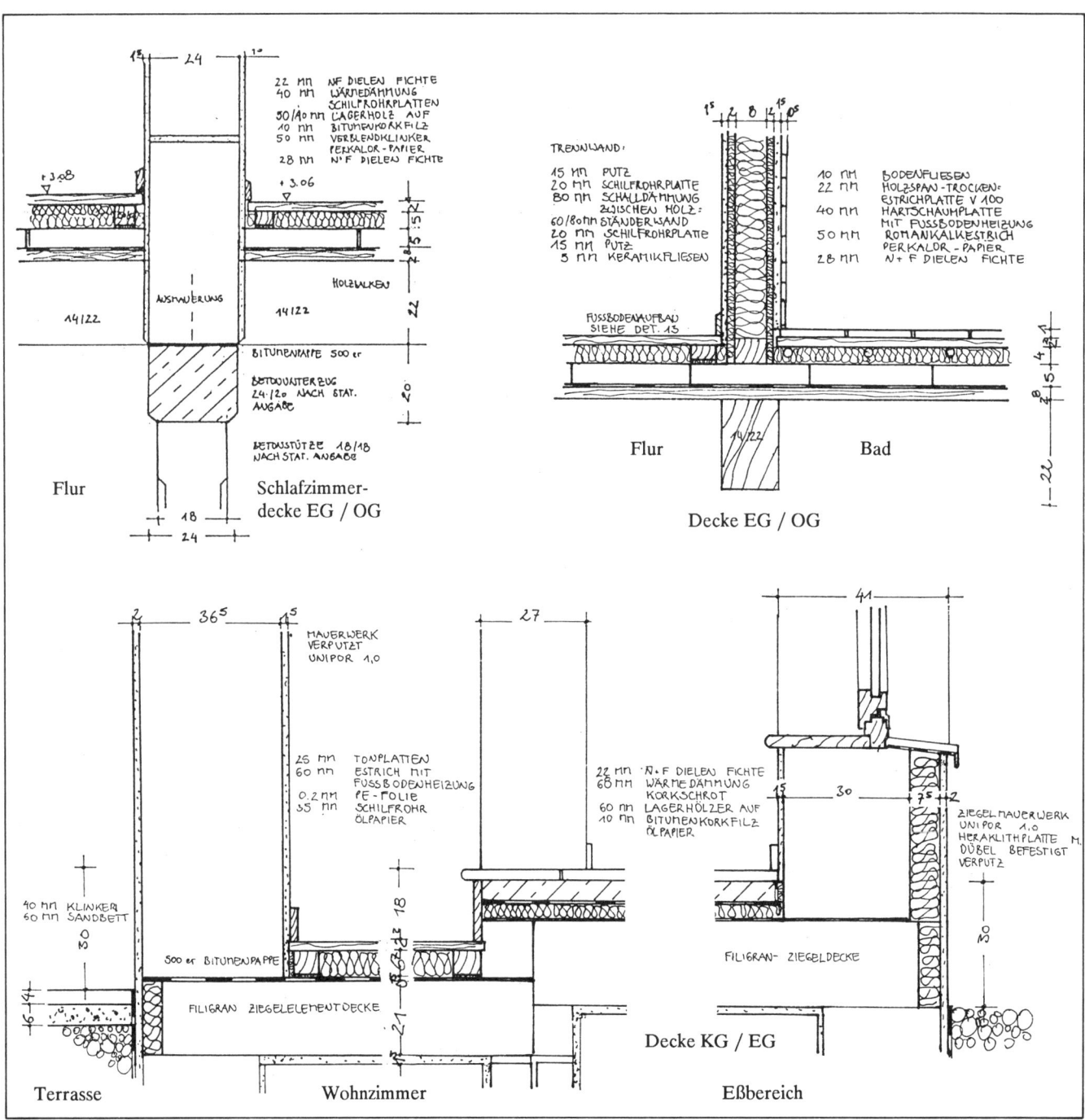

Flur **Schlafzimmer-decke EG / OG**

22 mm N+F DIELEN FICHTE
40 mm WÄRMEDÄMMUNG SCHILFROHRPLATTEN
50/40 mm LAGERHOLZ AUF
10 mm BITUMENKORKFILZ
50 mm VERBLENDKLINKER PERKALOR - PAPIER
28 mm N+F DIELEN FICHTE

AUSMAUERUNG

HOLZBALKEN

14/22   14/22

BITUMENPAPPE 500 er
BETONUNTERZUG 24·120 NACH STAT. ANGABE
BETONSTÜTZE 18/18 NACH STAT. ANGABE

Decke EG / OG

TRENNWAND:
15 mm PUTZ
20 mm SCHILFROHRPLATTE
80 mm SCHALLDÄMMUNG ZWISCHEN HOLZ-
60/80 mm STÄNDERWAND
20 mm SCHILFROHRPLATTE
15 mm PUTZ
5 mm KERAMIKFLIESEN

FUSSBODENAUFBAU SIEHE DET. 13

Flur   **Bad**

14/22

10 mm BODENFLIESEN
22 mm HOLZSPAN-TROCKEN- ESTRICHPLATTE V 100
40 mm HARTSCHAUMPLATTE MIT FUSSBODENHEIZUNG
50 mm ROMANKALKESTRICH PERKALOR - PAPIER
28 mm N+F DIELEN FICHTE

Decke KG / EG

MAUERWERK VERPUTZT UNIPOR 1,0

25 mm TONPLATTEN
60 mm ESTRICH MIT FUSSBODENHEIZUNG
0,2 mm PE-FOLIE
35 mm SCHILFROHR ÖLPAPIER

40 mm KLINKER
60 mm SANDBETT

500 er BITUMENPAPPE

FILIGRAN ZIEGELELEMENTDECKE

22 mm N+F DIELEN FICHTE
60 mm WÄRMEDÄMMUNG KORKSCHROT
60 mm LAGERHÖLZER AUF
10 mm BITUMENKORKFILZ ÖLPAPIER

ZIEGELMAUERWERK UNIPOR 1,0 HERAKLITHPLATTE M. DÜBEL BEFESTIGT VERPUTZ

FILIGRAN- ZIEGELDECKE

Terrasse   **Wohnzimmer**   **Eßbereich**

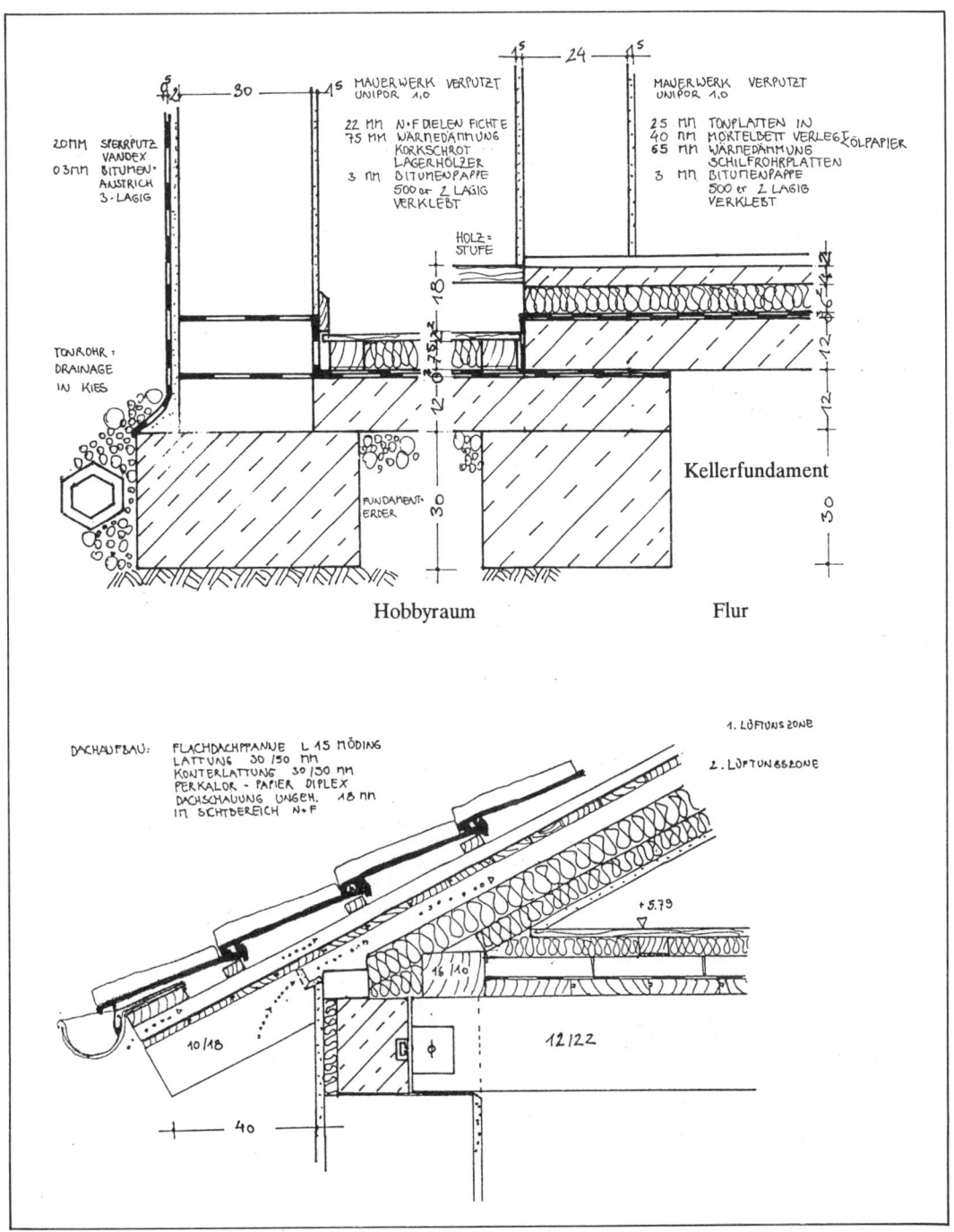

20MM SPERRPUTZ
VANDEX
03MM BITUMEN·
ANSTRICH
3-LAGIG

TONROHR·
DRAINAGE
IN KIES

MAUERWERK VERPUTZT
UNIPOR 1,0

22 MM N·F DIELEN FICHTE
75 MM WÄRMEDÄMMUNG
KORKSCHROT
LAGERHÖLZER
3 MM BITUMENPAPPE
500 er 2 LAGIG
VERKLEBT

HOLZ·
STUFE

MAUERWERK VERPUTZT
UNIPOR 1,0

25 MM TONPLATTEN IN
40 MM MÖRTELBETT VERLEG,ÖLPAPIER
65 MM WÄRMEDÄMMUNG
SCHILFROHRPLATTEN
3 MM BITUMENPAPPE
500 er 2 LAGIG
VERKLEBT

Kellerfundament

FUNDAMENT·
ERDER

Hobbyraum

Flur

DACHAUFBAU: FLACHDACHPFANNE L 15 MÖDING
LATTUNG 30/50 MM
KONTERLATTUNG 30/50 MM
PERKALOR - PAPIER DIPLEX
DACHSCHALUNG UNGEH. 18 MM
IM SICHTBEREICH N·F

1. LÜFTUNGSZONE

2. LÜFTUNGSZONE

+ 5.79

16/10

10/18

12/22

40

Neubau eines Mehrfamilienhauses

Klimazone: Höhe 500 m, germäßigtes Kontinentalklima, kalte Winter, warme Sommer;

Lage: Vorort einer Großstadt, Einzelhausbebauung aus den 50 er Jahren;

Mikroklima: Durch dichte Bebauung und Gartenbepflanzung klimatisch geschützte Lage;

Besonderheit: Der nahe Flugplatz machte besondere Schallschutzmaßnahmen zur Auflage, Schallschutzklasse 3;

Baukonzept: Der Bauherr realisiert auf dem Grundstück ein Wohngebäude mit 6 Eigentumswohnungen, die über ein gemeinsames Treppenhaus erschlossen werden. Sämtliche DIN-Normen sind aus juristischen Gründen einzuhalten. Baubiologische Kriterien sollen berücksichtigt werden, soweit dies bei einer anonymen Käuferschicht möglich ist.

Konstruktion: Der Keller wird aus Ziegelsteinen (Raumgewicht 1000 kg/m³) errichtet und mit einer bituminösen Dickbeschichtung versehen, Lichtschächte in Beton. Außenwände in Leichtziegelbauweise mit reinem Kalkputz innen- und außenseitig. Treppenläufe in Beton, schalltechnisch von allen anderen Bauteilen sorgfältig abgefugt, Treppenhauswände in Schallschutzziegel. Decken als Ziegelelementdecken, darauf Trittschalldämmung aus Kork- und Kokosplatten, Abdeckung mit Ölpapier, darüber Zementestrich. Fußböden mit Steinzeugfliesen im Treppenhaus, glasierten Fliesen in Bädern und Küchen, in den Wohnräumen Mosaikparkett gewachst oder Ziegenhaarteppich in Naturharzklebebett.

Außenanstrich mit rein mineralischer Silikatfarbe, Innenanstrich mit einkomponentiger Silikatfarbe. Fenster, Balkone und Innentüren mit Naturharzöllasur, im Außenbereich abgetönt. Dachausbau mit Weichfaserplatte auf und unter den Sparren, Hohlraumverfüllung mit Blähton (20 cm stark), innenseitige Verkleidung mit 2 x 10 mm Gipsfaserplatten, Ziegeldeckung und Kupferverblechung auf dem Dach.

Heizung und Lüftung: Zentrale Gasheizung mit Warmwasserbereitung im Keller, Plattenheizkörper in allen Räumen. Separate mechanische Lüftung aller Küchen und innenliegender WC's über Dach.

Elektro: Alle Wohnungen sind mit Netzfreischalter ausgestattet, zusätzlich abgeschirmte Kabel für alle Dauerverbraucher.

Außenbereich: Gehwege in Klinker, einfacher Holzstaketenzaun, Begrünung der Doppelgaragenflachdächer.

Grundstücksgröße: 920 m²
Umbauter Raum: 2450 m³
Wohnfläche: 490 m²
Bauzeit: 1986 - 1987
Kosten: 1.100.000 DM
Kosten umbauter Raum: 448,- DM/m³

Grundriß Erdgeschoß

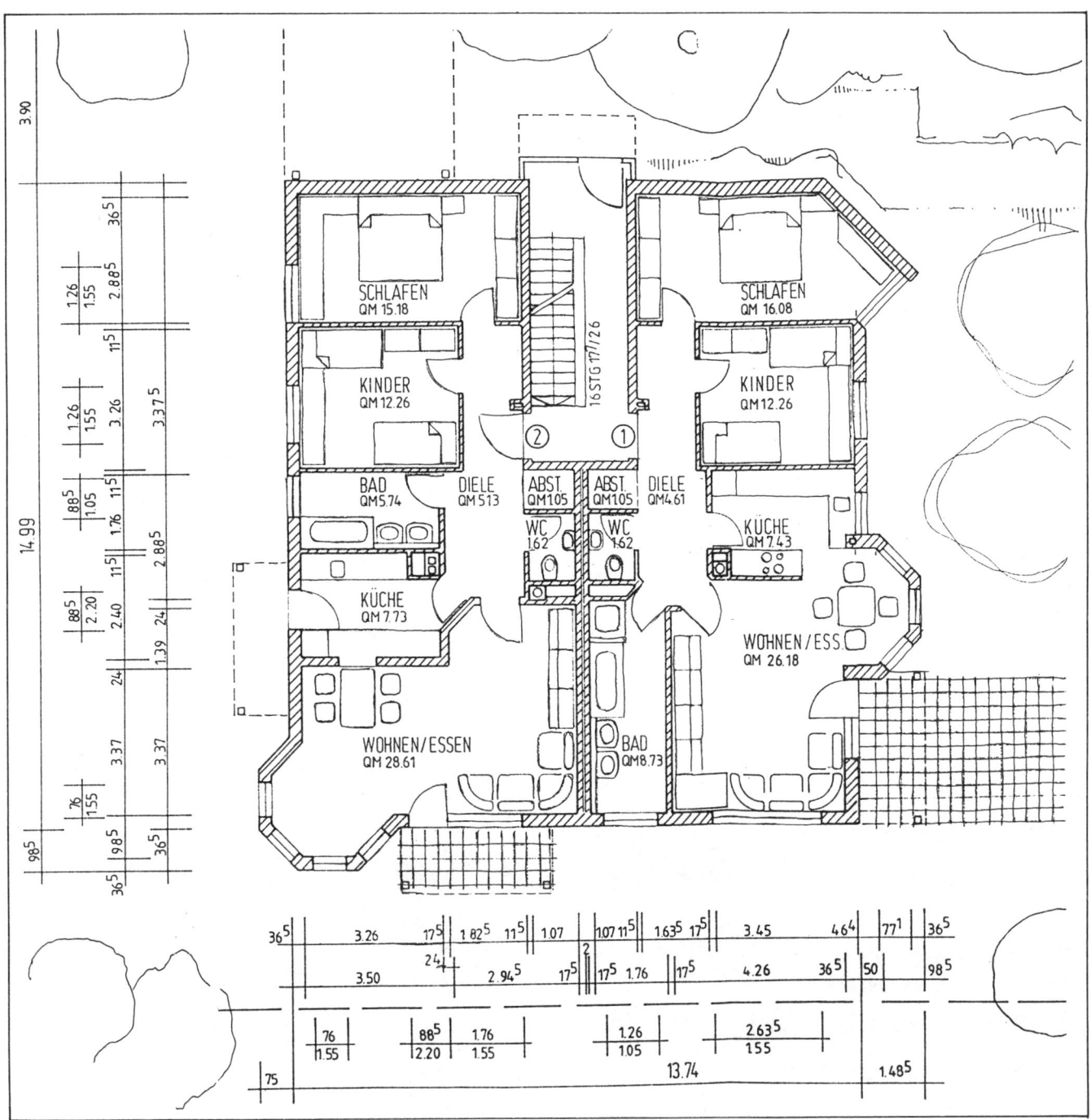

SCHLAFEN
QM 15.18

KINDER
QM 12.26

BAD
QM 5.74

DIELE
QM 5.13

ABST.
QM 1.05

ABST.
QM 1.05

DIELE
QM 4.61

WC
1.62

WC
1.62

KÜCHE
QM 7.43

KÜCHE
QM 7.73

WOHNEN/ESS.
QM 26.18

WOHNEN/ESSEN
QM 28.61

BAD
QM 8.73

SCHLAFEN
QM 16.08

KINDER
QM 12.26

16 STG 17/26

② ①

Niedrigenergiehaus für zwei Familien mit Büro und Werkstatt

Holzkonstruktion mit sehr guter Wärmedämmung; die verglaste Südseite trägt zu einem Drittel zur Deckung des Energiebedarfs bei.

Planung und Errichtung im Selbstbau: Sylvester und Rupert Dufter, 8221 Hammer

Lage: In Südostbayern am Gebirgsrand; im Winter sehr kalt, aber auch sonnig;

Bauplatz: Neu ausgewiesenes Baugebiet mit Vorschreibungen bezüglich rechteckigem Baukörper, Dachform und -neigung sowie grundsätzlicher Außengestaltung.

Ökologische Gesichtspunkte im Planungskonzept:

- Verwendung einheimischer, möglichst am Ort vorhandener Baustoffe, vorwiegend Naturbaustoffe; Wiederverwendung gebrauchter Bauteile, z.B. Ziegel
- Herstellung und Nutzung des Hauses möglichst schadstoffarm; geringer Heizenergieverbrauch und möglichst weitgehende Nutzung von Sonnenenergie

- Erstellung des Hauses mit wenigen technischen Mitteln und ohne chemische Bauprodukte; viel Selbsthilfe und schrittweiser Ausbau nach Bedarf; Möglichkeiten, mit neuen Bauweisen zu experimentieren.

Großer Dachüberstand als konstruktiver Holzschutz

Ostansicht

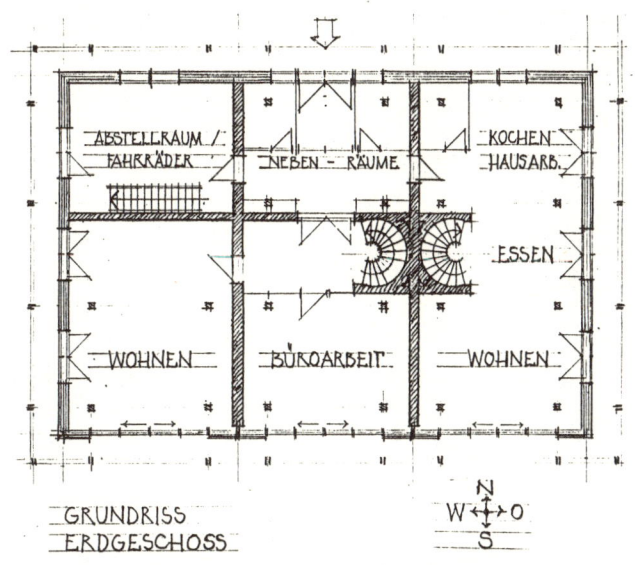

GRUNDRISS
ERDGESCHOSS

ABSTELLRAUM /
FAHRRÄDER   NEBEN - RÄUME   KOCHEN
                              HAUSARB.

                              ESSEN

WOHNEN   BÜROARBEIT   WOHNEN

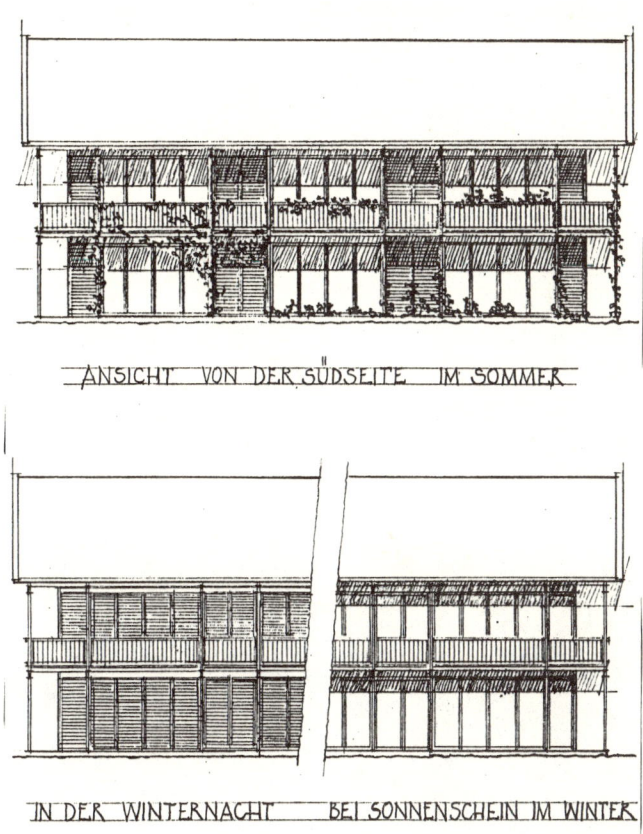

ANSICHT VON DER SÜDSEITE IM SOMMER

IN DER WINTERNACHT   BEI SONNENSCHEIN IM WINTER

Baukonstruktion: Tragende Teile in Holzständerbauweise; Holzdecken mit unten sichtbaren Holzbalken; Satteldach mit großem Dachüberstand als wichtigste Maßnahme für den konstruktiven Holzschutz der Außenverschalung (kein zusätzlicher Holzschutz).
Außenwände: Innen und außen senkrechte Fichtenholzschalung, dazwischen 30 cm (!) Wärmedämmung (bisher Kork, Holzfasern; Strohlehm im nächsten Ausbauteil).
Innenwände: Die meisten Trennwände mit Ziegeln (alte Vollziegel aus Abbruchmaterial) gemauert, da großes Wandgewicht zu Temperaturausgleich und Wärmespeicherung notwendig.

Heizung: Die sehr gute Wärmedämmung des Hauses (mittlerer k-Wert aller Außenflächen 0,15 W/m²K) erlaubt eine sparsame Beheizung (Wärmebedarf für eine Familienwohnung nur ca. 3 KW gegenüber 15 KW, falls die Wärmedämmung nach derzeit gültigen DIN-Vorschriften eingebaut worden wäre). Da die innere Wandoberfläche (Holzvertäfelung) der Außenwand praktisch so warm ist wie die Luft im beheizten Innenraum, ist eine Raumtemperatur von 17 - 18°C für die Behaglichkeit im Winter ausreichend (auch

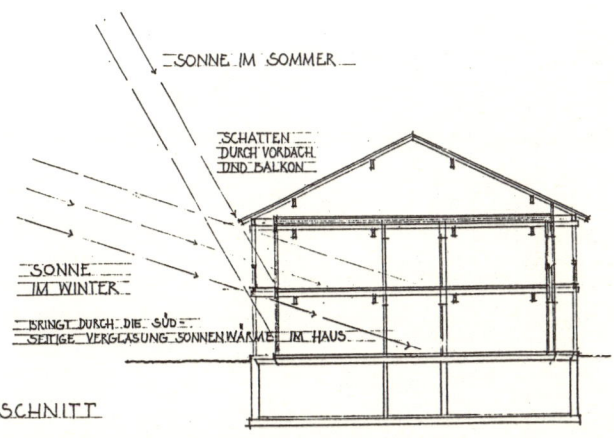

SONNE IM SOMMER

SCHATTEN
DURCH VORDACH
UND BALKON

SONNE
IM WINTER

BRINGT DURCH DIE SÜD-
SEITIGE VERGLASUNG SONNENWÄRME IM HAUS

SCHNITT

Detail Fensterläden (zusammengeschoben)

Ziegelböden tragen zur Wärmespeicherung bei

deshalb verringerter Heizenergiebedarf, Häuser mit Steinmauern brauchen z.B. ca. 22°C Lufttemperatur).

Alle ständig genutzten Räume haben Anteil an der verglasten Südfassade und zur Aufnahme der Sonnenwärme einen dunklen Fußboden, der nach Sonnenuntergang bis in die Abendstunden die Wärme speichert. In der Nacht werden die Glasflächen mit Wärmedämmläden (dann $k = 0{,}25 \text{ W/m}^2\text{K}$) abgedeckt. Heizbeitrag dieser Sonnenfenster-Fassade ca. 30% des gesamten Wärmebedarfs.

Die restliche Heizwärme wird vorerst durch einen Küchen-Heizungsherd gedeckt (Brennstoff Holz), wobei gleichzeitig ohne zusätzlichen Strom- oder Gasverbrauch gekocht werden kann. Brauchwasser wird durch Selbstbau-Sonnenkollektoren erwärmt (von Frühjahr bis Herbst ausschließlich, im Winter teilweise). Eine Erweiterung der Solaranlage für die Raumheizung mit Langzeitwärmespeicher ist geplant.

Nachwort

Am Ende meiner Ausführungen möchte ich dem Leser noch drei Dinge mit auf den Weg geben.

1. Die im letzten Kapitel gezeigten Häuser und Konstruktionen sind nicht als Idealbauten und Konstruktionsrezepte zu verstehen. Die ersten drei Kapitel Wohnphysiologie, Baustoffe und Konstruktionen sollen zusammen mit dem technischen Anhang die solide Grundlage bilden, mit der die am Bau Schaffenden selbständig ihre Baustoff- und Konstruktionswahl treffen, die der jeweiligen Bauaufgabe angemessen ist.

2. Kein Satz dieses Buches ist geschrieben worden, um Angst zu erwecken. Vielmehr sollten klare, nachprüfbare Informationen dabei helfen, verantwortliche Entscheidungen beim Bauen zu treffen.
Wenn mancher Baubiologe z.B. meint, Kunststoffenster als krebserzeugend einstufen zu müssen, so verlagert er die Problematik in verantwortungsloser Weise auf emotionales Gebiet. Bei der Fensterauswahl haben wir aber ein regenerierbares Material zur Verfügung, nämlich einheimische Nadelhölzer (Fichte und Kiefer), das sich Jahrhunderte lang in verschiedenen Konstruktionsarten bewährt hat und mit einem offenporigen Lasurharzanstrich auf Naturharzbasis bei geringer Wartung 30 bis 50 Jahre gute Dienste leistet. Auf diese Weise getroffene Entscheidungen sind ökologisch verantwortungsvoll, der Problematik angemessen und vermeiden jede Art von ungesunder Panikmache.

3. Der Leser muß sich klar darüber sein, daß mit diesem Buch kein Anstoß zur Veränderung unserer Baukultur geleistet werden kann, d.h. eine sinnvolle Material- und Konstruktionsauswahl führt nicht zwangsläufig zu einem menschenwürdig gestalteten Haus. Zum besseren Verständnis des Problems möchte ich in Form der Analogie eine Situation aus der Landespflege beschreiben:
Bei Flurbereinigungen werden häufig Bachläufe begradigt, teilweise verrohrt oder die Ufer mit Betonsteinen verfestigt. Das Begrünen eines solchen Bachlaufes oder die Uferbefestigung mit Weidenfaschinen wird sicherlich die Ökologie des Bachlaufes verbessern. Eine vollständige Heilung der gestörten Landschaft wird aber erst dann möglich, wenn der Bach wieder in freien Mäandern fließen kann und im jahreszeitlichen Rhythmus sich innerhalb eines Auwaldes ausbreitet und wieder in sein schmales Bett zurückzieht.

Eine vollständige Heilung unserer Art zu bauen wird ebenfalls erst dann gelingen, wenn der bauschaffende

Waldorfschule Wangen

Mensch in den Bauformen jene Kräfte in idealer Weise zum Ausdruck bringen kann, die auf anderer Ebene den mäanderförmigen Bachlauf gestalten.

Als Beispiel für einen solchen Versuch der Baugestaltung möchte ich als Abschluß und Ausblick die Waldorfschule in Wangen vorstellen: Hier wurde von Eltern des Waldorfschulvereins zusammen mit dem Architekturbüro Portus-Bau aus Öschelbronn der Versuch gemacht, aus den pluralistischen Gestaltungsversuchen moderner Architekturschulen herauszutreten und Räume und Formen zu schaffen, die dem heranwachsenden Kinde entsprechen und in seiner Entwicklung unterstützen.

Angesichts der neueren Entwicklungen (Waldsterben, Asbestskandal, giftige Müllberge usw.) müssen wir uns allerdings darüber im klaren sein, daß der Staat nicht in der Lage ist, seinen Gesundheitsauftrag gegenüber den Bürgern zu erfüllen. Daher besteht die Notwendigkeit für uns alle, in eigener Sache aktiv zu werden, ohne Rücksicht auf staatliche Einschränkungen und Verbote, solange das zu erreichende Ziel eine Verbesserung der gegenwärtigen Verhältnisse darstellt. Diese Forderung bezieht sich nicht allein auf den Bereich der Baustoffe und der Baukonstruktionen, sondern alle unsere täglichen Handlungen sollten von einem verantwortungsvollen Bewußtsein gegenüber der Erde und dem Menschen geprägt sein.

Waldorfschule Wangen
Grundriß Erdgeschoß

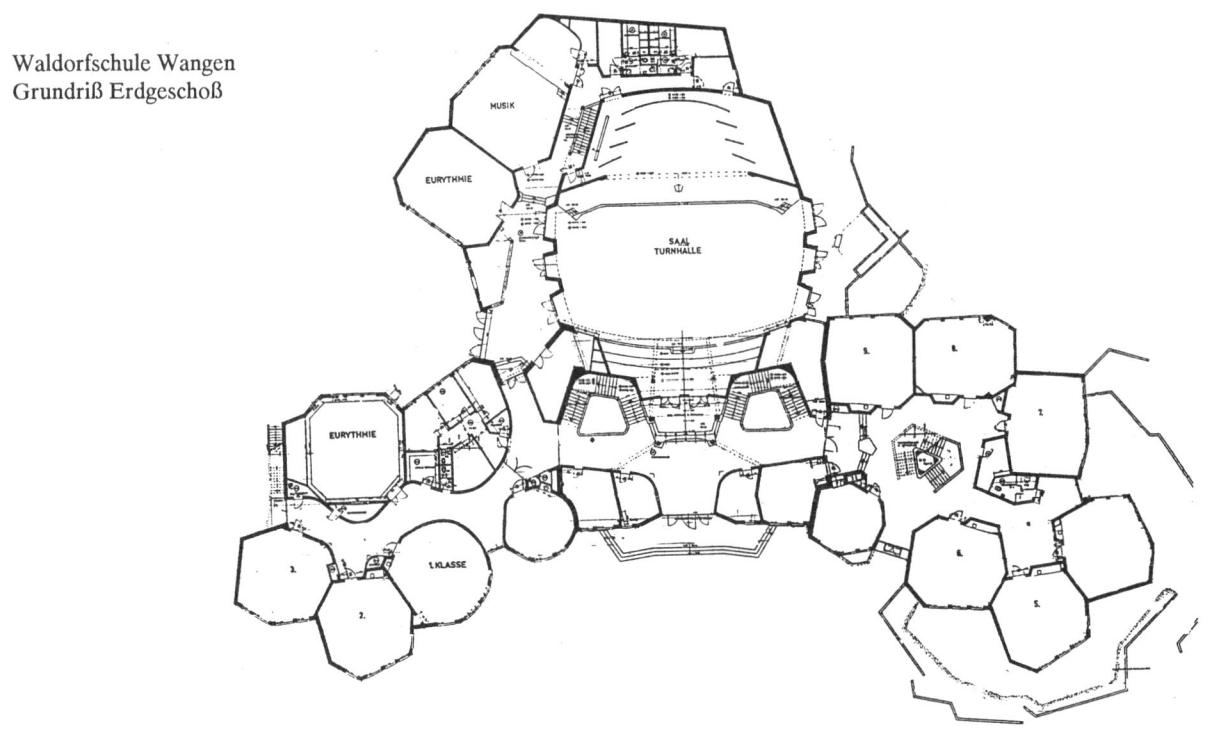

Anhang

Baurecht und technische Normen

Im Vergleich zu vielen anderen Ländern ist in Deutschland das Bauwesen durch Gesetze sehr stark reglementiert.

In elementarer Form gab es bereits Bauvorschriften im Mittelalter, die in den folgenden Jahrhunderten erweitert und ergänzt wurden, um den Notwendigkeiten der aufblühenden Städte zu genügen. Verglichen mit den heutigen Gesetzeswerken waren diese Vorschriften sehr einfach gehalten und regelten vor allem die Einhaltung der Brandabstände. Als im 19. Jahrhundert die Bauspekulation in den Industriegroßstädten wie Berlin zu unzumutbaren und krankmachenden Wohnverhältnissen führte, gewann der sozialhygienische Aspekt in der Baugesetzgebung immer mehr an Bedeutung.

Das Bauwesen wird heute durch das Bundesbaugesetz (BBauG) und durch die darauf beruhenden Länderbauordnungen geregelt. Sie passen sich den Erfordernissen der Zeit durch Änderungen an, so nahm das Bundesbaugesetz aus dem Städtebauförderungsgesetz Ende der siebziger Jahre das Enteignungsrecht, das Bau- und das Modernisierungsgebot auf und die Bayerische Bauordnung reagierte z.B. auf die Baulandverknappung und Bodenspekulation mit einer Reduzierung der notwendigen Abstandsflächen. Ob diese Maßnahmen sinnvoll sind, spielt an dieser Stelle keine Rolle, wichtig ist, daß sich jeder Bauwillige über die Rechtssituation im klaren ist.

Neben dem Bundesbaugesetz und den Länderbauordnungen gibt es eine Fülle von Normen und Verordnungen die für spezielle Teilbereiche, z.B. den Wärme- oder Schallschutz, die Ausführung eines Bauwerks oder von Bauteilen bestimmen.

Die Verdingungsordnung für Bauleistungen (VOB) regelt in ihren verschiedenen Teilen das Verhältnis von Bauherr und Handwerker und legt verbindliche Vorschriften für die Ausführung der einzelnen Gewerke (Maurer, Zimmerer, Fliesenleger usw.) fest. Auch hier sind einzelne Normen in den letzten Jahren mehrmals geändert worden, um sie den heutigen technischen und sozialen Bedingungen anzupassen (z.B. die DIN 4108 Wärmeschutz und DIN 4109 Schall-

schutz). Es darf dabei nicht übersehen werden, daß bei der Normaufstellung neben den Fachausschüssen des Gesetzgebers auch Interessengruppen verschiedenster Herkunft tätig werden, denen oft die Verbesserung der Firmenbilanz mehr am Herzen zu liegen scheint als die Verbesserung der Wohnverhältnisse.

Es gibt also Anlaß genug, den umfangreichen Festsetzungen, die das Bauwesen regeln, kritisch gegenüber zu stehen. Das Bundesbaugesetz und die Länderbauordnungen sind selbstverständlich zu befolgen, da eine Übertretung ein Rechtsvergehen darstellt und mit Bußgeldern oder mit einer Abrißverfügung geahndet wird. Bei unsinnig erscheinenden Festlegungen sollte man allerdings immer versuchen, eine Ausnahmegenehmigung auf dem Rechtsweg zu erreichen (z.B. die Änderung eines Bebauungsplans, der eine Bebauung vorsieht, die sich gegenseitig stark verschattet). Bei vernünftiger Argumentation können die Baugenehmigungsbehörden erstaunlich flexibel entscheiden.

Verordnungen und Normen haben den grundsätzlichen Mangel, daß sie qualitative Aspekte und dynamische Verhaltensweisen eines Gebäudes in wenigen Parametern ausdrücken wollen und müssen. Darüber hinaus sind in kaum einer DIN-Norm humanökologische (Schadstoffentstehung bei der Herstellung, Primärenergiebedarf usw.) bzw. humanbiologische Kriterien (keine Gesundheitsschädigung durch Baustoffe, keine elektrostatische Aufladung usw.) berücksichtigt, sondern in Ausnahmefällen wird sogar nachhaltig das Gegenteil gefördert (siehe DIN 68800 Holzschutz).

Will ein Bauherr bestimmte Normen nicht einhalten, bzw. will er Konstruktionen einsetzen, die durch die VOB nicht abgesichert sind, so muß er folgendes beachten:

■ Der Bauherr ist juristisch für alle Handlungen, die durch seinen Bauwillen verursacht werden, verantwortlich.

■ Nimmt ein Bauherr einen Architekten zu Hilfe, so überträgt er diesem einen Teil seiner Verantwortung und damit auch die Pflicht zur Einhaltung gesetzlicher Regelungen.

- Im Einzelfall wird letztlich der Bauherr gegenüber Architekt, Handwerker und Bauaufsicht die Verantwortung übernehmen müssen, wobei er dann den Handwerker bei Schäden nicht einmal regreßpflichtig machen kann.

Auch aus diesen Gründen wird deutlich, daß ein Bauen, das humanökologische und -biologische Kriterien berücksichtigen will, von allen am Bau Beteiligten ein hohes Maß an Wissen und Verantwortung voraussetzt, um nicht in willkürlicher Pfuscherei, die von gutem Willen inspiriert sein mag, zum Schaden und Ärger für alle zu enden.

Baulicher Wärmeschutz - DIN 4108 Teil 1,2

Neben der wirtschaftlichen Nutzung eines Gebäudes (geringe Heizkosten) hängen auch die Gesundheit und das Wohlbefinden der Bewohner sehr stark vom baulichen Wärmeschutz ab.

Die DIN 4108 - Wärmeschutz im Hochbau - legt für raumumschließende Bauteile Mindestwerte für den Wärmeschutz fest (Abb. A1).

Aufgrund gestiegener Energiekosten trat im Januar 1984 die 2. Wärmeschutzverordnung in Kraft, in der nicht nur ein erhöhter baulicher Wärmeschutz für Neubauten festgelegt ist, sondern auch bauliche Änderungen bestehender Gebäude (neue bzw. zu ersetzende Außenbauteile) mit den für Neubauten geltenden Anforderungen gleichgestellt wurden.

Der Wärmeschutz eines Gebäudes ist abhängig von der *Dimensionierung* und der *Wärmedämmfähigkeit* der raumumschließenden Bauteile.

Die *Wärmedämmfähigkeit* ist das Vermögen eines Baustoffes, den Durchgang von Wärme von der einen zur anderen Seite einzuschränken. Wärme wird dabei vor allem durch *Wärmeleitung*, aber auch durch *Wärmestrahlung* und *Wärmeströmung* (Konvektion) übertragen (Abb. A2).

Während eine gute Wärmedämmfähigkeit der Außenbauteile Voraussetzung für eine behagliche Oberflächentempe-

	Mindest-k-Wert nach DIN 4108 T. 2 $W / m^2 \,°K$	Mindest-k-Wert nach Wärmeschutzverordnung $W / m^2 \,°K$
Außenwände allgemein	1,39	1,20
Außenwände gegen Erdreich		0,55
Wohnungstrennwände in		
• nicht zentralgeheizten Gebäuden	1,96	
• zentralgeheizten Gebäuden	3,03	
Treppenraumwände	1,96	
Wohnungstrenndecken	1,64	
Decken unter nicht ausgebautem Dachgeschoß	0,90	0,30
Kellerdecken	0,90	0,55
Decke über offener Durchfahrt	0,51	0,30
Dachschrägen bei ausgebautem Dachgeschoß		0,30
Flachdächer		0,30

Abb. A1:
Mindest-k-Wert für Wohngebäude nach DIN 4108, Teil 2 und nach der Wärmeschutzverordnung vom 1.1.1984

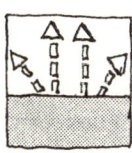

Wärmestrahlung
Entsprechend ihrer Temperatur geben alle Körper Energie in Form von elektromagnetischer Strahlung ab. die der wärmere Körper aussendet und die der kältere Körper empfängt und absorbiert

Wärmeleitung
Jedem Stoff ist ein spezifisches Wärmeleitvermögen zu eigen, aufgrund dessen er dem Wärmestrom einen gewissen Widerstand entgegensetzt, der von der Dicke des Stoffes, der Dauer des Durchgangs und vom Temperaturgefälle abhängt. In Baustoffen mit vielen Hohlräumen (z. B. Wärmedämmstoffen) ist die eigentliche Wärmeleitung im Material selbst von untergeordneter Bedeutung; der Wärmetransport und damit das Dämmvermögen wird hier hauptsächlich durch Wärmeleitung und Konvektion der Porenluft und durch Wärmestrahlung von Porenoberfläche zu Porenoberfläche bestimmt.

Wärmeströmung (Konvektion)
kommt nur bei flüssigen und gasförmigen Stoffen vor: die Wärme wird durch sich bewegende Stoffteilchen weiter transportiert; dadurch können Gase und Flüssigkeiten feste Körper an der Oberfläche kühlen oder aufheizen. In der Bauphysik treten 2 verschiedene Erscheinungen auf:
* Wärmeströmung bei der Wärmeübertragung von Bauteiloberflächen an die Luft oder umgekehrt
* Wärmeströmung beim Luftaustausch der Raumluft mit der Außenluft (Lüftungsverluste durch Fugen, Türen, Fenster)

Abb. A2: Arten der Wärmeübertragung

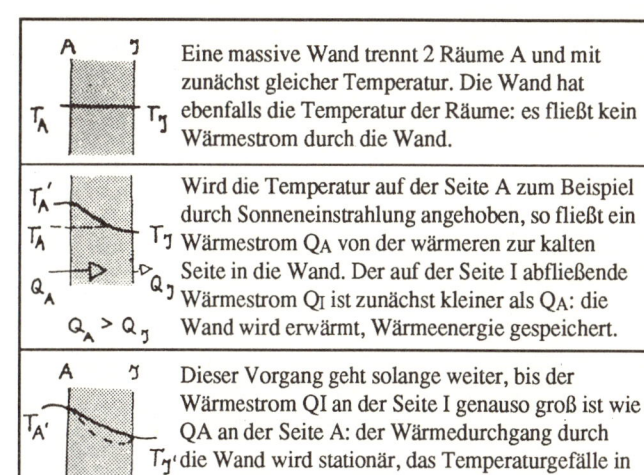

Eine massive Wand trennt 2 Räume A und mit zunächst gleicher Temperatur. Die Wand hat ebenfalls die Temperatur der Räume: es fließt kein Wärmestrom durch die Wand.

Wird die Temperatur auf der Seite A zum Beispiel durch Sonneneinstrahlung angehoben, so fließt ein Wärmestrom Q_A von der wärmeren zur kalten Seite in die Wand. Der auf der Seite I abfließende Wärmestrom Q_I ist zunächst kleiner als Q_A: die Wand wird erwärmt, Wärmeenergie gespeichert.

Dieser Vorgang geht solange weiter, bis der Wärmestrom Q_I an der Seite I genauso groß ist wie Q_A an der Seite A: der Wärmedurchgang durch die Wand wird stationär, das Temperaturgefälle in der Wand wird stationär

Sinkt die Temperatur auf der Seite A, zum Beispiel in der Nacht, fließt gespeicherte Wärme aus dem aufgeheizten Wandinneren zu den kälteren Oberflächen sowohl nach innen wie nach außen ab: der Wärmespeicher Wand entlädt sich.

Abb. A3: Energiefluß und Wärmespeicherung durch eine Wand

Wärmedämmvermögen und eine geringe Wärmespeicherfähigkeit, während schwere, dichte Stoffe die entgegengesetzten Eigenschaften aufweisen (vgl. Stoffwerttabelle in Kapitel 2.10)

Die Berechnungsgrundlage für die spezifischen Eigenschaften von Baustoffen und Bauteilen liefern folgende physikalische Größen:

Rohdichte ρ in kg/m³

Die Rohdichte gibt das spezifische Gewicht eines Baustoffes an. Je größer die Rohdichte, desto besser ist die Wärmespeicherung und umso schlechter die Wärmedämmung.
(Baustoffdaten vgl. Stoffwerttabelle Kap. 2.10)

ratur und sparsame Beheizung ist, wirkt ein gutes *Wärmespeichervermögen* von Bauteilen temperaturausgleichend, d.h. im Sommer erwärmen sich die Räume nicht stark und kühlen im Winter nur langsam aus, indem das Bauteil so lange Wärme aufnimmt oder abgibt, bis sich seine Temperaturen der Umgebungstemperatur angeglichen hat (Abb. A3). In der Regel haben leichte, porige Baustoffe ein gutes

Stoff	Dicke m	W / mK	m² K / W
Wärmeübergangswiderstand oben	-	-	0,13
Parkett	0,022	0,18	0,12
Traßkalkestrich	0,035	1,17	0,03
Kokosdämmfilz	0,02	0,04	0,50
Stahlbetondecke	0,12	2,1	0,06
Wärmeübergangswiderstand unten	-	-	0,13
Gesamtkonstruktion	0,197	-	0,97

k-Wert der Konstruktion = 1/0,97 = 1,03 W/m²·K

Abb. A4:
Berechnung des k-Wertes einer Deckenkonstruktion aus der Summe der Wärmedurchlaßwiderstände der einzelnen Schichten

Abb. A5:
Wärmedurchgangskoeffizient einiger Außenwandkonstruktionen

Konstruktion	k-Wert W / m² K
Außenwand aus Kalksandstein-Lochsteinen KSL 1,2, 30 cm stark	1,39
Außenwand aus Leicht-Hochlochziegeln 0,7, 49 cm stark	0,41
Außenwand aus Stahlleichtbeton mit Mineral- fasermatte : 20 cm Beton, 10 cm Mineralfaser	0,34
Holzständerkonstruktion mit Spanplatte außen, Mineralfaserplatte 12 cm, Spanplatte innen und Gipskartonplatte	0,29

Wärmeleitfähigkeit λ in W/mK

Die Wärmeleitfähigkeit gibt an, welche Wärmemenge (gemessen in Watt) in einer Stunde durch eine 1 m² große Fläche eines Baustoffes von 1 m Dicke hindurchgeht, wenn das Temperaturgefälle in Richtung des Wärmestromes 1 Kelvin (= 1°C) beträgt
Je kleiner die Wärmeleitfähigkeit eines Stoffes, desto besser ist sein Dämmvermögen.
Der λ -Wert ist ein Laborwert, der auf trockene Baustoffe bezogen ist. Die Bauteile eines Hauses sind im allgemeinen ständig Feuchtigkeitsbelastungen ausgesetzt. Feuchtigkeit leitet Wärme gut, die Wärmedämmfähigkeit von Baustoffen wird deshalb in hohem Maße durch den Feuchtegehalt beeinflußt. (Baustoffdaten vgl. Stoffwerttabelle Kap. 2.10)

Wärmedurchlaßwiderstand $1/\Lambda$ in m²K/W

Der Wärmedurchlaßwiderstand $1/\Lambda = s/\lambda$ gibt den Widerstand einer Schicht gegen das Durchströmen von Wärme an. Zu seiner Ermittlung ist die Dicke der betreffenden Schicht s (in m) durch die stoffbezogene Wärmeleitfähigkeit λ in W/mK zu dividieren.
Je größer $1/\Lambda$, desto besser die Wärmedämmung. Bei mehrschichtigen Bauteilen können die Durchlaßwiderstände der einzelnen Schichten addiert werden und ergeben dann den Wärmedurchlaßwiderstand des Bauteils.

Wärmedurchgangskoeffizient k in W/m²K

Der Wärmedurchgangskoeffizient, bekannt als sogenannter k-Wert, gibt den Wärmestrom an, der durch 1 m² eines Bauteils hindurchfließt, wenn die Temperaturdifferenz der angrenzenden Luftschichten 1 K beträgt. Zu den Wärmedurchlaßwiderständen $1/\Lambda$ der einzelnen Baustoffe werden noch die verschiedenen Wärmeübergangswiderstände (α_i, α_a) an der Innen- und Außenseite hinzugezählt. Der Kehrwert dieser Summe aller Wärmeübergangswiderstände ergibt den k-Wert des Bauteils ($1/k = \alpha_a + \alpha_i + \sum s/\lambda$).
Je kleiner der k-Wert eines Bauteils, desto besser die Wärmedämmung.

Abb. A6 zeigt die sehr unterschiedliche Dimensionierung, wenn Materialien mit verschiedener Wärmeleitfähigkeit den gleichen k-Wert erreichen sollen.

Um jedoch einen umbauten Raum in bezug auf seine Wärmedämmfähigkeit beurteilen zu können, müssen außer dem k-Wert noch weitere Faktoren (Wärmebrücken, baulicher Feuchteschutz, etc.) berücksichtigt werden. Bei einer Außenwand mit einem niedrigen k-Wert machen sich z.B. bereits kleinste Wärmebrücken bemerkbar.

Gemäß DIN 4108 wird für den Nachweis des Mindestwärmeschutzes der Wärmedurchlaßwiderstand $1/\Lambda$ und der Wärmedurchgangskoeffizient k verwendet. Beim Wärmedurchlaßwiderstand $1/\Lambda$ dürfen die Mindestwerte nicht unterschritten, beim Wärmedurchgangskoeffizienten k die Höchstwerte nicht überschritten werden (Abb. A1).

Bei Bauteilen, die leichter als 300 kg/m^2 sind, müssen wegen der geringeren Wärmespeicherfähigkeit der Bauteile erhöhte Anforderungen berücksichtigt werden.

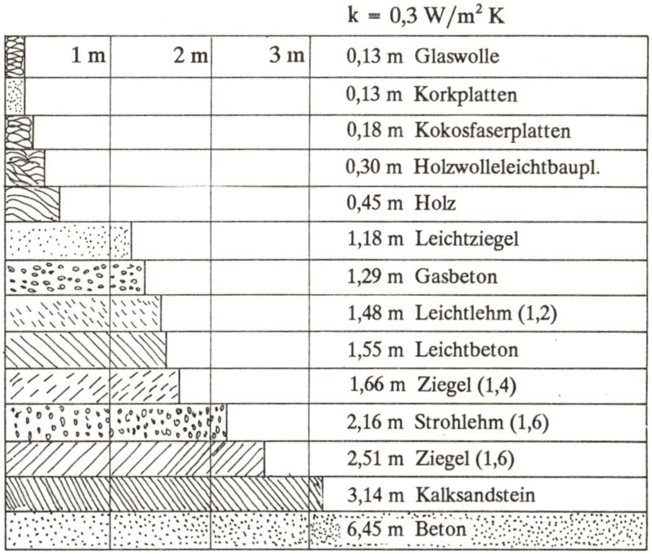

Abb. A6: Erforderliche Bauteilstärke um einen k-Wert von k = 0,3 W/m^2 K zu erreichen   Quelle: (4)

Oberflächentemperatur in °C

Die Oberflächentemperatur der Wände im Innern des Hauses ist zum einen von der Wärmedämmung des Bauteils, zum anderen vom Wärmeeindringkoeffizient b des Oberflächenmaterials abhängig. Die Oberflächentemperatur ist entscheidend für die Behaglichkeit und sollte nicht mehr als 2°C unter der Raumlufttemperatur (z.B. 20°C) liegen. Ist die Oberflächentemperatur niedriger, so muß zur Erhaltung der Behaglichkeit die Raumlufttemperatur entsprechend erhöht werden, was zu größeren Wärmeverlusten führt (vgl. Kap. 1.1). Verbesserungen können hier Verkleidungen der Wände mit Materialien schaffen, die niedrige b-Werte haben (z.B. Holz).

Abb. A7: Auskühlzeit z von Wandbaustoffen

Stoff	Dicke in cm	Auskühlzeit z in h
Beton	30	28
Vollziegel	30	50
Hochlochziegel	30	54
Leichtziegel	30	46
Leichtlehm	30	97
Gasbeton	30	70
Nadelholz	30	213

Wärmeeindringkoeffizient b in kJ/m^{2}h$^{1/2}$K

Dieser Wert kennzeichnet die Geschwindigkeit der Wärmeaufnahme bzw. Wärmeabgabe eines Stoffes. Wird die Wärme von einem Material schnell abgeleitet, so fühlt sich seine Oberfläche kalt an. Je kleiner der Wärmeeindringkoeffizient, desto schneller erwärmt sich die Oberfläche eines Baustoffs. Bauteile mit Oberflächenschichten aus Stoffen kleiner Wärmeeindringkoeffizienten heizen sich schneller auf als solche, deren Oberfläche aus einem Material mit großem Wärmeeindringkoeffizienten bestehen (vg. Stoffwerttabelle Kap. 2.10).

Wärmespeicherungszahl S in kJ/m³K

Das Aufheizen eines Raumes mit einer bestimmten Wärmeleistung der Heizeinrichtung erfolgt um so schneller, je kleiner der Wärmeeindringkoeffizient b der Raumbegrenzungsflächen, bzw. die Wärmespeicherfähigkeit der betreffenden Bauteile ist.

Ein schnelles Aufheizen der raumbegrenzenden Bauteile hat aber nach Abstellen der Heizung auch ein schnelles Abkühlen zur Folge. Bauteile können umso mehr Wärme speichern, je größer ihre Wärmespeicherungszahl S ist. S gibt an, wieviel Wärme notwendig ist, um 1 m³ eines Stoffes um 1°C zu erwärmen. Je schwerer der Baustoff ist, desto größer wird die Wärmespeicherzahl. Ausgeglichene Raumtemperaturen sind daher Vorteile massiv gebauter Räume, besonders im Sommer. Wärmegedämmte, leichte Wand- und Deckenkonstruktionen bieten zwar einen guten winterlichen Wärmeschutz, jedoch schützt ihre geringe Wärmespeicherfähigkeit nur wenig gegen sommerliche Spitzentemperaturen.

Auskühlzeit z in h

Die Auskühlkennzeit charakterisiert das Auskühlverhalten eines Außenbauteils im Winter bzw. dessen Aufwärmung im Sommer. Sie errechnet sich als Quotient des Wärmespeicherwertes W und des k-Wertes. Wohnräume werden umso behaglicher beurteilt, je größer z ist.

Wärmespeicherwert W in kJ/m²K

Wie stark sich Schwankungen der Außentemperatur innerhalb eines Gebäudes auswirken, wird durch die »Wärmeträgheit« oder das »Wärmebeharrungsvermögen« der Bauteile bestimmt. Der Wärmespeicherwert W gibt die Wärmemengen in kJ an, welche pro m² Bauteil im Beharrungszustand gespeichert werden, wenn zwischen der Innen- und der Außenseite ein Temperaturunterschied von 1 K (ein Grad) vorhanden ist. Im Vergleich zur Wärmespeicherungszahl S ist der Speicherwert W besonders aussagekräftig, weil die im Außenbauteil von innen nach außen dem Dämmwert entsprechend absinkende Temperatur Berücksichtigung findet. Je größer der Wärmespeicherwert W, desto besser die Wärmespeicherfähigkeit des betreffenden Bauteils.

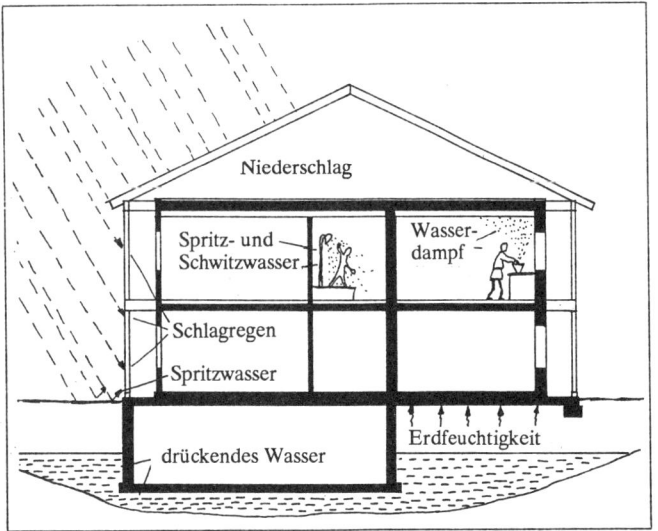

Abb. A8:
Beanspruchung eines Gebäudes durch Wasser und Feuchtigkeit

Feuchteschutz - DIN 4108 Teil 3

Am Bauwerk entstehen die meisten Schäden durch Einwirkung von Feuchtigkeit. Feuchtigkeit schadet oder zerstört Bauteile innerhalb kurzer Zeit und setzt deren Wärmedämmvermögen erheblich herab. Durch feuchte Wände und Decken entsteht zudem ein gesundheitsschädigendes Raumklima. Wichtiges Ziel ist es daher, Gebäude vor jeder Art von Feuchtigkeit zu schützen.

Wasser und Feuchtigkeit können von außen und von innen (Abb. A8) in ein Bauwerk gelangen.

Von außen durch:

- Grundwasser, Schichtenwasser, Sickerwasser,
- feuchte Außenluft
- Regen, Schnee

Von innen durch:

- Feuchtigkeit von der Bauherstellung (Neubaufeuchte)
- Wasser in Bädern und Küchen
- Wasserdampfausatmung des Menschen
- Kondenswasser in Bauteilen

Bodenfeuchtigkeit

Bodenfeuchtigkeit tritt bei erdberührten Bauteilen und im Bereich des Sockels auf (Abb. A9). Maßgebend für den Grad der Durchfeuchtung ist u.a. die Saugfähigkeit, also das Porengefüge der verwendeten Baustoffe, da Feuchtigkeit immer aus den grobporigen in die feinporigen Schichten dringt (nie umgekehrt). Die wichtigsten Abdichtungen gegen Bodenfeuchtigkeit sind Fußbodensperrschichten, waagerechte und senkrechte Wandsperrschichten sowie Sperrschichten im Sockelbereich (Abb. 39/40).
Richtlinien für die Ausführung von Bauwerksabdichtungen gegen Bodenfeuchtigkeit sind in der DIN 4117, gegen nichtdrückendes Wasser (DIN 4122) und gegen drückendes Wasser in der DIN 4031 zu finden.

Feuchtigkeit aus Niederschlägen

Die Einflüsse des Außenklimas lassen sich durch geeignete Materialien und konstruktive Vorkehrungen weitgehend eindämmen.
Die konstruktiven Maßnahmen der Regenableitung von Dach und Wand bestehen prinzipiell im Übergreifen der oberen Teile über die unteren. Zusätzlich ist es oft sinnvoll, Bauteile durch Überdachungen, Abdeckungen, Verkleidungen, Anstriche etc. vor Feuchtigkeitseinwirkungen zu schützen. In wind- und regenreichen Gegenden ist z.B. zweischaliges Mauerwerk als Schutz vor Schlagregen gebräuchlich, wobei die äußere Schale den Wetterschutz übernimmt und die Innenschale dem Wärmeschutz dient.

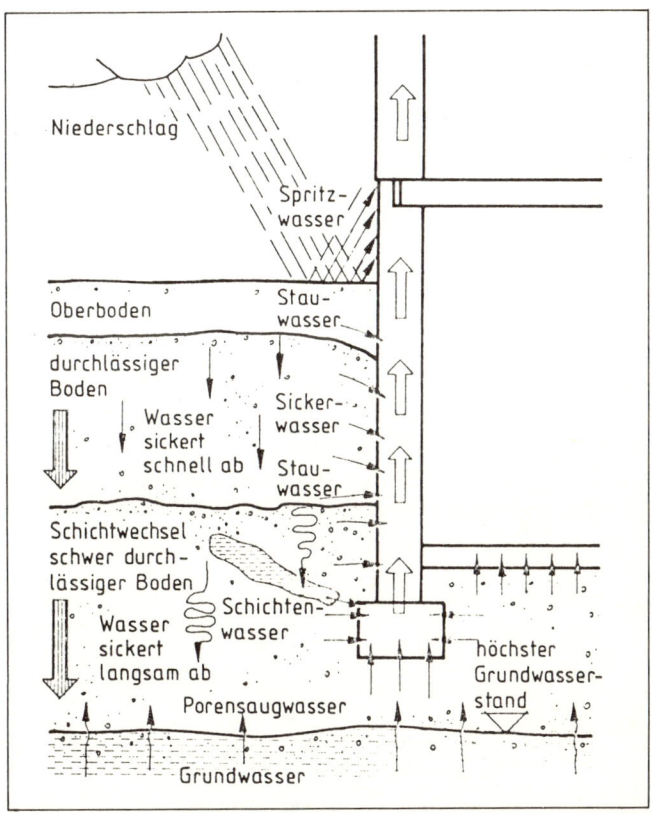

Abb. A9: Einwirkungen der Bodenfeuchtigkeit   Quelle: (20)

Horizontale Flächen, auf denen sich Wasser sammeln kann, sollten vermieden werden - sie sind immer problematisch. Der Feuchtigkeitsschutz muß auch im Bereich der Fugen und Anschlüsse sichergestellt sein.

Bei allen Maßnahmen, die das Haus vor Witterungseinflüssen schützen sollen, muß bedacht werden, daß die Wasserdampfdurchlässigkeit der Bauteile nicht behindert wird (z.B. durch dichte Außenputze, porenverschließende und wasserdampfdichte Anstriche auf der Wandaußenseite usw.), damit eingedrungene Feuchtigkeit abgeführt werden kann und ein Austrocknen der Wand gewährleistet ist.

Abb. A10 zeigt überschlägig die durchschnittliche Jahresniederschlagsmenge nach DIN 4108 Teil 3. In dieser Norm wird die Beanspruchung durch Regen in 3 Gruppen eingeteilt (Beanspruchungsgruppe 1: Jahresniederschlagsmenge unter 600 mm - Gruppe 3: Jahresniederschlag über 800 mm)

und es werden Empfehlungen für die Ausbildung von Außenwandbauteilen, Fugen und Anschlüssen in Abhängigkeit von der Regenbeanspruchung gegeben.

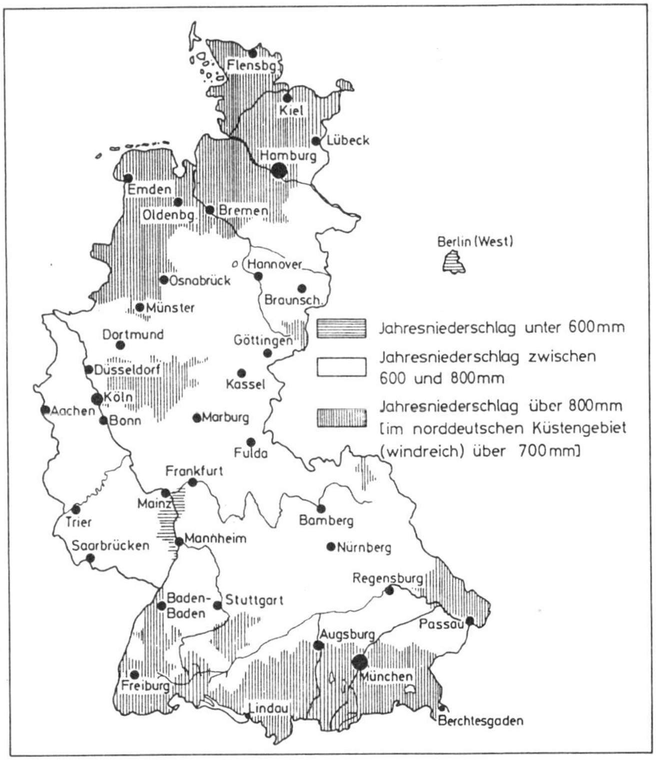

Feuchtigkeit im Bauwerk

Sind Wände ungenügend wärmegedämmt und/oder wird der beim Duschen oder Kochen anfallende Wasserdampf durch Lüften nicht ausreichend abgeführt, kann auf den Innenoberflächen der Wände Tauwasser auftreten, wenn die Temperatur der betreffenden Fläche unter der Taupunkttemperatur der Raumluft liegt. Trennen Decken unterschiedlich temperierte Räume (z.B. Obergeschoßdecken, Decken über offenen Zufahrten etc.) oder sind Decken oberseitig durch einen Fußbodenbelag dampfdicht abgeschlossen, kann eindiffundierender Wasserdampf auch hier im Bauteil kondensieren.

Um zu verhindern, daß mehr Wasserdampf von der warmen Seite aus in das Bauteil eindringt als nach der kälteren Seite entweichen kann, werden auf der warmen Seite der Wärmedämmschicht Baustoffe mit hohem Diffusionswiderstand und auf der kalten Seite der Dämmschicht die Baustoffe mit geringem Diffusionswiderstand angeordnet. Ist ein solcher Aufbau nicht möglich, so muß - um Feuchteschäden in der Wand zu vermeiden - der eindiffundierende Wasserdampf entweder durch eine Hinterlüftung abgeführt werden, oder eine Dampfbremse ist auf der warmen Seite der Dämmschicht vorzusehen.

Das Feuchtigkeitsverhalten einer Wand oder Decke bzw. eines Baumaterials ist abhängig von folgenden Stoffeigenschaften:

- Hygroskopizität
- kapillare Leitfähigkeit und
- Wasserdampfdiffusionsfähigkeit

Jahresniederschlag unter 600mm

Jahresniederschlag zwischen 600 und 800mm

Jahresniederschlag über 800mm (im norddeutschen Küstengebiet (windreich) über 700mm)

Abb. A10: Durchschnittlicher Jahresniederschlag in Deutschland nach DIN 4108, Teil 3

Hygroskopizität (Feuchtegehalt)

Mit Hygroskopizität wird die Eigenschaft eines Baustoffes bezeichnet (in % der Masse oder in % des Volumens), Luftfeuchte aufzunehmen und zu binden. Je nach relativer Feuchte der Umgebungsluft stellt sich eine bestimmte Gleichgewichtsfeuchte ein, die für jeden Baustoff unterschiedlich ist.

Die Feuchtigkeit wird so lange gespeichert, bis der relative Feuchtigkeitsgehalt der umgebenden Luft wieder absinkt, worauf auch der Baustoff durch Abgabe von Feuchtigkeit seine Gleichgewichtsfeuchte absenkt. Je nach Feuchteaufnahmevermögen und Reaktionsgeschwindigkeit wirkt der Baustoff regulierend auf die Raumfeuchte. Grunsätzlich haben pflanzlich-vegetabile Stoffe eine höhere Gleichgewichtsfeuchte als mineralische Stoffe.

Stoff	Roh-ge-wicht	Gleichgewichtsfeuchte in Vol. % im Verhältnis zur relativen Luftfeuchtigkeit			
	kg/m^3	30%	60%	90%	100%
Ziegel	1400	0,17	0,20	0,27	---
Dachziegel	1800	0,33	0,50	0,90	---
Kalksandstein	1600	5,7	9,5	15,2	---
Gasbeton	700	1,7	2,4	3,9	---
Kalkmörtel	1800	1,4	2,0	3,8	---
Zementmörtel	2000	4,8	8,2	13,0	---
		in Gew. %			
Holz	600	6,2	10,3	17,9	31.0
Hartfaserplatte	900	4,2	7,3	11,5	17,0
Holzwollplatte	450	4,7	8,7	16,7	29,0
Kokosfaser	120	---	15,0	---	---
Kork natur	160	2,8	5,3	9,5	18,5

Abb. A11: Gleichgewichtsfeuchte einiger Stoffe   Quelle: (25)

Kapillare Leitfähigkeit

Die zweite Form der Wasseraufnahme oder -abgabe ist abhängig von der kapillaren Leitfähigkeit der Baumaterialien. Diese hat ihren Ursprung im porigen Gefüge des Stoffes. Ein Kapillarsystem besteht aus einer Vielzahl von Kanälen oder Löchern, die mehr oder weniger miteinander verbunden sind. In wassergefüllten Kapillaren entsteht durch Druckunterschiede eine Bewegung des Wassers. In einem gut ausgebildeten Kapillarsystem kann Wasser leicht in den Baustoff eindringen und ebenso schnell aus dem Baustoffinnern zur Oberfläche zurücktransportiert werden.

Durch Kapillareinwirkung wird zehnmal so viel Feuchtigkeit aus einem Baustoff abtransportiert wie durch Wasserdampfdiffusion. Kapillarwasser wandert immer zur trockenen Seite des Bauteils, auch gegen den Diffusionsstrom, um an der Oberfläche zu verdunsten. Diese Eigenschaft macht Dampfsperren so problematisch, weil bei ungünstigen Temperatur- und Feuchtigkeitssituationen Wasser an der inneren Seite der Dampfsperre gestaut wird, in der Wand verbleibt und diese nachhaltig schädigen kann.

Abb. A12: Dampfdiffusionsfaktor verschiedener Baustoffe; weitere Werte finden sich in der Stoffwerttabelle Seite 97 ff.

Stoff	Dampfdiffusionsfaktor
Sandstein	22
Hochlochziegel	8
Beton	90
Nadelholz	40
Korkplatten	8
Polystyrol	50
Dachpappe	30.000
Aluminiumfolie	dampfdicht

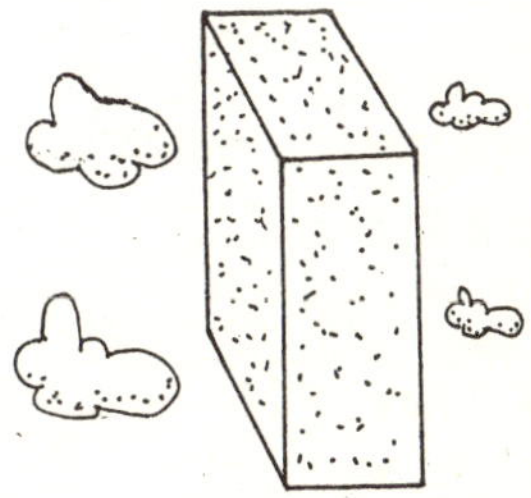

Wasserdampfdiffusion und Wasserdampfdiffusionswiderstandsfaktor

Der Dampfdiffusionsfaktor μ bezeichnet den Widerstand, den ein Baustoff dem Wasserdampf in der Luft entgegensetzt, durch ihn hindurch zu gehen. Je kleiner der Wert μ ist, desto leichter kann der Dampf durchdringen (Abb. A12).

Steigender μ-Wert bedeutet, daß die Diffusionsfähigkeit abnimmt, bis sie vollständig unterbrochen wird (Dampfbremsen und Dampfsperren).

Ursache für einen Wasserdampftransport ist ein Dampfdruckgefälle, das in der Regel durch eine Temperaturdifferenz bzw. durch unterschiedliche Luftfeuchten zwischen der Innen- und Außenseite eines Bauteils zustande kommt. Wasserdampf wandert immer zur kalten Seite eines Bauteils oder bei gleicher Temperatur zur Seite der geringeren

Abb. A13: Feuchtigkeitsphänomene an der Außenwand

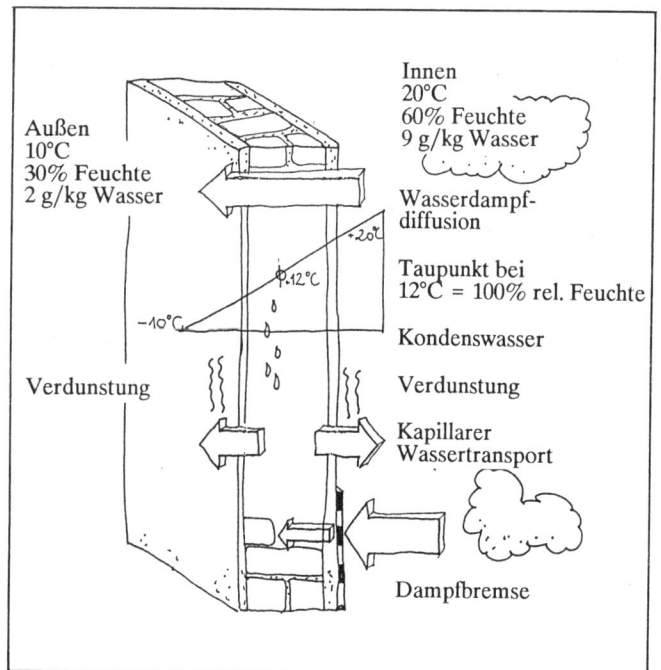

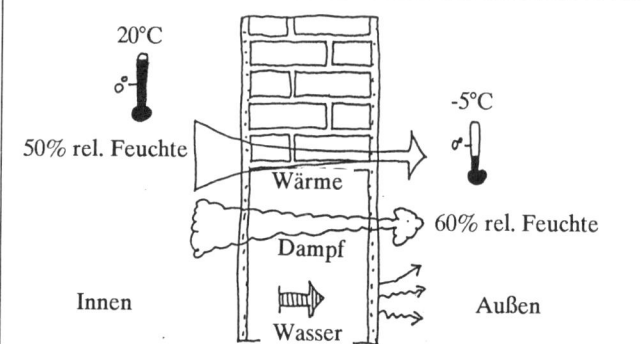

Winterzustand

Im Winter besteht

- ein Wärmestrom von innen nach außen,
- ein Dampfdiffusionsstrom von innen nach außen
- ein Flüssigkeitstransport in beide Richtungen,
- je nach Trockenheit.

Bei niedrigen Außentemperaturen kann ein Teil des Wasserdampfes in der Wand kondensieren.

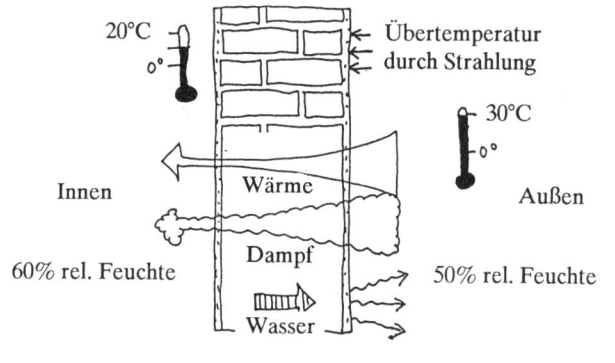

Sommerzustand

Im Sommer besteht

- ein Wärmestrom von außen nach innen,
- ein Dampfdiffusionsstrom von außen nach innen,
- ein Flüssigkeitstransport von innen nach außen, da die
- Außenseite durch Sonneneinstrahlung meist trockener ist.

Abb. A14:
Wasserdampfdiffusion an der Außenwand im Winter und Sommer

Luftfeuchte. Wasserdampf wird aber zu Tauwasser, wenn die feuchte Luft sich (im Bauteil) so weit abkühlt, daß der Taupunkt erreicht wird, und der Wasserdampf zu Wassertropfen kondensiert. Entscheidend für die Entstehung von Tauwasser ist also die Temperatur. Fällt die Temperatur von innen nach außen im Bauteil so günstig ab, daß der Taupunkt des Wasserdampfes im äußeren Drittel liegt, so kann das Wasser meist schnell an die Oberfläche transportiert werden (vorausgesetzt die Außenoberfläche ist gut dampfdurchlässig). Je weiter der Taupunkt in das Innere einer Wand rutscht, desto weiter ist der Weg für die entstehende Feuchtigkeit zur Oberfläche, wo sie verdunsten könnte. Wird ein Bauteil nun von innen gedämmt, so kann die Temperatur schon unmittelbar hinter der Dämmung so weit absinken, daß der Wasserdampf an der kalten Seite kondensiert. Um dies zu verhindern, müssen bei der Innendämmung in aller Regel *raumseitig vor* der Wärmedämmung Dampfbremsen angebracht werden.

In der DIN 4102 sind für den Wasserdampf- und Kondenswasseranfall in Bauteilen Berechnungsformeln angegeben. Diese Formeln vereinfachen die komplizierten Verflechtungsprozesse in extremer Weise auf statische Feuchtezustände, wie sie in der Praxis gar nicht vorkommen, ermöglichen damit aber näherungsweise eine Berechnung des Feuchteanfalls.

Beim Feuchteschutz ist darauf zu achten, daß

- alle Bauteile dampfdiffusionsfähig sind;
- die kapillare Austrocknung nicht behindert wird;
- bei jeder Dämmaßnahme vorsichtshalber eine Taupunktberechnung durchgeführt wird;
- Dampfsperren und Innendämmung nach Möglichkeit vermieden werden.

Verflechtungsprozesse

In der Praxis laufen die Durchfeuchtungs- und Entfeuchtungsprozesse in enger Verflechtung ab, wobei sie sich sowohl gegenseitig verstärken als auch abschwächen können. Drei Faktoren müssen berücksichtigt werden:

- die Richtung des Wärmestroms
- die Richtung der Wasserdampfdiffusion
- die Bewegung von Wasser im Bauteil

Bei mehrschichtigen Konstruktionen ist daher folgender Schichtaufbau günstig:

- Zunahme des Wärmedurchlaßwiderstandes $1/\Lambda$ nach außen
- Abnahme des Dampfdiffusionswiderstandes μ nach außen

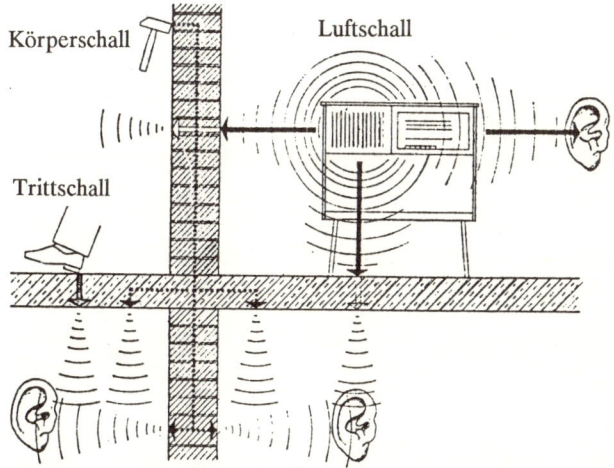

Abb. A15: Schallphänomene

Bauteile	Mindestanforderungen		verbesserter Schallschutz	
	Rw dB	TSM dB	Rw dB	TSM dB
Decken unter begehbaren Dachräumen (Trockenböden, Abstellräume und Zugänge	52	10	≥55	≥17
Wohnungstrenndecken und Decken zwischen fremden Arbeiträumen	52	10	≥55	≥17
Decken über Kellern, Hausfluren unter Aufenthaltsräumen	52	10	≥55	≥17
Decken und Treppen innerhalb von Wohnungen, die sich über 2 Geschoße erstrecken	-	10	-	≥17
Decken unter Bad und WC	52	10	≥55	-

Luftschalldämmung von Bauteilen				
Rw dB	LSM dB	Unterhaltungssprache	sehr lautes Rufen	Radiomusik (Lautstärke)
32	-20	gut verständl.	sehr gut	• gut hörbar
37	-15	verständlich	verständlich	• schwach hörbar
42	-10	eben	gut verständl.	• • gut hörbar
47	-5	verständlich	verständlich	• • Melodie erkennbar
52	0	unverständlich	eben verständl.	• • schwach hörb.
57	5	unverständlich	eben verständl.	• • • eben hörb.
62	10	unhörbar	unverständlich	• • • unhörbar

Trittschalldämmung von Decken		
TSM dB	Gehen	Möbelrücken
-20	gut hörbar	laut hörbar
-10		
0	hörbar	gut hörbar
10	schwach hörbar	hörbar
20	unhörbar	schwach hörbar

Rw = Schalldämm-Maß, LSM = Luftschallschutzmaß
TSM = Trittschallschutzmaß
• leise, • • Zimmerlautstärke, • • • laut

Schallschutz - DIN 4109

Die Luft ist auch ein Träger für den Schall. Der Mensch steht durch seinen Gehörsinn in intensivem Kontakt mit seiner Umwelt (Orientierung, Gleichgewicht), deshalb stören aber auch Geräusche den Schlaf, die Ruhe, das Denken.

Der Schall wird in Dezibel (dB) gemessen. Die Hörschwelle liegt bei 0 dB, die Schmerzschwelle bei 120 dB. Das dB ist eine logarithmische Größe, d.h. eine Erhöhung des Schallpegels um 10 dB wird als Verdoppelung des Lärms empfunden. Die Hauswände und Decken müssen gegen Lärm von außen, aber auch gegen Geräusche innerhalb des Hauses schützen.

In der DIN 4109 werden Richtlinien für den baulichen Schallschutz gegeben, wobei deren Einhaltung im Eigenheimbau freigestellt ist (Abb. A16).

Schallschutzmaßnahmen kommen teilweise der Wärmedämmung zugute, was aber keineswegs bedeutet, daß jede Wärmedämmaßnahme auch gleichzeitig den baulichen Schallschutz erhöht.

Lärmquellen werden erzeugt durch:

- *Luftschall*; er breitet sich in der Luft aus, trifft auf feste Körper z.B. eine Wand, erregt diese zur Eigenschwingung, so daß der Schall auf der anderen Seite neu entstehen kann und weitergetragen wird. Schwere Bauteile schwingen schlecht, sie dämpfen daher den Luftschall.

- *Körperschall*; er breitet sich in festen Körpern aus, wenn diese direkt erregt werden. Der Körperschall wird weitergeleitet und an vielen Stellen des Bauteils als Luftschall abgestrahlt. Schwere, dichte Bauteile leiten den Körperschall besonders gut.

- *Trittschall* ist eine Sonderform des Körperschalls, der beim Gehen entsteht, im Bauteil weitergeleitet wird und als Luftschall wieder abgestrahlt wird.

Abb. A16: ▲
Schallschutzanforderungen an Decken nach DIN 4109, Teil 2

Abb. A17: Geräuschminderung durch Luft- und Trittschalldäm-
◄   mung von Bauteilen   Quelle: (26)

Lautstärken bekannter Geräusche subjektives Empfinden - gesundheitliche Bereiche, Grenzwerte				
Geräusch, Lärm (Abstand davon)	Lautstärke dB(A)	Subjektives Empfinden	Lautstärke dB(A)	Gesundheitliche Bereiche, Grenzwerte
sehr leise Uhr	10	unhörbar	0	Hörschwelle
fallendes Blatt	10		10	Meßschwelle
leichtes Blätterrauschen	20			
gehen auf weichem Teppich	20		30	angenehm für Schlafräume
Nieselregen	20-25			während der Nacht
ruhiger Garten	25-30	sehr leise		
Weckeruhr auf Tisch (1m)	30		bis 30	gesundheitlich sicherer Bereich
Sprache von nebenan (gerade noch hörbar)	30			
Kühlschrank	30-40		bis 40	empfohlen für Arbeiten von geistiger Konzentration
leise Unterhaltung	40			
Radio, Fernsehen, leise	40-50	leise	bis 50	für geistig schematische Tätigkeit
Vogelgezwitscher	40-50		ab 50	mögliche psychische und
halblaute Unterhaltung (2m)	50			vegetative Reaktionen
ruhige Wohnstraße (10m)	50			
belebte Wohnstraße	55-65			
normale Straße (2m)	60		ab 60	wird mitunter als unangenehm empfunden
Radio, Fernsehen				
Zimmerlautstärke	60	laut	ab 70	Beeinträchtigung der
Staubsauger (1m)	60			Sprachverständigung
laute Sprache, übliche Schreibmaschine	70		ab 70	nervöse Erscheinung
Volksfest (100m)	70			
starker Straßenverkehr (10m)	80		bis 80	maximal für reine Handarbeit
lautes Schreien	90		bis 90	maximal bei Fabriklärm -bei
Türen zuschlagen	90			öfteren kurzen Erholungspausen
Kindergeschrei (1m)	95			
elektr. Schlagbohrmaschine	95-100	sehr laut	ab 90	gesundheitsgefährdender Bereich
Radio, Fernsehen größte Lautstärke	100			Beginn der Gehörschäden
Hankreissäge (1m)	100			Gefahr nachhaltiger Reaktionen
sehr stark befahrene Hauptverkehrsstraße	100			des vegetativen Nervensystems
Preßlufthammer (1m)	110-115		ab 110	gesundheitsschädigender Bereich
Fabriksirene (50m)	110		120	Schmerzschwelle
Düsenflugzeug, mittl. Höhe	110-120	unerträglich	ab 120	Gefahr unheilbarer Gehörschäden
Kesselschmiede	120			Verletzung des Zentralnervensystems
Düsenjäger im Stand (15m)	140			
Explosionen	ab 150		150-180	Lähmung und Tod von Organismen

Abb. A18:
Lautstärken bekannter Geräusche

Da Luft- und Körperschall sich gegensätzlich verhalten, müssen die Dämmaßnahmen je nach Art der Schallausbreitung unterschiedlich ausfallen.

Unterschieden werden auch ihre Meßwerte:

- *das Luftschallschutzmaß LSM und*
- *das Trittschallschutzmaß TSM,*

die die Wirksamkeit verschiedener Schalldämmaßnahmen relativ bewerten.
Als Bezugsgröße für beide Meßwerte gilt das Bauschalldämmaß R' = 52 dB ⇔ LSM/TSM = 0 dB. Bei LSM = 0 dB ist eine Unterhaltung im Nebenraum kaum noch hörbar, bei + 10 dB ist sie unhörbar, die Schalldämmung der Wandkonstruktion ist also verbessert (Abb. A18).

Schallschutzmaßnahmne beruhen auf:

- Gewichtssteigerung eines Bauteils zur Verhinderung von Schwingungen, z.B. Sandfüllung bei Holzbalkendecken
- Bauteiltrennung zur Verhinderung von Schwingungsübertragung (Schallbrücken), z.B. zweischalige Trennwände
- Biegesteife Zwischenschichten, die schallschluckend wirken, z.B. Estrich auf Dämmatten.

Brandschutz - DIN 4102

In dieser Norm werden Baustoffe und Bauteile nach ihrem Brandverhalten unterschieden.
Baustoffe sind in der DIN 4102 in die Baustoffklassen A und B eingeteilt (Abb. A19).

Als nichtbrennbare Baustoffe (Klasse A) gelten z.B.:
Sand, Lehm, Ton, Kies, Zement, Gips, Kalk, Steine, Mörtel und Beton aus mineralischen Bestandteilen, Glas etc..

Als brennbare Baustoffe (Klasse B) gelten:

B1 - schwerentflammbare Baustoffe (z.B. verputzte, mineralisch gebundene Holzwolle-Leichtbauplatten);

B2 - normalentflammbare Baustoffe (z.B. Holz und Holzwerkstoffe von mehr als 2 mm Dicke, genormte Dachpappe, imprägnierte Kokosfaser) und

B3 - leicht entflammbare Baustoffe (z.B. Papier, Stroh, Reth, Heu, Holzwolle, Holz und Holzwerkstoffe bis 2 mm Dicke, nicht imprägnierte Kokosfaser.

Bauteile werden nach ihrem Brandverhalten in Feuerwiderstandsklassen eingeteilt; F30 bedeutet z.B., daß das Bauteil im Brandfall mindestens 30 Minuten dem Feuer Widerstand leistet (Abb. A20).

Baustoffklasse	Bauaufsichtliche Benennung
A	nicht brennbare Baustoffe
A1	
A2	
B	brennbare Baustoffe
B1	schwerentflammbare Baustoffe
B2	normalentflammbare Baustoffe
B3	leichtentflmmbare Baustoffe

Abb. A19: Brandschutzklassen

Abb. A20: Feuerwiderstandsklassen

Feuerwiderstandsklasse	Feuerwiderstandsdauer	Bauaufsichtliche Benennung
F 30	≥ 30 Min.	feuerhemmend
F 60	≥ 60 Min	--------------
F 90	≥ 90 Min.	feuerbeständig
F 120	≥ 120 Min.	--------------
F 180	≥ 180 Min.	feuerhochbeständig

Vollgeschoß	Gebäude mit bis zu 2 Wohnungen	Wohngebäude	Andere Gebäude	Landwirtsch. Gebäude
10 9	Feuerbeständige Bauart aus nichtbrennbaren Baustoffen F 90 - A			
8 7 6 5 4	Feuerbeständige Bauart, zum Teil auch aus brennbaren Baustoffen F 90 - AB			
3	Feuerhemmende Bauart, im konstruktiven auch brennbare Baustoffe, aber mind. F 30			
2 1	Ohne Auflagen			Ohne Auflagen
KG	Feuerhemmende Bauart			

Abb. A21:
Brandschutz-Auflagen
der bayerischen Bauordnung

Die Bestimmungen der DIN 4102 beruhen auf vielen praktischen Versuchen und Erfahrungen und müssen von jedem Bauherrn befolgt werden. Bei Beachtung der Vorschriften wird die Gefahr einer Brandentstehung minimiert und im Brandfalle eine Rettung der Bewohner zeitlich ermöglicht.
Trotz vieler Publikationen berücksichtigt die Norm zur Zeit noch nicht die Gefahr, die von brennenden Materialien durch hochtoxische Gasabgabe ausgeht. Als besonders gefährlich haben sich unter diesem Aspekt einzelne Kunststoffe herausgestellt: Polyvinylchlorid (PVC) zersetzt sich bei Temperaturen über 100°C zu Kohlenmonoxid und Chlorwasserstoff, der beim Einatmen zu Verätzungen führen kann. Polyurethane (z.B. PUR-Dämmstoff,) zersetzen sich im Brandfall zu Kohlenmonoxid, Blausäuregas und Cyanate. Zusammen eingeatmet wirken diese Stoffe schon in kleinen Mengen schwer vergiftend oder tödlich. Bei Verbrennung von Polystyrol unter Sauerstoffmangel entsteht ein hoher Styrolgasanteil, Ethylbenzol, Toluol und Xylol. Bei der Anwendung von Kunststoffen sollte deshalb bedacht werden, was sie im Brandfall auslösen können.

Holzschutz - DIN 68800

In Teil 1 der DIN wird für tragende und aussteifende Holzkonstruktionen ein chemischer vorbeugender Holzschutz gefordert.
In Teil 2 werden die vorbeugenden Maßnahmen baulicher Art behandelt, die Holz vor zuviel Feuchtigkeit schützen sollen, da erfahrungsgemäß Schädlingsbefall dann einsetzt, wenn das Holz durch dauernde Durchfeuchtung einen hohen Wassergehalt hat.
In Teil 3 der DIN werden die Art und die Anwendung der zugelassenen Mittel genau beschrieben. Viele dieser Mittel

sind allerdings so stark giftig, daß man sich fragen muß, ob Holzschutz vor Menschenschutz geht (Abb. A22), da die Giftstoffe über einen Zeitraum von 10-20 Jahren ausgasen und die Raumluft belasten. Zu empfehlen sind von den amtlich zugelassenen Mitteln die schwach giftigen Borsalze (Abb. A22, Gruppe 1.5). Sie werden in Wasser aufgelöst und sind daher auch wieder wasserlöslich. Durch Überstreichen des Holzes z.B. mit einer pigmentierten Lasur, können die B-Salze fixiert werden. Bei starker Bewitterung sollte eine Druckimprägnierung mit CKB-Salzen erfolgen.

Die im amtlichen Holzschutzmittelverzeichnis aufgeführten öligen Mittel zur vorbeugenden Behandlung (Schutzmittelgruppe 2) sind zwar witterungsbeständig, aber in der Regel so giftig, daß von ihrem Einsatz am Haus unbedingt abzuraten ist.

In bewohnten Räumen ist jede Art von chemischem Holzschutz unangebracht. Viele Beispiele alter Holzbauten in allen Kulturkreisen beweisen, daß auch Holz im Außenbereich bei richtiger konstruktiver Ausführung Jahrhunderte überdauerte - ohne einen vorbeugenden chemischen Holzschutz wie er im amtlichen Holzschutzmittelverzeichnis aufgeführt ist.

Bei tierischem Schädlingsbefall ist die Anwendung der amtlich zugelassenen Bekämpfungsmittel allerdings zwingend vorgeschrieben. Hier bietet sich als einzige ungiftige und erfolgsichere Methode das Heißluftverfahren an: heiße Luft wird so lange von außen z.B. in den Dachstuhl hineingeführt, bis in der Balkenmitte aller Hölzer eine Temperatur von mindestens 55°C erreicht wird. Diese Temperatur ist ausreichend, um tierische Holzschädlinge aller Art dauerhaft zu vernichten. Die Kosten liegen je nach Größe des Objektes zwischen 12,- und 15,- DM/m³ Raum. Als Bekämpfungsmittel für pflanzliche Schädlinge ist das Heißluftverfahren amtlich nicht zugelassen.

1. Wasserlösliche Mittel zur vorbeugenden Behandlung

Schutzmittelgruppe:		Wirkstoffe:
1.1	CF-Salze	Alkalifluoride, Bichromat (zum Teil Zusatz von Dinitrophenol)
1.2	CFA-Salze	Alkalifluoride, Bichromat, Alkaliarsenat (z. T. mit Zusatz von Dinitrophenol)
1.3	SF-Salze	Silicofluoride
1.4	HF-Salze	Hydrogenfluoride (Bifluoride)
1.5	B-Salze	anorganische Borverbindungen
1.6	CK-Salze	Kupfersalze, Bichromat
1.6.1	einfache CK-Salze	
1.6.2	CKA-Salze	Zusatz von Arsenatverbindungen
1.6.3	CKB-Salze	Zusatz von Borverbindungen
1.6.4	CKF-Salze	Zusatz von Fluorverbindungen
1.7	CFB-Salze	Chrom-, Bor- und Arsen-Fluorverbindungen, z. B. Borfluoride
1.8	Sammelgruppe	Chrom-, Kupfer-, Bor-, Arsen-Fluorverbindungen und weitere

2. Ölige Mittel zur vorbeugenden Behandlung

Schutzmittelgruppe:		Wirkstoffe:
2.1	Teeröl-präparate	Destillate aus Steinkohlenteer (Carbolinee)
2.2	Lösungsmittel-haltige Präparate	organische Fungizide und Insektizide (z. B. chlorierte Kohlenwasserstoffe) in organischen Lösungen
2.2.1	Bindemittelfreie Präparate (oder mit geringem Bindemittelanteil)	siehe 2.2
2.2.2	Bindemittelhaltige pigmentfreie Präparate	siehe 2.2
2.2.3	Farbig pigmentierte Präparate	siehe 2.2
2.2.4	Sonderpräparate vorzugsweise für Anwendung in stationären Anlagen	siehe 2.2
2.2.5	Sonderpräparate ausschließlich für stationäre Anlagen (Unter-, Überdruck)	siehe 2.2
2.3	Steinölteerhaltige und chlornaphtalinhaltige Präp.	Organische Wirkstoffe, teilweise Spezialdestillate aus Steinkohleteeröl, teilweise chlorierte Naphtaline, meist organische Lösungsmittel, einzeln auch Pigmente

Abb. A22: Holzschutzmittelgruppen Quelle:(14)

Quellenverzeichnis

(1) Trykowski, M.: Grundlagen für biologisches Bauen. C.F. Müller Verlag, Karlsruhe 1984

(2) Eisenschink, A.: Falsch geheizt ist halb gestorben. Eigenverlag, Pullach 1978; jetzt Resch Verlag

(3) Balkowski, F. D.: Gesund bauen und wohnen. R. Müller Verlag, Köln 1984

(4) Krusche, u.a.: Ökologisches Bauen. Bauverlag, Wiesbaden 1982

(5) Der große Brockhaus. Bd. 9, Wiesbaden 1955

(6) Institut für Baubiologie: Schriftenreihe Baubiologie. Rosenheim 1980

(7) Gartner, Winklbaur: Gesünder Wohnen. Orac Verlag, Wien 1984

(8) Institut für Baubiologie: Wohnung und Gesundheit. (Zeitschrift), Heft 9/83, Rosenheim 1983

(9) Kohl, Bastian, Neizel: Baufachkunde I (Grundlagen). B.G. Teubner Verlag, Stuttgart 1981

(10) Eichler/Arndt: Wärme- und Feuchteschutz.

(11) Behringer/Ruetz: Neuzeitliche Putzarbeiten. Otto Maier Verlag, Ravensburg 1968

(12) Technologie Bau (Grundstufe). Schrödel Schulbuchverlag, Hannover 1982

(13) Knoblauch, H.: Baustoffkenntnis. Werner Verlag, Düsseldorf 1980

(14) Weissenfeld, P.: Holzschutz ohne Gift?. ökobuch Verlag, Staufen 1988

(15) Pelikan, W.: Sieben Metalle. Philosophisch-Anthroposophischer Verlag, Dornach 1981

(16) Hebgen, H.: Bauen mit der Sonne. Energie Verlag, Heidelberg 1982

(17) Redaktionsgemeinschaft Soznat: Umweltbelastung durch Kunststoffe. Marburg 1983

(18) Materialien des Umweltbundesamtes. Nr. 10/78, Berlin 1978

(19) Informationsdienst Holz: Geschoßdecken. Arbeitsgemeinschaft Holz e.V., Düsseldorf o.J.

(20) Fachkunde Bau. Verlag Europa Lehrmittel, Wuppertal 1984

(21) Fachkunde Elektrotechnik. Verlag Europa Lehrmittel, Wuppertal 1984

(22) Krevet: Rationalisierung im Wohnungsbau.

(23) Lorenz-Ladener, Cl.: Solargewächshäuser. ökobuch Verlag, Grebenstein 1981

(24) Bauwelt Nr. 30/31 1983. Bertelsmann Fachzeitschriften Verlag, Berlin 1983

(25) Cammerer, J. S.: Wärme- und Kälteschutz in der Industrie. Springer Verlag, Berlin 1962

(26) RWE: Bauhandbuch Technischer Ausbau. Energie-Verlag, Heidelberg 1984

(27) Wachsmuth, G.: Erde und Mensch. Verlag Christiani, Konstanz 1952

(28) Silbernagel u. Despopulus: Taschenatlas der Physiologie. in: L. Terhaag: Thermische Behaglichkeit. aus »Gesundes Wohnen«. Beton Verlag, Düsseldorf 1986

(29) Ueller u. Muth: Natürliche Radioaktivität. in: »Gesundes Wohnen«. Beton Verlag, Düsseldorf 1986

(30) Terhaag, L.: Raumklima am Arbeitsplatz. Kompendium der Arbeitsmedizin; TÜV Rheinland, Köln 1982

(31) Rat der Sachverständigen für Umweltfragen: Luftreinhaltung in Innenräumen. Kohlhammer Verlag, 1987

(32) Zusammenstellung des »Institut für Baukonstruktion, Statik und Haustechnik, Prof. Dr.-Ing. Theodor Hugues«, TU München

(33) Information der Mineralfaser-Industrie

(34) Dachatlas. Institut für Internat. Architekturdokumentation, München 1975

(35) Schmitt, Heinrich: Hochbaukonstruktion. Vieweg Verlag, Braunschweig 1978

(36) Rose: Elektrostreß. Kösel Verlag, München 1987

(37) Katalyse Umweltgruppe (Hrsg.): Umwelt-Lexikon. Köln 1985

Literaturhinweise

Die im Quellenverzeichnis aufgeführten Schriften und Bücher sind von unterschiedlicher Qualität. Im folgenden möchte ich eine kleine Auswahl von Büchern aufzeigen, denen ich viele Anregungen entnommen habe und die die behandelten Themen inhaltlich ergänzen und weiterführen.

Waltraud Wagner: *Reizende Erde*. Die Grüne Kraft, Löhrbach

Die umfangreiche Materialsammlung elektro-physikalischer Phänomene und deren Auswirkung auf Lebewesen ist trotz des komplexen und verwirrenden Themas übersichtlich und nachvollziehbar dargestellt.

Günther Wachsmuth: *Erde und Mensch*. Archimedes Verlag, Konstanz 1952

Unglaublich viele Rhythmen gliedern und formen das Klima der Erde und bestimmen den menschlichen Lebensbereich. Die Bedeutung der ineinander verflochtenen Prozesse und die Konsequenzen für den Menschen werden deutlich aufgezeigt.

Franz Volhard: *Leichtlehmbau*. C.F. Müller Verlag, Karlsruhe 1983

Alte Konstruktionen für Wände und Decken aus Lehm hat der Autor bei verschiedenen Altbaurenovierungen erfolgreich angewandt. Diese Erfahrungen bilden die Basis für die lehrreichen bauphysikalischen und anwendungstechnischen Erläuterungen.

Krusche et al.: *Ökologisches Bauen*. Bauverlag, Wiesbaden 1982

In kurzer, knapper Form werden die unterschiedlichsten Themenbereiche in ihren wichtigsten Aspekten untersucht und mit vielen Bildern Ursachen und Lösungsmöglichkeiten gut verständlich aufgezeigt.

Autorengemeinschaft Das Haus, Sonderheft: *Natürlich Bauen - Natürlich Wohnen*. Burda-Verlag, Offenbach 1981

Hier wird ein umfangreicher Überblick über Aspekte des natürlichen Bauens geboten. Durch die gute graphische Aufmachung sind die dargestellten Konstruktionen leicht nachvollziehbar.

Grandjean: *Wohnphysiologie*. Verlag Artemis, Zürich, München

Der Klassiker zu diesem Thema. Auf experimentellen Untersuchungen und statistischen Erhebungen wurden für die unterschiedlichen Lebensbereiche Zahlenwerte ermittelt.

Eisenschink: *Falsch geheizt ist halb gestorben*. Eigenverlag, Pullach 1978

Ein erfrischendes Buch mit überraschenden Lösungen zur Problematik moderner Heizungsanlagen.

Peter Weissenfeld: *Holzschutz ohne Gift?* ökobuch Verlag, Staufen, 8. Aufl. 1988

In gut verständlicher Form werden hier die vielfältigen Formen des Holzschutzes und der Oberflächenbehandlung von Holz durchgesprochen. Die Gefahren chemischer Holzschutzmittel werden eindeutig benannt und Alternativen für den Holzschutz aufgezeigt.

Behringer/Ruetz: *Das neue Maurerbuch*. Otto Maier-Verlag, Ravensburg

Für jeden geeignet, der sich "von der Pike auf" über die breitgestreuten Arbeitsbereiche des Maurerhandwerks informieren will.

Wolfgang Nutsch: *Fachkunde für Schreiner*. Verlag Europa Lehrmittel, Wuppertal 1980

Ein umfassendes Informationswerk für Lehrlinge und Meister, die sich über die Werkstoffe und den Maschinenbetrieb der heutigen Schreinerei unterrichten wollen.

Reinhard Wendehorst: *Baustoffkunde*. Vincentz-Verlag, Hannover

Der Klassiker der Baustoffkunde für Architekten und Ingenieure. Umfassend werden hier nahezu alle verwendeten Baustoffe aus physikalisch-chemischer Sicht und unter Berücksichtigung der DIN-Normen besprochen.

Das RWE-Bauhandbuch 1987-1988. Energie-Verlag, Heidelberg 1987

Der erste Teil des Werkes stellt wichtige Informationen bezüglich des Wärme-, Feuchte-, Schall- und Brandschutzes zusammen, so daß eine Art technisches Nachschlagewerk entsteht. Der zweite Teil ist der Elektroausrüstung von Gebäuden gewidmet und verdient weniger Beachtung.

Hubert Palm: *Das Gesunde Haus*. Ordo-Verlag, Konstanz 1979

Das Buch wurde bereits in den 50er Jahren geschrieben und vereint beispielhaft die grundlegenden Gedanken des gesunden Bauens, deren Notwendigkeit wir erst heute in aller Tragweite erkennen. Von einem Arzt geschrieben, dessen geistiger Ursprung bei Paracelsus zu suchen ist, erfordert es vom Leser Hingabe und Ausdauer, die aber belohnt wird.

Gartner/Winklbaur: *Gesünder Wohnen*. Orac-Verlag, Wien 1984

Der Hauptteil des Buches ist Gesundheitsfragen gewidmet. Hier haben die Autoren umfangreiches Material zusammengetragen, besonders auf dem problematischen Gebiet "Strahlung und Gesundheit". Der Baukonstruktionskatalog ist dem Buch von Pistulka/Wagner, Baukonstruktionen, Baustoffe (Österr. Institut für Baubiologie/Baubiologie Bonn) entnommen.

Claudia Lorenz-Ladener/Heinz Ladener: *Solaranlagen im Selbstbau*. ökobuch Verlag, Staufen, 8. Aufl. 1989
und
Heinz Ladener: *Solare Stromversorgung*. ökobuch Verlag, Staufen, 2. Aufl. 1987,
In bewährter Aufmachung vermitteln die Bücher Grundlagenwissen zum Thema der solaren Brauchwassererwärmung und zur Photovoltaik. Mit Beispielen von erprobten Anlagen kann auch der Laie ein individuelles Konzept entwickeln.

Zeitschriften

Ökotest (im Zeitschriftenhandel erhältlich)

Als Alternative zur Zeitschrift TEST der Stiftung Warentest wurde ein Kriterienkonzept entwickelt, das vor allem gesundheitliche und ökologische Aspekte berücksichtigt. Hier findet die Baufamilie (meist) gut recherchierte Themen wie Exotenholz, Kupferrohre usw..

Gesünder Wohnen

Die Publikation aus dem Umfeld des Internationalen Instituts für Baubiologie Rosenheim erscheint als Themenheft unregelmäßig 3 bis 4 mal im Jahr. Die Marktübersichten und Hausreports sind sehr informativ. Der hohe Reklameanteil und die reißerische Aufmachung stören manchmal die Seriosität der Information.
Bezug: Heilig-Geist-Str. 54, 8200 Rosenheim

Wohnung und Gesundheit

Das älteste Periodikum der Baubiologie wird vom Institut für Baubiologie und Ökologie in Neubeuern herausgegeben. Die Aufmachung ist bescheiden und die Qualität der Beiträge sehr unterschiedlich. Fachlich anspruchsvolle Spezialthemen werden ebenso publiziert wie dilettantische Heimwerkerbeiträge.
Bezug: Holzham 25, 8201 Neubeuern

Gesundes Bauen und Wohnen

Die Mitgliederzeitung des Bundesverbandes für gesundes Bauen und Wohnen (GBW) in Braunschweig ist nur im Abonnement erhältlich. Neuerdings erscheinen Themenhefte zu Heizung, Holzbau, Farbe usw., die interessante Berichte von Handwerkern und praktizierenden Architekten bringen. Für Baufachleute eine lohnende Lektüre.
Bezug: Postfach 1820, 3300 Braunschweig

Schriftenreihe der Wohnberatung der Verbraucherverbände

In der Schriftenreihe sind zu Themen wie Möbelkauf, Holzschutz, Fußböden u.v.m. Berichte erschienen, die sich in Aufmachung und Inhalt direkt an den Verbraucher richten. Obwohl von der Industrie scharf beobachtet, werden hier in jüngster Zeit auch gesundheitliche Aspekte innerhalb der Beratung berücksichtigt (z.B. Themenheft Holzschutz).
Bezug: AG der Verbraucherverbände, Heilsbachstr. 20, 5300 Bonn

Stichwortverzeichnis

Sach- und Fachbücher
zur umweltfreundlichen Technik

Holger König
Wege zum gesunden Bauen
Aus dem Inhalt: richtige Baustoffwahl, geeignete Baukonstruktionen mit Eigenschaften und Anwendungsbereichen, Beispiele ausgeführter Häuser, Baunormen, Bauphysik, Preise und Bezugsquellen. Ein Handbuch für Bauherren, Selbstbauer, Architekten und Handwerker, das die theoretischen und praktischen Aspekte der Baubiologie anschaulich und nachvollziehbar miteinanader verbindet. 192 S. m.v. Abb., Neuauflage 1989   39,80 DM

G. Häfele, W. Oed, L. Sabel
Althauserneuerung
Ein Handbuch für alle Hausbesitzer und Bauherrn, das ausführlich den behutsamen, handwerklich sachgerechten Umgang mit alter Bausubstanz beschreibt und zeigt, worauf es bei einer umweltverträglichen und kostengünstigen Renovierung ankommt, welche Maßnahmen bei den einzelnen Bauteilen angebracht sind. Mit Anleitungen zur Selbsthilfe, ausführlicher Baustoffkunde und Kostenübersicht. 226 S. m. v. Abb., 1988   39,80 DM

Othmar Humm
Niedrigenergiehäuser in Theorie und Praxis
Alles, was man für den Bau von Häusern mit sehr niedrigem Energieverbrauch wissen muß, wird in diesem Buch behandelt: planerischen Konzepte, Baukonstruktionen und besondere Haustechniken; mit 14 ausgeführten Beispielen, die die Bandbreite der Lösungsmöglichkeiten dokumentieren und die Energiesparerfolge belegen. 226 S.m.v.Abb., 1990   48,- DM

Claudia Lorenz Ladener
Naturkeller
Grundlagen, Planung und Bau von naturgekühlten Lagerräumen im Haus oder Freiland, um für Obst und Gemüse geeignete Überwinterungsmöglichkeiten zu schaffen. 139 S. m.v.Abb., 1990   24,80 DM

Claudia Lorenz-Ladener, Heinz Ladener
Solaranlagen im Selbstbau
Das Handbuch der Sonnenkollektortechnik für Warmwasserbereitung, Schwimmbad- und Raumheizung; mit Anleitungen und nützlichen Tips für den Selbstbau. 7 Aufl. 1985; 154 S. m. vielen Abb.   24,80 DM

Peter Weissenfeld
Holzschutz ohne Gift?
Holzschutz und Holzoberflächenbehandlung in der Praxis mit vielen Anleitungen und Rezepten für alle, die in Haus und Hof selbst zum Pinsel greifen. 7. überarbeitete Aufl. 1988, 141 S. mit Abb. DIN A5 br.   16,80 DM

Claus-Dieter Clausnitzer
Historischer Holzschutz
Eine wissenschaftliche Abhandlung über die Entwicklung der baulichen, chemischen und sonstigen, heute möglicherweise vergessenen Holzschutzmaßnahmen von den Anfängen vor ca. 7000 Jahren bis ins 20. Jahrhundert. 270 Seiten m. vielen Abb., 1990   39,80 DM

Georg Hänisch
Kork - ein Baustoff
Gewinnung, Eigenschaften, Verarbeitung und Anwendungsbeispiele für den Baustoff Kork, mit konkreten Empfehlungen und Konstruktionsbeispielen für Planer und Praktiker. 100 S. m.v.Abb., 1990   16,80 DM

Wolfgang Martin, Gunter Geller
Biologische Abwasserreinigung im Haus
3 Selbstbauanleitungen für Komposttoilette, Grauwasserreinigung im Gewächshaus und Abwasserreinigung durch Pflanzenbeete (Schilfkläranlage). 68 Seiten m. vielen Abb. + 3 Faltplänen, 21 x 20 cm, 1984   16,80 DM

Wolfgang Bredow
Regenwasser-Sammelanlage
Eine leicht verständliche Anleitung für den Bau verschiedener Regenwasser-Sammelanlagen, mit denen viel kostbares Trinkwasser eingespart werden kann. 7. überarb. Aufl. 1988, 126 S. m. vielen Abb.   16,80 DM

Hans Mönninghoff, Hrsg.
Ökotechnik: Wasserversorgung im Haus
Wassersparende Armaturen und Toilettenspülsysteme, doppelte Wassernetze, Regenwassernutzung, Grauwasserreinigung: Grundlagen, Betriebserfahrungen, Anleitungen sowie kommunal- und landespolitische Handlungsmöglichkeiten. 115 S. m. vielen Abb. 1988   24,80 DM

Bücher zu aktuellen Themen
Bauen - Energie - Umwelt

Heinz Ladener
Solare Stromversorgung
Neben den Grundlagen der Solarzellentechnik vermittelt das Buch Wissen und Fakten, die für den Bau solarer Stromversorgungsanlagen gebraucht werden: Solarpanele, Akkus, Schaltungstechnik und energiesparende Geräte. Mit Beispielen und Erfahrungen von erprobten Solarstrom-Anlagen für Geräte, Fahrzeuge u. Häuser. 168 S. m. vielen Abb., 1986   29,80 DM

Robert Borsch, Peter Stenhorst
Das Solarzellen-Bastelbuch
Für alle, die sich zunächst einmal auf spielerischer Ebene mit der neuen Technik der Stromerzeugung durch Solarzellen beschäftigen wollen. Mit Anleitungen für einfache Solarspielzeuge, praktischen Schaltungen und Bezugsquellenverzeichnis. 92 S. mit vielen Abb., 1983   14,80 DM

Heinz Schulz
Der Savonius-Rotor
Detaillierte Bauanleitungen für verschiedene Rotorkonstruktionen zur Nutzung der Windenergie im Leistungsbereich von 100 -2000 W. Mit Hinweisen zur Auswahl langsamlaufender Generatoren und Wasserpumpen. 80 Seiten mit vielen Abb. + Konstruktionsplänen, 1989   14,80 DM

U. Stampa, W. Bredow
Die Windwerker
Dokumentation von 16 Selbstbau-Windkraftanlagen im norddeutschen Raum; mit Betriebserfahrungen, Daten und Detailskizzen zu jeder Anlage sowie Hinweisen auf Nachteile und Fehler der Konstruktionen - eine Fundgrube für jeden Praktiker. 96 S. m. vielen Abb., 1987   19,80 DM

Heinz Schulz
Wärme aus Sonne und Erde
Detaillierte Bauanleitung für ein energiesparsames Heizungssystem mit Solarabsorber, Erdwärmespeicher u. Dieselmotorwärmepumpe. Betriebserfahrungen u. Auslegungshinweise. 114 S.m.v. Abb., 1987/90   24,80 DM

Richard Niemeyer
Der Lehmbau und seine praktische Anwendung
Nachdruck des Originalwerks von 1946: hier werden alle bekannten Techniken ausführlich dargestellt. Eine gute und umfassende Einführung in den traditionellen Lehmbau! 157 Seiten mit vielen Abb., DIN A5,   14,80 DM

Preisstand 1.9.1990 - Änderungen vorbehalten!

Horst Crome
Windenergie - Praxis
Aus langjähriger Praxis vermittelt der Autor nicht nur das nötige Grundwissen über Windenergienutzung und Anlagenkonstruktion, sondern beschreibt auch Schritt für Schritt den Bau einer soliden und leistungsfähigen Anlage (1-3 kW) zu Stromerzeugung. 152 S. m. v. Abb. 1987/89   29,80 DM

Uwe Hallenga
Wind: Strom für Haus und Hof
Eine ausführliche, reich bebilderte Bauanleitung mit komplettem Zeichnungssatz für eine kleine Windkraftanlage mit 2,2 m Rotor-Ø, die bei gutem Wind 200-500 Watt Leistung liefert. 76 S. m.v.Abb., 1990   14,80 DM

Unsere Bücher erhalten Sie in allen guten Buchhandlungen!